# Hülfstafeln

für

# Barometrische Höhenmessun

# Hülfstafeln

für

# Barometrische Höhenmessungen

berechnet und herausgegeben

von

**Ludwig Neumeyer,**

Premierlieutenant

und Sections-Chef im topographischen Bureau des kgl. bayer. Generalstabes.

**München.**

Druck und Verlag von R. Oldenbourg.

**1877.**

Dem Herrn

# Obersten Carl von Orff,

**Director des topographischen Bureaus des kgl. bayer. Generalstabes.**

seinem

**theuren Lehrer und väterlichen Freunde**

als Zeichen

der innigsten Dankbarkeit und Hochachtung

gewidmet

vom

**Verfasser.**

# Erläuterungen.

Die Höhentabellen, welche zur Erleichterung barometrischer Höhenberechnungen dienen, zerfallen in zwei Theile, von welchen der erste d. i. die Höhentabelle I die dem Mittel der Barometerstände entsprechenden Nullhöhen und der zweite Theil d. i. die Höhentabelle II die Correction wegen der Temperatur der freien Luft enthält.

Nachstehende Betrachtung soll den bei der Berechnung der Höhentabellen eingeschlagenen Weg kennzeichnen:

Bedeuten $b$ und $b'$ die auf den Nullpunkt reducirten Barometerstände, ferner $t$ und $t'$ die Temperaturen der freien Luft, so findet man den Höhenunterschied, der $h'$ heissen mag, aus der von Laplace aufgestellten und fur die praktischen Bedürfnisse entsprechend abgekürzten Formel:

$$h' = \frac{\text{Constante}}{500} \cdot (500 + t + t') \cdot (\log b - \log b').$$

Wird in dieser Gleichung $t + t' = 0$ angenommen, so geht dieselbe über in:

$$h' = \frac{\text{Constante}}{500} \cdot 500 (\log b - \log b') = \text{Constante} \cdot (\log b - \log b').$$

Constante $= c$ und $\log b - \log b' = d'$ gesetzt, erhält man:

$$h' = c \cdot d',$$

und für Logarithmen:

$$\log h' = \log c + \log d'.$$

Mit Hilfe letzterer Gleichung lassen sich nun leicht die einem Millimeter Scala entsprechenden Nullhöhen berechnen, wenn man der Reihe nach:

| | | | |
|---|---|---|---|
| $\log 780{,}00 - \log 779{,}00$ | $= 0{,}0005571$ | resp. | $6{,}7459332$ |
| $\log 779{,}00 - \log 778{,}00$ | $= 0{,}0005579$ | „ | $6{,}7465564$ |
| . | . | . | . |
| . | . | . | . |
| $\log 601{,}00 - \log 600{,}00$ | $= 0{,}0007232$ | „ | $6{,}8592584$ |

in dieselbe einführt.

Die so gefundenen Nullhöhen, dem Mittel der Barometerstände d. h.

$$\frac{780{,}00 + 779{,}00}{2} = 779{,}50$$

$$\frac{779{,}00 + 778{,}00}{2} = 778{,}50$$

$$\begin{array}{cc} . & . \\ . & . \end{array}$$

$$\frac{601{,}00 + 600{,}00}{2} = 600{,}50$$

gegenübergestellt, bilden die Argumente der Höhentabelle I.

Würden die Mittel der Barometerstände sich auf ein grösseres etwa 25 Millimeter betragendes Scalenintervall beziehen, so ändert das den Einheitswerth erst um 2 Millimeter und somit die daraus abgeleitete Nullhöhe nur um 5 Centimeter; das will aber nichts anders sagen, als dass man den Einheitswerth unbeschadet der Genauigkeit bis auf vorbesagtes Intervall in jeder Tafel anwenden darf — was auch geschehen ist.

Die Tafeln selbst besitzen dieselbe Einrichtung wie die Logarithmentafeln, und dürfte sonach über den Gebrauch ersterer kein Zweifel bestehen; nur Eines muss als der besonderen Beachtung werth hier hervorgehoben werden.

Bei der Anwendung wird es nämlich zu den Seltenheiten gehören, dass die Mittel der Barometerstände der Tabelle I mit den aus den Beobachtungen sich ergebenden ganz übereinstimmen; es werden vielmehr letztere und demnach auch die ihnen entsprechenden Nullhöhen zwischen zwei benachbarte Tafeln zu liegen kommen. In welchen Fällen dann eine übrigens im Kopfe leicht durchzuführende Interpolation zwischen den diessbezüglichen Tafeln vorzunehmen oder zu ignoriren ist, ergibt sich aus dem Vergleiche der Parallel-Daten beider Tafeln.

Die aus der Höhentabelle I entnommenen Nullhöhen bedürfen noch einer Correction wegen der Temperatur der freien Luft, und ist die Grösse derselben abhängig von der Grösse der Temperatur-Summe $(t + t')$ und der Nullhöhe.

Nun ändert aber:

| | | | | | | | | | |
|---|---|---|---|---|---|---|---|---|---|
| $t + t'$ | = | $\pm$ 0,5⁰ | Celsius | die | Nullhöhe | = | 100$^m$ | um | $\pm$ 0,1$^m$ |
| „ | = | $\pm$ 1,0 | „ | „ | „ | = | „ | „ | $\pm$ 0,2 |
| . | . | . | . | . | . | | . | . | . . |
| . | . | . | . | . | . | | . | . | . . |
| „ | = | $\pm$ 70,0 | „ | „ | „ | = | „ | „ | $\pm$ 14,0 |

welche Daten die Argumente der Höhentabelle II bilden.

Was die Einrichtung dieser Tabelle anbelangt, genügt es, darauf aufmerksam zu machen, dass:

die oberste Horizontalreihe die Temperatur-Summen,
die erste Vertikalreihe die Nullhöhen und
alle übrigen Horizontal- resp. Vertikalreihen die betreffenden Correctionswerthe

enthalten, die — wie schon aus obigen Vorzeichen ersichtlich — zu den Nullhöhen zu addiren, wenn die Temperatur-Summe positiv und von denselben abzuziehen sind, wenn die Temperatur-Summe negativ ist.

Ausserdem ermöglichen die den Tafeln beigefügten Proportionaltheile einen jede Interpolation ausschliessenden Auszug der Temperatur-Correction, sobald man sich damit einverstanden erklärt, statt der berechneten Temperatur-Summe die dieser zunächstgelegene tabellirte gelten zu lassen z. B. statt 41,2$^0$ 41,0$^0$, oder statt 41,3$^0$ 41,5$^0$; bei bis zu 250 Metern betragenden Nullhöhen darf man das unbedingt thun, aber auch bei grösseren Höhen und zwar desswegen, weil das Gesetz der Temperatur-Abnahme nicht genau bekannt ist und lokale Einflüsse eine exacte Temperatur-Bestimmung unmöglich machen.

Die Benützung beider Höhentabellen setzt folglich nachstehende Berechnungen als durchgeführt voraus:

1) Nullpunktreduction der Barometerstände.
2) Temperatur-Summen (für die freie Luft).
3) Scalen-Intervalle.
4) Mittel der Barometerstände.

## Beispiel für die Höhenberechnung.

$b = \overset{mm}{729{,}18}$, $b' = 708{,}05$ } auf den Nullpunkt reducirte Barometerstände,

$t = +22{,}7^0$ Celsius, $t' = +19{,}7^0$ „ } Temperaturen der freien Luft, $+42{,}4^0$ = Temperatur-Summe,

$b - b' = 21{,}13$ = Scalen-Intervall und die Hälfte desselben zum kleineren Barometerstande ($b'$) addirt oder vom grösseren ($b$) subtrahirt, gibt:

$\frac{b + b'}{2} = 718{,}62$ = Mittel der Barometerstände;

aus Höhentabelle I (718,50 = 11,124) für 21,13 = 235,1 = Nullhöhe und
„ „ II (42,4⁰ gegenüber 235,1) = + 20,0 = Temperatur-Correction

daher: $h'$ (Höhenunterschied) = 255,1.

## Berichtigung:

Seite 61 Rubr. 90 Zeile 1 steht 1,00 — soll heissen 10,00.

# Höhentabelle I.

**779,50 = 10,252.**

| | 00 | 10 | 20 | 30 | 40 | 50 | 60 | 70 | 80 | 90 |
|---|---|---|---|---|---|---|---|---|---|---|
| 0 | | 1,03 | 2,05 | 3,08 | 4,10 | 5,13 | 6,15 | 7,18 | 8,20 | 9,23 |
| 1 | 10,25 | 11,28 | 12,30 | 13,33 | 14,35 | 15,38 | 16,40 | 17,43 | 18,45 | 19,48 |
| 2 | 20,50 | 21,53 | 22,55 | 23,58 | 24,60 | 25,63 | 26,66 | 27,68 | 28,71 | 29,73 |
| 3 | 30,76 | 31,78 | 32,81 | 33,83 | 34,86 | 35,88 | 36,91 | 37,93 | 38,96 | 39,98 |
| 4 | 41,01 | 42,03 | 43,06 | 44,08 | 45,11 | 46,13 | 47,16 | 48,18 | 49,21 | 50,23 |
| 5 | 51,26 | 52,29 | 53,31 | 54,34 | 55,36 | 56,39 | 57,41 | 58,44 | 59,46 | 60,49 |
| 6 | 61,51 | 62,54 | 63,56 | 64,59 | 65,61 | 66,64 | 67,66 | 68,69 | 69,71 | 70,74 |
| 7 | 71,76 | 72,79 | 73,81 | 74,84 | 75,86 | 76,89 | 77,92 | 78,94 | 79,97 | 80,99 |
| 8 | 82,02 | 83,04 | 84,07 | 85,09 | 86,12 | 87,14 | 88,17 | 89,19 | 90,22 | 91,24 |
| 9 | 92,27 | 93,29 | 94,32 | 95,34 | 96,37 | 97,39 | 98,42 | 99,44 | 100,47 | 101,49 |
| 10 | 102,52 | 103,55 | 104,57 | 105,60 | 106,62 | 107,65 | 108,67 | 109,70 | 110,72 | 111,75 |
| 11 | 112,77 | 113,80 | 114,82 | 115,85 | 116,87 | 117,90 | 118,92 | 119,95 | 120,97 | 122,00 |
| 12 | 123,02 | 124,05 | 125,07 | 126,10 | 127,12 | 128,15 | 129,18 | 130,20 | 131,23 | 132,25 |
| 13 | 133,28 | 134,30 | 135,33 | 136,35 | 137,38 | 138,40 | 139,43 | 140,45 | 141,48 | 142,50 |
| 14 | 143,53 | 144,55 | 145,58 | 146,60 | 147,63 | 148,65 | 149,68 | 150,70 | 151,73 | 152,75 |
| 15 | 153,78 | 154,81 | 155,83 | 156,86 | 157,88 | 158,91 | 159,93 | 160,96 | 161,98 | 163,01 |
| 16 | 164,03 | 165,06 | 166,08 | 167,11 | 168,13 | 169,16 | 170,18 | 171,21 | 172,23 | 173,26 |
| 17 | 174,28 | 175,31 | 176,33 | 177,36 | 178,38 | 179,41 | 180,44 | 181,46 | 182,49 | 183,51 |
| 18 | 184,54 | 185,56 | 186,59 | 187,61 | 188,64 | 189,66 | 190,69 | 191,71 | 192,74 | 193,76 |
| 19 | 194,79 | 195,81 | 196,84 | 197,86 | 198,89 | 199,91 | 200,94 | 201,96 | 202,99 | 204,01 |
| 20 | 205,04 | 206,07 | 207,09 | 208,12 | 209,14 | 210,17 | 211,19 | 212,22 | 213,24 | 214,27 |
| 21 | 215,29 | 216,32 | 217,34 | 218,37 | 219,39 | 220,42 | 221,44 | 222,47 | 223,49 | 224,52 |
| 22 | 225,54 | 226,57 | 227,59 | 228,62 | 229,64 | 230,67 | 231,70 | 232,72 | 233,75 | 234,77 |
| 23 | 235,80 | 236,82 | 237,85 | 238,87 | 239,90 | 240,92 | 241,95 | 242,97 | 244,00 | 245,02 |
| 24 | 246,05 | 247,07 | 248,10 | 249,12 | 250,15 | 251,17 | 252,20 | 253,22 | 254,25 | 255,27 |

| dif. | |
|---|---|
| 102 | |
| 1 | 0,10 |
| 2 | 0,20 |
| 3 | 0,31 |
| 4 | 0,41 |
| 5 | 0,51 |
| 6 | 0,61 |
| 7 | 0,71 |
| 8 | 0,82 |
| 9 | 0,92 |
| 103 | |
| 1 | 0,10 |
| 2 | 0,21 |
| 3 | 0,31 |
| 4 | 0,41 |
| 5 | 0,52 |
| 6 | 0,62 |
| 7 | 0,72 |
| 8 | 0,82 |
| 9 | 0,93 |

## 778,50 = 10,267.

| | 00 | 10 | 20 | 30 | 40 | 50 | 60 | 70 | 80 | 90 |
|---|---|---|---|---|---|---|---|---|---|---|
| 0 | | 1,03 | 2,05 | 3,08 | 4,11 | 5,13 | 6,16 | 7,19 | 8,21 | 9,24 |
| 1 | 10,27 | 11,29 | 12,32 | 13,35 | 14,37 | 15,40 | 16,43 | 17,45 | 18,48 | 19,51 |
| 2 | 20,53 | 21,56 | 22,59 | 23,61 | 24,64 | 25,67 | 26,69 | 27,72 | 28,75 | 29,77 |
| 3 | 30,80 | 31,83 | 32,85 | 33,88 | 34,91 | 35,93 | 36,96 | 37,99 | 39,01 | 40,04 |
| 4 | 41,07 | 42,09 | 43,12 | 44,15 | 45,17 | 46,20 | 47,23 | 48,25 | 49,28 | 50,31 |
| 5 | 51,34 | 52,36 | 53,39 | 54,42 | 55,44 | 56,47 | 57,50 | 58,52 | 59,55 | 60,58 |
| 6 | 61,60 | 62,63 | 63,66 | 64,68 | 65,71 | 66,74 | 67,76 | 68,79 | 69,82 | 70,84 |
| 7 | 71,87 | 72,90 | 73,92 | 74,95 | 75,98 | 77,00 | 78,03 | 79,06 | 80,08 | 81,11 |
| 8 | 82,14 | 83,16 | 84,19 | 85,22 | 86,24 | 87,27 | 88,30 | 89,32 | 90,35 | 91,38 |
| 9 | 92,40 | 93,43 | 94,46 | 95,48 | 96,51 | 97,54 | 98,56 | 99,59 | 100,62 | 101,64 |
| 10 | 102,67 | 103,70 | 104,72 | 105,75 | 106,78 | 107,80 | 108,83 | 109,86 | 110,88 | 111,91 |
| 11 | 112,94 | 113,96 | 114,99 | 116,02 | 117,04 | 118,07 | 119,10 | 120,12 | 121,15 | 122,18 |
| 12 | 123,20 | 124,23 | 125,26 | 126,28 | 127,31 | 128,34 | 129,36 | 130,39 | 131,42 | 132,44 |
| 13 | 133,47 | 134,50 | 135,52 | 136,55 | 137,58 | 138,60 | 139,63 | 140,66 | 141,68 | 142,71 |
| 14 | 143,74 | 144,76 | 145,79 | 146,82 | 147,84 | 148,87 | 149,90 | 150,92 | 151,95 | 152,98 |
| 15 | 154,01 | 155,03 | 156,06 | 157,09 | 158,11 | 159,14 | 160,17 | 161,19 | 162,22 | 163,25 |
| 16 | 164,27 | 165,30 | 166,33 | 167,35 | 168,38 | 169,41 | 170,43 | 171,46 | 172,49 | 173,51 |
| 17 | 174,54 | 175,57 | 176,59 | 177,62 | 178,65 | 179,67 | 180,70 | 181,73 | 182,75 | 183,78 |
| 18 | 184,81 | 185,83 | 186,86 | 187,89 | 188,91 | 189,94 | 190,97 | 191,99 | 193,02 | 194,05 |
| 19 | 195,07 | 196,10 | 197,13 | 198,15 | 199,18 | 200,21 | 201,23 | 202,26 | 203,29 | 204,31 |
| 20 | 205,34 | 206,37 | 207,39 | 208,42 | 209,45 | 210,47 | 211,50 | 212,53 | 213,55 | 214,58 |
| 21 | 215,61 | 216,63 | 217,66 | 218,69 | 219,71 | 220,74 | 221,77 | 222,79 | 223,82 | 224,85 |
| 22 | 225,87 | 226,90 | 227,93 | 228,95 | 229,98 | 231,01 | 232,03 | 233,06 | 234,09 | 235,11 |
| 23 | 236,14 | 237,17 | 238,19 | 239,22 | 240,25 | 241,27 | 242,30 | 243,33 | 244,35 | 245,38 |
| 24 | 246,41 | 247,43 | 248,46 | 249,49 | 250,51 | 251,54 | 252,57 | 253,59 | 254,62 | 255,65 |

| dif. | |
|---|---|
| 102 | |
| 1 | 0,10 |
| 2 | 0,20 |
| 3 | 0,31 |
| 4 | 0,41 |
| 5 | 0,51 |
| 6 | 0,61 |
| 7 | 0,71 |
| 8 | 0,82 |
| 9 | 0,92 |
| 103 | |
| 1 | 0,10 |
| 2 | 0,21 |
| 3 | 0,31 |
| 4 | 0,41 |
| 5 | 0,52 |
| 6 | 0,62 |
| 7 | 0,72 |
| 8 | 0,82 |
| 9 | 0,93 |

## 777,50 = 10,280.

| | 00 | 10 | 20 | 30 | 40 | 50 | 60 | 70 | 80 | 90 |
|---|---|---|---|---|---|---|---|---|---|---|
| 0 | | 1,03 | 2,06 | 3,08 | 4,11 | 5,14 | 6,17 | 7,20 | 8,22 | 9,25 |
| 1 | 10,28 | 11,31 | 12,34 | 13,36 | 14,39 | 15,42 | 16,45 | 17,48 | 18,50 | 19,53 |
| 2 | 20,56 | 21,59 | 22,62 | 23,64 | 24,67 | 25,70 | 26,73 | 27,76 | 28,78 | 29,81 |
| 3 | 30,84 | 31,87 | 32,90 | 33,92 | 34,95 | 35,98 | 37,01 | 38,04 | 39,06 | 40,09 |
| 4 | 41,12 | 42,15 | 43,18 | 44,20 | 45,23 | 46,26 | 47,29 | 48,32 | 49,34 | 50,37 |
| 5 | 51,40 | 52,43 | 53,46 | 54,48 | 55,51 | 56,54 | 57,57 | 58,60 | 59,62 | 60,65 |
| 6 | 61,68 | 62,71 | 63,74 | 64,76 | 65,79 | 66,82 | 67,85 | 68,88 | 69,90 | 70,93 |
| 7 | 71,96 | 72,99 | 74,02 | 75,04 | 76,07 | 77,10 | 78,13 | 79,16 | 80,18 | 81,21 |
| 8 | 82,24 | 83,27 | 84,30 | 85,32 | 86,35 | 87,38 | 88,41 | 89,44 | 90,46 | 91,49 |
| 9 | 92,52 | 93,55 | 94,58 | 95,60 | 96,63 | 97,66 | 98,69 | 99,72 | 100,74 | 101,77 |
| 10 | 102,80 | 103,83 | 104,86 | 105,88 | 106,91 | 107,94 | 108,97 | 110,00 | 111,02 | 112,05 |
| 11 | 113,08 | 114,11 | 115,14 | 116,16 | 117,19 | 118,22 | 119,25 | 120,28 | 121,30 | 122,33 |
| 12 | 123,36 | 124,39 | 125,42 | 126,44 | 127,47 | 128,50 | 129,53 | 130,56 | 131,58 | 132,61 |
| 13 | 133,64 | 134,67 | 135,70 | 136,72 | 137,75 | 138,78 | 139,81 | 140,84 | 141,86 | 142,89 |
| 14 | 143,92 | 144,95 | 145,98 | 147,00 | 148,03 | 149,06 | 150,09 | 151,12 | 152,14 | 153,17 |
| 15 | 154,20 | 155,23 | 156,26 | 157,28 | 158,31 | 159,34 | 160,37 | 161,40 | 162,42 | 163,45 |
| 16 | 164,48 | 165,51 | 166,54 | 167,56 | 168,59 | 169,62 | 170,65 | 171,68 | 172,70 | 173,73 |
| 17 | 174,76 | 175,79 | 176,82 | 177,84 | 178,87 | 179,90 | 180,93 | 181,96 | 182,98 | 184,01 |
| 18 | 185,04 | 186,07 | 187,10 | 188,12 | 189,15 | 190,18 | 191,21 | 192,24 | 193,26 | 194,29 |
| 19 | 195,32 | 196,35 | 197,38 | 198,40 | 199,43 | 200,46 | 201,49 | 202,52 | 203,54 | 204,57 |
| 20 | 205,60 | 206,63 | 207,66 | 208,68 | 209,71 | 210,74 | 211,77 | 212,80 | 213,82 | 214,85 |
| 21 | 215,88 | 216,91 | 217,94 | 218,96 | 219,99 | 221,02 | 222,05 | 223,08 | 224,10 | 225,13 |
| 22 | 226,16 | 227,19 | 228,22 | 229,24 | 230,27 | 231,30 | 232,33 | 233,36 | 234,38 | 235,41 |
| 23 | 236,44 | 237,47 | 238,50 | 239,52 | 240,55 | 241,58 | 242,61 | 243,64 | 244,66 | 245,69 |
| 24 | 246,72 | 247,75 | 248,78 | 249,80 | 250,83 | 251,86 | 252,89 | 253,92 | 254,94 | 255,97 |

| dif. | 102 |
|---|---|
| 1 | 0,10 |
| 2 | 0,20 |
| 3 | 0,31 |
| 4 | 0,41 |
| 5 | 0,51 |
| 6 | 0,61 |
| 7 | 0,71 |
| 8 | 0,82 |
| 9 | 0,92 |

| dif. | 103 |
|---|---|
| 1 | 0,10 |
| 2 | 0,21 |
| 3 | 0,31 |
| 4 | 0,41 |
| 5 | 0,52 |
| 6 | 0,62 |
| 7 | 0,72 |
| 8 | 0,82 |
| 9 | 0,93 |

## 776,50 = 10,293.

| | 00 | 10 | 20 | 30 | 40 | 50 | 60 | 70 | 80 | 90 |
|---|---|---|---|---|---|---|---|---|---|---|
| 0 | | 1,03 | 2,06 | 3,09 | 4,12 | 5,15 | 6,18 | 7,21 | 8,23 | 9,26 |
| 1 | 10,29 | 11,32 | 12,35 | 13,38 | 14,41 | 15,44 | 16,47 | 17,50 | 18,53 | 19,56 |
| 2 | 20,59 | 21,62 | 22,64 | 23,67 | 24,70 | 25,73 | 26,76 | 27,79 | 28,82 | 29,85 |
| 3 | 30,88 | 31,91 | 32,94 | 33,97 | 35,00 | 36,03 | 37,05 | 38,08 | 39,11 | 40,14 |
| 4 | 41,17 | 42,20 | 43,23 | 44,26 | 45,29 | 46,32 | 47,35 | 48,38 | 49,41 | 50,44 |
| 5 | 51,47 | 52,49 | 53,52 | 54,55 | 55,58 | 56,61 | 57,64 | 58,67 | 59,70 | 60,73 |
| 6 | 61,76 | 62,79 | 63,82 | 64,85 | 65,88 | 66,90 | 67,93 | 68,96 | 69,99 | 71,02 |
| 7 | 72,05 | 73,08 | 74,11 | 75,14 | 76,17 | 77,20 | 78,23 | 79,26 | 80,29 | 81,31 |
| 8 | 82,34 | 83,37 | 84,40 | 85,43 | 86,46 | 87,49 | 88,52 | 89,55 | 90,58 | 91,61 |
| 9 | 92,64 | 93,67 | 94,70 | 95,72 | 96,75 | 97,78 | 98,81 | 99,84 | 100,87 | 101,90 |
| 10 | 102,93 | 103,96 | 104,99 | 106,02 | 107,05 | 108,08 | 109,11 | 110,14 | 111,16 | 112,19 |
| 11 | 113,22 | 114,25 | 115,28 | 116,31 | 117,34 | 118,37 | 119,40 | 120,43 | 121,46 | 122,49 |
| 12 | 123,52 | 124,55 | 125,57 | 126,60 | 127,63 | 128,66 | 129,69 | 130,72 | 131,75 | 132,78 |
| 13 | 133,81 | 134,84 | 135,87 | 136,90 | 137,93 | 138,96 | 139,98 | 141,01 | 142,04 | 143,07 |
| 14 | 144,10 | 145,13 | 146,16 | 147,19 | 148,22 | 149,25 | 150,28 | 151,31 | 152,34 | 153,37 |
| 15 | 154,40 | 155,42 | 156,45 | 157,48 | 158,51 | 159,54 | 160,57 | 161,60 | 162,63 | 163,66 |
| 16 | 164,69 | 165,72 | 166,75 | 167,78 | 168,81 | 169,83 | 170,86 | 171,89 | 172,92 | 173,95 |
| 17 | 174,98 | 176,01 | 177,04 | 178,07 | 179,10 | 180,13 | 181,16 | 182,19 | 183,22 | 184,24 |
| 18 | 185,27 | 186,30 | 187,33 | 188,36 | 189,39 | 190,42 | 191,45 | 192,48 | 193,51 | 194,54 |
| 19 | 195,57 | 196,60 | 197,63 | 198,65 | 199,68 | 200,71 | 201,74 | 202,77 | 203,80 | 204,83 |
| 20 | 205,86 | 206,89 | 207,92 | 208,95 | 209,98 | 211,01 | 212,04 | 213,07 | 214,09 | 215,12 |
| 21 | 216,15 | 217,18 | 218,21 | 219,24 | 220,27 | 221,30 | 222,33 | 223,36 | 224,39 | 225,42 |
| 22 | 226,45 | 227,48 | 228,50 | 229,53 | 230,56 | 231,59 | 232,62 | 233,65 | 234,68 | 235,71 |
| 23 | 236,74 | 237,77 | 238,80 | 239,83 | 240,86 | 241,89 | 242,91 | 243,94 | 244,97 | 246,00 |
| 24 | 247,03 | 248,06 | 249,09 | 250,12 | 251,15 | 252,18 | 253,21 | 254,24 | 255,27 | 256,30 |

| dif. | |
|---|---|
| 102 | |
| 1 | 0,10 |
| 2 | 0,20 |
| 3 | 0,31 |
| 4 | 0,41 |
| 5 | 0,51 |
| 6 | 0,61 |
| 7 | 0,71 |
| 8 | 0,82 |
| 9 | 0,92 |
| 103 | |
| 1 | 0,10 |
| 2 | 0,21 |
| 3 | 0,31 |
| 4 | 0,41 |
| 5 | 0,52 |
| 6 | 0,62 |
| 7 | 0,72 |
| 8 | 0,82 |
| 9 | 0,93 |

# 775,50 = 10,305.

| | 00 | 10 | 20 | 30 | 40 | 50 | 60 | 70 | 80 | 90 |
|---|---|---|---|---|---|---|---|---|---|---|
| 0 | | 1,03 | 2,06 | 3,09 | 4,12 | 5,15 | 6,18 | 7,21 | 8,24 | 9,27 |
| 1 | 10,31 | 11,34 | 12,37 | 13,40 | 14,43 | 15,46 | 16,49 | 17,52 | 18,55 | 19,58 |
| 2 | 20,61 | 21,64 | 22,67 | 23,70 | 24,73 | 25,76 | 26,79 | 27,82 | 28,85 | 29,88 |
| 3 | 30,92 | 31,95 | 32,98 | 34,01 | 35,04 | 36,07 | 37,10 | 38,13 | 39,16 | 40,19 |
| 4 | 41,22 | 42,25 | 43,28 | 44,31 | 45,34 | 46,37 | 47,40 | 48,43 | 49,46 | 50,49 |
| 5 | 51,53 | 52,56 | 53,59 | 54,62 | 55,65 | 56,68 | 57,71 | 58,74 | 59,77 | 60,80 |
| 6 | 61,83 | 62,86 | 63,89 | 64,92 | 65,95 | 66,98 | 68,01 | 69,04 | 70,07 | 71,10 |
| 7 | 72,14 | 73,17 | 74,20 | 75,23 | 76,26 | 77,29 | 78,32 | 79,35 | 80,38 | 81,41 |
| 8 | 82,44 | 83,47 | 84,50 | 85,53 | 86,56 | 87,59 | 88,62 | 89,65 | 90,68 | 91,71 |
| 9 | 92,75 | 93,78 | 94,81 | 95,84 | 96,87 | 97,90 | 98,93 | 99,96 | 100,99 | 102,02 |
| 10 | 103,05 | 104,08 | 105,11 | 106,14 | 107,17 | 108,20 | 109,23 | 110,26 | 111,29 | 112,32 |
| 11 | 113,36 | 114,39 | 115,42 | 116,45 | 117,48 | 118,51 | 119,54 | 120,57 | 121,60 | 122,63 |
| 12 | 123,66 | 124,69 | 125,72 | 126,75 | 127,78 | 128,81 | 129,84 | 130,87 | 131,90 | 132,93 |
| 13 | 133,97 | 135,00 | 136,03 | 137,06 | 138,09 | 139,12 | 140,15 | 141,18 | 142,21 | 143,24 |
| 14 | 144,27 | 145,30 | 146,33 | 147,36 | 148,39 | 149,42 | 150,45 | 151,48 | 152,51 | 153,54 |
| 15 | 154,58 | 155,61 | 156,64 | 157,67 | 158,70 | 159,73 | 160,76 | 161,79 | 162,82 | 163,85 |
| 16 | 164,88 | 165,91 | 166,94 | 167,97 | 169,00 | 170,03 | 171,06 | 172,09 | 173,12 | 174,15 |
| 17 | 175,19 | 176,22 | 177,25 | 178,28 | 179,31 | 180,34 | 181,37 | 182,40 | 183,43 | 184,46 |
| 18 | 185,49 | 186,52 | 187,55 | 188,58 | 189,61 | 190,64 | 191,67 | 192,70 | 193,73 | 194,76 |
| 19 | 195,80 | 196,83 | 197,86 | 198,89 | 199,92 | 200,95 | 201,98 | 203,01 | 204,04 | 205,07 |
| 20 | 206,10 | 207,13 | 208,16 | 209,19 | 210,22 | 211,25 | 212,28 | 213,31 | 214,34 | 215,37 |
| 21 | 216,41 | 217,44 | 218,47 | 219,50 | 220,53 | 221,56 | 222,59 | 223,62 | 224,65 | 225,68 |
| 22 | 226,71 | 227,74 | 228,77 | 229,80 | 230,83 | 231,86 | 232,89 | 233,92 | 234,95 | 235,98 |
| 23 | 237,02 | 238,05 | 239,08 | 240,11 | 241,14 | 242,17 | 243,20 | 244,23 | 245,26 | 246,29 |
| 24 | 247,32 | 248,35 | 249,38 | 250,41 | 251,44 | 252,47 | 253,50 | 254,53 | 255,56 | 256,59 |

| dif. | 103 | 104 |
|---|---|---|
| 1 | 0,10 | 0,10 |
| 2 | 0,21 | 0,21 |
| 3 | 0,31 | 0,31 |
| 4 | 0,41 | 0,42 |
| 5 | 0,52 | 0,52 |
| 6 | 0,62 | 0,62 |
| 7 | 0,72 | 0,73 |
| 8 | 0,82 | 0,83 |
| 9 | 0,93 | 0,94 |

## 774,50 = 10,318.

| | 00 | 10 | 20 | 30 | 40 | 50 | 60 | 70 | 80 | 90 |
|---|---|---|---|---|---|---|---|---|---|---|
| 0 | | 1,03 | 2,06 | 3,10 | 4,13 | 5,16 | 6,19 | 7,22 | 8,25 | 9,29 |
| 1 | 10,32 | 11,35 | 12,38 | 13,41 | 14,45 | 15,48 | 16,51 | 17,54 | 18,57 | 19,60 |
| 2 | 20,64 | 21,67 | 22,70 | 23,73 | 24,76 | 25,80 | 26,83 | 27,86 | 28,89 | 29,92 |
| 3 | 30,95 | 31,99 | 33,02 | 34,05 | 35,08 | 36,11 | 37,14 | 38,18 | 39,21 | 40,24 |
| 4 | 41,27 | 42,30 | 43,34 | 44,37 | 45,40 | 46,43 | 47,46 | 48,49 | 49,53 | 50,56 |
| 5 | 51,59 | 52,62 | 53,65 | 54,69 | 55,72 | 56,75 | 57,78 | 58,81 | 59,84 | 60,88 |
| 6 | 61,91 | 62,94 | 63,97 | 65,00 | 66,04 | 67,07 | 68,10 | 69,13 | 70,16 | 71,19 |
| 7 | 72,23 | 73,26 | 74,29 | 75,32 | 76,35 | 77,39 | 78,42 | 79,45 | 80,48 | 81,51 |
| 8 | 82,54 | 83,58 | 84,61 | 85,64 | 86,67 | 87,70 | 88,73 | 89,77 | 90,80 | 91,83 |
| 9 | 92,86 | 93,89 | 94,93 | 95,96 | 96,99 | 98,02 | 99,05 | 100,08 | 101,12 | 102,15 |
| 10 | 103,18 | 104,21 | 105,24 | 106,28 | 107,31 | 108,34 | 109,37 | 110,40 | 111,43 | 112,47 |
| 11 | 113,50 | 114,53 | 115,56 | 116,59 | 117,63 | 118,66 | 119,69 | 120,72 | 121,75 | 122,78 |
| 12 | 123,82 | 124,85 | 125,88 | 126,91 | 127,94 | 128,98 | 130,01 | 131,04 | 132,07 | 133,10 |
| 13 | 134,13 | 135,17 | 136,20 | 137,23 | 138,26 | 139,29 | 140,32 | 141,36 | 142,39 | 143,42 |
| 14 | 144,45 | 145,48 | 146,52 | 147,55 | 148,58 | 149,61 | 150,64 | 151,67 | 152,71 | 153,74 |
| 15 | 154,77 | 155,80 | 156,83 | 157,87 | 158,90 | 159,93 | 160,96 | 161,99 | 163,02 | 164,06 |
| 16 | 165,09 | 166,12 | 167,15 | 168,18 | 169,22 | 170,25 | 171,28 | 172,31 | 173,34 | 174,37 |
| 17 | 175,41 | 176,44 | 177,47 | 178,50 | 179,53 | 180,57 | 181,60 | 182,63 | 183,66 | 184,69 |
| 18 | 185,72 | 186,76 | 187,79 | 188,82 | 189,85 | 190,88 | 191,91 | 192,95 | 193,98 | 195,01 |
| 19 | 196,04 | 197,07 | 198,11 | 199,14 | 200,17 | 201,20 | 202,23 | 203,26 | 204,30 | 205,33 |
| 20 | 206,36 | 207,39 | 208,42 | 209,46 | 210,49 | 211,52 | 212,55 | 213,58 | 214,61 | 215,65 |
| 21 | 216,68 | 217,71 | 218,74 | 219,77 | 220,81 | 221,84 | 222,87 | 223,90 | 224,93 | 225,96 |
| 22 | 227,00 | 228,03 | 229,06 | 230,09 | 231,12 | 232,16 | 233,19 | 234,22 | 235,25 | 236,28 |
| 23 | 237,31 | 238,35 | 239,38 | 240,41 | 241,44 | 242,47 | 243,50 | 244,54 | 245,57 | 246,60 |
| 24 | 247,63 | 248,66 | 249,70 | 250,73 | 251,76 | 252,79 | 253,82 | 254,85 | 255,89 | 256,92 |

| dif. | 103 | 104 |
|---|---|---|
| 1 | 0,10 | 0,10 |
| 2 | 0,21 | 0,21 |
| 3 | 0,31 | 0,31 |
| 4 | 0,41 | 0,42 |
| 5 | 0,52 | 0,52 |
| 6 | 0,62 | 0,62 |
| 7 | 0,72 | 0,73 |
| 8 | 0,82 | 0,83 |
| 9 | 0,93 | 0,94 |

## 773,50 = 10,333.

| | 00 | 10 | 20 | 30 | 40 | 50 | 60 | 70 | 80 | 90 |
|---|---|---|---|---|---|---|---|---|---|---|
| 0 | | 1,03 | 2,07 | 3,10 | 4,13 | 5,17 | 6,20 | 7,23 | 8,27 | 9,30 |
| 1 | 10,33 | 11,37 | 12,40 | 13,43 | 14,47 | 15,50 | 16,53 | 17,57 | 18,60 | 19,63 |
| 2 | 20,67 | 21,70 | 22,73 | 23,77 | 24,80 | 25,83 | 26,87 | 27,90 | 28,93 | 29,97 |
| 3 | 31,00 | 32,03 | 33,07 | 34,10 | 35,13 | 36,17 | 37,20 | 38,23 | 39,27 | 40,30 |
| 4 | 41,33 | 42,37 | 43,40 | 44,43 | 45,47 | 46,50 | 47,53 | 48,57 | 49,60 | 50,63 |
| 5 | 51,67 | 52,70 | 53,73 | 54,76 | 55,80 | 56,83 | 57,86 | 58,90 | 59,93 | 60,96 |
| 6 | 62,00 | 63,03 | 64,06 | 65,10 | 66,13 | 67,16 | 68,20 | 69,23 | 70,26 | 71,30 |
| 7 | 72,33 | 73,36 | 74,40 | 75,43 | 76,46 | 77,50 | 78,53 | 79,56 | 80,60 | 81,63 |
| 8 | 82,66 | 83,70 | 84,73 | 85,76 | 86,80 | 87,83 | 88,86 | 89,90 | 90,93 | 91,96 |
| 9 | 93,00 | 94,03 | 95,06 | 96,10 | 97,13 | 98,16 | 99,20 | 100,23 | 101,26 | 102,30 |
| 10 | 103,33 | 104,36 | 105,40 | 106,43 | 107,46 | 108,50 | 109,53 | 110,56 | 111,60 | 112,63 |
| 11 | 113,66 | 114,70 | 115,73 | 116,76 | 117,80 | 118,83 | 119,86 | 120,90 | 121,93 | 122,96 |
| 12 | 124,00 | 125,03 | 126,06 | 127,10 | 128,13 | 129,16 | 130,20 | 131,23 | 132,26 | 133,30 |
| 13 | 134,33 | 135,36 | 136,40 | 137,43 | 138,46 | 139,50 | 140,53 | 141,56 | 142,60 | 143,63 |
| 14 | 144,66 | 145,70 | 146,73 | 147,76 | 148,80 | 149,83 | 150,86 | 151,90 | 152,93 | 153,96 |
| 15 | 155,00 | 156,03 | 157,06 | 158,09 | 159,13 | 160,16 | 161,19 | 162,23 | 163,26 | 164,29 |
| 16 | 165,33 | 166,36 | 167,39 | 168,43 | 169,46 | 170,49 | 171,53 | 172,56 | 173,59 | 174,63 |
| 17 | 175,66 | 176,69 | 177,73 | 178,76 | 179,79 | 180,83 | 181,86 | 182,89 | 183,93 | 184,96 |
| 18 | 185,99 | 187,03 | 188,06 | 189,09 | 190,13 | 191,16 | 192,19 | 193,23 | 194,26 | 195,29 |
| 19 | 196,33 | 197,36 | 198,39 | 199,43 | 200,46 | 201,49 | 202,53 | 203,56 | 204,59 | 205,63 |
| 20 | 206,66 | 207,69 | 208,73 | 209,76 | 210,79 | 211,83 | 212,86 | 213,89 | 214,93 | 215,96 |
| 21 | 216,99 | 218,03 | 219,06 | 220,09 | 221,13 | 222,16 | 223,19 | 224,23 | 225,26 | 226,29 |
| 22 | 227,33 | 228,36 | 229,39 | 230,43 | 231,46 | 232,49 | 233,53 | 234,56 | 235,59 | 236,63 |
| 23 | 237,66 | 238,69 | 239,73 | 240,76 | 241,79 | 242,83 | 243,86 | 244,89 | 245,93 | 246,96 |
| 24 | 247,99 | 249,03 | 250,06 | 251,09 | 252,13 | 253,16 | 254,19 | 255,23 | 256,26 | 257,29 |

| dif. | 103 | 104 |
|---|---|---|
| 1 | 0,10 | 0,10 |
| 2 | 0,21 | 0,21 |
| 3 | 0,31 | 0,31 |
| 4 | 0,41 | 0,42 |
| 5 | 0,52 | 0,52 |
| 6 | 0,62 | 0,62 |
| 7 | 0,72 | 0,73 |
| 8 | 0,82 | 0,83 |
| 9 | 0,93 | 0,94 |

# 772,50 = 10,346.

| | 00 | 10 | 20 | 30 | 40 | 50 | 60 | 70 | 80 | 90 |
|---|---|---|---|---|---|---|---|---|---|---|
| 0 | | 1,03 | 2,07 | 3,10 | 4,14 | 5,17 | 6,21 | 7,24 | 8,28 | 9,31 |
| 1 | 10,35 | 11,38 | 12,42 | 13,45 | 14,48 | 15,52 | 16,55 | 17,59 | 18,62 | 19,66 |
| 2 | 20,69 | 21,73 | 22,76 | 23,80 | 24,83 | 25,87 | 26,90 | 27,93 | 28,97 | 30,00 |
| 3 | 31,04 | 32,07 | 33,11 | 34,14 | 35,18 | 36,21 | 37,25 | 38,28 | 39,31 | 40,35 |
| 4 | 41,38 | 42,42 | 43,45 | 44,49 | 45,52 | 46,56 | 47,59 | 48,63 | 49,66 | 50,70 |
| 5 | 51,73 | 52,76 | 53,80 | 54,83 | 55,87 | 56,90 | 57,94 | 58,97 | 60,01 | 61,04 |
| 6 | 62,08 | 63,11 | 64,15 | 65,18 | 66,21 | 67,25 | 68,28 | 69,32 | 70,35 | 71,39 |
| 7 | 72,42 | 73,46 | 74,49 | 75,53 | 76,56 | 77,60 | 78,63 | 79,66 | 80,70 | 81,73 |
| 8 | 82,77 | 83,80 | 84,84 | 85,87 | 86,91 | 87,94 | 88,98 | 90,01 | 91,04 | 92,08 |
| 9 | 93,11 | 94,15 | 95,18 | 96,22 | 97,25 | 98,29 | 99,32 | 100,36 | 101,39 | 102,43 |
| 10 | 103,46 | 104,49 | 105,53 | 106,56 | 107,60 | 108,63 | 109,67 | 110,70 | 111,74 | 112,77 |
| 11 | 113,81 | 114,84 | 115,88 | 116,91 | 117,94 | 118,98 | 120,01 | 121,05 | 122,08 | 123,12 |
| 12 | 124,15 | 125,19 | 126,22 | 127,26 | 128,29 | 129,33 | 130,36 | 131,39 | 132,43 | 133,46 |
| 13 | 134,50 | 135,53 | 136,57 | 137,60 | 138,64 | 139,67 | 140,71 | 141,74 | 142,77 | 143,81 |
| 14 | 144,84 | 145,88 | 146,91 | 147,95 | 148,98 | 150,02 | 151,05 | 152,09 | 153,12 | 154,16 |
| 15 | 155,19 | 156,22 | 157,26 | 158,29 | 159,33 | 160,36 | 161,40 | 162,43 | 163,47 | 164,50 |
| 16 | 165,54 | 166,57 | 167,61 | 168,64 | 169,67 | 170,71 | 171,74 | 172,78 | 173,81 | 174,85 |
| 17 | 175,88 | 176,92 | 177,95 | 178,99 | 180,02 | 181,06 | 182,09 | 183,12 | 184,16 | 185,19 |
| 18 | 186,23 | 187,26 | 188,30 | 189,33 | 190,37 | 191,40 | 192,44 | 193,47 | 194,50 | 195,54 |
| 19 | 196,57 | 197,61 | 198,64 | 199,68 | 200,71 | 201,75 | 202,78 | 203,82 | 204,85 | 205,89 |
| 20 | 206,92 | 207,95 | 208,99 | 210,02 | 211,06 | 212,09 | 213,13 | 214,16 | 215,20 | 216,23 |
| 21 | 217,27 | 218,30 | 219,34 | 220,37 | 221,40 | 222,44 | 223,47 | 224,51 | 225,54 | 226,58 |
| 22 | 227,61 | 228,65 | 229,68 | 230,72 | 231,75 | 232,79 | 233,82 | 234,85 | 235,89 | 236,92 |
| 23 | 237,96 | 238,99 | 240,03 | 241,06 | 242,10 | 243,13 | 244,17 | 245,20 | 246,23 | 247,27 |
| 24 | 248,30 | 249,34 | 250,37 | 251,41 | 252,44 | 253,48 | 254,51 | 255,55 | 256,58 | 257,62 |

dif.

| 103 | |
|---|---|
| 1 | 0,10 |
| 2 | 0,21 |
| 3 | 0,31 |
| 4 | 0,41 |
| 5 | 0,52 |
| 6 | 0,62 |
| 7 | 0,72 |
| 8 | 0,82 |
| 9 | 0,93 |

| 104 | |
|---|---|
| 1 | 0,10 |
| 2 | 0,21 |
| 3 | 0,31 |
| 4 | 0,42 |
| 5 | 0,52 |
| 6 | 0,62 |
| 7 | 0,73 |
| 8 | 0,83 |
| 9 | 0,94 |

## 771,50 = 10,359.

| | 00 | 10 | 20 | 30 | 40 | 50 | 60 | 70 | 80 | 90 |
|---|---|---|---|---|---|---|---|---|---|---|
| 0 | | 1,04 | 2,07 | 3,11 | 4,14 | 5,18 | 6,22 | 7,25 | 8,29 | 9,32 |
| 1 | 10,36 | 11,39 | 12,43 | 13,47 | 14,50 | 15,54 | 16,57 | 17,61 | 18,65 | 19,68 |
| 2 | 20,72 | 21,75 | 22,79 | 23,83 | 24,86 | 25,90 | 26,93 | 27,97 | 29,01 | 30,04 |
| 3 | 31,08 | 32,11 | 33,15 | 34,18 | 35,22 | 36,26 | 37,29 | 38,33 | 39,36 | 40,40 |
| 4 | 41,44 | 42,47 | 43,51 | 44,54 | 45,58 | 46,62 | 47,65 | 48,69 | 49,72 | 50,76 |
| 5 | 51,80 | 52,83 | 53,87 | 54,90 | 55,94 | 56,97 | 58,01 | 59,05 | 60,08 | 61,12 |
| 6 | 62,15 | 63,19 | 64,23 | 65,26 | 66,30 | 67,33 | 68,37 | 69,41 | 70,44 | 71,48 |
| 7 | 72,51 | 73,55 | 74,58 | 75,62 | 76,66 | 77,69 | 78,73 | 79,76 | 80,80 | 81,84 |
| 8 | 82,87 | 83,91 | 84,94 | 85,98 | 87,02 | 88,05 | 89,09 | 90,12 | 91,16 | 92,20 |
| 9 | 93,23 | 94,27 | 95,30 | 96,34 | 97,37 | 98,41 | 99,45 | 100,48 | 101,52 | 102,55 |
| 10 | 103,59 | 104,63 | 105,66 | 106,70 | 107,73 | 108,77 | 109,81 | 110,84 | 111,88 | 112,91 |
| 11 | 113,95 | 114,98 | 116,02 | 117,06 | 118,09 | 119,13 | 120,16 | 121,20 | 122,24 | 123,27 |
| 12 | 124,31 | 125,34 | 126,38 | 127,42 | 128,45 | 129,49 | 130,52 | 131,56 | 132,60 | 133,63 |
| 13 | 134,67 | 135,70 | 136,74 | 137,77 | 138,81 | 139,85 | 140,88 | 141,92 | 142,95 | 143,99 |
| 14 | 145,03 | 146,06 | 147,10 | 148,13 | 149,17 | 150,21 | 151,24 | 152,28 | 153,31 | 154,35 |
| 15 | 155,39 | 156,42 | 157,46 | 158,49 | 159,53 | 160,56 | 161,60 | 162,64 | 163,67 | 164,71 |
| 16 | 165,74 | 166,78 | 167,82 | 168,85 | 169,89 | 170,92 | 171,96 | 173,00 | 174,03 | 175,07 |
| 17 | 176,10 | 177,14 | 178,17 | 179,21 | 180,25 | 181,28 | 182,32 | 183,35 | 184,39 | 185,43 |
| 18 | 186,46 | 187,50 | 188,53 | 189,57 | 190,61 | 191,64 | 192,68 | 193,71 | 194,75 | 195,79 |
| 19 | 196,82 | 197,86 | 198,89 | 199,93 | 200,96 | 202,00 | 203,04 | 204,07 | 205,11 | 206,14 |
| 20 | 207,18 | 208,22 | 209,25 | 210,29 | 211,32 | 212,36 | 213,40 | 214,43 | 215,47 | 216,50 |
| 21 | 217,54 | 218,57 | 219,61 | 220,65 | 221,68 | 222,72 | 223,75 | 224,79 | 225,83 | 226,86 |
| 22 | 227,90 | 228,93 | 229,97 | 231,01 | 232,04 | 233,08 | 234,11 | 235,15 | 236,19 | 237,22 |
| 23 | 238,26 | 239,29 | 240,33 | 241,36 | 242,40 | 243,44 | 244,47 | 245,51 | 246,54 | 247,58 |
| 24 | 248,62 | 249,65 | 250,69 | 251,72 | 252,76 | 253,80 | 254,83 | 255,87 | 256,90 | 257,94 |

| dif. | 103 | 104 |
|---|---|---|
| 1 | 0,10 | 0,10 |
| 2 | 0,21 | 0,21 |
| 3 | 0,31 | 0,31 |
| 4 | 0,41 | 0,42 |
| 5 | 0,52 | 0,52 |
| 6 | 0,62 | 0,62 |
| 7 | 0,72 | 0,73 |
| 8 | 0,82 | 0,83 |
| 9 | 0,93 | 0,94 |

## 770,50 = 10,374.

| | 00 | 10 | 20 | 30 | 40 | 50 | 60 | 70 | 80 | 90 |
|---|---|---|---|---|---|---|---|---|---|---|
| 0 | | 1,04 | 2,07 | 3,11 | 4,15 | 5,19 | 6,22 | 7,26 | 8,30 | 9,34 |
| 1 | 10,37 | 11,41 | 12,45 | 13,49 | 14,52 | 15,56 | 16,60 | 17,64 | 18,67 | 19,71 |
| 2 | 20,75 | 21,79 | 22,82 | 23,86 | 24,90 | 25,94 | 26,97 | 28,01 | 29,05 | 30,08 |
| 3 | 31,12 | 32,16 | 33,20 | 34,23 | 35,27 | 36,31 | 37,35 | 38,38 | 39,42 | 40,46 |
| 4 | 41,50 | 42,53 | 43,57 | 44,61 | 45,65 | 46,68 | 47,72 | 48,76 | 49,80 | 50,83 |
| 5 | 51,87 | 52,91 | 53,94 | 54,98 | 56,02 | 57,06 | 58,09 | 59,13 | 60,17 | 61,21 |
| 6 | 62,24 | 63,28 | 64,32 | 65,36 | 66,39 | 67,43 | 68,47 | 69,51 | 70,54 | 71,58 |
| 7 | 72,62 | 73,66 | 74,69 | 75,73 | 76,77 | 77,81 | 78,84 | 79,88 | 80,92 | 81,95 |
| 8 | 82,99 | 84,03 | 85,07 | 86,10 | 87,14 | 88,18 | 89,22 | 90,25 | 91,29 | 92,33 |
| 9 | 93,37 | 94,40 | 95,44 | 96,48 | 97,52 | 98,55 | 99,59 | 100,63 | 101,67 | 102,70 |
| 10 | 103,74 | 104,78 | 105,81 | 106,85 | 107,89 | 108,93 | 109,96 | 111,00 | 112,04 | 113,08 |
| 11 | 114,11 | 115,15 | 116,19 | 117,23 | 118,26 | 119,30 | 120,34 | 121,38 | 122,41 | 123,45 |
| 12 | 124,49 | 125,53 | 126,56 | 127,60 | 128,64 | 129,68 | 130,71 | 131,75 | 132,79 | 133,82 |
| 13 | 134,86 | 135,90 | 136,94 | 137,97 | 139,01 | 140,05 | 141,09 | 142,12 | 143,16 | 144,20 |
| 14 | 145,24 | 146,27 | 147,31 | 148,35 | 149,39 | 150,42 | 151,46 | 152,50 | 153,54 | 154,57 |
| 15 | 155,61 | 156,65 | 157,68 | 158,72 | 159,76 | 160,80 | 161,83 | 162,87 | 163,91 | 164,95 |
| 16 | 165,98 | 167,02 | 168,06 | 169,10 | 170,13 | 171,17 | 172,21 | 173,25 | 174,28 | 175,32 |
| 17 | 176,36 | 177,40 | 178,43 | 179,47 | 180,51 | 181,55 | 182,58 | 183,62 | 184,66 | 185,69 |
| 18 | 186,73 | 187,77 | 188,81 | 189,84 | 190,88 | 191,92 | 192,96 | 193,99 | 195,03 | 196,07 |
| 19 | 197,11 | 198,14 | 199,18 | 200,22 | 201,26 | 202,29 | 203,33 | 204,37 | 205,41 | 206,44 |
| 20 | 207,48 | 208,52 | 209,55 | 210,59 | 211,63 | 212,67 | 213,70 | 214,74 | 215,78 | 216,82 |
| 21 | 217,85 | 218,89 | 219,93 | 220,97 | 222,00 | 223,04 | 224,08 | 225,12 | 226,15 | 227,19 |
| 22 | 228,23 | 229,27 | 230,30 | 231,34 | 232,38 | 233,42 | 234,45 | 235,49 | 236,53 | 237,56 |
| 23 | 238,60 | 239,64 | 240,68 | 241,71 | 242,75 | 243,79 | 244,83 | 245,86 | 246,90 | 247,94 |
| 24 | 248,98 | 250,01 | 251,05 | 252,09 | 253,13 | 254,16 | 255,20 | 256,24 | 257,28 | 258,31 |

| dif. | 103 | 104 |
|---|---|---|
| 1 | 0,10 | 0,10 |
| 2 | 0,21 | 0,21 |
| 3 | 0,31 | 0,31 |
| 4 | 0,41 | 0,42 |
| 5 | 0,52 | 0,52 |
| 6 | 0,62 | 0,62 |
| 7 | 0,72 | 0,73 |
| 8 | 0,82 | 0,83 |
| 9 | 0,93 | 0,94 |

## 769,50 = 10,386.

| | 00 | 10 | 20 | 30 | 40 | 50 | 60 | 70 | 80 | 90 |
|---|---|---|---|---|---|---|---|---|---|---|
| 0 | | 1,04 | 2,08 | 3,12 | 4,15 | 5,19 | 6,23 | 7,27 | 8,31 | 9,35 |
| 1 | 10,39 | 11,42 | 12,46 | 13,50 | 14,54 | 15,58 | 16,62 | 17,66 | 18,69 | 19,73 |
| 2 | 20,77 | 21,81 | 22,85 | 23,89 | 24,93 | 25,97 | 27,00 | 28,04 | 29,08 | 30,12 |
| 3 | 31,16 | 32,20 | 33,24 | 34,27 | 35,31 | 36,35 | 37,39 | 38,43 | 39,47 | 40,51 |
| 4 | 41,54 | 42,58 | 43,62 | 44,66 | 45,70 | 46,74 | 47,78 | 48,81 | 49,85 | 50,89 |
| 5 | 51,93 | 52,97 | 54,01 | 55,05 | 56,08 | 57,12 | 58,16 | 59,20 | 60,24 | 61,28 |
| 6 | 62,32 | 63,35 | 64,39 | 65,43 | 66,47 | 67,51 | 68,55 | 69,59 | 70,62 | 71,66 |
| 7 | 72,70 | 73,74 | 74,78 | 75,82 | 76,86 | 77,90 | 78,93 | 79,97 | 81,01 | 82,05 |
| 8 | 83,09 | 84,13 | 85,17 | 86,20 | 87,24 | 88,28 | 89,32 | 90,36 | 91,40 | 92,44 |
| 9 | 93,47 | 94,51 | 95,55 | 96,59 | 97,63 | 98,67 | 99,71 | 100,74 | 101,78 | 102,82 |
| 10 | 103,86 | 104,90 | 105,94 | 106,98 | 108,01 | 109,05 | 110,09 | 111,13 | 112,17 | 113,21 |
| 11 | 114,25 | 115,28 | 116,32 | 117,36 | 118,40 | 119,44 | 120,48 | 121,52 | 122,55 | 123,59 |
| 12 | 124,63 | 125,67 | 126,71 | 127,75 | 128,79 | 129,83 | 130,86 | 131,90 | 132,94 | 133,98 |
| 13 | 135,02 | 136,06 | 137,10 | 138,13 | 139,17 | 140,21 | 141,25 | 142,29 | 143,33 | 144,37 |
| 14 | 145,40 | 146,44 | 147,48 | 148,52 | 149,56 | 150,60 | 151,64 | 152,67 | 153,71 | 154,75 |
| 15 | 155,79 | 156,83 | 157,87 | 158,91 | 159,94 | 160,98 | 162,02 | 163,06 | 164,10 | 165,14 |
| 16 | 166,18 | 167,21 | 168,25 | 169,29 | 170,33 | 171,37 | 172,41 | 173,45 | 174,48 | 175,52 |
| 17 | 176,56 | 177,60 | 178,64 | 179,68 | 180,72 | 181,76 | 182,79 | 183,83 | 184,87 | 185,91 |
| 18 | 186,95 | 187,99 | 189,03 | 190,06 | 191,10 | 192,14 | 193,18 | 194,22 | 195,26 | 196,30 |
| 19 | 197,33 | 198,37 | 199,41 | 200,45 | 201,49 | 202,53 | 203,57 | 204,60 | 205,64 | 206,68 |
| 20 | 207,72 | 208,76 | 209,80 | 210,84 | 211,87 | 212,91 | 213,95 | 214,99 | 216,03 | 217,07 |
| 21 | 218,11 | 219,14 | 220,18 | 221,22 | 222,26 | 223,30 | 224,34 | 225,38 | 226,41 | 227,45 |
| 22 | 228,49 | 229,53 | 230,57 | 231,61 | 232,65 | 233,69 | 234,72 | 235,76 | 236,80 | 237,84 |
| 23 | 238,88 | 239,92 | 240,96 | 241,99 | 243,03 | 244,07 | 245,11 | 246,15 | 247,19 | 248,23 |
| 24 | 249,26 | 250,30 | 251,34 | 252,38 | 253,42 | 254,46 | 255,50 | 256,53 | 257,57 | 258,61 |

| dif. | 103 | 104 |
|---|---|---|
| 1 | 0,10 | 0,10 |
| 2 | 0,21 | 0,21 |
| 3 | 0,31 | 0,31 |
| 4 | 0,41 | 0,42 |
| 5 | 0,52 | 0,52 |
| 6 | 0,62 | 0,62 |
| 7 | 0,72 | 0,73 |
| 8 | 0,82 | 0,83 |
| 9 | 0,93 | 0,94 |

## 768,50 = 10,399.

| | 00 | 10 | 20 | 30 | 40 | 50 | 60 | 70 | 80 | 90 |
|---|---|---|---|---|---|---|---|---|---|---|
| 0 | | 1,04 | 2,08 | 3,12 | 4,16 | 5,20 | 6,24 | 7,28 | 8,32 | 9,36 |
| 1 | 10,40 | 11,44 | 12,48 | 13,52 | 14,56 | 15,60 | 16,64 | 17,68 | 18,72 | 19,76 |
| 2 | 20,80 | 21,84 | 22,88 | 23,92 | 24,96 | 26,00 | 27,04 | 28,08 | 29,12 | 30,16 |
| 3 | 31,20 | 32,24 | 33,28 | 34,32 | 35,36 | 36,40 | 37,44 | 38,48 | 39,52 | 40,56 |
| 4 | 41,60 | 42,64 | 43,68 | 44,72 | 45,76 | 46,80 | 47,84 | 48,88 | 49,92 | 50,96 |
| 5 | 52,00 | 53,03 | 54,07 | 55,11 | 56,15 | 57,19 | 58,23 | 59,27 | 60,31 | 61,35 |
| 6 | 62,39 | 63,43 | 64,47 | 65,51 | 66,55 | 67,59 | 68,63 | 69,67 | 70,71 | 71,75 |
| 7 | 72,79 | 73,83 | 74,87 | 75,91 | 76,95 | 77,99 | 79,03 | 80,07 | 81,11 | 82,15 |
| 8 | 83,19 | 84,23 | 85,27 | 86,31 | 87,35 | 88,39 | 89,43 | 90,47 | 91,51 | 92,55 |
| 9 | 93,59 | 94,63 | 95,67 | 96,71 | 97,75 | 98,79 | 99,83 | 100,87 | 101,91 | 102,95 |
| 10 | 103,99 | 105,03 | 106,07 | 107,11 | 108,15 | 109,19 | 110,23 | 111,27 | 112,31 | 113,35 |
| 11 | 114,39 | 115,43 | 116,47 | 117,51 | 118,55 | 119,59 | 120,63 | 121,67 | 122,71 | 123,75 |
| 12 | 124,79 | 125,83 | 126,87 | 127,91 | 128,95 | 129,99 | 131,03 | 132,07 | 133,11 | 134,15 |
| 13 | 135,19 | 136,23 | 137,27 | 138,31 | 139,35 | 140,39 | 141,43 | 142,47 | 143,51 | 144,55 |
| 14 | 145,59 | 146,63 | 147,67 | 148,71 | 149,75 | 150,79 | 151,83 | 152,87 | 153,91 | 154,95 |
| 15 | 155,99 | 157,02 | 158,06 | 159,10 | 160,14 | 161,18 | 162,22 | 163,26 | 164,30 | 165,34 |
| 16 | 166,38 | 167,42 | 168,46 | 169,50 | 170,54 | 171,58 | 172,62 | 173,66 | 174,70 | 175,74 |
| 17 | 176,78 | 177,82 | 178,86 | 179,90 | 180,94 | 181,98 | 183,02 | 184,06 | 185,10 | 186,14 |
| 18 | 187,18 | 188,22 | 189,26 | 190,30 | 191,34 | 192,38 | 193,42 | 194,46 | 195,50 | 196,54 |
| 19 | 197,58 | 198,62 | 199,66 | 200,70 | 201,74 | 202,78 | 203,82 | 204,86 | 205,90 | 206,94 |
| 20 | 207,98 | 209,02 | 210,06 | 211,10 | 212,14 | 213,18 | 214,22 | 215,26 | 216,30 | 217,34 |
| 21 | 218,38 | 219,42 | 220,46 | 221,50 | 222,54 | 223,58 | 224,62 | 225,66 | 226,70 | 227,74 |
| 22 | 228,78 | 229,82 | 230,86 | 231,90 | 232,94 | 233,98 | 235,02 | 236,06 | 237,10 | 238,14 |
| 23 | 239,18 | 240,22 | 241,26 | 242,30 | 243,34 | 244,38 | 245,42 | 246,46 | 247,50 | 248,54 |
| 24 | 249,58 | 250,62 | 251,66 | 252,70 | 253,74 | 254,78 | 255,82 | 256,86 | 257,90 | 258,94 |

| dif. | 103 | 104 |
|---|---|---|
| 1 | 0,10 | 0,10 |
| 2 | 0,21 | 0,21 |
| 3 | 0,31 | 0,31 |
| 4 | 0,41 | 0,42 |
| 5 | 0,52 | 0,52 |
| 6 | 0,62 | 0,62 |
| 7 | 0,72 | 0,73 |
| 8 | 0,82 | 0,83 |
| 9 | 0,93 | 0,94 |

## 767,50 = 10,412.

| | 00 | 10 | 20 | 30 | 40 | 50 | 60 | 70 | 80 | 90 |
|---|---|---|---|---|---|---|---|---|---|---|
| 0 | | 1,04 | 2,08 | 3,12 | 4,16 | 5,21 | 6,25 | 7,29 | 8,33 | 9,37 |
| 1 | 10,41 | 11,45 | 12,49 | 13,54 | 14,58 | 15,62 | 16,66 | 17,70 | 18,74 | 19,78 |
| 2 | 20,82 | 21,87 | 22,91 | 23,95 | 24,99 | 26,03 | 27,07 | 28,11 | 29,15 | 30,19 |
| 3 | 31,24 | 32,28 | 33,32 | 34,36 | 35,40 | 36,44 | 37,48 | 38,52 | 39,57 | 40,61 |
| 4 | 41,65 | 42,69 | 43,73 | 44,77 | 45,81 | 46,85 | 47,90 | 48,94 | 49,98 | 51,02 |
| 5 | 52,06 | 53,10 | 54,14 | 55,18 | 56,22 | 57,27 | 58,31 | 59,35 | 60,39 | 61,43 |
| 6 | 62,47 | 63,51 | 64,55 | 65,60 | 66,64 | 67,68 | 68,72 | 69,76 | 70,80 | 71,84 |
| 7 | 72,88 | 73,93 | 74,97 | 76,01 | 77,05 | 78,09 | 79,13 | 80,17 | 81,21 | 82,25 |
| 8 | 83,30 | 84,34 | 85,38 | 86,42 | 87,46 | 88,50 | 89,54 | 90,58 | 91,63 | 92,67 |
| 9 | 93,71 | 94,75 | 95,79 | 96,83 | 97,87 | 98,91 | 99,96 | 101,00 | 102,04 | 103,08 |
| 10 | 104,12 | 105,16 | 106,20 | 107,24 | 108,28 | 109,33 | 110,37 | 111,41 | 112,45 | 113,49 |
| 11 | 114,53 | 115,57 | 116,61 | 117,66 | 118,70 | 119,74 | 120,78 | 121,82 | 122,86 | 123,90 |
| 12 | 124,94 | 125,99 | 127,03 | 128,07 | 129,11 | 130,15 | 131,19 | 132,23 | 133,27 | 134,31 |
| 13 | 135,36 | 136,40 | 137,44 | 138,48 | 139,52 | 140,56 | 141,60 | 142,64 | 143,69 | 144,73 |
| 14 | 145,77 | 146,81 | 147,85 | 148,89 | 149,93 | 150,97 | 152,02 | 153,06 | 154,10 | 155,14 |
| 15 | 156,18 | 157,22 | 158,26 | 159,30 | 160,34 | 161,39 | 162,43 | 163,47 | 164,51 | 165,55 |
| 16 | 166,59 | 167,63 | 168,67 | 169,72 | 170,76 | 171,80 | 172,84 | 173,88 | 174,92 | 175,96 |
| 17 | 177,00 | 178,05 | 179,09 | 180,13 | 181,17 | 182,21 | 183,25 | 184,29 | 185,33 | 186,37 |
| 18 | 187,42 | 188,46 | 189,50 | 190,54 | 191,58 | 192,62 | 193,66 | 194,70 | 195,75 | 196,79 |
| 19 | 197,83 | 198,87 | 199,91 | 200,95 | 201,99 | 203,03 | 204,08 | 205,12 | 206,16 | 207,20 |
| 20 | 208,24 | 209,28 | 210,32 | 211,36 | 212,40 | 213,45 | 214,49 | 215,53 | 216,57 | 217,61 |
| 21 | 218,65 | 219,69 | 220,73 | 221,78 | 222,82 | 223,86 | 224,90 | 225,94 | 226,98 | 228,02 |
| 22 | 229,06 | 230,11 | 231,15 | 232,19 | 233,23 | 234,27 | 235,31 | 236,35 | 237,39 | 238,43 |
| 23 | 239,48 | 240,52 | 241,56 | 242,60 | 243,64 | 244,68 | 245,72 | 246,76 | 247,81 | 248,85 |
| 24 | 249,89 | 250,93 | 251,97 | 253,01 | 254,05 | 255,09 | 256,14 | 257,18 | 258,22 | 259,26 |

| dif. | |
|---|---|
| 104 | |
| 1 | 0,10 |
| 2 | 0,21 |
| 3 | 0,31 |
| 4 | 0,42 |
| 5 | 0,52 |
| 6 | 0,62 |
| 7 | 0,73 |
| 8 | 0,83 |
| 9 | 0,94 |
| 105 | |
| 1 | 0,11 |
| 2 | 0,21 |
| 3 | 0,32 |
| 4 | 0,42 |
| 5 | 0,53 |
| 6 | 0,63 |
| 7 | 0,74 |
| 8 | 0,84 |
| 9 | 0,95 |

## 766,50 = 10,427.

| | 00 | 10 | 20 | 30 | 40 | 50 | 60 | 70 | 80 | 90 |
|---|---|---|---|---|---|---|---|---|---|---|
| 0 | | 1,04 | 2,09 | 3,13 | 4,17 | 5,21 | 6,26 | 7,30 | 8,34 | 9,38 |
| 1 | 10,43 | 11,47 | 12,51 | 13,56 | 14,60 | 15,64 | 16,68 | 17,73 | 18,77 | 19,81 |
| 2 | 20,85 | 21,90 | 22,94 | 23,98 | 25,02 | 26,07 | 27,11 | 28,15 | 29,20 | 30,24 |
| 3 | 31,28 | 32,32 | 33,37 | 34,41 | 35,45 | 36,49 | 37,54 | 38,58 | 39,62 | 40,67 |
| 4 | 41,71 | 42,75 | 43,79 | 44,84 | 45,88 | 46,92 | 47,96 | 49,01 | 50,05 | 51,09 |
| 5 | 52,14 | 53,18 | 54,22 | 55,26 | 56,31 | 57,35 | 58,39 | 59,43 | 60,48 | 61,52 |
| 6 | 62,56 | 63,60 | 64,65 | 65,69 | 66,73 | 67,78 | 68,82 | 69,86 | 70,90 | 71,95 |
| 7 | 72,99 | 74,03 | 75,07 | 76,12 | 77,16 | 78,20 | 79,25 | 80,29 | 81,33 | 82,37 |
| 8 | 83,42 | 84,46 | 85,50 | 86,54 | 87,59 | 88,63 | 89,67 | 90,71 | 91,76 | 92,80 |
| 9 | 93,84 | 94,89 | 95,93 | 96,97 | 98,01 | 99,06 | 100,10 | 101,14 | 102,18 | 103,23 |
| 10 | 104,27 | 105,31 | 106,36 | 107,40 | 108,44 | 109,48 | 110,53 | 111,57 | 112,61 | 113,65 |
| 11 | 114,70 | 115,74 | 116,78 | 117,83 | 118,87 | 119,91 | 120,95 | 122,00 | 123,04 | 124,08 |
| 12 | 125,12 | 126,17 | 127,21 | 128,25 | 129,29 | 130,34 | 131,38 | 132,42 | 133,47 | 134,51 |
| 13 | 135,55 | 136,59 | 137,64 | 138,68 | 139,72 | 140,76 | 141,81 | 142,85 | 143,89 | 144,94 |
| 14 | 145,98 | 147,02 | 148,06 | 149,11 | 150,15 | 151,19 | 152,23 | 153,28 | 154,32 | 155,36 |
| 15 | 156,41 | 157,45 | 158,49 | 159,53 | 160,58 | 161,62 | 162,66 | 163,70 | 164,75 | 165,79 |
| 16 | 166,83 | 167,87 | 168,92 | 169,96 | 171,00 | 172,05 | 173,09 | 174,13 | 175,17 | 176,22 |
| 17 | 177,26 | 178,30 | 179,34 | 180,39 | 181,43 | 182,47 | 183,52 | 184,56 | 185,60 | 186,64 |
| 18 | 187,69 | 188,73 | 189,77 | 190,81 | 191,86 | 192,90 | 193,94 | 194,98 | 196,03 | 197,07 |
| 19 | 198,11 | 199,16 | 200,20 | 201,24 | 202,28 | 203,33 | 204,37 | 205,41 | 206,45 | 207,50 |
| 20 | 208,54 | 209,58 | 210,63 | 211,67 | 212,71 | 213,75 | 214,80 | 215,84 | 216,88 | 217,92 |
| 21 | 218,97 | 220,01 | 221,05 | 222,10 | 223,14 | 224,18 | 225,22 | 226,27 | 227,31 | 228,35 |
| 22 | 229,39 | 230,44 | 231,48 | 232,52 | 233,56 | 234,61 | 235,65 | 236,69 | 237,74 | 238,78 |
| 23 | 239,82 | 240,86 | 241,91 | 242,95 | 243,99 | 245,03 | 246,08 | 247,12 | 248,16 | 249,21 |
| 24 | 250,25 | 251,29 | 252,33 | 253,38 | 254,42 | 255,46 | 256,50 | 257,55 | 258,59 | 259,63 |

| dif. | |
|---|---|
| 104 | |
| 1 | 0,10 |
| 2 | 0,21 |
| 3 | 0,31 |
| 4 | 0,42 |
| 5 | 0,52 |
| 6 | 0,62 |
| 7 | 0,73 |
| 8 | 0,83 |
| 9 | 0,94 |
| 105 | |
| 1 | 0,11 |
| 2 | 0,21 |
| 3 | 0,32 |
| 4 | 0,42 |
| 5 | 0,53 |
| 6 | 0,63 |
| 7 | 0,74 |
| 8 | 0,84 |
| 9 | 0,95 |

## 765,50 = 10,440.

| | 00 | 10 | 20 | 30 | 40 | 50 | 60 | 70 | 80 | 90 | dif. | |
|---|---|---|---|---|---|---|---|---|---|---|---|---|
| 0 | | 1,04 | 2,09 | 3,13 | 4,18 | 5,22 | 6,26 | 7,31 | 8,35 | 9,40 | 104 | |
| | | | | | | | | | | | 1 | 0,10 |
| 1 | 10,44 | 11,48 | 12,53 | 13,57 | 14,62 | 15,66 | 16,70 | 17,75 | 18,79 | 19,84 | 2 | 0,21 |
| 2 | 20,88 | 21,92 | 22,97 | 24,01 | 25,06 | 26,10 | 27,14 | 28,19 | 29,23 | 30,28 | 3 | 0,31 |
| 3 | 31,32 | 32,36 | 33,41 | 34,45 | 35,50 | 36,54 | 37,58 | 38,63 | 39,67 | 40,72 | 4 | 0,42 |
| | | | | | | | | | | | 5 | 0,52 |
| 4 | 41,76 | 42,80 | 43,85 | 44,89 | 45,94 | 46,98 | 48,02 | 49,07 | 50,11 | 51,16 | 6 | 0,62 |
| 5 | 52,20 | 53,24 | 54,29 | 55,33 | 56,38 | 57,42 | 58,46 | 59,51 | 60,55 | 61,60 | 7 | 0,73 |
| 6 | 62,64 | 63,68 | 64,73 | 65,77 | 66,82 | 67,86 | 68,90 | 69,95 | 70,99 | 72,04 | 8 | 0,83 |
| | | | | | | | | | | | 9 | 0,94 |
| 7 | 73,08 | 74,12 | 75,17 | 76,21 | 77,26 | 78,30 | 79,34 | 80,39 | 81,43 | 82,48 | | |
| 8 | 83,52 | 84,56 | 85,61 | 86,65 | 87,70 | 88,74 | 89,78 | 90,83 | 91,87 | 92,92 | 105 | |
| 9 | 93,96 | 95,00 | 96,05 | 97,09 | 98,14 | 99,18 | 100,22 | 101,27 | 102,31 | 103,36 | 1 | 0,11 |
| | | | | | | | | | | | 2 | 0,21 |
| 10 | 104,40 | 105,44 | 106,49 | 107,53 | 108,58 | 109,62 | 110,66 | 111,71 | 112,75 | 113,80 | 3 | 0,32 |
| 11 | 114,84 | 115,88 | 116,93 | 117,97 | 119,02 | 120,06 | 121,10 | 122,15 | 123,19 | 124,24 | 4 | 0,42 |
| 12 | 125,28 | 126,32 | 127,37 | 128,41 | 129,46 | 130,50 | 131,54 | 132,59 | 133,63 | 134,68 | 5 | 0,53 |
| | | | | | | | | | | | 6 | 0,63 |
| 13 | 135,72 | 136,76 | 137,81 | 138,85 | 139,90 | 140,94 | 141,98 | 143,03 | 144,07 | 145,12 | 7 | 0,74 |
| 14 | 146,16 | 147,20 | 148,25 | 149,29 | 150,34 | 151,38 | 152,42 | 153,47 | 154,51 | 155,56 | 8 | 0,84 |
| 15 | 156,60 | 157,64 | 158,69 | 159,73 | 160,78 | 161,82 | 162,86 | 163,91 | 164,95 | 166,00 | 9 | 0,95 |
| 16 | 167,04 | 168,08 | 169,13 | 170,17 | 171,22 | 172,26 | 173,30 | 174,35 | 175,39 | 176,44 | | |
| 17 | 177,48 | 178,52 | 179,57 | 180,61 | 181,66 | 182,70 | 183,74 | 184,79 | 185,83 | 186,88 | | |
| 18 | 187,92 | 188,96 | 190,01 | 191,05 | 192,10 | 193,14 | 194,18 | 195,23 | 196,27 | 197,32 | | |
| 19 | 198,36 | 199,40 | 200,45 | 201,49 | 202,54 | 203,58 | 204,62 | 205,67 | 206,71 | 207,76 | | |
| 20 | 208,80 | 209,84 | 210,89 | 211,93 | 212,98 | 214,02 | 215,06 | 216,11 | 217,15 | 218,20 | | |
| 21 | 219,24 | 220,28 | 221,33 | 222,37 | 223,42 | 224,46 | 225,50 | 226,55 | 227,59 | 228,64 | | |
| 22 | 229,68 | 230,72 | 231,77 | 232,81 | 233,86 | 234,90 | 235,94 | 236,99 | 238,03 | 239,08 | | |
| 23 | 240,12 | 241,16 | 242,21 | 243,25 | 244,30 | 245,34 | 246,38 | 247,43 | 248,47 | 249,52 | | |
| 24 | 250,56 | 251,60 | 252,65 | 253,69 | 254,74 | 255,78 | 256,82 | 257,87 | 258,91 | 259,96 | | |

## 764,50 = 10,453.

| | 00. | 10 | 20 | 30 | 40 | 50 | 60 | 70 | 80 | 90 |
|---|---|---|---|---|---|---|---|---|---|---|
| 0 | | 1,05 | 2,09 | 3,14 | 4,18 | 5,23 | 6,27 | 7,32 | 8,36 | 9,41 |
| 1 | 10,45 | 11,50 | 12,54 | 13,59 | 14,63 | 15,68 | 16,72 | 17,77 | 18,82 | 19,86 |
| 2 | 20,91 | 21,95 | 23,00 | 24,04 | 25,09 | 26,13 | 27,18 | 28,22 | 29,27 | 30,31 |
| 3 | 31,36 | 32,40 | 33,45 | 34,49 | 35,54 | 36,59 | 37,63 | 38,68 | 39,72 | 40,77 |
| 4 | 41,81 | 42,86 | 43,90 | 44,95 | 45,99 | 47,04 | 48,08 | 49,13 | 50,17 | 51,22 |
| 5 | 52,27 | 53,31 | 54,36 | 55,40 | 56,45 | 57,49 | 58,54 | 59,58 | 60,63 | 61,67 |
| 6 | 62,72 | 63,76 | 64,81 | 65,85 | 66,90 | 67,94 | 68,99 | 70,04 | 71,08 | 72,13 |
| 7 | 73,17 | 74,22 | 75,26 | 76,31 | 77,35 | 78,40 | 79,44 | 80,49 | 81,53 | 82,58 |
| 8 | 83,62 | 84,67 | 85,71 | 86,76 | 87,81 | 88,85 | 89,90 | 90,94 | 91,99 | 93,03 |
| 9 | 94,08 | 95,12 | 96,17 | 97,21 | 98,26 | 99,30 | 100,35 | 101,39 | 102,44 | 103,48 |
| 10 | 104,53 | 105,58 | 106,62 | 107,67 | 108,71 | 109,76 | 110,80 | 111,85 | 112,89 | 113,94 |
| 11 | 114,98 | 116,03 | 117,07 | 118,12 | 119,16 | 120,21 | 121,25 | 122,30 | 123,35 | 124,39 |
| 12 | 125,44 | 126,48 | 127,53 | 128,57 | 129,62 | 130,66 | 131,71 | 132,75 | 133,80 | 134,84 |
| 13 | 135,89 | 136,93 | 137,98 | 139,02 | 140,07 | 141,12 | 142,16 | 143,21 | 144,25 | 145,30 |
| 14 | 146,34 | 147,39 | 148,43 | 149,48 | 150,52 | 151,57 | 152,61 | 153,66 | 154,70 | 155,75 |
| 15 | 156,80 | 157,84 | 158,89 | 159,93 | 160,98 | 162,02 | 163,07 | 164,11 | 165,16 | 166,20 |
| 16 | 167,25 | 168,29 | 169,34 | 170,38 | 171,43 | 172,47 | 173,52 | 174,57 | 175,61 | 176,66 |
| 17 | 177,70 | 178,75 | 179,79 | 180,84 | 181,88 | 182,93 | 183,97 | 185,02 | 186,06 | 187,11 |
| 18 | 188,15 | 189,20 | 190,24 | 191,29 | 192,34 | 193,38 | 194,43 | 195,47 | 196,52 | 197,56 |
| 19 | 198,61 | 199,65 | 200,70 | 201,74 | 202,79 | 203,83 | 204,88 | 205,92 | 206,97 | 208,01 |
| 20 | 209,06 | 210,11 | 211,15 | 212,20 | 213,24 | 214,29 | 215,33 | 216,38 | 217,42 | 218,47 |
| 21 | 219,51 | 220,56 | 221,60 | 222,65 | 223,69 | 224,74 | 225,78 | 226,83 | 227,88 | 228,92 |
| 22 | 229,97 | 231,01 | 232,06 | 233,10 | 234,15 | 235,19 | 236,24 | 237,28 | 238,33 | 239,37 |
| 23 | 240,42 | 241,46 | 242,51 | 243,55 | 244,60 | 245,65 | 246,69 | 247,74 | 248,78 | 249,83 |
| 24 | 250,87 | 251,92 | 252,96 | 254,01 | 255,05 | 256,10 | 257,14 | 258,19 | 259,23 | 260,28 |

| dif. | 104 | 105 |
|---|---|---|
| 1 | 0,10 | 0,11 |
| 2 | 0,21 | 0,21 |
| 3 | 0,31 | 0,32 |
| 4 | 0,42 | 0,42 |
| 5 | 0,52 | 0,53 |
| 6 | 0,62 | 0,63 |
| 7 | 0,73 | 0,74 |
| 8 | 0,83 | 0,84 |
| 9 | 0,94 | 0,95 |

## 763,50 = 10,469.

| | 00 | 10 | 20 | 30 | 40 | 50 | 60 | 70 | 80 | 90 |
|---|---|---|---|---|---|---|---|---|---|---|
| 0 | | 1,05 | 2,09 | 3,14 | 4,19 | 5,23 | 6,28 | 7,33 | 8,38 | 9,42 |
| 1 | 10,47 | 11,52 | 12,56 | 13,61 | 14,66 | 15,70 | 16,75 | 17,80 | 18,84 | 19,89 |
| 2 | 20,94 | 21,98 | 23,03 | 24,08 | 25,13 | 26,17 | 27,22 | 28,27 | 29,31 | 30,36 |
| 3 | 31,41 | 32,45 | 33,50 | 34,55 | 35,59 | 36,64 | 37,69 | 38,74 | 39,78 | 40,83 |
| 4 | 41,88 | 42,92 | 43,97 | 45,02 | 46,06 | 47,11 | 48,16 | 49,20 | 50,25 | 51,30 |
| 5 | 52,35 | 53,39 | 54,44 | 55,49 | 56,53 | 57,58 | 58,63 | 59,67 | 60,72 | 61,77 |
| 6 | 62,81 | 63,86 | 64,91 | 65,95 | 67,00 | 68,05 | 69,10 | 70,14 | 71,19 | 72,24 |
| 7 | 73,28 | 74,33 | 75,38 | 76,42 | 77,47 | 78,52 | 79,56 | 80,61 | 81,66 | 82,71 |
| 8 | 83,75 | 84,80 | 85,85 | 86,89 | 87,94 | 88,99 | 90,03 | 91,08 | 92,13 | 93,17 |
| 9 | 94,22 | 95,27 | 96,31 | 97,36 | 98,41 | 99,46 | 100,50 | 101,55 | 102,60 | 103,64 |
| 10 | 104,69 | 105,74 | 106,78 | 107,83 | 108,88 | 109,92 | 110,97 | 112,02 | 113,07 | 114,11 |
| 11 | 115,16 | 116,21 | 117,25 | 118,30 | 119,35 | 120,39 | 121,44 | 122,49 | 123,53 | 124,58 |
| 12 | 125,63 | 126,67 | 127,72 | 128,77 | 129,82 | 130,86 | 131,91 | 132,96 | 134,00 | 135,05 |
| 13 | 136,10 | 137,14 | 138,19 | 139,24 | 140,28 | 141,33 | 142,38 | 143,43 | 144,47 | 145,52 |
| 14 | 146,57 | 147,61 | 148,66 | 149,71 | 150,75 | 151,80 | 152,85 | 153,89 | 154,94 | 155,99 |
| 15 | 157,04 | 158,08 | 159,13 | 160,18 | 161,22 | 162,27 | 163,32 | 164,36 | 165,41 | 166,46 |
| 16 | 167,50 | 168,55 | 169,60 | 170,64 | 171,69 | 172,74 | 173,79 | 174,83 | 175,88 | 176,93 |
| 17 | 177,97 | 179,02 | 180,07 | 181,11 | 182,16 | 183,21 | 184,25 | 185,30 | 186,35 | 187,40 |
| 18 | 188,44 | 189,49 | 190,54 | 191,58 | 192,63 | 193,68 | 194,72 | 195,77 | 196,82 | 197,86 |
| 19 | 198,91 | 199,96 | 201,00 | 202,05 | 203,10 | 204,15 | 205,19 | 206,24 | 207,29 | 208,33 |
| 20 | 209,38 | 210,43 | 211,47 | 212,52 | 213,57 | 214,61 | 215,66 | 216,71 | 217,76 | 218,80 |
| 21 | 219,85 | 220,90 | 221,94 | 222,99 | 224,04 | 225,08 | 226,13 | 227,18 | 228,22 | 229,27 |
| 22 | 230,32 | 231,36 | 232,41 | 233,46 | 234,51 | 235,55 | 236,60 | 237,65 | 238,69 | 239,74 |
| 23 | 240,79 | 241,83 | 242,88 | 243,93 | 244,97 | 246,02 | 247,07 | 248,12 | 249,16 | 250,21 |
| 24 | 251,26 | 252,30 | 253,35 | 254,40 | 255,44 | 256,49 | 257,54 | 258,58 | 259,63 | 260,68 |

| dif. | |
|---|---|
| 104 | |
| 1 | 0,10 |
| 2 | 0,21 |
| 3 | 0,31 |
| 4 | 0,42 |
| 5 | 0,52 |
| 6 | 0,62 |
| 7 | 0,73 |
| 8 | 0,83 |
| 9 | 0,94 |
| 105 | |
| 1 | 0,11 |
| 2 | 0,21 |
| 3 | 0,32 |
| 4 | 0,42 |
| 5 | 0,53 |
| 6 | 0,63 |
| 7 | 0,74 |
| 8 | 0,84 |
| 9 | 0,95 |

## 762,50 = 10,480.

| | 00 | 10 | 20 | 30 | 40 | 50 | 60 | 70 | 80 | 90 |
|---|---|---|---|---|---|---|---|---|---|---|
| 0 | | 1,05 | 2,10 | 3,14 | 4,19 | 5,24 | 6,29 | 7,34 | 8,38 | 9,43 |
| 1 | 10,48 | 11,53 | 12,58 | 13,62 | 14,67 | 15,72 | 16,77 | 17,82 | 18,86 | 19,91 |
| 2 | 20,96 | 22,01 | 23,06 | 24,10 | 25,15 | 26,20 | 27,25 | 28,30 | 29,34 | 30,39 |
| 3 | 31,44 | 32,49 | 33,54 | 34,58 | 35,63 | 36,68 | 37,73 | 38,78 | 39,82 | 40,87 |
| 4 | 41,92 | 42,97 | 44,02 | 45,06 | 46,11 | 47,16 | 48,21 | 49,26 | 50,30 | 51,35 |
| 5 | 52,40 | 53,45 | 54,50 | 55,54 | 56,59 | 57,64 | 58,69 | 59,74 | 60,78 | 61,83 |
| 6 | 62,88 | 63,93 | 64,98 | 66,02 | 67,07 | 68,12 | 69,17 | 70,22 | 71,26 | 72,31 |
| 7 | 73,36 | 74,41 | 75,46 | 76,50 | 77,55 | 78,60 | 79,65 | 80,70 | 81,74 | 82,79 |
| 8 | 83,84 | 84,89 | 85,94 | 86,98 | 88,03 | 89,08 | 90,13 | 91,18 | 92,22 | 93,27 |
| 9 | 94,32 | 95,37 | 96,42 | 97,46 | 98,51 | 99,56 | 100,61 | 101,66 | 102,70 | 103,75 |
| 10 | 104,80 | 105,85 | 106,90 | 107,94 | 108,99 | 110,04 | 111,09 | 112,14 | 113,18 | 114,23 |
| 11 | 115,28 | 116,33 | 117,38 | 118,42 | 119,47 | 120,52 | 121,57 | 122,62 | 123,66 | 124,71 |
| 12 | 125,76 | 126,81 | 127,86 | 128,90 | 129,95 | 131,00 | 132,05 | 133,10 | 134,14 | 135,19 |
| 13 | 136,24 | 137,29 | 138,34 | 139,38 | 140,43 | 141,48 | 142,53 | 143,58 | 144,62 | 145,67 |
| 14 | 146,72 | 147,77 | 148,82 | 149,86 | 150,91 | 151,96 | 153,01 | 154,06 | 155,10 | 156,15 |
| 15 | 157,20 | 158,25 | 159,30 | 160,34 | 161,39 | 162,44 | 163,49 | 164,54 | 165,58 | 166,63 |
| 16 | 167,68 | 168,73 | 169,78 | 170,82 | 171,87 | 172,92 | 173,97 | 175,02 | 176,06 | 177,11 |
| 17 | 178,16 | 179,21 | 180,26 | 181,30 | 182,35 | 183,40 | 184,45 | 185,50 | 186,54 | 187,59 |
| 18 | 188,64 | 189,69 | 190,74 | 191,78 | 192,83 | 193,88 | 194,93 | 195,98 | 197,02 | 198,07 |
| 19 | 199,12 | 200,17 | 201,22 | 202,26 | 203,31 | 204,36 | 205,41 | 206,46 | 207,50 | 208,55 |
| 20 | 209,60 | 210,65 | 211,70 | 212,74 | 213,79 | 214,84 | 215,89 | 216,94 | 217,98 | 219,03 |
| 21 | 220,08 | 221,13 | 222,18 | 223,22 | 224,27 | 225,32 | 226,37 | 227,42 | 228,46 | 229,51 |
| 22 | 230,56 | 231,61 | 232,66 | 233,70 | 234,75 | 235,80 | 236,85 | 237,90 | 238,94 | 239,99 |
| 23 | 241,04 | 242,09 | 243,14 | 244,18 | 245,23 | 246,28 | 247,33 | 248,38 | 249,42 | 250,47 |
| 24 | 251,52 | 252,57 | 253,62 | 254,66 | 255,71 | 256,76 | 257,81 | 258,86 | 259,90 | 260,95 |

dif.

| | 104 | 105 |
|---|---|---|
| 1 | 0,10 | 0,11 |
| 2 | 0,21 | 0,21 |
| 3 | 0,31 | 0,32 |
| 4 | 0,42 | 0,42 |
| 5 | 0,52 | 0,53 |
| 6 | 0,62 | 0,63 |
| 7 | 0,73 | 0,74 |
| 8 | 0,83 | 0,84 |
| 9 | 0,94 | 0,95 |

## 761,50 = 10,495.

| | 00 | 10 | 20 | 30 | 40 | 50 | 60 | 70 | 80 | 90 |
|---|---|---|---|---|---|---|---|---|---|---|
| 0 | | 1,05 | 2,10 | 3,15 | 4,20 | 5,25 | 6,30 | 7,35 | 8,40 | 9,45 |
| 1 | 10,50 | 11,54 | 12,59 | 13,64 | 14,69 | 15,74 | 16,79 | 17,84 | 18,89 | 19,94 |
| 2 | 20,99 | 22,04 | 23,09 | 24,14 | 25,19 | 26,24 | 27,29 | 28,34 | 29,39 | 30,44 |
| 3 | 31,49 | 32,53 | 33,58 | 34,63 | 35,68 | 36,73 | 37,78 | 38,83 | 39,88 | 40,93 |
| 4 | 41,98 | 43,03 | 44,08 | 45,13 | 46,18 | 47,23 | 48,28 | 49,33 | 50,38 | 51,43 |
| 5 | 52,48 | 53,52 | 54,57 | 55,62 | 56,67 | 57,72 | 58,77 | 59,82 | 60,87 | 61,92 |
| 6 | 62,97 | 64,02 | 65,07 | 66,12 | 67,17 | 68,22 | 69,27 | 70,32 | 71,37 | 72,42 |
| 7 | 73,47 | 74,51 | 75,56 | 76,61 | 77,66 | 78,71 | 79,76 | 80,81 | 81,86 | 82,91 |
| 8 | 83,96 | 85,01 | 86,06 | 87,11 | 88,16 | 89,21 | 90,26 | 91,31 | 92,36 | 93,41 |
| 9 | 94,46 | 95,50 | 96,55 | 97,60 | 98,65 | 99,70 | 100,75 | 101,80 | 102,85 | 103,90 |
| 10 | 104,95 | 106,00 | 107,05 | 108,10 | 109,15 | 110,20 | 111,25 | 112,30 | 113,35 | 114,40 |
| 11 | 115,45 | 116,49 | 117,54 | 118,59 | 119,64 | 120,69 | 121,74 | 122,79 | 123,84 | 124,89 |
| 12 | 125,94 | 126,99 | 128,04 | 129,09 | 130,14 | 131,19 | 132,24 | 133,29 | 134,34 | 135,39 |
| 13 | 136,44 | 137,48 | 138,53 | 139,58 | 140,63 | 141,68 | 142,73 | 143,78 | 144,83 | 145,88 |
| 14 | 146,93 | 147,98 | 149,03 | 150,08 | 151,13 | 152,18 | 153,23 | 154,28 | 155,33 | 156,38 |
| 15 | 157,43 | 158,47 | 159,52 | 160,57 | 161,62 | 162,67 | 163,72 | 164,77 | 165,82 | 166,87 |
| 16 | 167,92 | 168,97 | 170,02 | 171,07 | 172,12 | 173,17 | 174,22 | 175,27 | 176,32 | 177,37 |
| 17 | 178,42 | 179,46 | 180,51 | 181,56 | 182,61 | 183,66 | 184,71 | 185,76 | 186,81 | 187,86 |
| 18 | 188,91 | 189,96 | 191,01 | 192,06 | 193,11 | 194,16 | 195,21 | 196,26 | 197,31 | 198,36 |
| 19 | 199,41 | 200,45 | 201,50 | 202,55 | 203,60 | 204,65 | 205,70 | 206,75 | 207,80 | 208,85 |
| 20 | 209,90 | 210,95 | 212,00 | 213,05 | 214,10 | 215,15 | 216,20 | 217,25 | 218,30 | 219,35 |
| 21 | 220,40 | 221,44 | 222,49 | 223,54 | 224,59 | 225,64 | 226,69 | 227,74 | 228,79 | 229,84 |
| 22 | 230,89 | 231,94 | 232,99 | 234,04 | 235,09 | 236,14 | 237,19 | 238,24 | 239,29 | 240,34 |
| 23 | 241,39 | 242,43 | 243,48 | 244,53 | 245,58 | 246,63 | 247,68 | 248,73 | 249,78 | 250,83 |
| 24 | 251,88 | 252,93 | 253,98 | 255,03 | 256,08 | 257,13 | 258,18 | 259,23 | 260,28 | 261,33 |

dif.

| 104 | |
|---|---|
| 1 | 0,10 |
| 2 | 0,21 |
| 3 | 0,31 |
| 4 | 0,42 |
| 5 | 0,52 |
| 6 | 0,62 |
| 7 | 0,73 |
| 8 | 0,83 |
| 9 | 0,94 |

| 105 | |
|---|---|
| 1 | 0,11 |
| 2 | 0,21 |
| 3 | 0,32 |
| 4 | 0,42 |
| 5 | 0,53 |
| 6 | 0,63 |
| 7 | 0,74 |
| 8 | 0,84 |
| 9 | 0,95 |

## 760,50 = 10,510.

| | 00 | 10 | 20 | 30 | 40 | 50 | 60 | 70 | 80 | 90 |
|---|---|---|---|---|---|---|---|---|---|---|
| 0 | | 1,05 | 2,10 | 3,15 | 4,20 | 5,26 | 6,31 | 7,36 | 8,41 | 9,46 |
| 1 | 10,51 | 11,56 | 12,61 | 13,66 | 14,71 | 15,77 | 16,82 | 17,87 | 18,92 | 19,97 |
| 2 | 21,02 | 22,07 | 23,12 | 24,17 | 25,22 | 26,28 | 27,33 | 28,38 | 29,43 | 30,48 |
| 3 | 31,53 | 32,58 | 33,63 | 34,68 | 35,73 | 36,79 | 37,84 | 38,89 | 39,94 | 40,99 |
| 4 | 42,04 | 43,09 | 44,14 | 45,19 | 46,24 | 47,30 | 48,35 | 49,40 | 50,45 | 51,50 |
| 5 | 52,55 | 53,60 | 54,65 | 55,70 | 56,75 | 57,81 | 58,86 | 59,91 | 60,96 | 62,01 |
| 6 | 63,06 | 64,11 | 65,16 | 66,21 | 67,26 | 68,32 | 69,37 | 70,42 | 71,47 | 72,52 |
| 7 | 73,57 | 74,62 | 75,67 | 76,72 | 77,77 | 78,83 | 79,88 | 80,93 | 81,98 | 83,03 |
| 8 | 84,08 | 85,13 | 86,18 | 87,23 | 88,28 | 89,34 | 90,39 | 91,44 | 92,49 | 93,54 |
| 9 | 94,59 | 95,64 | 96,69 | 97,74 | 98,79 | 99,85 | 100,90 | 101,95 | 103,00 | 104,05 |
| 10 | 105,10 | 106,15 | 107,20 | 108,25 | 109,30 | 110,36 | 111,41 | 112,46 | 113,51 | 114,56 |
| 11 | 115,61 | 116,66 | 117,71 | 118,76 | 119,81 | 120,87 | 121,92 | 122,97 | 124,02 | 125,07 |
| 12 | 126,12 | 127,17 | 128,22 | 129,27 | 130,32 | 131,38 | 132,43 | 133,48 | 134,53 | 135,58 |
| 13 | 136,63 | 137,68 | 138,73 | 139,78 | 140,83 | 141,89 | 142,94 | 143,99 | 145,04 | 146,09 |
| 14 | 147,14 | 148,19 | 149,24 | 150,29 | 151,34 | 152,40 | 153,45 | 154,50 | 155,55 | 156,60 |
| 15 | 157,65 | 158,70 | 159,75 | 160,80 | 161,85 | 162,91 | 163,96 | 165,01 | 166,06 | 167,11 |
| 16 | 168,16 | 169,21 | 170,26 | 171,31 | 172,36 | 173,42 | 174,47 | 175,52 | 176,57 | 177,62 |
| 17 | 178,67 | 179,72 | 180,77 | 181,82 | 182,87 | 183,93 | 184,98 | 186,03 | 187,08 | 188,13 |
| 18 | 189,18 | 190,23 | 191,28 | 192,33 | 193,38 | 194,44 | 195,49 | 196,54 | 197,59 | 198,64 |
| 19 | 199,69 | 200,74 | 201,79 | 202,84 | 203,89 | 204,95 | 206,00 | 207,05 | 208,10 | 209,15 |
| 20 | 210,20 | 211,25 | 212,30 | 213,35 | 214,40 | 215,46 | 216,51 | 217,56 | 218,61 | 219,66 |
| 21 | 220,71 | 221,76 | 222,81 | 223,86 | 224,91 | 225,97 | 227,02 | 228,07 | 229,12 | 230,17 |
| 22 | 231,22 | 232,27 | 233,32 | 234,37 | 235,42 | 236,48 | 237,53 | 238,58 | 239,63 | 240,68 |
| 23 | 241,73 | 242,78 | 243,83 | 244,88 | 245,93 | 246,99 | 248,04 | 249,09 | 250,14 | 251,19 |
| 24 | 252,24 | 253,29 | 254,34 | 255,39 | 256,44 | 257,50 | 258,55 | 259,60 | 260,65 | 261,70 |

| dif. | |
|---|---|
| 105 | |
| 1 | 0,11 |
| 2 | 0,21 |
| 3 | 0,32 |
| 4 | 0,42 |
| 5 | 0,53 |
| 6 | 0,63 |
| 7 | 0,74 |
| 8 | 0,84 |
| 9 | 0,95 |
| 106 | |
| 1 | 0,11 |
| 2 | 0,21 |
| 3 | 0,32 |
| 4 | 0,42 |
| 5 | 0,53 |
| 6 | 0,64 |
| 7 | 0,74 |
| 8 | 0,85 |
| 9 | 0,95 |

## 759,50 = 10,523.

| | 00 | 10 | 20 | 30 | 40 | 50 | 60 | 70 | 80 | 90 |
|---|---|---|---|---|---|---|---|---|---|---|
| 0 | | 1,05 | 2,10 | 3,16 | 4,21 | 5,26 | 6,31 | 7,37 | 8,42 | 9,47 |
| 1 | 10,52 | 11,58 | 12,63 | 13,68 | 14,73 | 15,78 | 16,84 | 17,89 | 18,94 | 19,99 |
| 2 | 21,05 | 22,10 | 23,15 | 24,20 | 25,26 | 26,31 | 27,36 | 28,41 | 29,46 | 30,52 |
| 3 | 31,57 | 32,62 | 33,67 | 34,73 | 35,78 | 36,83 | 37,88 | 38,94 | 39,99 | 41,04 |
| 4 | 42,09 | 43,14 | 44,20 | 45,25 | 46,30 | 47,35 | 48,41 | 49,46 | 50,51 | 51,56 |
| 5 | 52,62 | 53,67 | 54,72 | 55,77 | 56,82 | 57,88 | 58,93 | 59,98 | 61,03 | 62,09 |
| 6 | 63,14 | 64,19 | 65,24 | 66,29 | 67,35 | 68,40 | 69,45 | 70,50 | 71,56 | 72,61 |
| 7 | 73,66 | 74,71 | 75,77 | 76,82 | 77,87 | 78,92 | 79,97 | 81,03 | 82,08 | 83,13 |
| 8 | 84,18 | 85,24 | 86,29 | 87,34 | 88,39 | 89,45 | 90,50 | 91,55 | 92,60 | 93,65 |
| 9 | 94,71 | 95,76 | 96,81 | 97,86 | 98,92 | 99,97 | 101,02 | 102,07 | 103,13 | 104,18 |
| 10 | 105,23 | 106,28 | 107,33 | 108,39 | 109,44 | 110,49 | 111,54 | 112,60 | 113,65 | 114,70 |
| 11 | 115,75 | 116,81 | 117,86 | 118,91 | 119,96 | 121,01 | 122,07 | 123,12 | 124,17 | 125,22 |
| 12 | 126,28 | 127,33 | 128,38 | 129,43 | 130,49 | 131,54 | 132,59 | 133,64 | 134,69 | 135,75 |
| 13 | 136,80 | 137,85 | 138,90 | 139,96 | 141,01 | 142,06 | 143,11 | 144,17 | 145,22 | 146,27 |
| 14 | 147,32 | 148,37 | 149,43 | 150,48 | 151,53 | 152,58 | 153,64 | 154,69 | 155,74 | 156,79 |
| 15 | 157,85 | 158,90 | 159,95 | 161,00 | 162,05 | 163,11 | 164,16 | 165,21 | 166,26 | 167,32 |
| 16 | 168,37 | 169,42 | 170,47 | 171,52 | 172,58 | 173,63 | 174,68 | 175,73 | 176,79 | 177,84 |
| 17 | 178,89 | 179,94 | 181,00 | 182,05 | 183,10 | 184,15 | 185,20 | 186,26 | 187,31 | 188,36 |
| 18 | 189,41 | 190,47 | 191,52 | 192,57 | 193,62 | 194,68 | 195,73 | 196,78 | 197,83 | 198,88 |
| 19 | 199,94 | 200,99 | 202,04 | 203,09 | 204,15 | 205,20 | 206,25 | 207,30 | 208,36 | 209,41 |
| 20 | 210,46 | 211,51 | 212,56 | 213,62 | 214,67 | 215,72 | 216,77 | 217,83 | 218,88 | 219,93 |
| 21 | 220,98 | 222,04 | 223,09 | 224,14 | 225,19 | 226,24 | 227,30 | 228,35 | 229,40 | 230,45 |
| 22 | 231,51 | 232,56 | 233,61 | 234,66 | 235,72 | 236,77 | 237,82 | 238,87 | 239,92 | 240,98 |
| 23 | 242,03 | 243,08 | 244,13 | 245,19 | 246,24 | 247,29 | 248,34 | 249,40 | 250,45 | 251,50 |
| 24 | 252,55 | 253,60 | 254,66 | 255,71 | 256,76 | 257,81 | 258,87 | 259,92 | 260,97 | 262,02 |

| dif. | 105 | 106 |
|---|---|---|
| 1 | 0,11 | 0,11 |
| 2 | 0,21 | 0,21 |
| 3 | 0,32 | 0,32 |
| 4 | 0,42 | 0,42 |
| 5 | 0,53 | 0,53 |
| 6 | 0,63 | 0,64 |
| 7 | 0,74 | 0,74 |
| 8 | 0,84 | 0,85 |
| 9 | 0,95 | 0,95 |

## 758,50 = 10,537.

| | 00 | 10 | 20 | 30 | 40 | 50 | 60 | 70 | 80 | 90 |
|---|---|---|---|---|---|---|---|---|---|---|
| 0 | | 1,05 | 2,11 | 3,16 | 4,21 | 5,27 | 6,32 | 7,38 | 8,43 | 9,48 |
| 1 | 10,54 | 11,59 | 12,64 | 13,70 | 14,75 | 15,81 | 16,86 | 17,91 | 18,97 | 20,02 |
| 2 | 21,07 | 22,13 | 23,18 | 24,24 | 25,29 | 26,34 | 27,40 | 28,45 | 29,50 | 30,56 |
| 3 | 31,61 | 32,66 | 33,72 | 34,77 | 35,83 | 36,88 | 37,93 | 38,99 | 40,04 | 4 ,09 |
| 4 | 42,15 | 43,20 | 44,26 | 45,31 | 46,36 | 47,42 | 48,47 | 49,52 | 50,58 | 51,63 |
| 5 | 52,69 | 53,74 | 54,79 | 55,85 | 56,90 | 57,95 | 59,01 | 60,06 | 61,11 | 62,17 |
| 6 | 63,22 | 64,28 | 65,33 | 66,38 | 67,44 | 68,49 | 69,54 | 70,60 | 71,65 | 72,71 |
| 7 | 73,76 | 74,81 | 75,87 | 76,92 | 77,97 | 79,03 | 80,08 | 81,13 | 82,19 | 83,24 |
| 8 | 84,30 | 85,35 | 86,40 | 87,46 | 88,51 | 89,56 | 90,62 | 91,67 | 92,73 | 93,78 |
| 9 | 94,83 | 95,89 | 96,94 | 97,99 | 99,05 | 100,10 | 101,16 | 102,21 | 103,26 | 104,32 |
| 10 | 105,37 | 106,42 | 107,48 | 108,53 | 109,58 | 110,64 | 111,69 | 112,75 | 113,80 | 114,85 |
| 11 | 115,91 | 116,96 | 118,01 | 119,07 | 120,12 | 121,18 | 122,23 | 123,28 | 124,34 | 125,39 |
| 12 | 126,44 | 127,50 | 128,55 | 129,61 | 130,66 | 131,71 | 132,77 | 133,82 | 134,87 | 135,93 |
| 13 | 136,98 | 138,03 | 139,09 | 140,14 | 141,20 | 142,25 | 143,30 | 144,36 | 145,41 | 146,46 |
| 14 | 147,52 | 148,57 | 149,63 | 150,68 | 151,73 | 152,79 | 153,84 | 154,89 | 155,95 | 157,00 |
| 15 | 158,06 | 159,11 | 160,16 | 161,22 | 162,27 | 163,32 | 164,38 | 165,43 | 166,48 | 167,54 |
| 16 | 168,59 | 169,65 | 170,70 | 171,75 | 172,81 | 173,86 | 174,91 | 175,97 | 177,02 | 178,08 |
| 17 | 179,13 | 180,18 | 181,24 | 182,29 | 183,34 | 184,40 | 185,45 | 186,50 | 187,56 | 188,61 |
| 18 | 189,67 | 190,72 | 191,77 | 192,83 | 193,88 | 194,93 | 195,99 | 197,04 | 198,10 | 199,15 |
| 19 | 200,20 | 201,26 | 202,31 | 203,36 | 204,42 | 205,47 | 206,53 | 207,58 | 208,63 | 209,69 |
| 20 | 210,74 | 211,79 | 212,85 | 213,90 | 214,95 | 216,01 | 217,06 | 218,12 | 219,17 | 220,22 |
| 21 | 221,28 | 222,33 | 223,38 | 224,44 | 225,49 | 226,55 | 227,60 | 228,65 | 229,71 | 230,76 |
| 22 | 231,81 | 232,87 | 233,92 | 234,98 | 236,03 | 237,08 | 238,14 | 239,19 | 240,24 | 241,30 |
| 23 | 242,35 | 243,40 | 244,46 | 245,51 | 246,57 | 247,62 | 248,67 | 249,73 | 250,78 | 251,83 |
| 24 | 252,89 | 253,94 | 255,00 | 256,05 | 257,10 | 258,16 | 259,21 | 260,26 | 261,32 | 262,37 |

| dif. | 105 | dif. | 106 |
|---|---|---|---|
| 1 | 0,11 | 1 | 0,11 |
| 2 | 0,21 | 2 | 0,21 |
| 3 | 0,32 | 3 | 0,32 |
| 4 | 0,42 | 4 | 0,42 |
| 5 | 0,53 | 5 | 0,53 |
| 6 | 0,63 | 6 | 0,64 |
| 7 | 0,74 | 7 | 0,74 |
| 8 | 0,84 | 8 | 0,85 |
| 9 | 0,95 | 9 | 0,95 |

## 757,50 = 10,550.

| | 00 | 10 | 20 | 30 | 40 | 50 | 60 | 70 | 80 | 90 |
|---|---|---|---|---|---|---|---|---|---|---|
| 0 | | 1,06 | 2,11 | 3,17 | 4,22 | 5,28 | 6,33 | 7,39 | 8,44 | 9,50 |
| 1 | 10,55 | 11,61 | 12,66 | 13,72 | 14,77 | 15,83 | 16,88 | 17,94 | 18,99 | 20,05 |
| 2 | 21,10 | 22,16 | 23,21 | 24,27 | 25,32 | 26,38 | 27,43 | 28,49 | 29,54 | 30,60 |
| 3 | 31,65 | 32,71 | 33,76 | 34,82 | 35,87 | 36,93 | 37,98 | 39,04 | 40,09 | 41,15 |
| 4 | 42,20 | 43,26 | 44,31 | 45,37 | 46,42 | 47,48 | 48,53 | 49,59 | 50,64 | 51,70 |
| 5 | 52,75 | 53,81 | 54,86 | 55,92 | 56,97 | 58,03 | 59,08 | 60,14 | 61,19 | 62,25 |
| 6 | 63,30 | 64,36 | 65,41 | 66,47 | 67,52 | 68,58 | 69,63 | 70,69 | 71,74 | 72,80 |
| 7 | 73,85 | 74,91 | 75,96 | 77,02 | 78,07 | 79,13 | 80,18 | 81,24 | 82,29 | 83,35 |
| 8 | 84,40 | 85,46 | 86,51 | 87,57 | 88,62 | 89,68 | 90,73 | 91,79 | 92,84 | 93,90 |
| 9 | 94,95 | 96,01 | 97,06 | 98,12 | 99,17 | 100,23 | 101,28 | 102,34 | 103,39 | 104,45 |
| 10 | 105,50 | 106,56 | 107,61 | 108,67 | 109,72 | 110,78 | 111,83 | 112,89 | 113,94 | 115,00 |
| 11 | 116,05 | 117,11 | 118,16 | 119,22 | 120,27 | 121,33 | 122,38 | 123,44 | 124,49 | 125,55 |
| 12 | 126,60 | 127,66 | 128,71 | 129,77 | 130,82 | 131,88 | 132,93 | 133,99 | 135,04 | 136,10 |
| 13 | 137,15 | 138,21 | 139,26 | 140,32 | 141,37 | 142,43 | 143,48 | 144,54 | 145,59 | 146,65 |
| 14 | 147,70 | 148,76 | 149,81 | 150,87 | 151,92 | 152,98 | 154,03 | 155,09 | 156,14 | 157,20 |
| 15 | 158,25 | 159,31 | 160,36 | 161,42 | 162,47 | 163,53 | 164,58 | 165,64 | 166,69 | 167,75 |
| 16 | 168,80 | 169,86 | 170,91 | 171,97 | 173,02 | 174,08 | 175,13 | 176,19 | 177,24 | 178,30 |
| 17 | 179,35 | 180,41 | 181,46 | 182,52 | 183,57 | 184,63 | 185,68 | 186,74 | 187,79 | 188,85 |
| 18 | 189,90 | 190,96 | 192,01 | 193,07 | 194,12 | 195,18 | 196,23 | 197,29 | 198,34 | 199,40 |
| 19 | 200,45 | 201,51 | 202,56 | 203,62 | 204,67 | 205,73 | 206,78 | 207,84 | 208,89 | 209,95 |
| 20 | 211,00 | 212,06 | 213,11 | 214,17 | 215,22 | 216,28 | 217,33 | 218,39 | 219,44 | 220,50 |
| 21 | 221,55 | 222,61 | 223,66 | 224,72 | 225,77 | 226,83 | 227,88 | 228,94 | 229,99 | 231,05 |
| 22 | 232,10 | 233,16 | 234,21 | 235,27 | 236,32 | 237,38 | 238,43 | 239,49 | 240,54 | 241,60 |
| 23 | 242,65 | 243,71 | 244,76 | 245,82 | 246,87 | 247,93 | 248,98 | 250,04 | 251,09 | 252,15 |
| 24 | 253,20 | 254,26 | 255,31 | 256,37 | 257,42 | 258,48 | 259,53 | 260,59 | 261,64 | 262,70 |

dif.

| 105 | |
|---|---|
| 1 | 0,11 |
| 2 | 0,21 |
| 3 | 0,32 |
| 4 | 0,42 |
| 5 | 0,53 |
| 6 | 0,63 |
| 7 | 0,74 |
| 8 | 0,84 |
| 9 | 0,95 |

| 106 | |
|---|---|
| 1 | 0,11 |
| 2 | 0,21 |
| 3 | 0,32 |
| 4 | 0,42 |
| 5 | 0,53 |
| 6 | 0,64 |
| 7 | 0,74 |
| 8 | 0,85 |
| 9 | 0,95 |

## 756,50 = 10,565.

| | 00 | 10 | 20 | 30 | 40 | 50 | 60 | 70 | 80 | 90 | dif. | |
|---|---|---|---|---|---|---|---|---|---|---|---|---|
| 0 | | 1,06 | 2,11 | 3,17 | 4,23 | 5,28 | 6,34 | 7,40 | 8,45 | 9,51 | 105 | |
| | | | | | | | | | | | 1 | 0,11 |
| 1 | 10,57 | 11,62 | 12,68 | 13,73 | 14,79 | 15,85 | 16,90 | 17,96 | 19,02 | 20,07 | 2 | 0,21 |
| 2 | 21,13 | 22,19 | 23,24 | 24,30 | 25,36 | 26,41 | 27,47 | 28,53 | 29,58 | 30,64 | 3 | 0,32 |
| 3 | 31,70 | 32,75 | 33,81 | 34,86 | 35,92 | 36,98 | 38,03 | 39,09 | 40,15 | 41,20 | 4 | 0,42 |
| | | | | | | | | | | | 5 | 0,53 |
| 4 | 42,26 | 43,32 | 44,37 | 45,43 | 46,49 | 47,54 | 48,60 | 49,66 | 50,71 | 51,77 | 6 | 0,63 |
| 5 | 52,83 | 53,88 | 54,94 | 55,99 | 57,05 | 58,11 | 59,16 | 60,22 | 61,28 | 62,33 | 7 | 0,74 |
| 6 | 63,39 | 64,45 | 65,50 | 66,56 | 67,62 | 68,67 | 69,73 | 70,79 | 71,84 | 72,90 | 8 | 0,84 |
| | | | | | | | | | | | 9 | 0,95 |
| 7 | 73,96 | 75,01 | 76,07 | 77,12 | 78,18 | 79,24 | 80,29 | 81,35 | 82,41 | 83,46 | | |
| 8 | 84,52 | 85,58 | 86,63 | 87,69 | 88,75 | 89,80 | 90,86 | 91,92 | 92,97 | 94,03 | 106 | |
| 9 | 95,09 | 96,14 | 97,20 | 98,25 | 99,31 | 100,37 | 101,42 | 102,48 | 103,54 | 104,59 | 1 | 0,11 |
| | | | | | | | | | | | 2 | 0,21 |
| 10 | 105,65 | 106,71 | 107,76 | 108,82 | 109,88 | 110,93 | 111,99 | 113,05 | 114,10 | 115,16 | 3 | 0,32 |
| 11 | 116,22 | 117,27 | 118,33 | 119,38 | 120,44 | 121,50 | 122,55 | 123,61 | 124,67 | 125,72 | 4 | 0,42 |
| 12 | 126,78 | 127,84 | 128,89 | 129,95 | 131,01 | 132,06 | 133,12 | 134,18 | 135,23 | 136,29 | 5 | 0,53 |
| | | | | | | | | | | | 6 | 0,64 |
| 13 | 137,35 | 138,40 | 139,46 | 140,51 | 141,57 | 142,63 | 143,68 | 144,74 | 145,80 | 146,85 | 7 | 0,74 |
| 14 | 147,91 | 148,97 | 150,02 | 151,08 | 152,14 | 153,19 | 154,25 | 155,31 | 156,36 | 157,42 | 8 | 0,85 |
| 15 | 158,48 | 159,53 | 160,59 | 161,64 | 162,70 | 163,76 | 164,81 | 165,87 | 166,93 | 167,98 | 9 | 0,95 |
| 16 | 169,04 | 170,10 | 171,15 | 172,21 | 173,27 | 174,32 | 175,38 | 176,44 | 177,49 | 178,55 | | |
| 17 | 179,61 | 180,66 | 181,72 | 182,77 | 183,83 | 184,89 | 185,94 | 187,00 | 188,06 | 189,11 | | |
| 18 | 190,17 | 191,23 | 192,28 | 193,34 | 194,40 | 195,45 | 196,51 | 197,57 | 198,62 | 199,68 | | |
| 19 | 200,74 | 201,79 | 202,85 | 203,90 | 204,96 | 206,02 | 207,07 | 208,13 | 209,19 | 210,24 | | |
| 20 | 211,30 | 212,36 | 213,41 | 214,47 | 215,53 | 216,58 | 217,64 | 218,70 | 219,75 | 220,81 | | |
| 21 | 221,87 | 222,92 | 223,98 | 225,03 | 226,09 | 227,15 | 228,20 | 229,26 | 230,32 | 231,37 | | |
| 22 | 232,43 | 233,49 | 234,54 | 235,60 | 236,66 | 237,71 | 238,77 | 239,83 | 240,88 | 241,94 | | |
| 23 | 243,00 | 244,05 | 245,11 | 246,16 | 247,22 | 248,28 | 249,33 | 250,39 | 251,45 | 252,50 | | |
| 24 | 253,56 | 254,62 | 255,67 | 256,73 | 257,79 | 258,84 | 259,90 | 260,96 | 262,01 | 263,07 | | |

# 755,50 = 10,580.

| | 00 | 10 | 20 | 30 | 40 | 50 | 60 | 70 | 80 | 90 |
|---|---|---|---|---|---|---|---|---|---|---|
| 0 | | 1,06 | 2,12 | 3,17 | 4,23 | 5,29 | 6,35 | 7,41 | 8,46 | 9,52 |
| 1 | 10,58 | 11,64 | 12,70 | 13,75 | 14,81 | 15,87 | 16,93 | 17,99 | 19,04 | 20,10 |
| 2 | 21,16 | 22,22 | 23,28 | 24,33 | 25,39 | 26,45 | 27,51 | 28,57 | 29,62 | 30,68 |
| 3 | 31,74 | 32,80 | 33,86 | 34,91 | 35,97 | 37,03 | 38,09 | 39,15 | 40,20 | 41,26 |
| 4 | 42,32 | 43,38 | 44,44 | 45,49 | 46,55 | 47,61 | 48,67 | 49,73 | 50,78 | 51,84 |
| 5 | 52,90 | 53,96 | 55,02 | 56,07 | 57,13 | 58,19 | 59,25 | 60,31 | 61,36 | 62,42 |
| 6 | 63,48 | 64,54 | 65,60 | 66,65 | 67,71 | 68,77 | 69,83 | 70,89 | 71,94 | 73,00 |
| 7 | 74,06 | 75,12 | 76,18 | 77,23 | 78,29 | 79,35 | 80,41 | 81,47 | 82,52 | 83,58 |
| 8 | 84,64 | 85,70 | 86,76 | 87,81 | 88,87 | 89,93 | 90,99 | 92,05 | 93,10 | 94,16 |
| 9 | 95,22 | 96,28 | 97,34 | 98,39 | 99,45 | 100,51 | 101,57 | 102,63 | 103,68 | 104,74 |
| 10 | 105,80 | 106,86 | 107,92 | 108,97 | 110,03 | 111,09 | 112,15 | 113,21 | 114,26 | 115,32 |
| 11 | 116,38 | 117,44 | 118,50 | 119,55 | 120,61 | 121,67 | 122,73 | 123,79 | 124,84 | 125,90 |
| 12 | 126,96 | 128,02 | 129,08 | 130,13 | 131,19 | 132,25 | 133,31 | 134,37 | 135,42 | 136,48 |
| 13 | 137,54 | 138,60 | 139,66 | 140,71 | 141,77 | 142,83 | 143,89 | 144,95 | 146,00 | 147,06 |
| 14 | 148,12 | 149,18 | 150,24 | 151,29 | 152,35 | 153,41 | 154,47 | 155,53 | 156,58 | 157,64 |
| 15 | 158,70 | 159,76 | 160,82 | 161,87 | 162,93 | 163,99 | 165,05 | 166,11 | 167,16 | 168,22 |
| 16 | 169,28 | 170,34 | 171,40 | 172,45 | 173,51 | 174,57 | 175,63 | 176,69 | 177,74 | 178,80 |
| 17 | 179,86 | 180,92 | 181,98 | 183,03 | 184,09 | 185,15 | 186,21 | 187,27 | 188,32 | 189,38 |
| 18 | 190,44 | 191,50 | 192,56 | 193,61 | 194,67 | 195,73 | 196,79 | 197,85 | 198,90 | 199,96 |
| 19 | 201,02 | 202,08 | 203,14 | 204,19 | 205,25 | 206,31 | 207,37 | 208,43 | 209,48 | 210,54 |
| 20 | 211,60 | 212,66 | 213,72 | 214,77 | 215,83 | 216,89 | 217,95 | 219,01 | 220,06 | 221,12 |
| 21 | 222,18 | 223,24 | 224,30 | 225,35 | 226,41 | 227,47 | 228,53 | 229,59 | 230,64 | 231,70 |
| 22 | 232,76 | 233,82 | 234,88 | 235,93 | 236,99 | 238,05 | 239,11 | 240,17 | 241,22 | 242,28 |
| 23 | 243,34 | 244,40 | 245,46 | 246,51 | 247,57 | 248,63 | 249,69 | 250,75 | 251,80 | 252,86 |
| 24 | 253,92 | 254,98 | 256,04 | 257,09 | 258,15 | 259,21 | 260,27 | 261,33 | 262,38 | 263,44 |

| dif. | 105 | 106 |
|---|---|---|
| 1 | 0,11 | 0,11 |
| 2 | 0,21 | 0,21 |
| 3 | 0,32 | 0,32 |
| 4 | 0,42 | 0,42 |
| 5 | 0,53 | 0,53 |
| 6 | 0,63 | 0,64 |
| 7 | 0,74 | 0,74 |
| 8 | 0,84 | 0,85 |
| 9 | 0,95 | 0,95 |

## 754,50 = 10,593.

| | 00 | 10 | 20 | 30 | 40 | 50 | 60 | 70 | 80 | 90 |
|---|---|---|---|---|---|---|---|---|---|---|
| 0 | | 1,06 | 2,12 | 3,18 | 4,24 | 5,30 | 6,36 | 7,42 | 8,47 | 9,53 |
| 1 | 10,59 | 11,65 | 12,71 | 13,77 | 14,83 | 15,89 | 16,95 | 18,01 | 19,07 | 20,13 |
| 2 | 21,19 | 22,25 | 23,30 | 24,36 | 25,42 | 26,48 | 27,54 | 28,60 | 29,66 | 30,72 |
| 3 | 31,78 | 32,84 | 33,90 | 34,96 | 36,02 | 37,08 | 38,13 | 39,19 | 40,25 | 41,31 |
| 4 | 42,37 | 43,43 | 44,49 | 45,55 | 46,61 | 47,67 | 48,73 | 49,79 | 50,85 | 51,91 |
| 5 | 52,97 | 54,02 | 55,08 | 56,14 | 57,20 | 58,26 | 59,32 | 60,38 | 61,44 | 62,50 |
| 6 | 63,56 | 64,62 | 65,68 | 66,74 | 67,80 | 68,85 | 69,91 | 70,97 | 72,03 | 73,09 |
| 7 | 74,15 | 75,21 | 76,27 | 77,33 | 78,39 | 79,45 | 80,51 | 81,57 | 82,63 | 83,68 |
| 8 | 84,74 | 85,80 | 86,86 | 87,92 | 88,98 | 90,04 | 91,10 | 92,16 | 93,22 | 94,28 |
| 9 | 95,34 | 96,40 | 97,46 | 98,51 | 99,57 | 100,63 | 101,69 | 102,75 | 103,81 | 104,87 |
| 10 | 105,93 | 106,99 | 108,05 | 109,11 | 110,17 | 111,23 | 112,29 | 113,35 | 114,40 | 115,46 |
| 11 | 116,52 | 117,58 | 118,64 | 119,70 | 120,76 | 121,82 | 122,88 | 123,94 | 125,00 | 126,06 |
| 12 | 127,12 | 128,18 | 129,23 | 130,29 | 131,35 | 132,41 | 133,47 | 134,53 | 135,59 | 136,65 |
| 13 | 137,71 | 138,77 | 139,83 | 140,89 | 141,95 | 143,01 | 144,06 | 145,12 | 146,18 | 147,24 |
| 14 | 148,30 | 149,36 | 150,42 | 151,48 | 152,54 | 153,60 | 154,66 | 155,72 | 156,78 | 157,84 |
| 15 | 158,90 | 159,95 | 161,01 | 162,07 | 163,13 | 164,19 | 165,25 | 166,31 | 167,37 | 168,43 |
| 16 | 169,49 | 170,55 | 171,61 | 172,67 | 173,73 | 174,78 | 175,84 | 176,90 | 177,96 | 179,02 |
| 17 | 180,08 | 181,14 | 182,20 | 183,26 | 184 32 | 185,38 | 186,44 | 187,50 | 188,56 | 189,61 |
| 18 | 190,67 | 191,73 | 192,79 | 193,85 | 194,91 | 195,97 | 197,03 | 198,09 | 199,15 | 200,21 |
| 19 | 201,27 | 202,33 | 203,39 | 204,44 | 205,50 | 206,56 | 207,62 | 208,68 | 209,74 | 210,80 |
| 20 | 211,86 | 212,92 | 213,98 | 215,04 | 216,10 | 217,16 | 218,22 | 219,28 | 220,33 | 221,39 |
| 21 | 222,45 | 223,51 | 224,57 | 225,63 | 226,69 | 227,75 | 228,81 | 229,87 | 230,93 | 231,99 |
| 22 | 233,05 | 234,11 | 235,16 | 236,22 | 237,28 | 238,34 | 239,40 | 240,46 | 241,52 | 242,58 |
| 23 | 243,64 | 244,70 | 245,76 | 246,82 | 247,88 | 248,94 | 249,99 | 251,05 | 252,11 | 253,17 |
| 24 | 254,23 | 255,29 | 256,35 | 257,41 | 258,47 | 259,53 | 260,59 | 261,65 | 262,71 | 263,77 |

| dif. | |
|---|---|
| 105 | |
| 1 | 0,11 |
| 2 | 0,21 |
| 3 | 0,32 |
| 4 | 0,42 |
| 5 | 0,53 |
| 6 | 0,63 |
| 7 | 0,74 |
| 8 | 0,84 |
| 9 | 0,95 |
| 106 | |
| 1 | 0,11 |
| 2 | 0,21 |
| 3 | 0,32 |
| 4 | 0,42 |
| 5 | 0,53 |
| 6 | 0,64 |
| 7 | 0,74 |
| 8 | 0,85 |
| 9 | 0,95 |

## 753,50 = 10,607.

| | 00 | 10 | 20 | 30 | 40 | 50 | 60 | 70 | 80 | 90 |
|---|---|---|---|---|---|---|---|---|---|---|
| 0 | | 1,06 | 2,12 | 3,18 | 4,24 | 5,30 | 6,36 | 7,42 | 8,49 | 9,55 |
| 1 | 10,61 | 11,67 | 12,73 | 13,79 | 14,85 | 15,91 | 16,97 | 18,03 | 19,09 | 20,15 |
| 2 | 21,21 | 22,27 | 23,34 | 24,40 | 25,46 | 26,52 | 27,58 | 28,64 | 29,70 | 30,76 |
| 3 | 31,82 | 32,88 | 33,94 | 35,00 | 36,06 | 37,12 | 38,19 | 39,25 | 40,31 | 41,37 |
| 4 | 42,43 | 43,49 | 44,55 | 45,61 | 46,67 | 47,73 | 48,79 | 49,85 | 50,91 | 51,97 |
| 5 | 53,04 | 54,10 | 55,16 | 56,22 | 57,28 | 58,34 | 59,40 | 60,46 | 61,52 | 62,58 |
| 6 | 63,64 | 64,70 | 65,76 | 66,82 | 67,88 | 68,95 | 70,01 | 71,07 | 72,13 | 73,19 |
| 7 | 74,25 | 75,31 | 76,37 | 77,43 | 78,49 | 79,55 | 80,61 | 81,67 | 82,73 | 83,80 |
| 8 | 84,86 | 85,92 | 86,98 | 88,04 | 89,10 | 90,16 | 91,22 | 92,28 | 93,34 | 94,40 |
| 9 | 95,46 | 96,52 | 97,58 | 98,65 | 99,71 | 100,77 | 101,83 | 102,89 | 103,95 | 105,01 |
| 10 | 106,07 | 107,13 | 108,19 | 109,25 | 110,31 | 111,37 | 112,43 | 113,49 | 114,56 | 115,62 |
| 11 | 116,68 | 117,74 | 118,80 | 119,86 | 120,92 | 121,98 | 123,04 | 124,10 | 125,16 | 126,22 |
| 12 | 127,28 | 128,34 | 129,41 | 130,47 | 131,53 | 132,59 | 133,65 | 134,71 | 135,77 | 136,83 |
| 13 | 137,89 | 138,95 | 140,01 | 141,07 | 142,13 | 143,19 | 144,26 | 145,32 | 146,38 | 147,44 |
| 14 | 148,50 | 149,56 | 150,62 | 151,68 | 152,74 | 153,80 | 154,86 | 155,92 | 156,98 | 158,04 |
| 15 | 159,11 | 160,17 | 161,23 | 162,29 | 163,35 | 164,41 | 165,47 | 166,53 | 167,59 | 168,65 |
| 16 | 169,71 | 170,77 | 171,83 | 172,89 | 173,95 | 175,02 | 176,08 | 177,14 | 178,20 | 179,26 |
| 17 | 180,32 | 181,38 | 182,44 | 183,50 | 184,56 | 185,62 | 186,68 | 187,74 | 188,80 | 189,87 |
| 18 | 190,93 | 191,99 | 193,05 | 194,11 | 195,17 | 196,23 | 197,29 | 198,35 | 199,41 | 200,47 |
| 19 | 201,53 | 202,59 | 203,65 | 204,72 | 205,78 | 206,84 | 207,90 | 208,96 | 210,02 | 211,08 |
| 20 | 212,14 | 213,20 | 214,26 | 215,32 | 216,38 | 217,44 | 218,50 | 219,56 | 220,63 | 221,69 |
| 21 | 222,75 | 223,81 | 224,87 | 225,93 | 226,99 | 228,05 | 229,11 | 230,17 | 231,23 | 232,29 |
| 22 | 233,35 | 234,41 | 235,48 | 236,54 | 237,60 | 238,66 | 239,72 | 240,78 | 241,84 | 242,90 |
| 23 | 243,96 | 245,02 | 246,08 | 247,14 | 248,20 | 249,26 | 250,33 | 251,39 | 252,45 | 253,51 |
| 24 | 254,57 | 255,63 | 256,69 | 257,75 | 258,81 | 259,87 | 260,93 | 261,99 | 263,05 | 264,11 |

| dif. | |
|---|---|
| | 106 |
| 1 | 0,11 |
| 2 | 0,21 |
| 3 | 0,32 |
| 4 | 0,42 |
| 5 | 0,53 |
| 6 | 0,64 |
| 7 | 0,74 |
| 8 | 0,85 |
| 9 | 0,95 |
| | 107 |
| 1 | 0,11 |
| 2 | 0,21 |
| 3 | 0,32 |
| 4 | 0,43 |
| 5 | 0,54 |
| 6 | 0,64 |
| 7 | 0,75 |
| 8 | 0,86 |
| 9 | 0,96 |

# 752,50 = 10,620.

| | 00 | 10 | 20 | 30 | 40 | 50 | 60 | 70 | 80 | 90 |
|---|---|---|---|---|---|---|---|---|---|---|
| 0 | | 1,06 | 2,12 | 3,19 | 4,25 | 5,31 | 6,37 | 7,43 | 8,50 | 9,56 |
| 1 | 10,62 | 11,68 | 12,74 | 13,81 | 14,87 | 15,93 | 16,99 | 18,05 | 19,12 | 20,18 |
| 2 | 21,24 | 22,30 | 23,36 | 24,43 | 25,49 | 26,55 | 27,61 | 28,67 | 29,74 | 30,80 |
| 3 | 31,86 | 32,92 | 33,98 | 35,05 | 36,11 | 37,17 | 38,23 | 39,29 | 40,36 | 41,42 |
| 4 | 42,48 | 43,54 | 44,60 | 45,67 | 46,73 | 47,79 | 48,85 | 49,91 | 50,98 | 52,04 |
| 5 | 53,10 | 54,16 | 55,22 | 56,29 | 57,35 | 58,41 | 59,47 | 60,53 | 61,60 | 62,66 |
| 6 | 63,72 | 64,78 | 65,84 | 66,91 | 67,97 | 69,03 | 70,09 | 71,15 | 72,22 | 73,28 |
| 7 | 74,34 | 75,40 | 76,46 | 77,53 | 78,59 | 79,65 | 80,71 | 81,77 | 82,84 | 83,90 |
| 8 | 84,96 | 86,02 | 87,08 | 88,15 | 89,21 | 90,27 | 91,33 | 92,39 | 93,46 | 94,52 |
| 9 | 95,58 | 96,64 | 97,70 | 98,77 | 99,83 | 100,89 | 101,95 | 103,01 | 104,08 | 105,14 |
| 10 | 106,20 | 107,26 | 108,32 | 109,39 | 110,45 | 111,51 | 112,57 | 113,63 | 114,70 | 115,76 |
| 11 | 116,82 | 117,88 | 118,94 | 120,01 | 121,07 | 122,13 | 123,19 | 124,25 | 125,32 | 126,38 |
| 12 | 127,44 | 128,50 | 129,56 | 130,63 | 131,69 | 132,75 | 133,81 | 134,87 | 135,94 | 137,00 |
| 13 | 138,06 | 139,12 | 140,18 | 141,25 | 142,31 | 143,37 | 144,43 | 145,49 | 146,56 | 147,62 |
| 14 | 148,68 | 149,74 | 150,80 | 151,87 | 152,93 | 153,99 | 155,05 | 156,11 | 157,18 | 158,24 |
| 15 | 159,30 | 160,36 | 161,42 | 162,49 | 163,55 | 164,61 | 165,67 | 166,73 | 167,80 | 168,86 |
| 16 | 169,92 | 170,98 | 172,04 | 173,11 | 174,17 | 175,23 | 176,29 | 177,35 | 178,42 | 179,48 |
| 17 | 180,54 | 181,60 | 182,66 | 183,73 | 184,79 | 185,85 | 186,91 | 187,97 | 189,04 | 190,10 |
| 18 | 191,16 | 192,22 | 193,28 | 194,35 | 195,41 | 196,47 | 197,53 | 198,59 | 199,66 | 200,72 |
| 19 | 201,78 | 202,84 | 203,90 | 204,97 | 206,03 | 207,09 | 208,15 | 209,21 | 210,28 | 211,34 |
| 20 | 212,40 | 213,46 | 214,52 | 215,59 | 216,65 | 217,71 | 218,77 | 219,83 | 220,90 | 221,96 |
| 21 | 223,02 | 224,08 | 225,14 | 226,21 | 227,27 | 228,33 | 229,39 | 230,45 | 231,52 | 232,58 |
| 22 | 233,64 | 234,70 | 235,76 | 236,83 | 237,89 | 238,95 | 240,01 | 241,07 | 242,14 | 243,20 |
| 23 | 244,26 | 245,32 | 246,38 | 247,45 | 248,51 | 249,57 | 250,63 | 251,69 | 252,76 | 253,82 |
| 24 | 254,88 | 255,94 | 257,00 | 258,07 | 259,13 | 260,19 | 261,25 | 262,31 | 263,38 | 264,44 |

| dif. | 106 | 107 |
|---|---|---|
| 1 | 0,11 | 0,11 |
| 2 | 0,21 | 0,21 |
| 3 | 0,32 | 0,32 |
| 4 | 0,42 | 0,43 |
| 5 | 0,53 | 0,54 |
| 6 | 0,64 | 0,64 |
| 7 | 0,74 | 0,75 |
| 8 | 0,85 | 0,86 |
| 9 | 0,95 | 0,96 |

**751,50 = 10,635.**

| | 00 | 10 | 20 | 30 | 40 | 50 | 60 | 70 | 80 | 90 | dif. | |
|---|---|---|---|---|---|---|---|---|---|---|---|---|
| 0 | | 1,06 | 2,13 | 3,19 | 4,25 | 5,32 | 6,38 | 7,44 | 8,51 | 9,57 | 106 | |
| | | | | | | | | | | | 1 | 0,11 |
| 1 | 10,64 | 11,70 | 12,76 | 13,83 | 14,89 | 15,95 | 17,02 | 18,08 | 19,14 | 20,21 | 2 | 0,21 |
| 2 | 21,27 | 22,33 | 23,40 | 24,46 | 25,52 | 26,59 | 27,65 | 28,71 | 29,78 | 30,84 | 3 | 0,32 |
| 3 | 31,91 | 32,97 | 34,03 | 35,10 | 36,16 | 37,22 | 38,29 | 39,35 | 40,41 | 41,48 | 4 | 0,42 |
| | | | | | | | | | | | 5 | 0,53 |
| 4 | 42,54 | 43,60 | 44,67 | 45,73 | 46,79 | 47,86 | 48,92 | 49,98 | 51,05 | 52,11 | 6 | 0,64 |
| 5 | 53,18 | 54,24 | 55,30 | 56,37 | 57,43 | 58,49 | 59,56 | 60,62 | 61,68 | 62,75 | 7 | 0,74 |
| 6 | 63,81 | 64,87 | 65,94 | 67,00 | 68,06 | 69,13 | 70,19 | 71,25 | 72,32 | 73,38 | 8 | 0,85 |
| | | | | | | | | | | | 9 | 0,95 |
| 7 | 74,45 | 75,51 | 76,57 | 77,64 | 78,70 | 79,76 | 80,83 | 81,89 | 82,95 | 84,02 | | |
| 8 | 85,08 | 86,14 | 87,21 | 88,27 | 89,33 | 90,40 | 91,46 | 92,52 | 93,59 | 94,65 | 107 | |
| 9 | 95,72 | 96,78 | 97,84 | 98,91 | 99,97 | 101,03 | 102,10 | 103,16 | 104,22 | 105,29 | 1 | 0,11 |
| | | | | | | | | | | | 2 | 0,21 |
| 10 | 106,35 | 107,41 | 108,48 | 109,54 | 110,60 | 111,67 | 112,73 | 113,79 | 114,86 | 115,92 | 3 | 0,32 |
| 11 | 116,99 | 118,05 | 119,11 | 120,18 | 121,24 | 122,30 | 123,37 | 124,43 | 125,49 | 126,56 | 4 | 0,43 |
| 12 | 127,62 | 128,68 | 129,75 | 130,81 | 131,87 | 132,94 | 134,00 | 135,06 | 136,13 | 137,19 | 5 | 0,54 |
| | | | | | | | | | | | 6 | 0,64 |
| 13 | 138,26 | 139,32 | 140,38 | 141,45 | 142,51 | 143,57 | 144,64 | 145,70 | 146,76 | 147,83 | 7 | 0,75 |
| 14 | 148,89 | 149,95 | 151,02 | 152,08 | 153,14 | 154,21 | 155,27 | 156,33 | 157,40 | 158,46 | 8 | 0,86 |
| 15 | 159,53 | 160,59 | 161,65 | 162,72 | 163,78 | 164,84 | 165,91 | 166,97 | 168,03 | 169,10 | 9 | 0,96 |
| 16 | 170,16 | 171,22 | 172,29 | 173,35 | 174,41 | 175,48 | 176,54 | 177,60 | 178,67 | 179,73 | | |
| 17 | 180,80 | 181,86 | 182,92 | 183,99 | 185,05 | 186,11 | 187,18 | 188,24 | 189,30 | 190,37 | | |
| 18 | 191,43 | 192,49 | 193,56 | 194,62 | 195,68 | 196,75 | 197,81 | 198,87 | 199,94 | 201,00 | | |
| 19 | 202,07 | 203,13 | 204,19 | 205,26 | 206,32 | 207,38 | 208,45 | 209,51 | 210,57 | 211,64 | | |
| 20 | 212,70 | 213,76 | 214,83 | 215,89 | 216,95 | 218,02 | 219,08 | 220,14 | 221,21 | 222,27 | | |
| 21 | 223,34 | 224,40 | 225,46 | 226,53 | 227,59 | 228,65 | 229,72 | 230,78 | 231,84 | 232,91 | | |
| 22 | 233,97 | 235,03 | 236,10 | 237,16 | 238,22 | 239,29 | 240,35 | 241,41 | 242,48 | 243,54 | | |
| 23 | 244,61 | 245,67 | 246,73 | 247,80 | 248,86 | 249,92 | 250,99 | 252,05 | 253,11 | 254,18 | | |
| 24 | 255,24 | 256,30 | 257,37 | 258,43 | 259,49 | 260,56 | 261,62 | 262,68 | 263,75 | 264,81 | | |

## 750,50 = 10,650.

| | 00 | 10 | 20 | 30 | 40 | 50 | 60 | 70 | 80 | 90 |
|---|---|---|---|---|---|---|---|---|---|---|
| 0 | | 1,07 | 2,13 | 3,20 | 4,26 | 5,33 | 6,39 | 7,46 | 8,52 | 9,59 |
| 1 | 10,65 | 11,72 | 12,78 | 13,85 | 14,91 | 15,98 | 17,04 | 18,11 | 19,17 | 20,24 |
| 2 | 21,30 | 22,37 | 23,43 | 24,50 | 25,56 | 26,63 | 27,69 | 28,76 | 29,82 | 30,89 |
| 3 | 31,95 | 33,02 | 34,08 | 35,15 | 36,21 | 37,28 | 38,34 | 39,41 | 40,47 | 41,54 |
| 4 | 42,60 | 43,67 | 44,73 | 45,80 | 46,86 | 47,93 | 48,99 | 50,06 | 51,12 | 52,19 |
| 5 | 53,25 | 54,32 | 55,38 | 56,45 | 57,51 | 58,58 | 59,64 | 60,71 | 61,77 | 62,84 |
| 6 | 63,90 | 64,97 | 66,03 | 67,10 | 68,16 | 69,23 | 70,29 | 71,36 | 72,42 | 73,49 |
| 7 | 74,55 | 75,62 | 76,68 | 77,75 | 78,81 | 79,88 | 80,94 | 82,01 | 83,07 | 84,14 |
| 8 | 85,20 | 86,27 | 87,33 | 88,40 | 89,46 | 90,53 | 91,59 | 92,66 | 93,72 | 94,79 |
| 9 | 95,85 | 96,92 | 97,98 | 99,05 | 100,11 | 101,18 | 102,24 | 103,31 | 104,37 | 105,44 |
| 10 | 106,50 | 107,57 | 108,63 | 109,70 | 110,76 | 111,83 | 112,89 | 113,96 | 115,02 | 116,09 |
| 11 | 117,15 | 118,22 | 119,28 | 120,35 | 121,41 | 122,48 | 123,54 | 124,61 | 125,67 | 126,74 |
| 12 | 127,80 | 128,87 | 129,93 | 131,00 | 132,06 | 133,13 | 134,19 | 135,26 | 136,32 | 137,39 |
| 13 | 138,45 | 139,52 | 140,58 | 141,65 | 142,71 | 143,78 | 144,84 | 145,91 | 146,97 | 148,04 |
| 14 | 149,10 | 150,17 | 151,23 | 152,30 | 153,36 | 154,43 | 155,49 | 156,56 | 157,62 | 158,69 |
| 15 | 159,75 | 160,82 | 161,88 | 162,95 | 164,01 | 165,08 | 166,14 | 167,21 | 168,27 | 169,34 |
| 16 | 170,40 | 171,47 | 172,53 | 173,60 | 174,66 | 175,73 | 176,79 | 177,86 | 178,92 | 179,99 |
| 17 | 181,05 | 182,12 | 183,18 | 184,25 | 185,31 | 186,38 | 187,44 | 188,51 | 189,57 | 190,64 |
| 18 | 191,70 | 192,77 | 193,83 | 194,90 | 195,96 | 197,03 | 198,09 | 199,16 | 200,22 | 201,29 |
| 19 | 202,35 | 203,42 | 204,48 | 205,55 | 206,61 | 207,68 | 208,74 | 209,81 | 210,87 | 211,94 |
| 20 | 213,00 | 214,07 | 215,13 | 216,20 | 217,26 | 218,33 | 219,39 | 220,46 | 221,52 | 222,59 |
| 21 | 223,65 | 224,72 | 225,78 | 226,85 | 227,91 | 228,98 | 230,04 | 231,11 | 232,17 | 233,24 |
| 22 | 234,30 | 235,37 | 236,43 | 237,50 | 238,56 | 239,63 | 240,69 | 241,76 | 242,82 | 243,89 |
| 23 | 244,95 | 246,02 | 247,08 | 248,15 | 249,21 | 250,28 | 251,34 | 252,41 | 253,47 | 254,54 |
| 24 | 255,60 | 256,67 | 257,73 | 258,80 | 259,86 | 260,93 | 261,99 | 263,06 | 264,12 | 265,19 |

| dif. | 106 | 107 |
|---|---|---|
| 1 | 0,11 | 0,11 |
| 2 | 0,21 | 0,21 |
| 3 | 0,32 | 0,32 |
| 4 | 0,42 | 0,43 |
| 5 | 0,53 | 0,54 |
| 6 | 0,64 | 0,64 |
| 7 | 0,74 | 0,75 |
| 8 | 0,85 | 0,86 |
| 9 | 0,95 | 0,96 |

# 749,50 = 10,663.

| | 00 | 10 | 20 | 30 | 40 | 50 | 60 | 70 | 80 | 90 |
|---|---|---|---|---|---|---|---|---|---|---|
| 0 | | 1,07 | 2,13 | 3,20 | 4,27 | 5,33 | 6,40 | 7,46 | 8,53 | 9,60 |
| 1 | 10,66 | 11,73 | 12,80 | 13,86 | 14,93 | 15,99 | 17,06 | 18,13 | 19,19 | 20,26 |
| 2 | 21,33 | 22,39 | 23,46 | 24,52 | 25,59 | 26,66 | 27,72 | 28,79 | 29,86 | 30,92 |
| 3 | 31,99 | 33,06 | 34,12 | 35,19 | 36,25 | 37,32 | 38,39 | 39,45 | 40,52 | 41,59 |
| 4 | 42,65 | 43,72 | 44,78 | 45,85 | 46,92 | 47,98 | 49,05 | 50,12 | 51,18 | 52,25 |
| 5 | 53,32 | 54,38 | 55,45 | 56,51 | 57,58 | 58,65 | 59,71 | 60,78 | 61,85 | 62,91 |
| 6 | 63,98 | 65,04 | 66,11 | 67,18 | 68,24 | 69,31 | 70,38 | 71,44 | 72,51 | 73,57 |
| 7 | 74,64 | 75,71 | 76,77 | 77,84 | 78,91 | 79,97 | 81,04 | 82,11 | 83,17 | 84,24 |
| 8 | 85,30 | 86,37 | 87,44 | 88,50 | 89,57 | 90,64 | 91,70 | 92,77 | 93,83 | 94,90 |
| 9 | 95,97 | 97,03 | 98,10 | 99,17 | 100,23 | 101,30 | 102,36 | 103,43 | 104,50 | 105,56 |
| 10 | 106,63 | 107,70 | 108,76 | 109,83 | 110,90 | 111,96 | 113,03 | 114,09 | 115,16 | 116,23 |
| 11 | 117,29 | 118,36 | 119,43 | 120,49 | 121,56 | 122,62 | 123,69 | 124,76 | 125,82 | 126,89 |
| 12 | 127,96 | 129,02 | 130,09 | 131,15 | 132,22 | 133,29 | 134,35 | 135,42 | 136,49 | 137,55 |
| 13 | 138,62 | 139,69 | 140,75 | 141,82 | 142,88 | 143,95 | 145,02 | 146,08 | 147,15 | 148,22 |
| 14 | 149,28 | 150,35 | 151,41 | 152,48 | 153,55 | 154,61 | 155,68 | 156,75 | 157,81 | 158,88 |
| 15 | 159,95 | 161,01 | 162,08 | 163,14 | 164,21 | 165,28 | 166,34 | 167,41 | 168,48 | 169,54 |
| 16 | 170,61 | 171,67 | 172,74 | 173,81 | 174,87 | 175,94 | 177,01 | 178,07 | 179,14 | 180,20 |
| 17 | 181,27 | 182,34 | 183,40 | 184,47 | 185,54 | 186,60 | 187,67 | 188,74 | 189,80 | 190,87 |
| 18 | 191,93 | 193,00 | 194,07 | 195,13 | 196,20 | 197,27 | 198,33 | 199,40 | 200,46 | 201,53 |
| 19 | 202,60 | 203,66 | 204,73 | 205,80 | 206,86 | 207,93 | 208,99 | 210,06 | 211,13 | 212,19 |
| 20 | 213,26 | 214,33 | 215,39 | 216,46 | 217,53 | 218,59 | 219,66 | 220,72 | 221,79 | 222,86 |
| 21 | 223,92 | 224,99 | 226,06 | 227,12 | 228,19 | 229,25 | 230,32 | 231,39 | 232,45 | 233,52 |
| 22 | 234,59 | 235,65 | 236,72 | 237,78 | 238,85 | 239,92 | 240,98 | 242,05 | 243,12 | 244,18 |
| 23 | 245,25 | 246,32 | 247,38 | 248,45 | 249,51 | 250,58 | 251,65 | 252,71 | 253,78 | 254,85 |
| 24 | 255,91 | 256,98 | 258,04 | 259,11 | 260,18 | 261,24 | 262,31 | 263,38 | 264,44 | 265,51 |

| dif. | 106 | | 107 |
|---|---|---|---|
| 1 | 0,11 | 1 | 0,11 |
| 2 | 0,21 | 2 | 0,21 |
| 3 | 0,32 | 3 | 0,32 |
| 4 | 0,42 | 4 | 0,43 |
| 5 | 0,53 | 5 | 0,54 |
| 6 | 0,64 | 6 | 0,64 |
| 7 | 0,74 | 7 | 0,75 |
| 8 | 0,85 | 8 | 0,86 |
| 9 | 0,95 | 9 | 0,96 |

## 748,50 = 10,677.

| | 00 | 10 | 20 | 30 | 40 | 50 | 60 | 70 | 80 | 90 |
|---|---|---|---|---|---|---|---|---|---|---|
| 0 | | 1,07 | 2,14 | 3,20 | 4,27 | 5,34 | 6,41 | 7,47 | 8,54 | 9,61 |
| 1 | 10,68 | 11,74 | 12,81 | 13,88 | 14,95 | 16,02 | 17,08 | 18,15 | 19,22 | 20,29 |
| 2 | 21,35 | 22,42 | 23,49 | 24,56 | 25,62 | 26,69 | 27,76 | 28,83 | 29,90 | 30,96 |
| 3 | 32,03 | 33,10 | 34,17 | 35,23 | 36,30 | 37,37 | 38,44 | 39,50 | 40,57 | 41,64 |
| 4 | 42,71 | 43,78 | 44,84 | 45,91 | 46,98 | 48,05 | 49,11 | 50,18 | 51,25 | 52,32 |
| 5 | 53,39 | 54,45 | 55,52 | 56,59 | 57,66 | 58,72 | 59,79 | 60,86 | 61,93 | 62,99 |
| 6 | 64,06 | 65,13 | 66,20 | 67,27 | 68,33 | 69,40 | 70,47 | 71,54 | 72,60 | 73,67 |
| 7 | 74,74 | 75,81 | 76,87 | 77,94 | 79,01 | 80,08 | 81,15 | 82,21 | 83,28 | 84,35 |
| 8 | 85,42 | 86,48 | 87,55 | 88,62 | 89,69 | 90,75 | 91,82 | 92,89 | 93,96 | 95,03 |
| 9 | 96,09 | 97,16 | 98,23 | 99,30 | 100,36 | 101,43 | 102,50 | 103,57 | 104,63 | 105,70 |
| 10 | 106,77 | 107,84 | 108,91 | 109,97 | 111,04 | 112,11 | 113,18 | 114,24 | 115,31 | 116,38 |
| 11 | 117,45 | 118,51 | 119,58 | 120,65 | 121,72 | 122,79 | 123,85 | 124,92 | 125,99 | 127,06 |
| 12 | 128,12 | 129,19 | 130,26 | 131,33 | 132,39 | 133,46 | 134,53 | 135,60 | 136,67 | 137,73 |
| 13 | 138,80 | 139,87 | 140,94 | 142,00 | 143,07 | 144.14 | 145,21 | 146,27 | 147,34 | 148,41 |
| 14 | 149,48 | 150,55 | 151,61 | 152,68 | 153,75 | 154,82 | 155,88 | 156,95 | 158,02 | 159,09 |
| 15 | 160,16 | 161,22 | 162,29 | 163,36 | 164,43 | 165,49 | 166,56 | 167,63 | 168,70 | 169,76 |
| 16 | 170,83 | 171,90 | 172,97 | 174,04 | 175,10 | 176,17 | 177,24 | 178,31 | 179,37 | 180,44 |
| 17 | 181,51 | 182,58 | 183,64 | 184,71 | 185,78 | 186,85 | 187,92 | 188,98 | 190,05 | 191,12 |
| 18 | 192,19 | 193,25 | 194,32 | 195,39 | 196,46 | 197,52 | 198,59 | 199,66 | 200,73 | 201,80 |
| 19 | 202,86 | 203,93 | 205,00 | 206,07 | 207,13 | 208,20 | 209,27 | 210,34 | 211,40 | 212,47 |
| 20 | 213,54 | 214,61 | 215,68 | 216,74 | 217,81 | 218,88 | 219,95 | 221,01 | 222,08 | 223,15 |
| 21 | 224,22 | 225,28 | 226,35 | 227,42 | 228,49 | 229,56 | 230,62 | 231,69 | 232,76 | 233,83 |
| 22 | 234,89 | 235,96 | 237,03 | 238,10 | 239,16 | 240,23 | 241,30 | 242,37 | 243,44 | 244,50 |
| 23 | 245,57 | 246,64 | 247,71 | 248,77 | 249,84 | 250,91 | 251,98 | 253,04 | 254,11 | 255,18 |
| 24 | 256,25 | 257,32 | 258,38 | 259,45 | 260,52 | 261,59 | 262,65 | 263,72 | 264,79 | 265,86 |

| dif. | 106 | 107 |
|---|---|---|
| 1 | 0,11 | 0,11 |
| 2 | 0,21 | 0,21 |
| 3 | 0,32 | 0,32 |
| 4 | 0,42 | 0,43 |
| 5 | 0,53 | 0,54 |
| 6 | 0,64 | 0,64 |
| 7 | 0,74 | 0,75 |
| 8 | 0,85 | 0,86 |
| 9 | 0,95 | 0,96 |

## 747,50 = 10,692.

| | 00 | 10 | 20 | 30 | 40 | 50 | 60 | 70 | 80 | 90 |
|---|---|---|---|---|---|---|---|---|---|---|
| 0 | | 1,07 | 2,14 | 3,21 | 4,28 | 5,35 | 6,42 | 7,48 | 8,55 | 9,62 |
| 1 | 10,69 | 11,76 | 12,83 | 13,90 | 14,97 | 16,04 | 17,11 | 18,18 | 19,25 | 20,31 |
| 2 | 21,38 | 22,45 | 23,52 | 24,59 | 25,66 | 26,73 | 27,80 | 28,87 | 29,94 | 31,01 |
| 3 | 32,08 | 33,15 | 34,21 | 35,28 | 36,35 | 37,42 | 38,49 | 39,56 | 40,63 | 41,70 |
| 4 | 42,77 | 43,84 | 44,91 | 45,98 | 47,04 | 48,11 | 49,18 | 50,25 | 51,32 | 52,39 |
| 5 | 53,46 | 54,53 | 55,60 | 56,67 | 57,74 | 58,81 | 59,88 | 60,94 | 62,01 | 63,08 |
| 6 | 64,15 | 65,22 | 66,29 | 67,36 | 68,43 | 69,50 | 70,57 | 71,64 | 72,71 | 73,77 |
| 7 | 74,84 | 75,91 | 76,98 | 78,05 | 79,12 | 80,19 | 81,26 | 82,33 | 83,40 | 84,47 |
| 8 | 85,54 | 86,61 | 87,67 | 88,74 | 89,81 | 90,88 | 91,95 | 93,02 | 94,09 | 95,16 |
| 9 | 96,23 | 97,30 | 98,37 | 99,44 | 100,50 | 101,57 | 102,64 | 103,71 | 104,78 | 105,85 |
| 10 | 106,92 | 107,99 | 109,06 | 110,13 | 111,20 | 112,27 | 113,34 | 114,40 | 115,47 | 116,54 |
| 11 | 117,61 | 118,68 | 119,75 | 120,82 | 121,89 | 122,96 | 124,03 | 125,10 | 126,17 | 127,23 |
| 12 | 128,30 | 129,37 | 130,44 | 131,51 | 132,58 | 133,65 | 134,72 | 135,79 | 136,86 | 137,93 |
| 13 | 139,00 | 140,07 | 141,13 | 142,20 | 143,27 | 144,34 | 145,41 | 146,48 | 147,55 | 148,62 |
| 14 | 149,69 | 150,76 | 151,83 | 152,90 | 153,96 | 155,03 | 156,10 | 157,17 | 158,24 | 159,31 |
| 15 | 160,38 | 161,45 | 162,52 | 163,59 | 164,66 | 165,73 | 166,80 | 167,86 | 168,93 | 170,00 |
| 16 | 171,07 | 172,14 | 173,21 | 174,28 | 175,35 | 176,42 | 177,49 | 178,56 | 179,63 | 180,69 |
| 17 | 181,76 | 182,83 | 183,90 | 184,97 | 186,04 | 187,11 | 188,18 | 189,25 | 190,32 | 191,39 |
| 18 | 192,46 | 193,53 | 194,59 | 195,66 | 196,73 | 197,80 | 198,87 | 199,94 | 201,01 | 202,08 |
| 19 | 203,15 | 204,22 | 205,29 | 206,36 | 207,42 | 208,49 | 209,56 | 210,63 | 211,70 | 212,77 |
| 20 | 213,84 | 214,91 | 215,98 | 217,05 | 218,12 | 219,19 | 220,26 | 221,32 | 222,39 | 223,46 |
| 21 | 224,53 | 225,60 | 226,67 | 227,74 | 228,81 | 229,88 | 230,95 | 232,02 | 233,09 | 234,15 |
| 22 | 235,22 | 236,29 | 237,36 | 238,43 | 239,50 | 240,57 | 241,64 | 242,71 | 243,78 | 244,85 |
| 23 | 245,92 | 246,99 | 248,05 | 249,12 | 250,19 | 251,26 | 252,33 | 253,40 | 254,47 | 255,54 |
| 24 | 256,61 | 257,68 | 258,75 | 259,82 | 260,88 | 261,95 | 263,02 | 264,09 | 265,16 | 266,23 |

| dif. | 106 | 107 |
|---|---|---|
| 1 | 0,11 | 0,11 |
| 2 | 0,21 | 0,21 |
| 3 | 0,32 | 0,32 |
| 4 | 0,42 | 0,43 |
| 5 | 0,53 | 0,54 |
| 6 | 0,64 | 0,64 |
| 7 | 0,74 | 0,75 |
| 8 | 0,85 | 0,86 |
| 9 | 0,95 | 0,96 |

## 746,50 = 10,707.

| | 00 | 10 | 20 | 30 | 40 | 50 | 60 | 70 | 80 | 90 |
|---|---|---|---|---|---|---|---|---|---|---|
| 0 | | 1,07 | 2,14 | 3,21 | 4,28 | 5,35 | 6,42 | 7,49 | 8,57 | 9,64 |
| 1 | 10,71 | 11,78 | 12,85 | 13,92 | 14,99 | 16,06 | 17,13 | 18,20 | 19,27 | 20,34 |
| 2 | 21,41 | 22,48 | 23,56 | 24,63 | 25,70 | 26,77 | 27,84 | 28,91 | 29,98 | 31,05 |
| 3 | 32,12 | 33,19 | 34,26 | 35,33 | 36,40 | 37,47 | 38,55 | 39,62 | 40,69 | 41,76 |
| 4 | 42,83 | 43,90 | 44,97 | 46,04 | 47,11 | 48,18 | 49,25 | 50,32 | 51,39 | 52,46 |
| 5 | 53,54 | 54,61 | 55,68 | 56,75 | 57,82 | 58,89 | 59,96 | 61,03 | 62,10 | 63,17 |
| 6 | 64,24 | 65,31 | 66,38 | 67,45 | 68,52 | 69,60 | 70,67 | 71,74 | 72,81 | 73,88 |
| 7 | 74,95 | 76,02 | 77,09 | 78,16 | 79,23 | 80,30 | 81,37 | 82,44 | 83,51 | 84,59 |
| 8 | 85,66 | 86,73 | 87,80 | 88,87 | 89,94 | 91,01 | 92,08 | 93,15 | 94,22 | 95,29 |
| 9 | 96,36 | 97,43 | 98,50 | 99,58 | 100,65 | 101,72 | 102,79 | 103,86 | 104,93 | 106,00 |
| 10 | 107,07 | 108,14 | 109,21 | 110,28 | 111,35 | 112,42 | 113,49 | 114,56 | 115,64 | 116,71 |
| 11 | 117,78 | 118,85 | 119,92 | 120,99 | 122,06 | 123,13 | 124,20 | 125,27 | 126,34 | 127,41 |
| 12 | 128,48 | 129,55 | 130,63 | 131,70 | 132,77 | 133,84 | 134,91 | 135,98 | 137,05 | 138,12 |
| 13 | 139,19 | 140,26 | 141,33 | 142,40 | 143,47 | 144,54 | 145,62 | 146,69 | 147,76 | 148,83 |
| 14 | 149,90 | 150,97 | 152,04 | 153,11 | 154,18 | 155,25 | 156,32 | 157,39 | 158,46 | 159,53 |
| 15 | 160,61 | 161,68 | 162,75 | 163,82 | 164,89 | 165,96 | 167,03 | 168,10 | 169,17 | 170,24 |
| 16 | 171,31 | 172,38 | 173,45 | 174,52 | 175,59 | 176,67 | 177,74 | 178,81 | 179,88 | 180,95 |
| 17 | 182,02 | 183,09 | 184,16 | 185,23 | 186,30 | 187,37 | 188,44 | 189,51 | 190,58 | 191,66 |
| 18 | 192,73 | 193,80 | 194,87 | 195,94 | 197,01 | 198,08 | 199,15 | 200,22 | 201,29 | 202,36 |
| 19 | 203,43 | 204,50 | 205,57 | 206,65 | 207,72 | 208,79 | 209,86 | 210,93 | 212,00 | 213,07 |
| 20 | 214,14 | 215,21 | 216,28 | 217,35 | 218,42 | 219,49 | 220,56 | 221,63 | 222,71 | 223,78 |
| 21 | 224,85 | 225,92 | 226,99 | 228,06 | 229,13 | 230,20 | 231,27 | 232,34 | 233,41 | 234,48 |
| 22 | 235,55 | 236,62 | 237,70 | 238,77 | 239,84 | 240,91 | 241,98 | 243,05 | 244,12 | 245,19 |
| 23 | 246,26 | 247,33 | 248,40 | 249,47 | 250,54 | 251,61 | 252,69 | 253,76 | 254,83 | 255,90 |
| 24 | 256,97 | 258,04 | 259,11 | 260,18 | 261,25 | 262,32 | 263,39 | 264,46 | 265,53 | 266,60 |

| dif. | 107 | dif. | 108 |
|---|---|---|---|
| 1 | 0,11 | 1 | 0,11 |
| 2 | 0,21 | 2 | 0,22 |
| 3 | 0,32 | 3 | 0,32 |
| 4 | 0,43 | 4 | 0,43 |
| 5 | 0,54 | 5 | 0,54 |
| 6 | 0,64 | 6 | 0,65 |
| 7 | 0,75 | 7 | 0,76 |
| 8 | 0,86 | 8 | 0,86 |
| 9 | 0,96 | 9 | 0,97 |

## 745,50 = 10,720.

| | 00 | 10 | 20 | 30 | 40 | 50 | 60 | 70 | 80 | 90 |
|---|---|---|---|---|---|---|---|---|---|---|
| 0 | | 1,07 | 2,14 | 3,22 | 4,29 | 5,36 | 6,43 | 7,50 | 8,58 | 9,65 |
| 1 | 10,72 | 11,79 | 12,86 | 13,94 | 15,01 | 16,08 | 17,15 | 18,22 | 19,30 | 20,37 |
| 2 | 21,44 | 22,51 | 23,58 | 24,66 | 25,73 | 26,80 | 27,87 | 28,94 | 30,02 | 31,09 |
| 3 | 62,16 | 33,23 | 34,30 | 35,38 | 36,45 | 37,52 | 38,59 | 39,66 | 40,74 | 41,81 |
| 4 | 42,88 | 43,95 | 45,02 | 46,10 | 47,17 | 48,24 | 49,31 | 50,38 | 51,46 | 52,53 |
| 5 | 53,60 | 54,67 | 55,74 | 56,82 | 57,89 | 58,96 | 60,03 | 61,10 | 62,18 | 63,25 |
| 6 | 64,32 | 65,39 | 66,46 | 67,54 | 68,61 | 69,68 | 70,75 | 71,82 | 72,90 | 73,97 |
| 7 | 75,04 | 76,11 | 77,18 | 78,26 | 79,33 | 80,40 | 81,47 | 82,54 | 83,62 | 84,69 |
| 8 | 85,76 | 86,83 | 87,90 | 88,98 | 90,05 | 91,12 | 92,19 | 93,26 | 94,34 | 95,41 |
| 9 | 96,48 | 97,55 | 98,62 | 99,70 | 100,77 | 101,84 | 102,91 | 103,98 | 105,06 | 106,13 |
| 10 | 107,20 | 108,27 | 109,34 | 110,42 | 111,49 | 112,56 | 113,63 | 114,70 | 115,78 | 116,85 |
| 11 | 117,92 | 118,99 | 120,06 | 121,14 | 122,21 | 123,28 | 124,35 | 125,42 | 126,50 | 127,57 |
| 12 | 128,64 | 129,71 | 130,78 | 131,86 | 132,93 | 134,00 | 135,07 | 136,14 | 137,22 | 138,29 |
| 13 | 139,36 | 140,43 | 141,50 | 142,58 | 143,65 | 144,72 | 145,79 | 146,86 | 147,94 | 149,01 |
| 14 | 150,08 | 151,15 | 152,22 | 153,30 | 154,37 | 155,44 | 156,51 | 157,58 | 158,66 | 159,73 |
| 15 | 160,80 | 161,87 | 162,94 | 164,02 | 165,09 | 166,16 | 167,23 | 168,30 | 169,38 | 170,45 |
| 16 | 171,52 | 172,59 | 173,66 | 174,74 | 175,81 | 176,88 | 177,95 | 179,02 | 180,10 | 181,17 |
| 17 | 182,24 | 183,31 | 184,38 | 185,46 | 186,53 | 187,60 | 188,67 | 189,74 | 190,82 | 191,89 |
| 18 | 192,96 | 194,03 | 195,10 | 196,18 | 197,25 | 198,32 | 199,39 | 200,46 | 201,54 | 202,61 |
| 19 | 203,68 | 204,75 | 205,82 | 206,90 | 207,97 | 209,04 | 210,11 | 211,18 | 212,26 | 213,33 |
| 20 | 214,40 | 215,47 | 216,54 | 217,62 | 218,69 | 219,76 | 220,83 | 221,90 | 222,98 | 224,05 |
| 21 | 225,12 | 226,19 | 227,26 | 228,34 | 229,41 | 230,48 | 231,55 | 232,62 | 233,70 | 234,77 |
| 22 | 235,84 | 236,91 | 237,98 | 239,06 | 240,13 | 241,20 | 242,27 | 243,34 | 244,42 | 245,49 |
| 23 | 246,56 | 247,63 | 248,70 | 249,78 | 250,85 | 251,92 | 252,99 | 254,06 | 255,14 | 256,21 |
| 24 | 257,28 | 258,35 | 259,42 | 260,50 | 261,57 | 262,64 | 263,71 | 264,78 | 265,86 | 266,93 |

| dif. | |
|---|---|
| 107 | |
| 1 | 0,11 |
| 2 | 0,21 |
| 3 | 0,32 |
| 4 | 0,43 |
| 5 | 0,54 |
| 6 | 0,64 |
| 7 | 0,75 |
| 8 | 0,86 |
| 9 | 0,96 |
| 108 | |
| 1 | 0,11 |
| 2 | 0,22 |
| 3 | 0,32 |
| 4 | 0,43 |
| 5 | 0,54 |
| 6 | 0,65 |
| 7 | 0,76 |
| 8 | 0,86 |
| 9 | 0,97 |

## 744,50 = 10,734.

| | 00 | 10 | 20 | 30 | 40 | 50 | 60 | 70 | 80 | 90 |
|---|---|---|---|---|---|---|---|---|---|---|
| 0 | | 1,07 | 2,15 | 3,22 | 4,29 | 5,37 | 6,44 | 7,51 | 8,59 | 9,66 |
| 1 | 10,73 | 11,81 | 12,88 | 13,95 | 15,03 | 16,10 | 17,17 | 18,25 | 19,32 | 20,39 |
| 2 | 21,47 | 22,54 | 23,61 | 24,69 | 25,76 | 26,84 | 27,91 | 28,98 | 30,06 | 31,13 |
| 3 | 32,20 | 33,28 | 34,35 | 35,42 | 36,50 | 37,57 | 38,64 | 39,72 | 40,79 | 41,86 |
| 4 | 42,94 | 44,01 | 45,08 | 46,16 | 47,23 | 48,30 | 49,38 | 50,45 | 51,52 | 52,60 |
| 5 | 53,67 | 54,74 | 55,82 | 56,89 | 57,96 | 59,04 | 60,11 | 61,18 | 62,26 | 63,33 |
| 6 | 64,40 | 65,48 | 66,55 | 67,62 | 68,70 | 69,77 | 70,84 | 71,92 | 72,99 | 74,06 |
| 7 | 75,14 | 76,21 | 77,28 | 78,36 | 79,43 | 80,51 | 81,58 | 82,65 | 83,73 | 84,80 |
| 8 | 85,87 | 86,95 | 88,02 | 89,09 | 90,17 | 91,24 | 92,31 | 93,39 | 94,46 | 95,53 |
| 9 | 96,61 | 97,68 | 98,75 | 99,83 | 100,90 | 101,97 | 103,05 | 104,12 | 105,19 | 106,27 |
| 10 | 107,34 | 108,41 | 109,49 | 110,56 | 111,63 | 112,71 | 113,78 | 114,85 | 115,93 | 117,00 |
| 11 | 118,07 | 119,15 | 120,22 | 121,29 | 122,37 | 123,44 | 124,51 | 125,59 | 126,66 | 127,73 |
| 12 | 128,81 | 129,88 | 130,95 | 132,03 | 133,10 | 134,18 | 135,25 | 136,32 | 137,40 | 138,47 |
| 13 | 139,54 | 140,62 | 141,69 | 142,76 | 143,84 | 144,91 | 145,98 | 147,06 | 148,13 | 149,20 |
| 14 | 150,28 | 151,35 | 152,42 | 153,50 | 154,57 | 155,64 | 156,72 | 157,79 | 158,86 | 159,94 |
| 15 | 161,01 | 162,08 | 163,16 | 164,23 | 165,30 | 166,38 | 167,45 | 168,52 | 169,60 | 170,67 |
| 16 | 171,74 | 172,82 | 173,89 | 174,96 | 176,04 | 177,11 | 178,18 | 179,26 | 180,33 | 181,40 |
| 17 | 182,48 | 183,55 | 184,62 | 185,70 | 186,77 | 187,85 | 188,92 | 189,99 | 191,07 | 192,14 |
| 18 | 193,21 | 194,29 | 195,36 | 196,43 | 197,51 | 198,58 | 199,65 | 200,73 | 201,80 | 202,87 |
| 19 | 203,95 | 205,02 | 206,09 | 207,17 | 208,24 | 209,31 | 210,39 | 211,46 | 212,53 | 213,61 |
| 20 | 214,68 | 215,75 | 216,83 | 217,90 | 218,97 | 220,05 | 221,12 | 222,19 | 223,27 | 224,34 |
| 21 | 225,41 | 226,49 | 227,56 | 228,63 | 229,71 | 230,78 | 231,85 | 232,93 | 234,00 | 235,07 |
| 22 | 236,15 | 237,22 | 238,29 | 239,37 | 240,44 | 241,52 | 242,59 | 243,66 | 244,74 | 245,81 |
| 23 | 246,88 | 247,96 | 249,03 | 250,10 | 251,18 | 252,25 | 253,32 | 254,40 | 255,47 | 256,54 |
| 24 | 257,62 | 258,69 | 259,76 | 260,84 | 261,91 | 262,98 | 264,06 | 265,13 | 266,20 | 267,28 |

| dif. | 107 | dif. | 108 |
|---|---|---|---|
| 1 | 0,11 | 1 | 0,11 |
| 2 | 0,21 | 2 | 0,22 |
| 3 | 0,32 | 3 | 0,32 |
| 4 | 0,43 | 4 | 0,43 |
| 5 | 0,54 | 5 | 0,54 |
| 6 | 0,64 | 6 | 0,65 |
| 7 | 0,75 | 7 | 0,76 |
| 8 | 0,86 | 8 | 0,86 |
| 9 | 0,96 | 9 | 0,97 |

# 743,50 = 10,749.

| | 00 | 10 | 20 | 30 | 40 | 50 | 60 | 70 | 80 | 90 | dif. | |
|---|---|---|---|---|---|---|---|---|---|---|---|---|
| 0 | | 1,07 | 2,15 | 3,22 | 4,30 | 5,37 | 6,45 | 7,52 | 8,60 | 9,67 | 107 | |
| | | | | | | | | | | | 1 | 0,11 |
| 1 | 10,75 | 11,82 | 12,90 | 13,97 | 15,05 | 16,12 | 17,20 | 18,27 | 19,35 | 20,42 | 2 | 0,21 |
| 2 | 21,50 | 22,57 | 23,65 | 24,72 | 25,80 | 26,87 | 27,95 | 29,02 | 30,10 | 31,17 | 3 | 0,32 |
| 3 | 32,25 | 33,32 | 34,40 | 35,47 | 36,55 | 37,62 | 38,70 | 39,77 | 40,85 | 41,92 | 4 | 0,43 |
| | | | | | | | | | | | 5 | 0,54 |
| 4 | 43,00 | 44,07 | 45,15 | 46,22 | 47,30 | 48,37 | 49,45 | 50,52 | 51,60 | 52,67 | 6 | 0,64 |
| 5 | 53,75 | 54,82 | 55,89 | 56,97 | 58,04 | 59,12 | 60,19 | 61,27 | 62,34 | 63,42 | 7 | 0,75 |
| 6 | 64,49 | 65,57 | 66,64 | 67,72 | 68,79 | 69,87 | 70,94 | 72,02 | 73,09 | 74,17 | 8 | 0,86 |
| | | | | | | | | | | | 9 | 0,96 |
| 7 | 75,24 | 76,32 | 77,39 | 78,47 | 79,54 | 80,62 | 81,69 | 82,77 | 83,84 | 84,92 | | |
| 8 | 85,99 | 87,07 | 88,14 | 89,22 | 90,29 | 91,37 | 92,44 | 93,52 | 94,59 | 95,67 | 108 | |
| 9 | 96,74 | 97,82 | 98,89 | 99,97 | 101,04 | 102,12 | 103,19 | 104,27 | 105,34 | 106,42 | 1 | 0,11 |
| | | | | | | | | | | | 2 | 0,22 |
| 10 | 107,49 | 108,56 | 109,64 | 110,71 | 111,79 | 112,86 | 113,94 | 115,01 | 116,09 | 117,16 | 3 | 0 32 |
| 11 | 118,24 | 119,31 | 120,39 | 121,46 | 122,54 | 123,61 | 124,69 | 125,76 | 126,84 | 127,91 | 4 | 0,43 |
| 12 | 128,99 | 130,06 | 131,14 | 132,21 | 133,29 | 134,36 | 135,44 | 136,51 | 137,59 | 138,66 | 5 | 0,54 |
| | | | | | | | | | | | 6 | 0,65 |
| 13 | 139,74 | 140,81 | 141,89 | 142,96 | 144,01 | 145,11 | 146,19 | 147,26 | 148,34 | 149,41 | 7 | 0,76 |
| 14 | 150,49 | 151,56 | 152,64 | 153,71 | 154,79 | 155,86 | 156,94 | 158,01 | 159,09 | 160,16 | 8 | 0,86 |
| 15 | 161,24 | 162,31 | 163,38 | 164,46 | 165,53 | 166,61 | 167,68 | 168,76 | 169,83 | 170,91 | 9 | 0,97 |
| 16 | 171,98 | 173,06 | 174,13 | 175,21 | 176,28 | 177,36 | 178,43 | 179,51 | 180,58 | 181,66 | | |
| 17 | 182,73 | 183,81 | 184,88 | 185,96 | 187,03 | 188,11 | 189,18 | 190,26 | 191,33 | 192,41 | | |
| 18 | 193,48 | 194,56 | 195,63 | 196,71 | 197,78 | 198,86 | 199,93 | 201,01 | 202,08 | 203,16 | | |
| 19 | 204,23 | 205,31 | 206,38 | 207,46 | 208,53 | 209,61 | 210,68 | 211,76 | 212,83 | 213,91 | | |
| 20 | 214,98 | 216,05 | 217,13 | 218,20 | 219,28 | 220,35 | 221,43 | 222,50 | 223,58 | 224,65 | | |
| 21 | 225,73 | 226,80 | 227,88 | 228,95 | 230,03 | 231,10 | 232,18 | 233,25 | 234,33 | 235,40 | | |
| 22 | 236,48 | 237,55 | 238,63 | 239,70 | 240,78 | 241,85 | 242,93 | 244,00 | 245,08 | 246,15 | | |
| 23 | 247,23 | 248,30 | 249,38 | 250,45 | 251,53 | 252,60 | 253,68 | 254,75 | 255,83 | 256,90 | | |
| 24 | 257,98 | 259,05 | 260,13 | 261,20 | 262,28 | 263,35 | 264,43 | 265,50 | 266,58 | 267,65 | | |

## 742,50 = 10,764.

| | 00 | 10 | 20 | 30 | 40 | 50 | 60 | 70 | 80 | 90 |
|---|---|---|---|---|---|---|---|---|---|---|
| 0 | | 1,08 | 2,15 | 3,23 | 4,31 | 5,38 | 6,46 | 7,53 | 8,61 | 9,69 |
| 1 | 10,76 | 11,84 | 12,92 | 13,99 | 15,07 | 16,15 | 17,22 | 18,30 | 19,38 | 20,45 |
| 2 | 21,53 | 22,60 | 23,68 | 24,76 | 25,83 | 26,91 | 27,99 | 29,06 | 30,14 | 31,22 |
| 3 | 32,29 | 33,37 | 34,44 | 35,52 | 36,60 | 37,67 | 38,75 | 39,83 | 40,90 | 41,98 |
| 4 | 43,06 | 44,13 | 45,21 | 46,29 | 47,36 | 48,44 | 49,51 | 50,59 | 51,67 | 52,74 |
| 5 | 53,82 | 54,90 | 55,97 | 57,05 | 58,13 | 59,20 | 60,28 | 61,35 | 62,43 | 63,51 |
| 6 | 64,58 | 65,66 | 66,74 | 67,81 | 68,89 | 69,97 | 71,04 | 72,12 | 73,20 | 74,27 |
| 7 | 75,35 | 76,42 | 77,50 | 78,58 | 79,65 | 80,73 | 81,81 | 82,88 | 83,96 | 85,04 |
| 8 | 86,11 | 87,19 | 88,26 | 89,34 | 90,42 | 91,49 | 92,57 | 93,65 | 94,72 | 95,80 |
| 9 | 96,88 | 97,95 | 99,03 | 100,11 | 101,18 | 102,26 | 103,33 | 104,41 | 105,49 | 106,56 |
| 10 | 107,64 | 108,72 | 109,79 | 110,87 | 111,95 | 113,02 | 114,10 | 115,17 | 116,25 | 117,33 |
| 11 | 118,40 | 119,48 | 120,56 | 121,63 | 122,71 | 123,79 | 124,86 | 125,94 | 127,02 | 128,09 |
| 12 | 129,17 | 130,24 | 131,32 | 132,40 | 133,47 | 134,55 | 135,63 | 136,70 | 137,78 | 138,86 |
| 13 | 139,93 | 141,01 | 142,08 | 143,16 | 144,24 | 145,31 | 146,39 | 147,47 | 148,54 | 149,62 |
| 14 | 150,70 | 151,77 | 152,85 | 153,93 | 155,00 | 156,08 | 157,15 | 158,23 | 159,31 | 160,38 |
| 15 | 161,46 | 162,54 | 163,61 | 164,69 | 165,77 | 166,84 | 167,92 | 168,99 | 170,07 | 171,15 |
| 16 | 172,22 | 173,30 | 174,38 | 175,45 | 176,53 | 177,61 | 178,68 | 179,76 | 180,84 | 181,91 |
| 17 | 182,99 | 184,06 | 185,14 | 186,22 | 187,29 | 188,37 | 189,45 | 190,52 | 191,60 | 192,68 |
| 18 | 193,75 | 194,83 | 195,90 | 196,98 | 198,06 | 199,13 | 200,21 | 201,29 | 202,36 | 203,44 |
| 19 | 204,52 | 205,59 | 206,67 | 207,75 | 208,82 | 209,90 | 210,97 | 212,05 | 213,13 | 214,20 |
| 20 | 215,28 | 216,36 | 217,43 | 218,51 | 219,59 | 220,66 | 221,74 | 222,81 | 223,89 | 224,97 |
| 21 | 226,04 | 227,12 | 228,20 | 229,27 | 230,35 | 231,43 | 232,50 | 233,58 | 234,66 | 235,73 |
| 22 | 236,81 | 237,88 | 238,96 | 240,04 | 241,11 | 242,19 | 243,27 | 244,34 | 245,42 | 246,50 |
| 23 | 247,57 | 248,65 | 249,72 | 250,80 | 251,88 | 252,95 | 254,03 | 255,11 | 256,18 | 257,26 |
| 24 | 258,34 | 259,41 | 260,49 | 261,57 | 262,64 | 263,72 | 264,79 | 265,87 | 266,95 | 268,02 |

| dif. | |
|---|---|
| 107 | |
| 1 | 0,11 |
| 2 | 0,21 |
| 3 | 0,32 |
| 4 | 0,43 |
| 5 | 0,54 |
| 6 | 0,64 |
| 7 | 0,75 |
| 8 | 0,86 |
| 9 | 0,96 |
| 108 | |
| 1 | 0,11 |
| 2 | 0,22 |
| 3 | 0,32 |
| 4 | 0,43 |
| 5 | 0,54 |
| 6 | 0,65 |
| 7 | 0,76 |
| 8 | 0,86 |
| 9 | 0,97 |

## 741,50 = 10,778.

| | 00 | 10 | 20 | 30 | 40 | 50 | 60 | 70 | 80 | 90 | dif. | |
|---|---|---|---|---|---|---|---|---|---|---|---|---|
| 0 | | 1,08 | 2,16 | 3,23 | 4,31 | 5,39 | 6,47 | 7,54 | 8,62 | 9,70 | 107 | |
| | | | | | | | | | | | 1 | 0,11 |
| 1 | 10,78 | 11,86 | 12,93 | 14,01 | 15,09 | 16,17 | 17,24 | 18,32 | 19,40 | 20,48 | 2 | 0,21 |
| 2 | 21,56 | 22,63 | 23,71 | 24,79 | 25,87 | 26,95 | 28,02 | 29,10 | 30,18 | 31,26 | 3 | 0,32 |
| 3 | 32,33 | 33,41 | 34,49 | 35,57 | 36,65 | 37,72 | 38,80 | 39,88 | 40,96 | 42,03 | 4 | 0,43 |
| | | | | | | | | | | | 5 | 0,54 |
| 4 | 43,11 | 44,19 | 45,27 | 46,35 | 47,42 | 48,50 | 49,58 | 50,66 | 51,73 | 52,81 | 6 | 0,64 |
| 5 | 53,89 | 54,97 | 56,05 | 57,12 | 58,20 | 59,28 | 60,36 | 61,43 | 62,51 | 63,59 | 7 | 0,75 |
| 6 | 64,67 | 65,75 | 66,82 | 67,90 | 68,98 | 70,06 | 71,13 | 72,21 | 73,29 | 74,37 | 8 | 0,86 |
| | | | | | | | | | | | 9 | 0,96 |
| 7 | 75,45 | 76,52 | 77,60 | 78,68 | 79,76 | 80,84 | 81,91 | 82,99 | 84,07 | 85,15 | | |
| 8 | 86,22 | 87,30 | 88,38 | 89,46 | 90,54 | 91,61 | 92,69 | 93,77 | 94,85 | 95,92 | 108 | |
| 9 | 97,00 | 98,08 | 99,16 | 100,24 | 101,31 | 102,39 | 103,47 | 104,55 | 105,62 | 106,70 | 1 | 0,11 |
| | | | | | | | | | | | 2 | 0,22 |
| 10 | 107,78 | 108,86 | 109,94 | 111,01 | 112,09 | 113,17 | 114,25 | 115,32 | 116,40 | 117,48 | 3 | 0,32 |
| 11 | 118,56 | 119,64 | 120,71 | 121,79 | 122,87 | 123,95 | 125,02 | 126,10 | 127,18 | 128,26 | 4 | 0,43 |
| 12 | 129,34 | 130,41 | 131,49 | 132,57 | 133,65 | 134,73 | 135,80 | 136,88 | 137,96 | 139,04 | 5 | 0,54 |
| | | | | | | | | | | | 6 | 0,65 |
| 13 | 140,11 | 141,19 | 142,27 | 143,35 | 144,43 | 145,50 | 146,58 | 147,66 | 148,74 | 149,81 | 7 | 0,76 |
| 14 | 150,89 | 151,97 | 153,05 | 154,13 | 155,20 | 156,28 | 157,36 | 158,44 | 159,51 | 160,59 | 8 | 0,86 |
| 15 | 161,67 | 162,75 | 163,83 | 164,90 | 165,98 | 167,06 | 168,14 | 169,21 | 170,29 | 171,37 | 9 | 0,97 |
| 16 | 172,45 | 173,53 | 174,60 | 175,68 | 176,76 | 177,84 | 178,91 | 179,99 | 181,07 | 182,15 | | |
| 17 | 183,23 | 184,30 | 185,38 | 186,46 | 187,54 | 188,62 | 189,69 | 190,77 | 191,85 | 192,93 | | |
| 18 | 194,00 | 195,08 | 196,16 | 197,24 | 198,32 | 199,39 | 200,47 | 201,55 | 202,63 | 203,70 | | |
| 19 | 204,78 | 205,86 | 206,94 | 208,02 | 209,09 | 210,17 | 211,25 | 212,33 | 213,40 | 214,48 | | |
| 20 | 215,56 | 216,64 | 217,72 | 218,79 | 219,87 | 220,95 | 222,03 | 223,10 | 224,18 | 225,26 | | |
| 21 | 226,34 | 227,42 | 228,49 | 229,57 | 230,65 | 231,73 | 232,80 | 233,88 | 234,96 | 236,04 | | |
| 22 | 237,12 | 238,19 | 239,27 | 240,35 | 241,43 | 242,51 | 243,58 | 244,66 | 245,74 | 246,82 | | |
| 23 | 247,89 | 248,97 | 250,05 | 251,13 | 252,21 | 253,28 | 254,36 | 255,44 | 256,52 | 257,59 | | |
| 24 | 258,67 | 259,75 | 260,83 | 261,91 | 262,98 | 264,06 | 265,14 | 266,22 | 267,29 | 268,37 | | |

## 740,50 = 10,793.

| | 00 | 10 | 20 | 30 | 40 | 50 | 60 | 70 | 80 | 90 |
|---|---|---|---|---|---|---|---|---|---|---|
| 0 | | 1,08 | 2,16 | 3,24 | 4,32 | 5,40 | 6,48 | 7,56 | 8,63 | 9,71 |
| 1 | 10,79 | 11,87 | 12,95 | 14,03 | 15,11 | 16,19 | 17,27 | 18,35 | 19,43 | 20,51 |
| 2 | 21,59 | 22,67 | 23,74 | 24,82 | 25,90 | 26,98 | 28,06 | 29,14 | 30,22 | 31,30 |
| 3 | 32,38 | 33,46 | 34,54 | 35,62 | 36,70 | 37,78 | 38,85 | 39,93 | 41,01 | 42,09 |
| 4 | 43,17 | 44,25 | 45,33 | 46,41 | 47,49 | 48,57 | 49,65 | 50,73 | 51,81 | 52,89 |
| 5 | 53,97 | 55,04 | 56,12 | 57,20 | 58,28 | 59,36 | 60,44 | 61,52 | 62,60 | 63,68 |
| 6 | 64,76 | 65,84 | 66,92 | 68,00 | 69,08 | 70,15 | 71,23 | 72,31 | 73,39 | 74,47 |
| 7 | 75,55 | 76,63 | 77,71 | 78,79 | 79,87 | 80,95 | 82,03 | 83,11 | 84,19 | 85,26 |
| 8 | 86,34 | 87,42 | 88,50 | 89,58 | 90,66 | 91,74 | 92,82 | 93,90 | 94,98 | 96,06 |
| 9 | 97,14 | 98,22 | 99,30 | 100,37 | 101,45 | 102,53 | 103,61 | 104,69 | 105,77 | 106,85 |
| 10 | 107,93 | 109,01 | 110,09 | 111,17 | 112,25 | 113,33 | 114,41 | 115,49 | 116,56 | 117,64 |
| 11 | 118,72 | 119,80 | 120,88 | 121,96 | 123,04 | 124,12 | 125,20 | 126,28 | 127,36 | 128,44 |
| 12 | 129,52 | 130,60 | 131,67 | 132,75 | 133,83 | 134,91 | 135,99 | 137,07 | 138,15 | 139,23 |
| 13 | 140,31 | 141,39 | 142,47 | 143,55 | 144,63 | 145,71 | 146,78 | 147,86 | 148,94 | 150,02 |
| 14 | 151,10 | 152,18 | 153,26 | 154,34 | 155,42 | 156,50 | 157,58 | 158,66 | 159,74 | 160,82 |
| 15 | 161,90 | 162,97 | 164,05 | 165,13 | 166,21 | 167,29 | 168,37 | 169,45 | 170,53 | 171,61 |
| 16 | 172,69 | 173,77 | 174,85 | 175,93 | 177,01 | 178,08 | 179,16 | 180,24 | 181,32 | 182,40 |
| 17 | 183,48 | 184,56 | 185,64 | 186,72 | 187,80 | 188,88 | 189,96 | 191,04 | 192,12 | 193,19 |
| 18 | 194,27 | 195,35 | 196,43 | 197,51 | 198,59 | 199,67 | 200,75 | 201,83 | 202,91 | 203,99 |
| 19 | 205,07 | 206,15 | 207,23 | 208,30 | 209,38 | 210,46 | 211,54 | 212,62 | 213,70 | 214,78 |
| 20 | 215,86 | 216,94 | 218,02 | 219,10 | 220,18 | 221,26 | 222,34 | 223,42 | 224,49 | 225,57 |
| 21 | 226,65 | 227,73 | 228,81 | 229,89 | 230,97 | 232,05 | 233,13 | 234,21 | 235,29 | 236,37 |
| 22 | 237,45 | 238,53 | 239,60 | 240,68 | 241,76 | 242,84 | 243,92 | 245,00 | 246,08 | 247,16 |
| 23 | 248,24 | 249,32 | 250,40 | 251,48 | 252,56 | 253,64 | 254,71 | 255,79 | 256,87 | 257,95 |
| 24 | 259,03 | 260,11 | 261,19 | 262,27 | 263,35 | 264,43 | 265,51 | 266,59 | 267,67 | 268,75 |

| dif. | |
|---|---|
| 107 | |
| 1 | 0,11 |
| 2 | 0,21 |
| 3 | 0,32 |
| 4 | 0,43 |
| 5 | 0,54 |
| 6 | 0,64 |
| 7 | 0,75 |
| 8 | 0,86 |
| 9 | 0,96 |
| 108 | |
| 1 | 0,11 |
| 2 | 0,22 |
| 3 | 0,32 |
| 4 | 0,43 |
| 5 | 0,54 |
| 6 | 0,65 |
| 7 | 0,76 |
| 8 | 0,86 |
| 9 | 0,97 |

## 739,50 = 10,808.

| | 00 | 10 | 20 | 30 | 40 | 50 | 60 | 70 | 80 | 90 |
|---|---|---|---|---|---|---|---|---|---|---|
| 0 | | 1,08 | 2,16 | 3,24 | 4,32 | 5,40 | 6,48 | 7,57 | 8,65 | 9,73 |
| 1 | 10,81 | 11,89 | 12,97 | 14,05 | 15,13 | 16,21 | 17,29 | 18,37 | 19,45 | 20,54 |
| 2 | 21,62 | 22,70 | 23,78 | 24,86 | 25,94 | 27,02 | 28,10 | 29,18 | 30,26 | 31,34 |
| 3 | 32,42 | 33,50 | 34,59 | 35,67 | 36,75 | 37,83 | 38,91 | 39,99 | 41,07 | 42,15 |
| 4 | 43,23 | 44,31 | 45,39 | 46,47 | 47,56 | 48,64 | 49,72 | 50,80 | 51,88 | 52,96 |
| 5 | 54,04 | 55,12 | 56,20 | 57,28 | 58,36 | 59,44 | 60,52 | 61,61 | 62,69 | 63,77 |
| 6 | 64,85 | 65,93 | 67,01 | 68,09 | 69,17 | 70,25 | 71,33 | 72,41 | 73,49 | 74,58 |
| 7 | 75,66 | 76,74 | 77,82 | 78,90 | 79,98 | 81,06 | 82,14 | 83,22 | 84,30 | 85,38 |
| 8 | 86,46 | 87,54 | 88,63 | 89,71 | 90,79 | 91,87 | 92,95 | 94,03 | 95,11 | 96,19 |
| 9 | 97,27 | 98,35 | 99,43 | 100,51 | 101,60 | 102,68 | 103,76 | 104,84 | 105,92 | 107,00 |
| 10 | 108,08 | 109,16 | 110,24 | 111,32 | 112,40 | 113,48 | 114,56 | 115,65 | 116,73 | 117,81 |
| 11 | 118,89 | 119,97 | 121,05 | 122,13 | 123,21 | 124,29 | 125,37 | 126,45 | 127,53 | 128,62 |
| 12 | 189,70 | 130,78 | 131,86 | 132,94 | 134,02 | 135,10 | 136,18 | 137,26 | 138,34 | 139,42 |
| 13 | 140,50 | 141,58 | 142,67 | 143,75 | 144,83 | 145,91 | 146,99 | 148,07 | 149,15 | 150,23 |
| 14 | 151,31 | 152,39 | 153,47 | 154,55 | 155,64 | 156,72 | 157,80 | 158,88 | 159,96 | 161,04 |
| 15 | 162,12 | 163,20 | 164,28 | 165,36 | 166,44 | 167,52 | 168,60 | 169,69 | 170,77 | 171,85 |
| 16 | 172,93 | 174,01 | 175,09 | 176,17 | 177,25 | 178,33 | 179,41 | 180,49 | 181,57 | 182,66 |
| 17 | 183,74 | 184,82 | 185,90 | 186,98 | 188,06 | 189,14 | 190,22 | 191,30 | 192,38 | 193,46 |
| 18 | 194,54 | 195,62 | 196,71 | 197,79 | 198,87 | 199,95 | 201,03 | 202,11 | 203,19 | 204,27 |
| 19 | 205,35 | 206,43 | 207,51 | 208,59 | 209,68 | 210,76 | 211,84 | 212,92 | 214,00 | 215,08 |
| 20 | 216,16 | 217,24 | 218,32 | 219,40 | 220,48 | 221,56 | 222,64 | 223,73 | 224,81 | 225,89 |
| 21 | 226,97 | 228,05 | 229,13 | 230,21 | 231,29 | 232,37 | 233,45 | 234,53 | 235,61 | 236,70 |
| 22 | 237,78 | 238,86 | 239,94 | 241,02 | 242,10 | 243,18 | 244,26 | 245,34 | 246,42 | 247,50 |
| 23 | 248,58 | 249,66 | 250,75 | 251,83 | 252,91 | 253,99 | 255,07 | 256,15 | 257,23 | 258,31 |
| 24 | 259,39 | 260,47 | 261,55 | 262,63 | 263,72 | 264,80 | 265,88 | 266,96 | 268,04 | 269,12 |

| dif. | |
|---|---|
| 108 | |
| 1 | 0,11 |
| 2 | 0,22 |
| 3 | 0,32 |
| 4 | 0,43 |
| 5 | 0,54 |
| 6 | 0,65 |
| 7 | 0,76 |
| 8 | 0,86 |
| 9 | 0,97 |
| 109 | |
| 1 | 0,11 |
| 2 | 0,22 |
| 3 | 0,33 |
| 4 | 0,44 |
| 5 | 0,55 |
| 6 | 0,65 |
| 7 | 0,76 |
| 8 | 0,87 |
| 9 | 0,98 |

# 738,50 = 10,821.

| | 00 | 10 | 20 | 30 | 40 | 50 | 60 | 70 | 80 | 90 |
|---|---|---|---|---|---|---|---|---|---|---|
| 0 | | 1,08 | 2,16 | 3,25 | 4,33 | 5,41 | 6,49 | 7,57 | 8,66 | 9,74 |
| 1 | 10,82 | 11,90 | 12,99 | 14,07 | 15,15 | 16,23 | 17,31 | 18,40 | 19,48 | 20,56 |
| 2 | 21,64 | 22,72 | 23,81 | 24,89 | 25,97 | 27,05 | 28,13 | 29,22 | 30,30 | 31,38 |
| 3 | 32,46 | 33,55 | 34,63 | 35,71 | 36,79 | 37,87 | 38,96 | 40,04 | 41,12 | 42,20 |
| 4 | 43,28 | 44,37 | 45,45 | 46,53 | 47,61 | 48,69 | 49,78 | 50,86 | 51,94 | 53,02 |
| 5 | 54,11 | 55,19 | 56,27 | 57,35 | 58,43 | 59,52 | 60,60 | 61,68 | 62,76 | 63,84 |
| 6 | 64,93 | 66,01 | 67,09 | 68,17 | 69,25 | 70,34 | 71,42 | 72,50 | 73,58 | 74,66 |
| 7 | 75,75 | 76,83 | 77,91 | 78,99 | 80,08 | 81,16 | 82,24 | 83,32 | 84,40 | 85,49 |
| 8 | 86,57 | 87,65 | 88,73 | 89,81 | 90,90 | 91,98 | 93,06 | 94,14 | 95,22 | 96,31 |
| 9 | 97,39 | 98,47 | 99,55 | 100,64 | 101,72 | 102,80 | 103,88 | 104,96 | 106,05 | 107,13 |
| 10 | 108,21 | 109,29 | 110,37 | 111,46 | 112,54 | 113,62 | 114,70 | 115,78 | 116,87 | 117,95 |
| 11 | 119,03 | 120,11 | 121,20 | 122,28 | 123,36 | 124,44 | 125,52 | 126,61 | 127,69 | 128,77 |
| 12 | 129,85 | 130,93 | 132,02 | 133,10 | 134,18 | 135,26 | 136,34 | 137,43 | 138,51 | 139,59 |
| 13 | 140,67 | 141,76 | 142,84 | 143,92 | 145,00 | 146,08 | 147,17 | 148,25 | 149,33 | 150,41 |
| 14 | 151,49 | 152,58 | 153,66 | 154,74 | 155,82 | 156,90 | 157,99 | 159,07 | 160,15 | 161,23 |
| 15 | 162,32 | 163,40 | 164,48 | 165,56 | 166,64 | 167,73 | 168,81 | 169,89 | 170,97 | 172,05 |
| 16 | 173,14 | 174,22 | 175,30 | 176,38 | 177,46 | 178,55 | 179,63 | 180,71 | 181,79 | 182,87 |
| 17 | 183,96 | 185,04 | 186,12 | 187,20 | 188,29 | 189,37 | 190,45 | 191,53 | 192,61 | 193,70 |
| 18 | 194,78 | 195,86 | 196,94 | 198,02 | 199,11 | 200,19 | 201,27 | 202,35 | 203,43 | 204,52 |
| 19 | 205,60 | 206,68 | 207,76 | 208,85 | 209,93 | 211,01 | 212,09 | 213,17 | 214,26 | 215,34 |
| 20 | 216,42 | 217,50 | 218,58 | 219,67 | 220,75 | 221,83 | 222,91 | 223,99 | 225,08 | 226,16 |
| 21 | 227,24 | 228,32 | 229,41 | 230,49 | 231,57 | 232,65 | 233,73 | 234,82 | 235,90 | 236,98 |
| 22 | 238,06 | 239,14 | 240,23 | 241,31 | 242,39 | 243,47 | 244,55 | 245,64 | 246,72 | 247,80 |
| 23 | 248,88 | 249,97 | 251,05 | 252,13 | 253,21 | 254,29 | 255,38 | 256,46 | 257,54 | 258,62 |
| 24 | 259,70 | 260,79 | 261,87 | 262,95 | 264,03 | 265,11 | 266,20 | 267,28 | 268,36 | 269,44 |

| dif. | 108 | 109 |
|---|---|---|
| 1 | 0,11 | 0,11 |
| 2 | 0,22 | 0,22 |
| 3 | 0,32 | 0,33 |
| 4 | 0,43 | 0,44 |
| 5 | 0,54 | 0,55 |
| 6 | 0,65 | 0,65 |
| 7 | 0,76 | 0,76 |
| 8 | 0,86 | 0,87 |
| 9 | 0,97 | 0,98 |

## 737,50 = 10,837.

| | 00 | 10 | 20 | 30 | 40 | 50 | 60 | 70 | 80 | 90 |
|---|---|---|---|---|---|---|---|---|---|---|
| 0 | | 1,08 | 2,17 | 3,25 | 4,33 | 5,42 | 6,50 | 7,59 | 8,67 | 9,75 |
| 1 | 10,84 | 11,92 | 13,00 | 14,09 | 15,17 | 16,26 | 17,34 | 18,42 | 19,51 | 20,59 |
| 2 | 21,67 | 22,76 | 23,84 | 24,93 | 26,01 | 27,09 | 28,18 | 29,26 | 30,34 | 31,43 |
| 3 | 32,51 | 33,59 | 34,68 | 35,76 | 36,85 | 37,93 | 39,01 | 40,10 | 41,18 | 42,26 |
| 4 | 43,35 | 44,43 | 45,52 | 46,60 | 47,68 | 48,77 | 49,85 | 50,93 | 52,02 | 53,10 |
| 5 | 54,19 | 55,27 | 56,35 | 57,44 | 58,52 | 59,60 | 60,69 | 61,77 | 62,85 | 63,94 |
| 6 | 65,02 | 66,11 | 67,19 | 68,27 | 69,36 | 70,44 | 71,52 | 72,61 | 73,69 | 74,78 |
| 7 | 75,86 | 76,94 | 78,03 | 79,11 | 80,19 | 81,28 | 82,36 | 83,44 | 84,53 | 85,61 |
| 8 | 86,70 | 87,78 | 88,86 | 89,95 | 91,03 | 92,11 | 93,20 | 94,28 | 95,37 | 96,45 |
| 9 | 97,53 | 98,62 | 99,70 | 100,78 | 101,87 | 102,95 | 104,04 | 105,12 | 106,20 | 107,29 |
| 10 | 108,37 | 109,45 | 110,54 | 111,62 | 112,70 | 113,79 | 114,87 | 115,96 | 117,04 | 118,12 |
| 11 | 119,21 | 120,29 | 121,37 | 122,46 | 123,54 | 124,63 | 125,71 | 126,79 | 127,88 | 128,96 |
| 12 | 130,04 | 131,13 | 132,21 | 133,30 | 134,38 | 135,46 | 136,55 | 137,63 | 138,71 | 139,80 |
| 13 | 140,88 | 141,96 | 143,05 | 144,13 | 145,22 | 146,30 | 147,38 | 148,47 | 149,55 | 150,63 |
| 14 | 151,72 | 152,80 | 153,89 | 154,97 | 156,05 | 157,14 | 158,22 | 159,30 | 160,39 | 161,47 |
| 15 | 162,56 | 163,64 | 164,72 | 165,81 | 166,89 | 167,97 | 169,06 | 170,14 | 171,22 | 172,31 |
| 16 | 173,39 | 174,48 | 175,56 | 176,64 | 177,73 | 178,81 | 179,89 | 180,98 | 182,06 | 183,15 |
| 17 | 184,23 | 185,31 | 186,40 | 187,48 | 188,56 | 189,65 | 190,73 | 191,81 | 192,90 | 193,98 |
| 18 | 195,07 | 196,15 | 197,23 | 198,32 | 199,40 | 200,48 | 201,57 | 202,65 | 203,74 | 204,82 |
| 19 | 205,90 | 206,99 | 208,07 | 209,15 | 210,24 | 211,32 | 212,41 | 213,49 | 214,57 | 215,66 |
| 20 | 216,74 | 217,82 | 218,91 | 219,99 | 221,07 | 222,16 | 223,24 | 224,33 | 225,41 | 226,49 |
| 21 | 227,58 | 228,66 | 229,74 | 230,83 | 231,91 | 233,00 | 234,08 | 235,16 | 236,25 | 237,33 |
| 22 | 238,41 | 239,50 | 240,58 | 241,67 | 242,75 | 243,83 | 244,92 | 246,00 | 247,08 | 248,17 |
| 23 | 249,25 | 250,33 | 251,42 | 252,50 | 253,59 | 254,67 | 255,75 | 256,84 | 257,92 | 259,00 |
| 24 | 260,09 | 261,17 | 262,26 | 263,34 | 264,42 | 265,51 | 266,59 | 267,67 | 268,76 | 269,84 |

| dif. | |
|---|---|
| 108 | |
| 1 | 0,11 |
| 2 | 0,22 |
| 3 | 0,32 |
| 4 | 0,43 |
| 5 | 0,54 |
| 6 | 0,65 |
| 7 | 0,76 |
| 8 | 0,86 |
| 9 | 0,97 |
| 109 | |
| 1 | 0,11 |
| 2 | 0,22 |
| 3 | 0,33 |
| 4 | 0,44 |
| 5 | 0,55 |
| 6 | 0,65 |
| 7 | 0,76 |
| 8 | 0,87 |
| 9 | 0,98 |

# 736,50 = 10,852.

| | 00 | 10 | 20 | 30 | 40 | 50 | 60 | 70 | 80 | 90 |
|---|---|---|---|---|---|---|---|---|---|---|
| 0 | | 1,09 | 2,17 | 3,26 | 4,34 | 5,43 | 6,51 | 7,60 | 8,68 | 9,77 |
| 1 | 10,85 | 11,94 | 13,02 | 14,11 | 15,19 | 16,28 | 17,36 | 18,45 | 19,53 | 20,62 |
| 2 | 21,70 | 22,79 | 23,87 | 24,96 | 26,04 | 27,13 | 28,22 | 29,30 | 30,39 | 31,47 |
| 3 | 32,56 | 33,64 | 34,73 | 35,81 | 36,90 | 37,98 | 39,07 | 40,15 | 41,24 | 42,32 |
| 4 | 43,41 | 44,49 | 45,58 | 46,66 | 47,75 | 48,83 | 49,92 | 51,00 | 52,09 | 53,17 |
| 5 | 54,26 | 55,35 | 56,43 | 57,52 | 58,60 | 59,69 | 60,77 | 61,86 | 62,94 | 64,03 |
| 6 | 65,11 | 66,20 | 67,28 | 68,37 | 69,45 | 70,54 | 71,62 | 72,71 | 73,79 | 74,88 |
| 7 | 75,96 | 77,05 | 78,13 | 79,22 | 80,30 | 81,39 | 82,48 | 83,56 | 84,65 | 85,73 |
| 8 | 86,82 | 87,90 | 88,99 | 90,07 | 91,16 | 92,24 | 93,33 | 94,41 | 95,50 | 96,58 |
| 9 | 97,67 | 98,75 | 99,84 | 100,92 | 102,01 | 103,09 | 104,18 | 105,26 | 106,35 | 107,43 |
| 10 | 108,52 | 109,61 | 110,69 | 111,78 | 112,86 | 113,95 | 115,03 | 116,12 | 117,20 | 118,29 |
| 11 | 119,37 | 120,46 | 121,54 | 122,63 | 123,71 | 124,80 | 125,88 | 126,97 | 128,05 | 129,14 |
| 12 | 130,22 | 131,31 | 132,39 | 133,48 | 134,56 | 135,65 | 136,74 | 137,82 | 138,91 | 139,99 |
| 13 | 141,08 | 142,16 | 143,25 | 144,33 | 145,42 | 146,50 | 147,59 | 148,67 | 149,76 | 150,84 |
| 14 | 151,93 | 153,01 | 154,10 | 155,18 | 156,27 | 157,35 | 158,44 | 159,52 | 160,61 | 161,69 |
| 15 | 162,78 | 163,87 | 164,95 | 166,04 | 167,12 | 168,21 | 169,29 | 170,38 | 171,46 | 172,55 |
| 16 | 173,63 | 174,72 | 175,80 | 176,89 | 177,97 | 179,06 | 180,14 | 181,23 | 182,31 | 183,40 |
| 17 | 184,48 | 185,57 | 186,65 | 187,74 | 188,82 | 189,91 | 191,00 | 192,08 | 193,17 | 194,25 |
| 18 | 195,34 | 196,42 | 197,51 | 198,59 | 199,68 | 200,76 | 201,85 | 202,93 | 204,02 | 205,10 |
| 19 | 206,19 | 207,27 | 208,36 | 209,44 | 210,53 | 211,61 | 212,70 | 213,78 | 214,87 | 215,95 |
| 20 | 217,04 | 218,13 | 219,21 | 220,30 | 221,38 | 222,47 | 223,55 | 224,64 | 225,72 | 226,81 |
| 21 | 227,89 | 228,98 | 230,06 | 231,15 | 232,23 | 233,32 | 234,40 | 235,49 | 236,57 | 237,66 |
| 22 | 238,74 | 239,83 | 240,91 | 242,00 | 243,08 | 244,17 | 245,26 | 246,34 | 247,43 | 248,51 |
| 23 | 249,60 | 250,68 | 251,77 | 252,85 | 253,94 | 255,02 | 256,11 | 257,19 | 258,28 | 259,36 |
| 24 | 260,45 | 261,53 | 262,62 | 263,70 | 264,79 | 265,87 | 266,96 | 268,04 | 269,13 | 270,21 |

dif.

| 108 | |
|---|---|
| 1 | 0,11 |
| 2 | 0,22 |
| 3 | 0,32 |
| 4 | 0,43 |
| 5 | 0,54 |
| 6 | 0,65 |
| 7 | 0,76 |
| 8 | 0,86 |
| 9 | 0,97 |

| 109 | |
|---|---|
| 1 | 0,11 |
| 2 | 0,22 |
| 3 | 0,33 |
| 4 | 0,44 |
| 5 | 0,55 |
| 6 | 0,65 |
| 7 | 0,76 |
| 8 | 0,87 |
| 9 | 0,98 |

## 735,50 = 10,867.

| | 00 | 10 | 20 | 30 | 40 | 50 | 60 | 70 | 80 | 90 |
|---|---|---|---|---|---|---|---|---|---|---|
| 0 | | 1,09 | 2,17 | 3,26 | 4,35 | 5,43 | 6,52 | 7,61 | 8,69 | 9,78 |
| 1 | 10,87 | 11,95 | 13,04 | 14,13 | 15,21 | 16,30 | 17,39 | 18,47 | 19,56 | 20,65 |
| 2 | 21,73 | 22,82 | 23,91 | 24,99 | 26,08 | 27,17 | 28,25 | 29,34 | 30,43 | 31,51 |
| 3 | 32,60 | 33,69 | 34,77 | 35,86 | 36,95 | 38,03 | 39,12 | 40,21 | 41,29 | 42,38 |
| 4 | 43,47 | 44,55 | 45,64 | 46,73 | 47,81 | 48,90 | 49,99 | 51,07 | 52,16 | 53,25 |
| 5 | 54,34 | 55,42 | 56,51 | 57,60 | 58,68 | 59,77 | 60,86 | 61,94 | 63,03 | 64,12 |
| 6 | 65,20 | 66,29 | 67,38 | 68,46 | 69,55 | 70,64 | 71,72 | 72,81 | 73,90 | 74,98 |
| 7 | 76,07 | 77,16 | 78,24 | 79,33 | 80,42 | 81,50 | 82,59 | 83,68 | 84,76 | 85,85 |
| 8 | 86,94 | 88,02 | 89,11 | 90,20 | 91,28 | 92,37 | 93,46 | 94,54 | 95,63 | 96,72 |
| 9 | 97,80 | 98,89 | 99,98 | 101,06 | 102,15 | 103,24 | 104,32 | 105,41 | 106,50 | 107,58 |
| 10 | 108,67 | 109,76 | 110,84 | 111,93 | 113,02 | 114,10 | 115,19 | 116,28 | 117,36 | 118,45 |
| 11 | 119,54 | 120,62 | 121,71 | 122,80 | 123,88 | 124,97 | 126,06 | 127,14 | 128,23 | 129,32 |
| 12 | 130,40 | 131,49 | 132,58 | 133,66 | 134,75 | 135,84 | 136,92 | 138,01 | 139,10 | 140,18 |
| 13 | 141,27 | 142,36 | 143,44 | 144,53 | 145,62 | 146,70 | 147,79 | 148,88 | 149,96 | 151,05 |
| 14 | 152,14 | 153,22 | 154,31 | 155,40 | 156,48 | 157,57 | 158,66 | 159,74 | 160,83 | 161,92 |
| 15 | 163,01 | 164,09 | 165,18 | 166,27 | 167,35 | 168,44 | 169,53 | 170,61 | 171,70 | 172,79 |
| 16 | 173,87 | 174,96 | 176,05 | 177,13 | 178,22 | 179,31 | 180,39 | 181,48 | 182,57 | 183,65 |
| 17 | 184,74 | 185,83 | 186,91 | 188,00 | 189,09 | 190,17 | 191,26 | 192,35 | 193,43 | 194,52 |
| 18 | 195,61 | 196,69 | 197,78 | 198,87 | 199,95 | 201,04 | 202,13 | 203,21 | 204,30 | 205,39 |
| 19 | 206,47 | 207,56 | 208,65 | 209,73 | 210,82 | 211,91 | 212,99 | 214,08 | 215,17 | 216,25 |
| 20 | 217,34 | 218,43 | 219,51 | 220,60 | 221,69 | 222,77 | 223,86 | 224,95 | 226,03 | 227,12 |
| 21 | 228,21 | 229,29 | 230,38 | 231,47 | 232,55 | 233,64 | 234,73 | 235,81 | 236,90 | 237,99 |
| 22 | 239,07 | 240,16 | 241,25 | 242,33 | 243,42 | 244,51 | 245,59 | 246,68 | 247,77 | 248,85 |
| 23 | 249,94 | 251,03 | 252,11 | 253,20 | 254,29 | 255,37 | 256,46 | 257,55 | 258,63 | 259,72 |
| 24 | 260,81 | 261,89 | 262,98 | 264,07 | 265,15 | 266,24 | 267,33 | 268,41 | 269,50 | 270,59 |

| dif. | 108 | dif. | 109 |
|---|---|---|---|
| 1 | 0,11 | 1 | 0,11 |
| 2 | 0,22 | 2 | 0,22 |
| 3 | 0,32 | 3 | 0,33 |
| 4 | 0,43 | 4 | 0,44 |
| 5 | 0,54 | 5 | 0,55 |
| 6 | 0,65 | 6 | 0,65 |
| 7 | 0,76 | 7 | 0,76 |
| 8 | 0,86 | 8 | 0,87 |
| 9 | 0,97 | 9 | 0,98 |

# 734,50 = 10,881.

| | 00 | 10 | 20 | 30 | 40 | 50 | 60 | 70 | 80 | 90 |
|---|---|---|---|---|---|---|---|---|---|---|
| 0 | | 1,09 | 2,18 | 3,26 | 4,35 | 5,44 | 6,53 | 7,62 | 8,70 | 9,79 |
| 1 | 10,88 | 11,97 | 13,06 | 14,15 | 15,23 | 16,32 | 17,41 | 18,50 | 19,59 | 20,67 |
| 2 | 21,76 | 22,85 | 23,94 | 25,03 | 26,11 | 27,20 | 28,29 | 29,38 | 30,47 | 31,55 |
| 3 | 32,64 | 33,73 | 34,82 | 35,91 | 37,00 | 38,08 | 39,17 | 40,26 | 41,35 | 42,44 |
| 4 | 43,52 | 44,61 | 45,70 | 46,79 | 47,88 | 48,96 | 50,05 | 51,14 | 52,23 | 53,32 |
| 5 | 54,41 | 55,49 | 56,58 | 57,67 | 58,76 | 59,85 | 60,93 | 62,02 | 63,11 | 64,20 |
| 6 | 65,29 | 66,37 | 67,46 | 68,55 | 69,64 | 70,73 | 71,81 | 72,90 | 73,99 | 75,08 |
| 7 | 76,17 | 77,26 | 78,34 | 79,43 | 80,52 | 81,61 | 82,70 | 83,78 | 84,87 | 85,96 |
| 8 | 87,05 | 88,14 | 89,22 | 90,31 | 91,40 | 92,49 | 93,58 | 94,66 | 95,75 | 96,84 |
| 9 | 97,93 | 99,02 | 100,11 | 101,19 | 102,28 | 103,37 | 104,46 | 105,55 | 106,63 | 107,72 |
| 10 | 108,81 | 109,90 | 110,99 | 112,07 | 113,16 | 114,25 | 115,34 | 116,43 | 117,51 | 118,60 |
| 11 | 119,69 | 120,78 | 121,87 | 122,96 | 124,04 | 125,13 | 126,22 | 127,31 | 128,40 | 129,48 |
| 12 | 130,57 | 131,66 | 132,75 | 133,84 | 134,92 | 136,01 | 137,10 | 138,19 | 139,28 | 140,36 |
| 13 | 141,45 | 142,54 | 143,63 | 144,72 | 145,81 | 146,89 | 147,98 | 149,07 | 150,16 | 151,25 |
| 14 | 152,33 | 153,42 | 154,51 | 155,60 | 156,69 | 157,77 | 158,86 | 159,95 | 161,04 | 162,13 |
| 15 | 163,22 | 164,30 | 165,39 | 166,48 | 167,57 | 168,66 | 169,74 | 170,83 | 171,92 | 173,01 |
| 16 | 174,10 | 175,18 | 176,27 | 177,36 | 178,45 | 179,54 | 180,62 | 181,71 | 182,80 | 183,89 |
| 17 | 184,98 | 186,07 | 187,15 | 188,24 | 189,33 | 190,42 | 191,51 | 192,59 | 193,68 | 194,77 |
| 18 | 195,86 | 196,95 | 198,03 | 199,12 | 200,21 | 201,30 | 202,39 | 203,47 | 204,56 | 205,65 |
| 19 | 206,74 | 207,83 | 208,92 | 210,00 | 211,09 | 212,18 | 213,27 | 214,36 | 215,44 | 216,53 |
| 20 | 217,62 | 218,71 | 219,80 | 220,88 | 221,97 | 223,06 | 224,15 | 225,24 | 226,32 | 227,41 |
| 21 | 228,50 | 229,59 | 230,68 | 231,77 | 232,85 | 233,94 | 235,03 | 236,12 | 237,21 | 238,29 |
| 22 | 239,38 | 240,47 | 241,56 | 242,65 | 243,73 | 244,82 | 245,91 | 247,00 | 248,09 | 249,17 |
| 23 | 250,26 | 251,35 | 252,44 | 253,53 | 254,62 | 255,70 | 256,79 | 257,88 | 258,97 | 260,06 |
| 24 | 261,14 | 262,23 | 263,32 | 264,41 | 265,50 | 266,58 | 267,67 | 268,76 | 269,85 | 270,94 |

| dif. | 108 | 109 |
|---|---|---|
| 1 | 0,11 | 0,11 |
| 2 | 0,22 | 0,22 |
| 3 | 0,32 | 0,33 |
| 4 | 0,43 | 0,44 |
| 5 | 0,54 | 0,55 |
| 6 | 0,65 | 0,65 |
| 7 | 0,76 | 0,76 |
| 8 | 0,86 | 0,87 |
| 9 | 0,97 | 0,98 |

## 733,50 = 10,896.

| | 00 | 10 | 20 | 30 | 40 | 50 | 60 | 70 | 80 | 90 |
|---|---|---|---|---|---|---|---|---|---|---|
| 0 | | 1,09 | 2,18 | 3,27 | 4,36 | 5,45 | 6,54 | 7,63 | 8,72 | 9,81 |
| 1 | 10,90 | 11,99 | 13,08 | 14,16 | 15,25 | 16,34 | 17,43 | 18,52 | 19,61 | 20,70 |
| 2 | 21,79 | 22,88 | 23,97 | 25,06 | 26,15 | 27,24 | 28,33 | 29,42 | 30,51 | 31,60 |
| 3 | 32,69 | 33,78 | 34,87 | 35,96 | 37,05 | 38,14 | 39,23 | 40,32 | 41,40 | 42,49 |
| 4 | 43,58 | 44,67 | 45,76 | 46,85 | 47,94 | 49,03 | 50,12 | 51,21 | 52,30 | 53,39 |
| 5 | 54,48 | 55,57 | 56,66 | 57,75 | 58,84 | 59,93 | 61,02 | 62,11 | 63,20 | 64,29 |
| 6 | 65,38 | 66,47 | 67,56 | 68,64 | 69,73 | 70,82 | 71,91 | 73,00 | 74,09 | 75,18 |
| 7 | 76,27 | 77,36 | 78,45 | 79,54 | 80,63 | 81,72 | 82,81 | 83,90 | 84,99 | 86,08 |
| 8 | 87,17 | 88,26 | 89,35 | 90,44 | 91,53 | 92,62 | 93,71 | 94,80 | 95,88 | 96,97 |
| 9 | 98,06 | 99,15 | 100,24 | 101,33 | 102,42 | 103,51 | 104,60 | 105,69 | 106,78 | 107,87 |
| 10 | 108,96 | 110,05 | 111,14 | 112,23 | 113,32 | 114,41 | 115,50 | 116,59 | 117,68 | 118,77 |
| 11 | 119,86 | 120,95 | 122,04 | 123,12 | 124,21 | 125,30 | 126,39 | 127,48 | 128,57 | 129,66 |
| 12 | 130,75 | 131,84 | 132,93 | 134,02 | 135,11 | 136,20 | 137,29 | 138,38 | 139,47 | 140,56 |
| 13 | 141,65 | 142,74 | 143,83 | 144,92 | 146,01 | 147,10 | 148,19 | 149,28 | 150,36 | 151,45 |
| 14 | 152,54 | 153,63 | 154,72 | 155,81 | 156,90 | 157,99 | 159,08 | 160,17 | 161,26 | 162,35 |
| 15 | 163,44 | 164,53 | 165,62 | 166,71 | 167,80 | 168,89 | 169,98 | 171,07 | 172,16 | 173,25 |
| 16 | 174,34 | 175,43 | 176,52 | 177,60 | 178,69 | 179,78 | 180,87 | 181,96 | 183,05 | 184,14 |
| 17 | 185,23 | 186,32 | 187,41 | 188,50 | 189,59 | 190,68 | 191,77 | 192,86 | 193,95 | 195,04 |
| 18 | 196,13 | 197,22 | 198,31 | 199,40 | 200,49 | 201,58 | 202,67 | 203,76 | 204,84 | 205,93 |
| 19 | 207,02 | 208,11 | 209,20 | 210,29 | 211,38 | 212,47 | 213,56 | 214,65 | 215,74 | 216,83 |
| 20 | 217,92 | 219,01 | 220,10 | 221,19 | 222,28 | 223,37 | 224,46 | 225,55 | 226,64 | 227,73 |
| 21 | 228,82 | 229,91 | 231,00 | 232,08 | 233,17 | 234,26 | 235,35 | 236,44 | 237,53 | 238,62 |
| 22 | 239,71 | 240,80 | 241,89 | 242,98 | 244,07 | 245,16 | 246,25 | 247,34 | 248,43 | 249,52 |
| 23 | 250,61 | 251,70 | 252,79 | 253,88 | 254,97 | 256,06 | 257,15 | 258,24 | 259,32 | 260,41 |
| 24 | 261,50 | 262,59 | 263,68 | 264,77 | 265,86 | 266,95 | 268,04 | 269,13 | 270,22 | 271,31 |

| dif. | 108 | 109 |
|---|---|---|
| 1 | 0,11 | 0,11 |
| 2 | 0,22 | 0,22 |
| 3 | 0,32 | 0,33 |
| 4 | 0,43 | 0,44 |
| 5 | 0,54 | 0,55 |
| 6 | 0,65 | 0,65 |
| 7 | 0,76 | 0,76 |
| 8 | 0,86 | 0,87 |
| 9 | 0,97 | 0,98 |

# 732,50 = 10,911.

| | 00 | 10 | 20 | 30 | 40 | 50 | 60 | 70 | 80 | 90 | dif. | |
|---|---|---|---|---|---|---|---|---|---|---|---|---|
| 0 | | 1,09 | 2,18 | 3,27 | 4,36 | 5,46 | 6,55 | 7,64 | 8,73 | 9,82 | | 109 |
| | | | | | | | | | | | 1 | 0,11 |
| 1 | 10,91 | 12,00 | 13,09 | 14,18 | 15,28 | 16,37 | 17,46 | 18,55 | 19,64 | 20,73 | 2 | 0,22 |
| 2 | 21,82 | 22,91 | 24,00 | 25,10 | 26,19 | 27,28 | 28,37 | 29,46 | 30,55 | 31,64 | 3 | 0,33 |
| 3 | 32,73 | 33,82 | 34,92 | 36,01 | 37,10 | 38,19 | 39,28 | 40,37 | 41,46 | 42,55 | 4 | 0,44 |
| | | | | | | | | | | | 5 | 0,55 |
| 4 | 43,64 | 44,74 | 45,83 | 46,92 | 48,01 | 49,10 | 50,19 | 51,28 | 52,37 | 53,46 | 6 | 0,65 |
| 5 | 54,56 | 55,65 | 56,74 | 57,83 | 58,92 | 60,01 | 61,10 | 62,19 | 63,28 | 64,37 | 7 | 0,76 |
| 6 | 65,47 | 66,56 | 67,65 | 68,74 | 69,83 | 70,92 | 72,01 | 73,10 | 74,19 | 75,29 | 8 | 0,87 |
| | | | | | | | | | | | 9 | 0,98 |
| 7 | 76,38 | 77,47 | 78,56 | 79,65 | 80,74 | 81,83 | 82,92 | 84,01 | 85,11 | 86,20 | | |
| 8 | 87,29 | 88,38 | 89,47 | 90,56 | 91,65 | 92,74 | 93,83 | 94,93 | 96,02 | 97,11 | | 110 |
| 9 | 98,20 | 99,29 | 100,38 | 101,47 | 102,56 | 103,65 | 104,75 | 105,84 | 106,93 | 108,02 | 1 | 0,11 |
| | | | | | | | | | | | 2 | 0,22 |
| 10 | 109,11 | 110,20 | 111,29 | 112,38 | 113,47 | 114,57 | 115,66 | 116,75 | 117,84 | 118,93 | 3 | 0,33 |
| 11 | 120,02 | 121,11 | 122,20 | 123,29 | 124,39 | 125,48 | 126,57 | 127,66 | 128,75 | 129,84 | 4 | 0,44 |
| 12 | 130,93 | 132,02 | 133,11 | 134,21 | 135,30 | 136,39 | 137,48 | 138,57 | 139,66 | 140,75 | 5 | 0,55 |
| | | | | | | | | | | | 6 | 0,66 |
| 13 | 141,84 | 142,93 | 144,03 | 145,12 | 146,21 | 147,30 | 148,39 | 149,48 | 150,57 | 151,66 | 7 | 0,77 |
| 14 | 152,75 | 153,85 | 154,94 | 156,03 | 157,12 | 158,21 | 159,30 | 160,39 | 161,48 | 162,57 | 8 | 0,88 |
| 15 | 163,67 | 164,76 | 165,85 | 166,94 | 168,03 | 169,12 | 170,21 | 171,30 | 172,39 | 173,48 | 9 | 0,99 |
| 16 | 174,58 | 175,67 | 176,76 | 177,85 | 178,94 | 180,03 | 181,12 | 182,21 | 183,30 | 184,40 | | |
| 17 | 185,49 | 186,58 | 187,67 | 188,76 | 189,85 | 190,94 | 192,03 | 193,12 | 194,22 | 195,31 | | |
| 18 | 196,40 | 197,49 | 198,58 | 199,67 | 200,76 | 201,85 | 202,94 | 204,04 | 205,13 | 206,22 | | |
| 19 | 207,31 | 208,40 | 209,49 | 210,58 | 211,67 | 212,76 | 213,86 | 214,95 | 216,04 | 217,13 | | |
| 20 | 218,22 | 219,31 | 220,40 | 221,49 | 222,58 | 223,68 | 224,77 | 225,86 | 226,95 | 228,04 | | |
| 21 | 229,13 | 230,22 | 231,31 | 232,40 | 233,50 | 234,59 | 235,68 | 236,77 | 237,86 | 238,95 | | |
| 22 | 240,04 | 241,13 | 242,22 | 243,32 | 244,41 | 245,50 | 246,59 | 247,68 | 248,77 | 249,86 | | |
| 23 | 250,95 | 252,04 | 253,14 | 254,23 | 255,32 | 256,41 | 257,50 | 258,59 | 259,68 | 260,77 | | |
| 24 | 261,86 | 262,96 | 264,05 | 265,14 | 266,23 | 267,32 | 268,41 | 269,50 | 270,59 | 271,68 | | |

## 731,50 = 10,926.

| | 00 | 10 | 20 | 30 | 40 | 50 | 60 | 70 | 80 | 90 |
|---|---|---|---|---|---|---|---|---|---|---|
| 0 | | 1,09 | 2,19 | 3,28 | 4,37 | 5,46 | 6,56 | 7,65 | 8,74 | 9,83 |
| 1 | 10,93 | 12,02 | 13,11 | 14,20 | 15,30 | 16,39 | 17,48 | 18,57 | 19,67 | 20,76 |
| 2 | 21,85 | 22,94 | 24,04 | 25,13 | 26,22 | 27,32 | 28,41 | 29,50 | 30,59 | 31,69 |
| 3 | 32,78 | 33,87 | 34,96 | 36,06 | 37,15 | 38,24 | 39,33 | 40,43 | 41,52 | 42,61 |
| 4 | 43,70 | 44,80 | 45,89 | 46,98 | 48,07 | 49,17 | 50,26 | 51,35 | 52,44 | 53,54 |
| 5 | 54,63 | 55,72 | 56,82 | 57,91 | 59,00 | 60,09 | 61,19 | 62,28 | 63,37 | 64,46 |
| 6 | 65,56 | 66,65 | 67,74 | 68,83 | 69,93 | 71,02 | 72,11 | 73,20 | 74,30 | 75,39 |
| 7 | 76,48 | 77,57 | 78,67 | 79,76 | 80,85 | 81,95 | 83,04 | 84,13 | 85,22 | 86,32 |
| 8 | 87,41 | 88,50 | 89,59 | 90,69 | 91,78 | 92,87 | 93,96 | 95,06 | 96,15 | 97,24 |
| 9 | 98,33 | 99,43 | 100,52 | 101,61 | 102,70 | 103,80 | 104,89 | 105,98 | 107,07 | 108,17 |
| 10 | 109,26 | 110,35 | 111,45 | 112,54 | 113,63 | 114,72 | 115,82 | 116,91 | 118,00 | 119,09 |
| 11 | 120,19 | 121,28 | 122,37 | 123,46 | 124,56 | 125,65 | 126,74 | 127,83 | 128,93 | 130,02 |
| 12 | 131,11 | 132,20 | 133,30 | 134,39 | 135,48 | 136,58 | 137,67 | 138,76 | 139,85 | 140,95 |
| 13 | 142,04 | 143,13 | 144,22 | 145,32 | 146,41 | 147,50 | 148,59 | 149,69 | 150,78 | 151,87 |
| 14 | 152,96 | 154,06 | 155,15 | 156,24 | 157,33 | 158,43 | 159,52 | 160,61 | 161,70 | 162,80 |
| 15 | 163,89 | 164,98 | 166,08 | 167,17 | 168,26 | 169,35 | 170,45 | 171,54 | 172,63 | 173,72 |
| 16 | 174,82 | 175,91 | 177,00 | 178,09 | 179,19 | 180,28 | 181,37 | 182,46 | 183,56 | 184,65 |
| 17 | 185,74 | 186,83 | 187,93 | 189,02 | 190,11 | 191,21 | 192,30 | 193,39 | 194,48 | 195,58 |
| 18 | 196,67 | 197,76 | 198,85 | 199,95 | 201,04 | 202,13 | 203,22 | 204,32 | 205,41 | 206,50 |
| 19 | 207,59 | 208,69 | 209,78 | 210,87 | 211,96 | 213,06 | 214,15 | 215,24 | 216,33 | 217,43 |
| 20 | 218,52 | 219,61 | 220,71 | 221,80 | 222,89 | 223,98 | 225,08 | 226,17 | 227,26 | 228,35 |
| 21 | 229,45 | 230,54 | 231,63 | 232,72 | 233,82 | 234,91 | 236,00 | 237,09 | 238,19 | 239,28 |
| 22 | 240,37 | 241,46 | 242,56 | 243,65 | 244,74 | 245,84 | 246,93 | 248,02 | 249,11 | 250,21 |
| 23 | 251,30 | 252,39 | 253,48 | 254,58 | 255,67 | 256,76 | 257,85 | 258,95 | 260,04 | 261,13 |
| 24 | 262,22 | 263,32 | 264,41 | 265,50 | 266,59 | 267,69 | 268,78 | 269,87 | 270,96 | 272,06 |

dif.

| 109 | |
|---|---|
| 1 | 0,11 |
| 2 | 0,22 |
| 3 | 0,33 |
| 4 | 0,44 |
| 5 | 0,55 |
| 6 | 0,65 |
| 7 | 0,76 |
| 8 | 0,87 |
| 9 | 0,98 |

| 110 | |
|---|---|
| 1 | 0,11 |
| 2 | 0,22 |
| 3 | 0,33 |
| 4 | 0,44 |
| 5 | 0,55 |
| 6 | 0,66 |
| 7 | 0,77 |
| 8 | 0,88 |
| 9 | 0,99 |

## 730,50 = 10,940.

| | 00 | 10 | 20 | 30 | 40 | 50 | 60 | 70 | 80 | 90 |
|---|---|---|---|---|---|---|---|---|---|---|
| 0 | | 1,09 | 2,19 | 3,28 | 4,38 | 5,47 | 6,56 | 7,66 | 8,75 | 9,85 |
| 1 | 10,94 | 12,03 | 13,13 | 14,22 | 15,32 | 16,41 | 17,50 | 18,60 | 19,69 | 20,79 |
| 2 | 21,88 | 22,97 | 24,07 | 25,16 | 26,26 | 27,35 | 28,44 | 29,54 | 30,63 | 31,73 |
| 3 | 32,82 | 33,91 | 35,01 | 36,10 | 37,20 | 38,29 | 39,38 | 40,48 | 41,57 | 42,67 |
| 4 | 43,76 | 44,85 | 45,95 | 47,04 | 48,14 | 49,23 | 50,32 | 51,42 | 52,51 | 53,61 |
| 5 | 54,70 | 55,79 | 56,89 | 57,98 | 59,08 | 60,17 | 61,26 | 62,36 | 63,45 | 64,55 |
| 6 | 65,64 | 66,73 | 67,83 | 68,92 | 70,02 | 71,11 | 72,20 | 73,30 | 74,39 | 75,49 |
| 7 | 76,58 | 77,67 | 78,77 | 79,86 | 80,96 | 82,05 | 83,14 | 84,24 | 85,33 | 86,43 |
| 8 | 87,52 | 88,61 | 89,71 | 90,80 | 91,90 | 92,99 | 94,08 | 95,18 | 96,27 | 97,37 |
| 9 | 98,46 | 99,55 | 100,65 | 101,74 | 102,84 | 103,93 | 105,02 | 106,12 | 107,21 | 108,31 |
| 10 | 109,40 | 110,49 | 111,59 | 112,68 | 113,78 | 114,87 | 115,96 | 117,06 | 118,15 | 119,25 |
| 11 | 120,34 | 121,43 | 122,53 | 123,62 | 124,72 | 125,81 | 126,90 | 128,00 | 129,09 | 130,19 |
| 12 | 131,28 | 132,37 | 133,47 | 134,56 | 135,66 | 136,75 | 137,84 | 138,94 | 140,03 | 141,13 |
| 13 | 142,22 | 143,31 | 144,41 | 145,50 | 146,60 | 147,69 | 148,78 | 149,88 | 150,97 | 152,07 |
| 14 | 153,16 | 154,25 | 155,35 | 156,44 | 157,54 | 158,63 | 159,72 | 160,82 | 161,91 | 163,01 |
| 15 | 164,10 | 165,19 | 166,29 | 167,38 | 168,48 | 169,57 | 170,66 | 171,76 | 172,85 | 173,95 |
| 16 | 175,04 | 176,13 | 177,23 | 178,32 | 179,42 | 180,51 | 181,60 | 182,70 | 183,79 | 184,89 |
| 17 | 185,98 | 187,07 | 188,17 | 189,26 | 190,36 | 191,45 | 192,54 | 193,64 | 194,73 | 195,83 |
| 18 | 196,92 | 198,01 | 199,11 | 200,20 | 201,30 | 202,39 | 203,48 | 204,58 | 205,67 | 206,77 |
| 19 | 207,86 | 208,95 | 210,05 | 211,14 | 212,24 | 213,33 | 214,42 | 215,52 | 216,61 | 217,71 |
| 20 | 218,80 | 219,89 | 220,99 | 222,08 | 223,18 | 224,27 | 225,36 | 226,46 | 227,55 | 228,65 |
| 21 | 229,74 | 230,83 | 231,93 | 233,02 | 234,12 | 235,21 | 236,30 | 237,40 | 238,49 | 239,59 |
| 22 | 240,68 | 241,77 | 242,87 | 243,96 | 245,06 | 246,15 | 247,24 | 248,34 | 249,43 | 250,53 |
| 23 | 251,62 | 252,71 | 253,81 | 254,90 | 256,00 | 257,09 | 258,18 | 259,28 | 260,37 | 261,47 |
| 24 | 262,56 | 263,65 | 264,75 | 265,84 | 266,94 | 268,03 | 269,12 | 270,22 | 271,31 | 272,41 |

| dif. | |
|---|---|
| 109 | |
| 1 | 0,11 |
| 2 | 0,22 |
| 3 | 0,33 |
| 4 | 0,44 |
| 5 | 0,55 |
| 6 | 0,65 |
| 7 | 0,76 |
| 8 | 0,87 |
| 9 | 0,98 |
| 110 | |
| 1 | 0,11 |
| 2 | 0,22 |
| 3 | 0,33 |
| 4 | 0,44 |
| 5 | 0,55 |
| 6 | 0,66 |
| 7 | 0,77 |
| 8 | 0,88 |
| 9 | 0,99 |

## 729,50 = 10,955.

| | 00 | 10 | 20 | 30 | 40 | 50 | 60 | 70 | 80 | 90 |
|---|---|---|---|---|---|---|---|---|---|---|
| 0 | | 1,10 | 2,19 | 3,29 | 4,38 | 5,48 | 6,57 | 7,67 | 8,76 | 9,86 |
| 1 | 10,96 | 12,05 | 13,15 | 14,24 | 15,34 | 16,43 | 17,53 | 18,62 | 19,72 | 20,81 |
| 2 | 21,91 | 23,01 | 24,10 | 25,20 | 26,29 | 27,39 | 28,48 | 29,58 | 30,67 | 31,77 |
| 3 | 32,87 | 33,96 | 35,06 | 36,15 | 37,25 | 38,34 | 39,44 | 40,53 | 41,63 | 42,72 |
| 4 | 43,82 | 44,92 | 46,01 | 47,11 | 48,20 | 49,30 | 50,39 | 51,49 | 52,58 | 53,68 |
| 5 | 54,78 | 55,87 | 56,97 | 58,06 | 59,16 | 60,25 | 61,35 | 62,44 | 63,54 | 64,63 |
| 6 | 65,73 | 66,83 | 67,92 | 69,02 | 70,11 | 71,21 | 72,30 | 73,40 | 74,49 | 75,59 |
| 7 | 76,69 | 77,78 | 78,88 | 79,97 | 81,07 | 82,16 | 83,26 | 84,35 | 85,45 | 86,54 |
| 8 | 87,64 | 88,74 | 89,83 | 90,93 | 92,02 | 93,12 | 94,21 | 95,31 | 96,40 | 97,50 |
| 9 | 98,60 | 99,69 | 100,79 | 101,88 | 102,98 | 104,07 | 105,17 | 106,26 | 107,36 | 108,45 |
| 10 | 109,55 | 110,65 | 111,74 | 112,84 | 113,93 | 115,03 | 116,12 | 117,22 | 118,31 | 119,41 |
| 11 | 120,51 | 121,60 | 122,70 | 123,79 | 124,89 | 125,98 | 127,08 | 128,17 | 129,27 | 130,36 |
| 12 | 131,46 | 132,56 | 133,65 | 134,75 | 135,84 | 136,94 | 138,03 | 139,13 | 140,22 | 141,32 |
| 13 | 142,42 | 143,51 | 144,61 | 145,70 | 146,80 | 147,89 | 148,99 | 150,08 | 151,18 | 152,27 |
| 14 | 153,37 | 154,47 | 155,56 | 156,66 | 157,75 | 158,85 | 159,94 | 161,04 | 162,13 | 163,23 |
| 15 | 164,33 | 165,42 | 166,52 | 167,61 | 168,71 | 169,80 | 170,90 | 171,99 | 173,09 | 174,18 |
| 16 | 175,28 | 176,38 | 177,47 | 178,57 | 179,66 | 180,76 | 181,85 | 182,95 | 184,04 | 185,14 |
| 17 | 186,24 | 187,33 | 188,43 | 189,52 | 190,62 | 191,71 | 192,81 | 193,90 | 195,00 | 196,09 |
| 18 | 197,19 | 198,29 | 199,38 | 200,48 | 201,57 | 202,67 | 203,76 | 204,86 | 205,95 | 207,05 |
| 19 | 208,15 | 209,24 | 210,34 | 211,43 | 212,53 | 213,62 | 214,72 | 215,81 | 216,91 | 218,00 |
| 20 | 219,10 | 220,20 | 221,29 | 222,39 | 223,48 | 224,58 | 225,67 | 226,77 | 227,86 | 228,96 |
| 21 | 230,06 | 231,15 | 232,25 | 233,34 | 234,44 | 235,53 | 236,63 | 237,72 | 238,82 | 239,91 |
| 22 | 241,01 | 242,11 | 243,20 | 244,30 | 245,39 | 246,49 | 247,58 | 248,68 | 249,77 | 250,87 |
| 23 | 251,97 | 253,06 | 254,16 | 255,25 | 256,35 | 257,44 | 258,54 | 259,63 | 260,73 | 261,82 |
| 24 | 262,92 | 264,02 | 265,11 | 266,21 | 267,30 | 268,40 | 269,49 | 270,59 | 271,68 | 272,78 |

| dif. | 109 | 110 |
|---|---|---|
| 1 | 0,11 | 0,11 |
| 2 | 0,22 | 0,22 |
| 3 | 0,33 | 0,33 |
| 4 | 0,44 | 0,44 |
| 5 | 0,55 | 0,55 |
| 6 | 0,65 | 0,66 |
| 7 | 0,76 | 0,77 |
| 8 | 0,87 | 0,88 |
| 9 | 0,98 | 0,99 |

## 728,50 = 10,971.

| | 00 | 10 | 20 | 30 | 40 | 50 | 60 | 70 | 80 | 90 |
|---|---|---|---|---|---|---|---|---|---|---|
| 0 | | 1,10 | 2,19 | 3,29 | 4,39 | 5,49 | 6,58 | 7,68 | 8,78 | 9,87 |
| 1 | 10,97 | 12,07 | 13,17 | 14,26 | 15,36 | 16,46 | 17,55 | 18,65 | 19,75 | 20,84 |
| 2 | 21,94 | 23,04 | 24,14 | 25,23 | 26,33 | 27,43 | 28,52 | 29,62 | 30,72 | 31,82 |
| 3 | 32,91 | 34,01 | 35,11 | 36,20 | 37,30 | 38,40 | 39,50 | 40,59 | 41,69 | 42,79 |
| 4 | 43,88 | 44,98 | 46,08 | 47,18 | 48,27 | 49,37 | 50,47 | 51,56 | 52,66 | 53,76 |
| 5 | 54,86 | 55,95 | 57,05 | 58,15 | 59,24 | 60,34 | 61,44 | 62,53 | 63,63 | 64,73 |
| 6 | 65,83 | 66,92 | 68,02 | 69,12 | 70,21 | 71,31 | 72,41 | 73,51 | 74,60 | 75,70 |
| 7 | 76,80 | 77,89 | 78,99 | 80,09 | 81,19 | 82,28 | 83,38 | 84,48 | 85,57 | 86,67 |
| 8 | 87,77 | 88,87 | 89,96 | 91,06 | 92,16 | 93,25 | 94,35 | 95,45 | 96,54 | 97,64 |
| 9 | 98,74 | 99,84 | 100,93 | 102,03 | 103,13 | 104,22 | 105,32 | 106,42 | 107,52 | 108,61 |
| 10 | 109,71 | 110,81 | 111,90 | 113,00 | 114,10 | 115,20 | 116,29 | 117,39 | 118,49 | 119,58 |
| 11 | 120,68 | 121,78 | 122,88 | 123,97 | 125,07 | 126,17 | 127,26 | 128,36 | 129,46 | 130,55 |
| 12 | 131,65 | 132,75 | 133,85 | 134,94 | 136,04 | 137,14 | 138,23 | 139,33 | 140,43 | 141,53 |
| 13 | 142,62 | 143,72 | 144,82 | 145,91 | 147,01 | 148,11 | 149,21 | 150,30 | 151,40 | 152,50 |
| 14 | 153,59 | 154,69 | 155,79 | 156,89 | 157,98 | 159,08 | 160,18 | 161,27 | 162,37 | 163,47 |
| 15 | 164,57 | 165,66 | 166,76 | 167,86 | 168,95 | 170,05 | 171,15 | 172,24 | 173,34 | 174,44 |
| 16 | 175,54 | 176,63 | 177,73 | 178,83 | 179,92 | 181,02 | 182,12 | 183,22 | 184,31 | 185,41 |
| 17 | 186,51 | 187,60 | 188,70 | 189,80 | 190,90 | 191,99 | 193,09 | 194,19 | 195,28 | 196,38 |
| 18 | 197,48 | 198,58 | 199,67 | 200,77 | 201,87 | 202,96 | 204,06 | 205,16 | 206,25 | 207,35 |
| 19 | 208,45 | 209,55 | 210,64 | 211,74 | 212,84 | 213,93 | 215,03 | 216,13 | 217,23 | 218,32 |
| 20 | 219,42 | 220,52 | 221,61 | 222,71 | 223,81 | 224,91 | 226,00 | 227,10 | 228,20 | 229,29 |
| 21 | 230,39 | 231,49 | 232,59 | 233,68 | 234,78 | 235,88 | 236,97 | 238,07 | 239,17 | 240,26 |
| 22 | 241,36 | 242,46 | 243,56 | 244,65 | 245,75 | 246,85 | 247,94 | 249,04 | 250,14 | 251,24 |
| 23 | 252,33 | 253,43 | 254,53 | 255,62 | 256,72 | 257,82 | 258,92 | 260,01 | 261,11 | 262,21 |
| 24 | 263,30 | 264,40 | 265,50 | 266,60 | 267,69 | 268,79 | 269,89 | 270,98 | 272,08 | 273,18 |

dif.

| 109 | |
|---|---|
| 1 | 0,11 |
| 2 | 0,22 |
| 3 | 0,33 |
| 4 | 0,44 |
| 5 | 0,55 |
| 6 | 0,65 |
| 7 | 0,76 |
| 8 | 0,87 |
| 9 | 0,98 |

| 110 | |
|---|---|
| 1 | 0,11 |
| 2 | 0,22 |
| 3 | 0,33 |
| 4 | 0,44 |
| 5 | 0,55 |
| 6 | 0,66 |
| 7 | 0,77 |
| 8 | 0,88 |
| 9 | 0,99 |

## 727,50 = 10,986.

| | 00 | 10 | 20 | 30 | 40 | 50 | 60 | 70 | 80 | 90 |
|---|---|---|---|---|---|---|---|---|---|---|
| 0 | | 1,10 | 2,20 | 3,30 | 4,39 | 5,49 | 6,59 | 7,69 | 8,79 | 9,89 |
| 1 | 10,99 | 12,08 | 13,18 | 14,28 | 15,38 | 16,48 | 17,58 | 18,68 | 19,77 | 20,87 |
| 2 | 21,97 | 23,07 | 24,17 | 25,27 | 26,37 | 27,47 | 28,56 | 29,66 | 30,76 | 31,86 |
| 3 | 32,96 | 34,06 | 35,16 | 36,25 | 37,35 | 38,45 | 39,55 | 40,65 | 41,75 | 42,85 |
| 4 | 43,94 | 45,04 | 46,14 | 47,24 | 48,34 | 49,44 | 50,54 | 51,63 | 52,73 | 53,83 |
| 5 | 54,93 | 56,03 | 57,13 | 58,23 | 59,32 | 60,42 | 61,52 | 62,62 | 63,72 | 64,82 |
| 6 | 65,92 | 67,01 | 68,11 | 69,21 | 70,31 | 71,41 | 72,51 | 73,61 | 74,70 | 75,80 |
| 7 | 76,90 | 78,00 | 79,10 | 80,20 | 81,30 | 82,40 | 83,49 | 84,59 | 85,69 | 86,79 |
| 8 | 87,89 | 88,99 | 90,09 | 91,18 | 92,28 | 93,38 | 94,48 | 95,58 | 96,68 | 97,78 |
| 9 | 98,87 | 99,97 | 101,07 | 102,17 | 103,27 | 104,37 | 105,47 | 106,56 | 107,66 | 108,76 |
| 10 | 109,86 | 110,96 | 112,06 | 113,16 | 114,25 | 115,35 | 116,45 | 117,55 | 118,65 | 119,75 |
| 11 | 120,85 | 121,94 | 123,04 | 124,14 | 125,24 | 126,34 | 127,44 | 128,54 | 129,63 | 130,73 |
| 12 | 131,83 | 132,93 | 134,03 | 135,13 | 136,23 | 137,33 | 138,42 | 139,52 | 140,62 | 141,72 |
| 13 | 142,82 | 143,92 | 145,02 | 146,11 | 147,21 | 148,31 | 149,41 | 150,51 | 151,61 | 152,71 |
| 14 | 153,80 | 154,90 | 156,00 | 157,10 | 158,20 | 159,30 | 160,40 | 161,49 | 162,59 | 163,69 |
| 15 | 164,79 | 165,89 | 166,99 | 168,09 | 169,18 | 170,28 | 171,38 | 172,48 | 173,58 | 174,68 |
| 16 | 175,78 | 176,87 | 177,97 | 179,07 | 180,17 | 181,27 | 182,37 | 183,47 | 184,56 | 185,66 |
| 17 | 186,76 | 187,86 | 188,96 | 190,06 | 191,16 | 192,26 | 193,35 | 194,45 | 195,55 | 196,65 |
| 18 | 197,75 | 198,85 | 199,95 | 201,04 | 202,14 | 203,24 | 204,34 | 205,44 | 206,54 | 207,64 |
| 19 | 208,73 | 209,83 | 210,93 | 212,03 | 213,13 | 214,23 | 215,33 | 216,42 | 217,52 | 218,62 |
| 20 | 219,72 | 220,82 | 221,92 | 223,02 | 224,11 | 225,21 | 226,31 | 227,41 | 228,51 | 229,61 |
| 21 | 230,71 | 231,80 | 232,90 | 234,00 | 235,10 | 236,20 | 237,30 | 238,40 | 239,49 | 240,59 |
| 22 | 241,69 | 242,79 | 243,89 | 244,99 | 246,09 | 247,19 | 248,28 | 249,38 | 250,48 | 251,58 |
| 23 | 252,68 | 253,78 | 254,88 | 255,97 | 257,07 | 258,17 | 259,27 | 260,37 | 261,47 | 262,57 |
| 24 | 263,66 | 264,76 | 265,86 | 266,96 | 268,06 | 269,16 | 270,26 | 271,35 | 272,45 | 273,55 |

| dif. | 109 | 110 |
|---|---|---|
| 1 | 0,11 | 0,11 |
| 2 | 0,22 | 0,22 |
| 3 | 0,33 | 0,33 |
| 4 | 0,44 | 0,44 |
| 5 | 0,55 | 0,55 |
| 6 | 0,65 | 0,66 |
| 7 | 0,76 | 0,77 |
| 8 | 0,87 | 0,88 |
| 9 | 0,98 | 0,99 |

## 726,50 = 11,001.

| | 00 | 10 | 20 | 30 | 40 | 50 | 60 | 70 | 80 | 90 |
|---|---|---|---|---|---|---|---|---|---|---|
| 0 | | 1,10 | 2,20 | 3,30 | 4,40 | 5,50 | 6,60 | 7,70 | 8,80 | 9,90 |
| 1 | 11,00 | 12,10 | 13,20 | 14,30 | 15,40 | 16,50 | 17,60 | 18,70 | 19,80 | 20,90 |
| 2 | 22,00 | 23,10 | 24,20 | 25,30 | 26,40 | 27,50 | 28,60 | 29,70 | 30,80 | 31,90 |
| 3 | 33,00 | 34,10 | 35,20 | 36,30 | 37,40 | 38,50 | 39,60 | 40,70 | 41,80 | 42,90 |
| 4 | 44,00 | 45,10 | 46,20 | 47,30 | 48,40 | 49,50 | 50,60 | 51,70 | 52,80 | 53,90 |
| 5 | 55,01 | 56,11 | 57,21 | 58,31 | 59,41 | 60,51 | 61,61 | 62,71 | 63,81 | 64,91 |
| 6 | 66,01 | 67,11 | 68,21 | 69,31 | 70,41 | 71,51 | 72,61 | 73,71 | 74,81 | 75,91 |
| 7 | 77,01 | 78,11 | 79,21 | 80,31 | 81,41 | 82,51 | 83,61 | 84,71 | 85,81 | 86,91 |
| 8 | 88,01 | 89,11 | 90,21 | 91,31 | 92,41 | 93,51 | 94,61 | 95,71 | 96,81 | 97,91 |
| 9 | 99,01 | 100,11 | 101,21 | 102,31 | 103,41 | 104,51 | 105,61 | 106,71 | 107,81 | 108,91 |
| 10 | 110,01 | 111,11 | 112,21 | 113,31 | 114,41 | 115,51 | 116,61 | 117,71 | 118,81 | 119,91 |
| 11 | 121,01 | 122,11 | 123,21 | 124,31 | 125,41 | 126,51 | 127,61 | 128,71 | 129,81 | 130,91 |
| 12 | 132,01 | 133,11 | 134,21 | 135,31 | 136,41 | 137,51 | 138,61 | 139,71 | 140,81 | 141,91 |
| 13 | 143,01 | 144,11 | 145,21 | 146,31 | 147,41 | 148,51 | 149,61 | 150,71 | 151,81 | 152,91 |
| 14 | 154,01 | 155,11 | 156,21 | 157,31 | 158,41 | 159,51 | 160,61 | 161,71 | 162,81 | 163,91 |
| 15 | 165,02 | 166,12 | 167,22 | 168,32 | 169,42 | 170,52 | 171,62 | 172,72 | 173,82 | 174,92 |
| 16 | 176,02 | 177,12 | 178,22 | 179,32 | 180,42 | 181,52 | 182,62 | 183,72 | 184,82 | 185,92 |
| 17 | 187,02 | 188,12 | 189,22 | 190,32 | 191,42 | 192,52 | 193,62 | 194,72 | 195,82 | 196,92 |
| 18 | 198,02 | 199,12 | 200,22 | 201,32 | 202,42 | 203,52 | 204,62 | 205,72 | 206,82 | 207,92 |
| 19 | 209,02 | 210,12 | 211,22 | 212,32 | 213,42 | 214,52 | 215,62 | 216,72 | 217,82 | 218,92 |
| 20 | 220,02 | 221,12 | 222,22 | 223,32 | 224,42 | 225,52 | 226,62 | 227,72 | 228,82 | 229,92 |
| 21 | 231,02 | 232,12 | 233,22 | 234,32 | 235,42 | 236,52 | 237,62 | 238,72 | 239,82 | 240,92 |
| 22 | 242,02 | 243,12 | 244,22 | 245,32 | 246,42 | 247,52 | 248,62 | 249,72 | 250,82 | 251,92 |
| 23 | 253,02 | 254,12 | 255,22 | 256,32 | 257,42 | 258,52 | 259,62 | 260,72 | 261,82 | 262,92 |
| 24 | 264,02 | 265,12 | 266,22 | 267,32 | 268,42 | 269,52 | 270,62 | 271,72 | 272,82 | 273,92 |

| dif. | |
|---|---|
| 110 | |
| 1 | 0,11 |
| 2 | 0,22 |
| 3 | 0,33 |
| 4 | 0,44 |
| 5 | 0,55 |
| 6 | 0,66 |
| 7 | 0,77 |
| 8 | 0,88 |
| 9 | 0,99 |
| 111 | |
| 1 | 0,11 |
| 2 | 0,22 |
| 3 | 0,33 |
| 4 | 0,44 |
| 5 | 0,56 |
| 6 | 0,67 |
| 7 | 0,78 |
| 8 | 0,89 |
| 9 | 1,00 |

## 725,50 = 11,016.

| | 00 | 10 | 20 | 30 | 40 | 50 | 60 | 70 | 80 | 90 |
|---|---|---|---|---|---|---|---|---|---|---|
| 0 | | 1,10 | 2,20 | 3,30 | 4,41 | 5,51 | 6,61 | 7,71 | 8,81 | 9,91 |
| 1 | 11,02 | 12,12 | 13,22 | 14,32 | 15,42 | 16,52 | 17,63 | 18,73 | 19,83 | 20,93 |
| 2 | 22,03 | 23,13 | 24,24 | 25,34 | 26,44 | 27,54 | 28,64 | 29,74 | 30,84 | 31,95 |
| 3 | 33,05 | 34,15 | 35,25 | 36,35 | 37,45 | 38,56 | 39,66 | 40,76 | 41,86 | 42,96 |
| 4 | 44,06 | 45,17 | 46,27 | 47,37 | 48,47 | 49,57 | 50,67 | 51,78 | 52,88 | 53,98 |
| 5 | 55,08 | 56,18 | 57,28 | 58,38 | 59,49 | 60,59 | 61,69 | 62,79 | 63,89 | 64,99 |
| 6 | 66,10 | 67,20 | 68,30 | 69,40 | 70,50 | 71,60 | 72,71 | 73,81 | 74,91 | 76,01 |
| 7 | 77,11 | 78,21 | 79,32 | 80,42 | 81,52 | 82,62 | 83,72 | 84,82 | 85,92 | 87,03 |
| 8 | 88,13 | 89,23 | 90,33 | 91,43 | 92,53 | 93,64 | 94,74 | 95,84 | 96,94 | 98,04 |
| 9 | 99,14 | 100,25 | 101,35 | 102,45 | 103,55 | 104,65 | 105,75 | 106,86 | 107,96 | 109,06 |
| 10 | 110,16 | 111,26 | 112,36 | 113,46 | 114,57 | 115,67 | 116,77 | 117,87 | 118,97 | 120,07 |
| 11 | 121,18 | 122,28 | 123,38 | 124,48 | 125,58 | 126,68 | 127,79 | 128,89 | 129,99 | 131,09 |
| 12 | 132,19 | 133,29 | 134,40 | 135,50 | 136,60 | 137,70 | 138,80 | 139,90 | 141,00 | 142,11 |
| 13 | 143,21 | 144,31 | 145,41 | 146,51 | 147,61 | 148,72 | 149,82 | 150,92 | 152,02 | 153,12 |
| 14 | 154,22 | 155,33 | 156,43 | 157,53 | 158,63 | 159,73 | 160,83 | 161,94 | 163,04 | 164,14 |
| 15 | 165,24 | 166,34 | 167,44 | 168,54 | 169,65 | 170,75 | 171,85 | 172,95 | 174,05 | 175,15 |
| 16 | 176,26 | 177,36 | 178,46 | 179,56 | 180,66 | 181,76 | 182,87 | 183,97 | 185,07 | 186,17 |
| 17 | 187,27 | 188,37 | 189,48 | 190,58 | 191,68 | 192,78 | 193,88 | 194,98 | 196,08 | 197,19 |
| 18 | 198,29 | 199,39 | 200,49 | 201,59 | 202,69 | 203,80 | 204,90 | 206,00 | 207,10 | 208,20 |
| 19 | 209,30 | 210,41 | 211,51 | 212,61 | 213,71 | 214,81 | 215,91 | 217,02 | 218,12 | 219,22 |
| 20 | 220,32 | 221,42 | 222,52 | 223,62 | 224,73 | 225,83 | 226,93 | 228,03 | 229,13 | 230,23 |
| 21 | 231,34 | 232,44 | 233,54 | 234,64 | 235,74 | 236,84 | 237,95 | 239,05 | 240,15 | 241,25 |
| 22 | 242,35 | 243,45 | 244,56 | 245,66 | 246,76 | 247,86 | 248,96 | 250,06 | 251,16 | 252,27 |
| 23 | 253,37 | 254,47 | 255,57 | 256,67 | 257,77 | 258,88 | 259,98 | 261,08 | 262,18 | 263,28 |
| 24 | 264,38 | 265,49 | 266,59 | 267,69 | 268,79 | 269,89 | 270,99 | 272,10 | 273,20 | 274,30 |

| dif. | |
|---|---|
| 110 | |
| 1 | 0,11 |
| 2 | 0,22 |
| 3 | 0,33 |
| 4 | 0,44 |
| 5 | 0,55 |
| 6 | 0,66 |
| 7 | 0,77 |
| 8 | 0,88 |
| 9 | 0,99 |
| 111 | |
| 1 | 0,11 |
| 2 | 0,22 |
| 3 | 0,33 |
| 4 | 0,44 |
| 5 | 0,56 |
| 6 | 0,67 |
| 7 | 0,78 |
| 8 | 0,89 |
| 9 | 1,00 |

## 724,50 = 11,031.

| | 00 | 10 | 20 | 30 | 40 | 50 | 60 | 70 | 80 | 90 |
|---|---|---|---|---|---|---|---|---|---|---|
| 0 | | 1,10 | 2,21 | 3,31 | 4,41 | 5,52 | 6,62 | 7,72 | 8,82 | 9,93 |
| 1 | 11,03 | 12,13 | 13,24 | 14,34 | 15,44 | 16,55 | 17,65 | 18,75 | 19,86 | 20,96 |
| 2 | 22,06 | 23,17 | 24,27 | 25,37 | 26,47 | 27,58 | 28,68 | 29,78 | 30,89 | 31,99 |
| 3 | 33,09 | 34,20 | 35,30 | 36,40 | 37,51 | 38,61 | 39,71 | 40,81 | 41,92 | 43,02 |
| 4 | 44,12 | 45,23 | 46,33 | 47,43 | 48,54 | 49,64 | 50,74 | 51,85 | 52,95 | 54,05 |
| 5 | 55,16 | 56,26 | 57,36 | 58,46 | 59,57 | 60,67 | 61,77 | 62,88 | 63,98 | 65,08 |
| 6 | 66,19 | 67,29 | 68,39 | 69,50 | 70,60 | 71,70 | 72,80 | 73,91 | 75,01 | 76,11 |
| 7 | 77,22 | 78,32 | 79,42 | 80,53 | 81,63 | 82,73 | 83,84 | 84,94 | 86,04 | 87,14 |
| 8 | 88,25 | 89,35 | 90,45 | 91,56 | 92,66 | 93,76 | 94,87 | 95,97 | 97,07 | 98,18 |
| 9 | 99,28 | 100,38 | 101,49 | 102,59 | 103,69 | 104,79 | 105,90 | 107,00 | 108,10 | 109,21 |
| 10 | 110,31 | 111,41 | 112,52 | 113,62 | 114,72 | 115,83 | 116,93 | 118,03 | 119,13 | 120,24 |
| 11 | 121,34 | 122,44 | 123,55 | 124,65 | 125,75 | 126,86 | 127,96 | 129,06 | 130,17 | 131,27 |
| 12 | 132,37 | 133,48 | 134,58 | 135,68 | 136,78 | 137,89 | 138,99 | 140,09 | 141,20 | 142,30 |
| 13 | 143,40 | 144,51 | 145,61 | 146,71 | 147,82 | 148,92 | 150,02 | 151,12 | 152,23 | 153,33 |
| 14 | 154,43 | 155,54 | 156,64 | 157,74 | 158,85 | 159,95 | 161,05 | 162,16 | 163,26 | 164,36 |
| 15 | 165,47 | 166,57 | 167,67 | 168,77 | 169,88 | 170,98 | 172,08 | 173,19 | 174,29 | 175,39 |
| 16 | 176,50 | 177,60 | 178,70 | 179,81 | 180,91 | 182,01 | 183,11 | 184,22 | 185,32 | 186,42 |
| 17 | 187,53 | 188,63 | 189,73 | 190,84 | 191,94 | 193,04 | 194,15 | 195,25 | 196,35 | 197,45 |
| 18 | 198,56 | 199,66 | 200,76 | 201,87 | 202,97 | 204,07 | 205,18 | 206,28 | 207,38 | 208,49 |
| 19 | 209,59 | 210,69 | 211,80 | 212,90 | 214,00 | 215,10 | 216,21 | 217,31 | 218,41 | 219,52 |
| 20 | 220,62 | 221,72 | 222,83 | 223,93 | 225,03 | 226,14 | 227,24 | 228,34 | 229,44 | 230,55 |
| 21 | 231,65 | 232,75 | 233,86 | 234,96 | 236,06 | 237,17 | 238,27 | 239,37 | 240,48 | 241,58 |
| 22 | 242,68 | 243,79 | 244,89 | 245,99 | 247,09 | 248,20 | 249,30 | 250,40 | 251,51 | 252,61 |
| 23 | 253,71 | 254,82 | 255,92 | 257,02 | 258,13 | 259,23 | 260,33 | 261,43 | 262,54 | 263,64 |
| 24 | 264,74 | 265,85 | 266,95 | 268,05 | 269,16 | 270,26 | 271,36 | 272,47 | 273,57 | 274,67 |

| dif. | 110 | 111 |
|---|---|---|
| 1 | 0,11 | 0,11 |
| 2 | 0,22 | 0,22 |
| 3 | 0,33 | 0,33 |
| 4 | 0,44 | 0,44 |
| 5 | 0,55 | 0,56 |
| 6 | 0,66 | 0,67 |
| 7 | 0,77 | 0,78 |
| 8 | 0,88 | 0,89 |
| 9 | 0,99 | 1,00 |

## 723,50 = 11,047.

| | 00 | 10 | 20 | 30 | 40 | 50 | 60 | 70 | 80 | 90 | dif. | |
|---|---|---|---|---|---|---|---|---|---|---|---|---|
| 0 | | 1,10 | 2,21 | 3,31 | 4,42 | 5,52 | 6,63 | 7,73 | 8,84 | 9,94 | 110 | |
| | | | | | | | | | | | 1 | 0,11 |
| 1 | 11,05 | 12,15 | 13,26 | 14,36 | 15,47 | 16,57 | 17,68 | 18,78 | 19,88 | 20,99 | 2 | 0,22 |
| 2 | 22,09 | 23,20 | 24,30 | 25,41 | 26,51 | 27,62 | 28,72 | 29,83 | 30,93 | 32,04 | 3 | 0,33 |
| 3 | 33,14 | 34,25 | 35,35 | 36,46 | 37,56 | 38,66 | 39,77 | 40,87 | 41,98 | 43,08 | 4 | 0,44 |
| | | | | | | | | | | | 5 | 0,55 |
| 4 | 44,19 | 45,29 | 46,40 | 47,50 | 48,61 | 49,71 | 50,82 | 51,92 | 53,03 | 54,13 | 6 | 0,66 |
| 5 | 55,24 | 56,34 | 57,44 | 58,55 | 59,65 | 60,76 | 61,86 | 62,97 | 64,07 | 65,18 | 7 | 0,77 |
| 6 | 66,28 | 67,39 | 68,49 | 69,60 | 70,70 | 71,81 | 72,91 | 74,01 | 75,12 | 76,22 | 8 | 0,88 |
| | | | | | | | | | | | 9 | 0,99 |
| 7 | 77,33 | 78,43 | 79,54 | 80,64 | 81,75 | 82,85 | 83,96 | 85,06 | 86,17 | 87,27 | | |
| 8 | 88,38 | 89,48 | 90,59 | 91,69 | 92,79 | 93,90 | 95,00 | 96,11 | 97,21 | 98,32 | 111 | |
| 9 | 99,42 | 100,53 | 101,63 | 102,74 | 103,84 | 104,95 | 106,05 | 107,16 | 108,26 | 109,37 | 1 | 0,11 |
| | | | | | | | | | | | 2 | 0,22 |
| 10 | 110,47 | 111,57 | 112,68 | 113,78 | 114,89 | 115,99 | 117,10 | 118,20 | 119,31 | 120,41 | 3 | 0,33 |
| 11 | 121,52 | 122,62 | 123,73 | 124,83 | 125,94 | 127,04 | 128,15 | 129,25 | 130,35 | 131,46 | 4 | 0,44 |
| 12 | 132,56 | 133,67 | 134,77 | 135,88 | 136,98 | 138,09 | 139,19 | 140,30 | 141,40 | 142,51 | 5 | 0,56 |
| | | | | | | | | | | | 6 | 0,67 |
| 13 | 143,61 | 144,72 | 145,82 | 146,93 | 148,03 | 149,13 | 150,24 | 151,34 | 152,45 | 153,55 | 7 | 0,78 |
| 14 | 154,66 | 155,76 | 156,87 | 157,97 | 159,08 | 160,18 | 161,29 | 162,39 | 163,50 | 164,60 | 8 | 0,89 |
| 15 | 165,71 | 166,81 | 167,91 | 169,02 | 170,12 | 171,23 | 172,33 | 173,44 | 174,54 | 175,65 | 9 | 1,00 |
| 16 | 176,75 | 177,86 | 178,96 | 180,07 | 181,17 | 182,28 | 183,38 | 184,48 | 185,59 | 186,69 | | |
| 17 | 187,80 | 188,90 | 190,01 | 191,11 | 192,22 | 193,32 | 194,43 | 195,53 | 196,64 | 197,74 | | |
| 18 | 198,85 | 199,95 | 201,06 | 202,16 | 203,26 | 204,37 | 205,47 | 206,58 | 207,68 | 208,79 | | |
| 19 | 209,89 | 211,00 | 212,10 | 213,21 | 214,31 | 215,42 | 216,52 | 217,63 | 218,73 | 219,84 | | |
| 20 | 220,94 | 222,04 | 223,15 | 224,25 | 225,36 | 226,46 | 227,57 | 228,67 | 229,78 | 230,88 | | |
| 21 | 231,99 | 233,09 | 234,20 | 235,30 | 236,41 | 237,51 | 238,62 | 239,72 | 240,82 | 241,93 | | |
| 22 | 243,03 | 244,14 | 245,24 | 246,35 | 247,45 | 248,56 | 249,66 | 250,77 | 251,87 | 252,98 | | |
| 23 | 254,08 | 255,19 | 256,29 | 257,40 | 258,50 | 259,60 | 260,71 | 261,81 | 262,92 | 264,02 | | |
| 24 | 265,13 | 266,23 | 267,34 | 268,44 | 269,55 | 270,65 | 271,76 | 272,86 | 273,97 | 275,07 | | |

**722,50 = 11,062.**

| | 00 | 10 | 20 | 30 | 40 | 50 | 60 | 70 | 80 | 90 |
|---|---|---|---|---|---|---|---|---|---|---|
| 0 | | 1,11 | 2,21 | 3,32 | 4,42 | 5,53 | 6,64 | 7,74 | 8,85 | 9,96 |
| 1 | 11,06 | 12,17 | 13,27 | 14,38 | 15,49 | 16,59 | 17,70 | 18,81 | 19,91 | 21,02 |
| 2 | 22,12 | 23,23 | 24,34 | 25,44 | 26,55 | 27,66 | 28,76 | 29,87 | 30,97 | 32,08 |
| 3 | 33,19 | 34,29 | 35,40 | 36,50 | 37,61 | 38,72 | 39,82 | 40,93 | 42,04 | 43,14 |
| 4 | 44,25 | 45,35 | 46,46 | 47,57 | 48,67 | 49,78 | 50,89 | 51,99 | 53,10 | 54,20 |
| 5 | 55,31 | 56,42 | 57,52 | 58,63 | 59,73 | 60,84 | 61,95 | 63,05 | 64,16 | 65,27 |
| 6 | 66,37 | 67,48 | 68,58 | 69,69 | 70,80 | 71,90 | 73,01 | 74,12 | 75,22 | 76,33 |
| 7 | 77,43 | 78,54 | 79,65 | 80,75 | 81,86 | 82,97 | 84,07 | 85,18 | 86,28 | 87,39 |
| 8 | 88,50 | 89,60 | 90,71 | 91,81 | 92,92 | 94,03 | 95,13 | 96,24 | 97,35 | 98,45 |
| 9 | 99,56 | 100,66 | 101,77 | 102,88 | 103,98 | 105,09 | 106,20 | 107,30 | 108,41 | 109,51 |
| 10 | 110,62 | 111,73 | 112,83 | 113,94 | 115,04 | 116,15 | 117,26 | 118,36 | 119,47 | 120,58 |
| 11 | 121,68 | 122,79 | 123,89 | 125,00 | 126,11 | 127,21 | 128,32 | 129,43 | 130,53 | 131,64 |
| 12 | 132,74 | 133,85 | 134,96 | 136,06 | 137,17 | 138,28 | 139,38 | 140,49 | 141,59 | 142,70 |
| 13 | 143,81 | 144,91 | 146,02 | 147,12 | 148,23 | 149,34 | 150,44 | 151,55 | 152,66 | 153,76 |
| 14 | 154,87 | 155,97 | 157,08 | 158,19 | 159,29 | 160,40 | 161,51 | 162,61 | 163,72 | 164,82 |
| 15 | 165,93 | 167,04 | 168,14 | 169,25 | 170,35 | 171,46 | 172,57 | 173,67 | 174,78 | 175,89 |
| 16 | 176,99 | 178,10 | 179,20 | 180,31 | 181,42 | 182,52 | 183,63 | 184,74 | 185,84 | 186,95 |
| 17 | 188,05 | 189,16 | 190,27 | 191,37 | 192,48 | 193,59 | 194,69 | 195,80 | 196,90 | 198,01 |
| 18 | 199,12 | 200,22 | 201,33 | 202,43 | 203,54 | 204,65 | 205,75 | 206,86 | 207,97 | 209,07 |
| 19 | 210,18 | 211,28 | 212,39 | 213,50 | 214,60 | 215,71 | 216,82 | 217,92 | 219,03 | 220,13 |
| 20 | 221,24 | 222,35 | 223,45 | 224,56 | 225,66 | 226,77 | 227,88 | 228,98 | 230,09 | 231,20 |
| 21 | 232,30 | 233,41 | 234,51 | 235,62 | 236,73 | 237,83 | 238,94 | 240,05 | 241,15 | 242,26 |
| 22 | 243,36 | 244,47 | 245,58 | 246,68 | 247,79 | 248,90 | 250,00 | 251,11 | 252,21 | 253,32 |
| 23 | 254,43 | 255,53 | 256,64 | 257,74 | 258,85 | 259,96 | 261,06 | 262,17 | 263,28 | 264,38 |
| 24 | 265,49 | 266,59 | 267,70 | 268,81 | 269,91 | 271,02 | 272,13 | 273,23 | 274,34 | 275,44 |

| dif. | |
|---|---|
| 110 | |
| 1 | 0,11 |
| 2 | 0,22 |
| 3 | 0,33 |
| 4 | 0,44 |
| 5 | 0,55 |
| 6 | 0,66 |
| 7 | 0,77 |
| 8 | 0,88 |
| 9 | 0,99 |
| 111 | |
| 1 | 0,11 |
| 2 | 0,22 |
| 3 | 0,33 |
| 4 | 0,44 |
| 5 | 0,56 |
| 6 | 0,67 |
| 7 | 0,78 |
| 8 | 0,89 |
| 9 | 1,00 |

## 721,50 = 11,077.

| | 00 | 10 | 20 | 30 | 40 | 50 | 60 | 70 | 80 | 90 |
|---|---|---|---|---|---|---|---|---|---|---|
| 0 | | 1,11 | 2,22 | 3,32 | 4,43 | 5,54 | 6,65 | 7,75 | 8,86 | 9,97 |
| 1 | 11,08 | 12,18 | 13,29 | 14,40 | 15,51 | 16,62 | 17,72 | 18,83 | 19,94 | 21,05 |
| 2 | 22,15 | 23,26 | 24,37 | 25,48 | 26,58 | 27,69 | 28,80 | 29,91 | 31,02 | 32,12 |
| 3 | 33,23 | 34,34 | 35,45 | 36,55 | 37,66 | 38,77 | 39,88 | 40,98 | 42,09 | 43,20 |
| 4 | 44,31 | 45,42 | 46,52 | 47,63 | 48,74 | 49,85 | 50,95 | 52,06 | 53,17 | 54,28 |
| 5 | 55,39 | 56,49 | 57,60 | 58,71 | 59,82 | 60,92 | 62,03 | 63,14 | 64,25 | 65,35 |
| 6 | 66,46 | 67,57 | 68,68 | 69,79 | 70,89 | 72,00 | 73,11 | 74,22 | 75,32 | 76,43 |
| 7 | 77,54 | 78,65 | 79,75 | 80,86 | 81,97 | 83,08 | 84,19 | 85,29 | 86,40 | 87,51 |
| 8 | 88,62 | 89,72 | 90,83 | 91,94 | 93,05 | 94,15 | 95,26 | 96,37 | 97,48 | 98,59 |
| 9 | 99,69 | 100,80 | 101,91 | 103,02 | 104,12 | 105,23 | 106,34 | 107,45 | 108,55 | 109,66 |
| 10 | 110,77 | 111,88 | 112,99 | 114,09 | 115,20 | 116,31 | 117,42 | 118,52 | 119,63 | 120,74 |
| 11 | 121,85 | 122,95 | 124,06 | 125,17 | 126,28 | 127,39 | 128,49 | 129,60 | 130,71 | 131,82 |
| 12 | 132,92 | 134,03 | 135,14 | 136,25 | 137,35 | 138,46 | 139,57 | 140,68 | 141,79 | 142,89 |
| 13 | 144,00 | 145,11 | 146,22 | 147,32 | 148,43 | 149,54 | 150,65 | 151,75 | 152,86 | 153,97 |
| 14 | 155,08 | 156,19 | 157,29 | 158,40 | 159,51 | 160,62 | 161,72 | 162,83 | 163,94 | 165,05 |
| 15 | 166,16 | 167,26 | 168,37 | 169,48 | 170,59 | 171,69 | 172,80 | 173,91 | 175,02 | 176,12 |
| 16 | 177,23 | 178,34 | 179,45 | 180,56 | 181,66 | 182,77 | 183,88 | 184,99 | 186,09 | 187,20 |
| 17 | 188,31 | 189,42 | 190,52 | 191,63 | 192,74 | 193,85 | 194,96 | 196,06 | 197,17 | 198,28 |
| 18 | 199,39 | 200,49 | 201,60 | 202,71 | 203,82 | 204,92 | 206,03 | 207,14 | 208,25 | 209,36 |
| 19 | 210,46 | 211,57 | 212,68 | 213,79 | 214,89 | 216,00 | 217,11 | 218,22 | 219,32 | 220,43 |
| 20 | 221,54 | 222,65 | 223,76 | 224,86 | 225,97 | 227,08 | 228,19 | 229,29 | 230,40 | 231,51 |
| 21 | 232,62 | 233,72 | 234,83 | 235,94 | 237,05 | 238,16 | 239,26 | 240,37 | 241,48 | 242,59 |
| 22 | 243,69 | 244,80 | 245,91 | 247,02 | 248,12 | 249,23 | 250,34 | 251,45 | 252,56 | 253,66 |
| 23 | 254,77 | 255,88 | 256,99 | 258,09 | 259,20 | 260,31 | 261,42 | 262,52 | 263,63 | 264,74 |
| 24 | 265,85 | 266,96 | 268,06 | 269,17 | 270,28 | 271,39 | 272,49 | 273,60 | 274,71 | 275,82 |

dif.

| | 110 |
|---|---|
| 1 | 0,11 |
| 2 | 0,22 |
| 3 | 0,33 |
| 4 | 0,44 |
| 5 | 0,55 |
| 6 | 0,66 |
| 7 | 0,77 |
| 8 | 0,88 |
| 9 | 0,99 |

| | 111 |
|---|---|
| 1 | 0,11 |
| 2 | 0,22 |
| 3 | 0,33 |
| 4 | 0,44 |
| 5 | 0,56 |
| 6 | 0,67 |
| 7 | 0,78 |
| 8 | 0,89 |
| 9 | 1,00 |

# 720,50 = 11,093.

| | 00 | 10 | 20 | 30 | 40 | 50 | 60 | 70 | 80 | 90 |
|---|---|---|---|---|---|---|---|---|---|---|
| 0 | | 1,11 | 2,22 | 3,33 | 4,44 | 5,55 | 6,66 | 7,77 | 8,87 | 9,98 |
| 1 | 11,09 | 12,20 | 13,31 | 14,42 | 15,53 | 16,64 | 17,75 | 18,86 | 19,97 | 21,08 |
| 2 | 22,19 | 23,30 | 24,40 | 25,51 | 26,62 | 27,73 | 28,84 | 29,95 | 31,06 | 32,17 |
| 3 | 33,28 | 34,39 | 35,50 | 36,61 | 37,72 | 38,83 | 39,93 | 41,04 | 42,15 | 43,26 |
| 4 | 44,37 | 45,48 | 46,59 | 47,70 | 48,81 | 49,92 | 51,03 | 52,14 | 53,25 | 54,36 |
| 5 | 55,47 | 56,57 | 57,68 | 58,79 | 59,90 | 61,01 | 62,12 | 63,23 | 64,34 | 65,45 |
| 6 | 66,56 | 67,67 | 68,78 | 69,89 | 71,00 | 72,10 | 73,21 | 74,32 | 75,43 | 76,54 |
| 7 | 77,65 | 78,76 | 79,87 | 80,98 | 82,09 | 83,20 | 84,31 | 85,42 | 86,53 | 87,63 |
| 8 | 88,74 | 89,85 | 90,96 | 92,07 | 93,18 | 94,29 | 95,40 | 96,51 | 97,62 | 98,73 |
| 9 | 99,84 | 100,95 | 102,06 | 103,16 | 104,27 | 105,38 | 106,49 | 107,60 | 108,71 | 109,82 |
| 10 | 110,93 | 112,04 | 113,15 | 114,26 | 115,37 | 116,48 | 117,59 | 118,70 | 119,80 | 120,91 |
| 11 | 122,02 | 123,13 | 124,24 | 125,35 | 126,46 | 127,57 | 128,68 | 129,79 | 130,90 | 132,01 |
| 12 | 133,12 | 134,23 | 135,33 | 136,44 | 137,55 | 138,66 | 139,77 | 140,88 | 141,99 | 143,10 |
| 13 | 144,21 | 145,32 | 146,43 | 147,54 | 148,65 | 149,76 | 150,86 | 151,97 | 153,08 | 154,19 |
| 14 | 155,30 | 156,41 | 157,52 | 158,63 | 159,74 | 160,85 | 161,96 | 163,07 | 164,18 | 165,29 |
| 15 | 166,40 | 167,50 | 168,61 | 169,72 | 170,83 | 171,94 | 173,05 | 174,16 | 175,27 | 176,38 |
| 16 | 177,49 | 178,60 | 179,71 | 180,82 | 181,93 | 183,03 | 184,14 | 185,25 | 186,36 | 187,47 |
| 17 | 188,58 | 189,69 | 190,80 | 191,91 | 193,02 | 194,13 | 195,24 | 196,35 | 197,46 | 198,56 |
| 18 | 199,67 | 200,78 | 201,89 | 203,00 | 204,11 | 205,22 | 206,33 | 207,44 | 208,55 | 209,66 |
| 19 | 210,77 | 211,88 | 212,99 | 214,09 | 215,20 | 216,31 | 217,42 | 218,53 | 219,64 | 220,75 |
| 20 | 221,86 | 222,97 | 224,08 | 225,19 | 226,30 | 227,41 | 228,52 | 229,63 | 230,73 | 231,84 |
| 21 | 232,95 | 234,06 | 235,17 | 236,28 | 237,39 | 238,50 | 239,61 | 240,72 | 241,83 | 242,94 |
| 22 | 244,05 | 245,16 | 246,26 | 247,37 | 248,48 | 249,59 | 250,70 | 251,81 | 252,92 | 254,03 |
| 23 | 255,14 | 256,25 | 257,36 | 258,47 | 259,58 | 260,69 | 261,79 | 262,90 | 264,01 | 265,12 |
| 24 | 266,23 | 267,34 | 268,45 | 269,56 | 270,67 | 271,78 | 272,89 | 274,00 | 275,11 | 276,22 |

dif.

| 110 | |
|---|---|
| 1 | 0,11 |
| 2 | 0,22 |
| 3 | 0,33 |
| 4 | 0,44 |
| 5 | 0,55 |
| 6 | 0,66 |
| 7 | 0,77 |
| 8 | 0,88 |
| 9 | 0,99 |

| 111 | |
|---|---|
| 1 | 0,11 |
| 2 | 0,22 |
| 3 | 0,33 |
| 4 | 0,44 |
| 5 | 0,56 |
| 6 | 0,67 |
| 7 | 0,78 |
| 8 | 0,89 |
| 9 | 1,00 |

# 719,50 = 11,108.

| | 00 | 10 | 20 | 30 | 40 | 50 | 60 | 70 | 80 | 90 |
|---|---|---|---|---|---|---|---|---|---|---|
| 0 | | 1,11 | 2,22 | 3,33 | 4,44 | 5,55 | 6,66 | 7,78 | 8,89 | 1,00 |
| 1 | 11,11 | 12,22 | 13,33 | 14,44 | 15,55 | 16,66 | 17,77 | 18,88 | 19,99 | 21,11 |
| 2 | 22,22 | 23,33 | 24,44 | 25,55 | 26,66 | 27,77 | 28,88 | 29,99 | 31,10 | 32,21 |
| 3 | 33,32 | 34,43 | 35,55 | 36,66 | 37,77 | 38,88 | 39,99 | 41,10 | 42,21 | 43,32 |
| 4 | 44,43 | 45,54 | 46,65 | 47,76 | 48,88 | 49,99 | 51,10 | 52,21 | 53,32 | 54,43 |
| 5 | 55,54 | 56,65 | 57,76 | 58,87 | 59,98 | 61,09 | 62,20 | 63,32 | 64,43 | 65,54 |
| 6 | 66,65 | 67,76 | 68,87 | 69,98 | 71,09 | 72,20 | 73,31 | 74,42 | 75,53 | 76,65 |
| 7 | 77,76 | 78,87 | 79,98 | 81,09 | 82,20 | 83,31 | 84,42 | 85,53 | 86,64 | 87,75 |
| 8 | 88,86 | 89,97 | 91,09 | 92,20 | 93,31 | 94,42 | 95,53 | 96,64 | 97,75 | 98,86 |
| 9 | 99,97 | 101,08 | 102,19 | 103,30 | 104,42 | 105,53 | 106,64 | 107,75 | 108,86 | 109,97 |
| 10 | 111,08 | 112,19 | 113,30 | 114,41 | 115,52 | 116,63 | 117,74 | 118,86 | 119,97 | 121,08 |
| 11 | 122,19 | 123,30 | 124,41 | 125,52 | 126,63 | 127,74 | 128,85 | 129,96 | 131,07 | 132,19 |
| 12 | 133,30 | 134,41 | 135,52 | 136,63 | 137,74 | 138,85 | 139,96 | 141,07 | 142,18 | 143,29 |
| 13 | 144,40 | 145,51 | 146,63 | 147,74 | 148,85 | 149,96 | 151,07 | 152,18 | 153,29 | 154,40 |
| 14 | 155,51 | 156,62 | 157,73 | 158,84 | 159,96 | 161,07 | 162,18 | 163,29 | 164,40 | 165,51 |
| 15 | 166,62 | 167,73 | 168,84 | 169,95 | 171,06 | 172,17 | 173,28 | 174,40 | 175,51 | 176,62 |
| 16 | 177,73 | 178,84 | 179,95 | 181,06 | 182,17 | 183,28 | 184,39 | 185,50 | 186,61 | 187,73 |
| 17 | 188,84 | 189,95 | 191,06 | 192,17 | 193,28 | 194,39 | 195,50 | 196,61 | 197,72 | 198,83 |
| 18 | 199,94 | 201,05 | 202,17 | 203,28 | 204,39 | 205,50 | 206,61 | 207,72 | 208,83 | 209,94 |
| 19 | 211,05 | 212,16 | 213,27 | 214,38 | 215,50 | 216,61 | 217,72 | 218,83 | 219,94 | 221,05 |
| 20 | 222,16 | 223,27 | 224,38 | 225,49 | 226,60 | 227,71 | 228,82 | 229,94 | 231,05 | 232,16 |
| 21 | 233,27 | 234,38 | 235,49 | 236,60 | 237,71 | 238,82 | 239,93 | 241,04 | 242,15 | 243,27 |
| 22 | 244,38 | 245,49 | 246,60 | 247,71 | 248,82 | 249,93 | 251,04 | 252,15 | 253,26 | 254,37 |
| 23 | 255,48 | 256,59 | 257,71 | 258,82 | 259,93 | 261,04 | 262,15 | 263,26 | 264,37 | 265,48 |
| 24 | 266,59 | 267,70 | 268,81 | 269,92 | 271,04 | 272,15 | 273,26 | 274,37 | 275,47 | 276,59 |

| dif. | |
|---|---|
| 111 | |
| 1 | 0,11 |
| 2 | 0,22 |
| 3 | 0,33 |
| 4 | 0,44 |
| 5 | 0,56 |
| 6 | 0,67 |
| 7 | 0,78 |
| 8 | 0,89 |
| 9 | 1,00 |
| 112 | |
| 1 | 0,11 |
| 2 | 0,22 |
| 3 | 0,34 |
| 4 | 0,45 |
| 5 | 0,56 |
| 6 | 0,67 |
| 7 | 0,78 |
| 8 | 0,90 |
| 9 | 1,01 |

## 718,50 = 11,124.

| | 00 | 10 | 20 | 30 | 40 | 50 | 60 | 70 | 80 | 90 |
|---|---|---|---|---|---|---|---|---|---|---|
| 0 | | 1,11 | 2,22 | 3,34 | 4,45 | 5,56 | 6,67 | 7,79 | 8,90 | 10,01 |
| 1 | 11,12 | 12,24 | 13,35 | 14,46 | 15,57 | 16,69 | 17,80 | 18,91 | 20,02 | 21,14 |
| 2 | 22,25 | 23,36 | 24,47 | 25,59 | 26,70 | 27,81 | 28,92 | 30,03 | 31,15 | 32,26 |
| 3 | 33,37 | 34,48 | 35,60 | 36,71 | 37,82 | 38,93 | 40,05 | 41,16 | 42,27 | 43,38 |
| 4 | 44,50 | 45,61 | 46,72 | 47,83 | 48,95 | 50,06 | 51,17 | 52,28 | 53,40 | 54,51 |
| 5 | 55,62 | 56,73 | 57,84 | 58,96 | 60,07 | 61,18 | 62,29 | 63,41 | 64,52 | 65,63 |
| 6 | 66,74 | 67,86 | 68,97 | 70,08 | 71,19 | 72,31 | 73,42 | 74,53 | 75,64 | 76,76 |
| 7 | 77,87 | 78,98 | 80,09 | 81,21 | 82,32 | 83,43 | 84,54 | 85,65 | 86,77 | 87,88 |
| 8 | 88,99 | 90,10 | 91,22 | 92,33 | 93,44 | 94,55 | 95,67 | 96,78 | 97,89 | 99,00 |
| 9 | 100,12 | 101,23 | 102,34 | 103,45 | 104,57 | 105,68 | 106,79 | 107,90 | 109,02 | 110,13 |
| 10 | 111,24 | 112,35 | 113,46 | 114,58 | 115,69 | 116,80 | 117,91 | 119,03 | 120,14 | 121,25 |
| 11 | 122,36 | 123,48 | 124,59 | 125,70 | 126,81 | 127,93 | 129,04 | 130,15 | 131,26 | 132,38 |
| 12 | 133,49 | 134,60 | 135,71 | 136,83 | 137,94 | 139,05 | 140,16 | 141,27 | 142,39 | 143,50 |
| 13 | 144,61 | 145,72 | 146,84 | 147,95 | 149,06 | 150,17 | 151,29 | 152,40 | 153,51 | 154,62 |
| 14 | 155,74 | 156,85 | 157,96 | 159,07 | 160,19 | 161,30 | 162,41 | 163,52 | 164,64 | 165,75 |
| 15 | 166,86 | 167,97 | 169,08 | 170,20 | 171,31 | 172,42 | 173,53 | 174,65 | 175,76 | 176,87 |
| 16 | 177,98 | 179,10 | 180,21 | 181,32 | 182,43 | 183,55 | 184,66 | 185,77 | 186,88 | 188,00 |
| 17 | 189,11 | 190,22 | 191,33 | 192,45 | 193,56 | 194,67 | 195,78 | 196,89 | 198,01 | 199,12 |
| 18 | 200,23 | 201,34 | 202,46 | 203,57 | 204,68 | 205,79 | 206,91 | 208,02 | 209,13 | 210,24 |
| 19 | 211,36 | 212,47 | 213,58 | 214,69 | 215,81 | 216,92 | 218,03 | 219,14 | 220,26 | 221,37 |
| 20 | 222,48 | 223,59 | 224,70 | 225,82 | 226,93 | 228,04 | 229,15 | 230,27 | 231,38 | 232,49 |
| 21 | 233,60 | 234,72 | 235,83 | 236,94 | 238,05 | 239,17 | 240,28 | 241,39 | 242,50 | 243,62 |
| 22 | 244,73 | 245,84 | 246,95 | 248,07 | 249,18 | 250,29 | 251,40 | 252,51 | 253,63 | 254,74 |
| 23 | 255,85 | 256,96 | 258,08 | 259,19 | 260,30 | 261,41 | 262,53 | 263,64 | 264,75 | 265,86 |
| 24 | 266,98 | 268,09 | 269,20 | 270,31 | 271,43 | 272,54 | 273,65 | 274,76 | 275,88 | 276,99 |

dif.

| 111 | |
|---|---|
| 1 | 0,11 |
| 2 | 0,22 |
| 3 | 0,33 |
| 4 | 0,44 |
| 5 | 0,56 |
| 6 | 0,67 |
| 7 | 0,78 |
| 8 | 0,89 |
| 9 | 1,00 |

| 112 | |
|---|---|
| 1 | 0,11 |
| 2 | 0,22 |
| 3 | 0,34 |
| 4 | 0,45 |
| 5 | 0,56 |
| 6 | 0,67 |
| 7 | 0,78 |
| 8 | 0,90 |
| 9 | 1,01 |

## 717,50 = 11,139.

| | 00 | 10 | 20 | 30 | 40 | 50 | 60 | 70 | 80 | 90 | dif. | |
|---|---|---|---|---|---|---|---|---|---|---|---|---|
| 0 | | 1,11 | 2,23 | 3,34 | 4,46 | 5,57 | 6,68 | 7,80 | 8,91 | 10,03 | 111 | |
| | | | | | | | | | | | 1 | 0,11 |
| 1 | 11,14 | 12,25 | 13,37 | 14,48 | 15,59 | 16,71 | 17,82 | 18,94 | 20,05 | 21,16 | 2 | 0,22 |
| 2 | 22,28 | 23,39 | 24,51 | 25,62 | 26,73 | 27,85 | 28,96 | 30,08 | 31,19 | 32,30 | 3 | 0,33 |
| 3 | 33,42 | 34,53 | 35,64 | 36,76 | 37,87 | 38,99 | 40,10 | 41,21 | 42,33 | 43,44 | 4 | 0,44 |
| | | | | | | | | | | | 5 | 0,56 |
| 4 | 44,56 | 45,67 | 46,78 | 47,90 | 49,01 | 50,13 | 51,24 | 52,35 | 53,47 | 54,58 | 6 | 0,67 |
| 5 | 55,70 | 56,81 | 57,92 | 59,04 | 60,15 | 61,26 | 62,38 | 63,49 | 64,61 | 65,72 | 7 | 0,78 |
| 6 | 66,83 | 67,95 | 69,06 | 70,18 | 71,29 | 72,40 | 73,52 | 74,63 | 75,75 | 76,86 | 8 | 0,89 |
| | | | | | | | | | | | 9 | 1,00 |
| 7 | 77,97 | 79,09 | 80,20 | 81,31 | 82,43 | 83,54 | 84,66 | 85,77 | 86,88 | 88,00 | | |
| 8 | 89,11 | 90,23 | 91,34 | 92,45 | 93,57 | 94,68 | 95,80 | 96,91 | 98,02 | 99,14 | 112 | |
| 9 | 100,25 | 101,36 | 102,48 | 103,59 | 104,71 | 105,82 | 106,93 | 108,05 | 109,16 | 110,28 | 1 | 0,11 |
| | | | | | | | | | | | 2 | 0,22 |
| 10 | 111,39 | 112,50 | 113,62 | 114,73 | 115,85 | 116,96 | 118,07 | 119,19 | 120,30 | 121,42 | 3 | 0,34 |
| 11 | 122,53 | 123,64 | 124,76 | 125,87 | 126,98 | 128,10 | 129,21 | 130,33 | 131,44 | 132,55 | 4 | 0,45 |
| 12 | 133,67 | 134,78 | 135,90 | 137,01 | 138,12 | 139,24 | 140,35 | 141,47 | 142,58 | 143,69 | 5 | 0,56 |
| | | | | | | | | | | | 6 | 0,67 |
| 13 | 144,81 | 145,92 | 147,03 | 148,15 | 149,26 | 150,38 | 151,49 | 152,60 | 153,72 | 154,83 | 7 | 0,78 |
| 14 | 155,95 | 157,06 | 158,17 | 159,29 | 160,40 | 161,52 | 162,63 | 163,74 | 164,86 | 165,97 | 8 | 0,90 |
| 15 | 167,09 | 168,20 | 169,31 | 170,43 | 171,54 | 172,65 | 173,77 | 174,88 | 176,00 | 177,11 | 9 | 1,01 |
| 16 | 178,22 | 179,34 | 180,45 | 181,57 | 182,68 | 183,79 | 184,91 | 186,02 | 187,14 | 188,25 | | |
| 17 | 189,36 | 190,48 | 191,59 | 192,70 | 193,82 | 194,93 | 196,05 | 197,16 | 198,27 | 199,39 | | |
| 18 | 200,50 | 201,62 | 202,73 | 203,84 | 204,96 | 206,07 | 207,19 | 208,30 | 209,41 | 210,53 | | |
| 19 | 211,64 | 212,75 | 213,87 | 214,98 | 216,10 | 217,21 | 218,32 | 219,44 | 220,55 | 221,67 | | |
| 20 | 222,78 | 223,89 | 225,01 | 226,12 | 227,24 | 228,35 | 229,46 | 230,58 | 231,69 | 232,81 | | |
| 21 | 233,92 | 235,03 | 236,15 | 237,26 | 238,37 | 239,49 | 240,60 | 241,72 | 242,83 | 243,94 | | |
| 22 | 245,06 | 246,17 | 247,29 | 248,40 | 249,51 | 250,63 | 251,74 | 252,86 | 253,97 | 255,08 | | |
| 23 | 256,20 | 257,31 | 258,42 | 259,54 | 260,65 | 261,77 | 262,88 | 263,99 | 265,11 | 266,22 | | |
| 24 | 267,34 | 268,45 | 269,56 | 270,68 | 271,79 | 272,91 | 274,02 | 275,13 | 276,25 | 277,36 | | |

## 716,50 = 11,154.

| | 00 | 10 | 20 | 30 | 40 | 50 | 60 | 70 | 80 | 90 | dif. | |
|---|---|---|---|---|---|---|---|---|---|---|---|---|
| 0 | | 1,12 | 2,23 | 3,35 | 4,46 | 5,58 | 6,69 | 7,81 | 8,92 | 10,04 | 111 | |
| | | | | | | | | | | | 1 | 0,11 |
| 1 | 11,15 | 12,27 | 13,38 | 14,50 | 15,62 | 16,73 | 17,85 | 18,96 | 20,08 | 21,19 | 2 | 0,22 |
| 2 | 22,31 | 23,42 | 24,54 | 25,65 | 26,77 | 27,89 | 29,00 | 30,12 | 31,23 | 32,35 | 3 | 0,33 |
| 3 | 33,46 | 34,58 | 35,69 | 36,81 | 37,92 | 39,04 | 40,15 | 41,27 | 42,39 | 43,50 | 4 | 0,44 |
| | | | | | | | | | | | 5 | 0,56 |
| 4 | 44,62 | 45,73 | 46,85 | 47,96 | 49,08 | 50,19 | 51,31 | 52,42 | 53,54 | 54,65 | 6 | 0,67 |
| 5 | 55,77 | 56,89 | 58,00 | 59,12 | 60,23 | 61,35 | 62,46 | 63,58 | 64,69 | 65,81 | 7 | 0,78 |
| 6 | 66,92 | 68,04 | 69,15 | 70,27 | 71,39 | 72,50 | 73,62 | 74,73 | 75,85 | 76,96 | 8 | 0,89 |
| | | | | | | | | | | | 9 | 1,00 |
| 7 | 78,08 | 79,19 | 80,31 | 81,42 | 82,54 | 83,66 | 84,77 | 85,89 | 87,00 | 88,12 | | |
| 8 | 89,23 | 90,35 | 91,46 | 92,58 | 93,69 | 94,81 | 95,92 | 97,04 | 98,16 | 99,27 | 112 | |
| 9 | 100,39 | 101,50 | 102,62 | 103,73 | 104,85 | 105,96 | 107,08 | 108,19 | 109,31 | 110,42 | 1 | 0,11 |
| | | | | | | | | | | | 2 | 0,22 |
| 10 | 111,54 | 112,66 | 113,77 | 114,89 | 116,00 | 117,12 | 118,23 | 119,35 | 120,46 | 121,58 | 3 | 0,34 |
| 11 | 122,69 | 123,81 | 124,92 | 126,04 | 127,16 | 128,27 | 129,39 | 130,50 | 131,62 | 132,73 | 4 | 0,45 |
| 12 | 133,85 | 134,96 | 136,08 | 137,19 | 138,31 | 139,43 | 140,54 | 141,66 | 142,77 | 143,89 | 5 | 0,56 |
| | | | | | | | | | | | 6 | 0,67 |
| 13 | 145,00 | 146,12 | 147,23 | 148,35 | 149,46 | 150,58 | 151,69 | 152,81 | 153,93 | 155,04 | 7 | 0,78 |
| 14 | 156,16 | 157,27 | 158,39 | 159,50 | 160,62 | 161,73 | 162,85 | 163,96 | 165,08 | 166,19 | 8 | 0,90 |
| 15 | 167,31 | 168,43 | 169,54 | 170,66 | 171,77 | 172,89 | 174,00 | 175,12 | 176,23 | 177,35 | 9 | 1,01 |
| 16 | 178,46 | 179,58 | 180,69 | 181,81 | 182,93 | 184,04 | 185,16 | 186,27 | 187,39 | 188,50 | | |
| 17 | 189,62 | 190,73 | 191,85 | 192,96 | 194,08 | 195,20 | 196,31 | 197,43 | 198,54 | 199,66 | | |
| 18 | 200,77 | 201,89 | 203,00 | 204,12 | 205,23 | 206,35 | 207,46 | 208,58 | 209,70 | 210,81 | | |
| 19 | 211,93 | 213,04 | 214,16 | 215,27 | 216,39 | 217,50 | 218,62 | 219,73 | 220,85 | 221,96 | | |
| 20 | 223,08 | 224,20 | 225,31 | 226,43 | 227,54 | 228,66 | 229,77 | 230,89 | 232,00 | 233,12 | | |
| 21 | 234,23 | 235,35 | 236,46 | 237,58 | 238,70 | 239,81 | 240,93 | 242,04 | 243,16 | 244,27 | | |
| 22 | 245,39 | 246,50 | 247,62 | 248,73 | 249,85 | 250,97 | 252,08 | 253,20 | 254,31 | 255,43 | | |
| 23 | 256,54 | 257,66 | 258,77 | 259,89 | 261,00 | 262,12 | 263,23 | 264,35 | 265,47 | 266,58 | | |
| 24 | 267,70 | 268,81 | 269,93 | 271,04 | 272,16 | 273,27 | 274,39 | 275,50 | 276,62 | 277,73 | | |

## 715,50 = 11,170.

| | 00 | 10 | 20 | 30 | 40 | 50 | 60 | 70 | 80 | 90 |
|---|---|---|---|---|---|---|---|---|---|---|
| 0 | | 1,12 | 2,23 | 3,35 | 4,47 | 5,59 | 6,70 | 7,82 | 8,94 | 10,05 |
| 1 | 11,17 | 12,29 | 13,40 | 14,52 | 15,64 | 16,76 | 17,87 | 18,99 | 20,11 | 21,22 |
| 2 | 22,34 | 23,46 | 24,57 | 25,69 | 26,81 | 27,93 | 29,04 | 30,16 | 31,28 | 32,39 |
| 3 | 33,51 | 34,63 | 35,74 | 36,86 | 37,98 | 39,10 | 40,21 | 41,33 | 42,45 | 43,56 |
| 4 | 44,68 | 45,80 | 46,91 | 48,03 | 49,15 | 50,27 | 51,38 | 52,50 | 53,62 | 54,73 |
| 5 | 55,85 | 56,97 | 58,08 | 59,20 | 60,32 | 61,44 | 62,55 | 63,67 | 64,79 | 65,90 |
| 6 | 67,02 | 68,14 | 69,25 | 70,37 | 71,49 | 72,61 | 73,72 | 74,84 | 75,96 | 77,07 |
| 7 | 78,19 | 79,31 | 80,42 | 81,54 | 82,66 | 83,78 | 84,89 | 86,01 | 87,13 | 88,24 |
| 8 | 89,36 | 90,48 | 91,59 | 92,71 | 93,83 | 94,95 | 96,06 | 97,18 | 98,30 | 99,41 |
| 9 | 100,53 | 101,65 | 102,76 | 103,88 | 105,00 | 106,12 | 107,23 | 108,35 | 109,47 | 110,58 |
| 10 | 111,70 | 112,82 | 113,93 | 115,05 | 116,17 | 117,29 | 118,40 | 119,52 | 120,64 | 121,75 |
| 11 | 122,87 | 123,99 | 125,10 | 126,22 | 127,34 | 128,46 | 129,57 | 130,69 | 131,81 | 132,92 |
| 12 | 134,04 | 135,16 | 136,27 | 137,39 | 138,51 | 139,63 | 140,74 | 141,86 | 142,98 | 144,09 |
| 13 | 145,21 | 146,33 | 147,44 | 148,56 | 149,68 | 150,80 | 151,91 | 153,03 | 154,15 | 155,26 |
| 14 | 156,38 | 157,50 | 158,61 | 159,73 | 160,85 | 161,97 | 163,08 | 164,20 | 165,32 | 166,43 |
| 15 | 167,55 | 168,67 | 169,78 | 170,90 | 172,02 | 173,14 | 174,25 | 175,37 | 176,49 | 177,60 |
| 16 | 178,72 | 179,84 | 180,95 | 182,07 | 183,19 | 184,31 | 185,42 | 186,54 | 187,66 | 188,77 |
| 17 | 189,89 | 191,01 | 192,12 | 193,24 | 194,36 | 195,48 | 196,59 | 197,71 | 198,83 | 199,94 |
| 18 | 201,06 | 202,18 | 203,29 | 204,41 | 205,53 | 206,65 | 207,76 | 208,88 | 210,00 | 211,11 |
| 19 | 212,23 | 213,35 | 214,46 | 215,58 | 216,70 | 217,82 | 218,93 | 220,05 | 221,17 | 222,28 |
| 20 | 223,40 | 224,52 | 225,63 | 226,75 | 227,87 | 228,99 | 230,10 | 231,22 | 232,34 | 233,45 |
| 21 | 234,57 | 235,69 | 236,80 | 237,92 | 239,04 | 240,16 | 241,27 | 242,39 | 243,51 | 244,62 |
| 22 | 245,74 | 246,86 | 247,97 | 249,09 | 250,21 | 251,33 | 252,44 | 253,56 | 254,68 | 255,79 |
| 23 | 256,91 | 258,03 | 259,14 | 260,26 | 261,38 | 262,50 | 263,61 | 264,73 | 265,85 | 266,96 |
| 24 | 268,08 | 269,20 | 270,31 | 271,43 | 272,55 | 273,67 | 274,78 | 275,90 | 277,02 | 278,13 |

| dif. | 111 | 112 |
|---|---|---|
| 1 | 0,11 | 0,11 |
| 2 | 0,22 | 0,22 |
| 3 | 0,33 | 0,34 |
| 4 | 0,44 | 0,45 |
| 5 | 0,56 | 0,56 |
| 6 | 0,67 | 0,67 |
| 7 | 0,78 | 0,78 |
| 8 | 0,89 | 0,90 |
| 9 | 1,00 | 1,01 |

# 714,50 = 11,185.

| | 00 | 10 | 20 | 30 | 40 | 50 | 60 | 70 | 80 | 90 |
|---|---|---|---|---|---|---|---|---|---|---|
| 0 | | 1,12 | 2,24 | 3,36 | 4,47 | 5,59 | 6,71 | 7,83 | 8,95 | 10,07 |
| 1 | 11,19 | 12,30 | 13,42 | 14,54 | 15,66 | 16,78 | 17,90 | 19,01 | 20,13 | 21,25 |
| 2 | 22,37 | 23,49 | 24,61 | 25,73 | 26,84 | 27,96 | 29,08 | 30,20 | 31,32 | 32,44 |
| 3 | 33,56 | 34,67 | 35,79 | 36,91 | 38,03 | 39,15 | 40,27 | 41,38 | 42,50 | 43,62 |
| 4 | 44,74 | 45,86 | 46,98 | 48,10 | 49,21 | 50,33 | 51,45 | 52,57 | 53,69 | 54,81 |
| 5 | 55,93 | 57,04 | 58,16 | 59,28 | 60,40 | 61,52 | 62,64 | 63,75 | 64,87 | 65,99 |
| 6 | 67,11 | 68,23 | 69,35 | 70,47 | 71,58 | 72,70 | 73,82 | 74,94 | 76,06 | 77,18 |
| 7 | 78,30 | 79,41 | 80,53 | 81,65 | 82,77 | 83,89 | 85,01 | 86,12 | 87,24 | 88,36 |
| 8 | 89,48 | 90,60 | 91,72 | 92,84 | 93,95 | 95,07 | 96,19 | 97,31 | 98,43 | 99,55 |
| 9 | 100,67 | 101,78 | 102,90 | 104,02 | 105,14 | 106,26 | 107,38 | 108,49 | 109,61 | 110,73 |
| 10 | 111,85 | 112,97 | 114,09 | 115,21 | 116,32 | 117,44 | 118,56 | 119,68 | 120,80 | 121,92 |
| 11 | 123,04 | 124,15 | 125,27 | 126,39 | 127,51 | 128,63 | 129,75 | 130,86 | 131,98 | 133,10 |
| 12 | 134,22 | 135,34 | 136,46 | 137,58 | 138,69 | 139,81 | 140,93 | 142,05 | 143,17 | 144,29 |
| 13 | 145,41 | 146,52 | 147,64 | 148,76 | 149,88 | 151,00 | 152,12 | 153,23 | 154,35 | 155,47 |
| 14 | 156,59 | 157,71 | 158,83 | 159,95 | 161,06 | 162,18 | 163,30 | 164,42 | 165,54 | 166,66 |
| 15 | 167,78 | 168,89 | 170,01 | 171,13 | 172,25 | 173,37 | 174,49 | 175,60 | 176,72 | 177,84 |
| 16 | 178,96 | 180,08 | 181,20 | 182,32 | 183,43 | 184,55 | 185,67 | 186,79 | 187,91 | 189,03 |
| 17 | 190,15 | 191,26 | 192,38 | 193,50 | 194,62 | 195,74 | 196,86 | 197,97 | 199,09 | 200,21 |
| 18 | 201,33 | 202,45 | 203,57 | 204,69 | 205,80 | 206,92 | 208,04 | 209,16 | 210,28 | 211,40 |
| 19 | 212,52 | 213,63 | 214,75 | 215,87 | 216,99 | 218,11 | 219,23 | 220,34 | 221,46 | 222,58 |
| 20 | 223,70 | 224,82 | 225,94 | 227,06 | 228,17 | 229,29 | 230,41 | 231,53 | 232,65 | 233,77 |
| 21 | 234,89 | 236,00 | 237,12 | 238,24 | 239,36 | 240,48 | 241,60 | 242,71 | 243,83 | 244,95 |
| 22 | 246,07 | 247,19 | 248,31 | 249,43 | 250,54 | 251,66 | 252,78 | 253,90 | 255,02 | 256,14 |
| 23 | 257,26 | 258,37 | 259,49 | 260,61 | 261,73 | 262,85 | 263,97 | 265,08 | 266,20 | 267,32 |
| 24 | 268,44 | 269,56 | 270,68 | 271,80 | 272,91 | 274,03 | 275,15 | 276,27 | 277,39 | 278,51 |

dif.

| 111 | |
|---|---|
| 1 | 0,11 |
| 2 | 0,22 |
| 3 | 0,33 |
| 4 | 0,44 |
| 5 | 0,56 |
| 6 | 0,67 |
| 7 | 0,78 |
| 8 | 0,89 |
| 9 | 1,00 |

| 112 | |
|---|---|
| 1 | 0,11 |
| 2 | 0,22 |
| 3 | 0,34 |
| 4 | 0,45 |
| 5 | 0,56 |
| 6 | 0,67 |
| 7 | 0,78 |
| 8 | 0,90 |
| 9 | 1,01 |

# 713,50 = 11,202.

| | 00 | 10 | 20 | 30 | 40 | 50 | 60 | 70 | 80 | 90 |
|---|---|---|---|---|---|---|---|---|---|---|
| 0 | | 1,12 | 2,24 | 3,36 | 4,48 | 5,60 | 6,72 | 7,84 | 8,96 | 10,08 |
| 1 | 11,20 | 12,32 | 13,44 | 14,56 | 15,68 | 16,80 | 17,92 | 19,04 | 20,16 | 21,28 |
| 2 | 22,40 | 23,52 | 24,64 | 25,76 | 26,88 | 28,01 | 29,13 | 30,25 | 31,37 | 32,49 |
| 3 | 33,61 | 34,73 | 35,85 | 36,97 | 38,09 | 39,21 | 40,33 | 41,45 | 42,57 | 43,69 |
| 4 | 44,81 | 45,93 | 47,05 | 48,17 | 49,29 | 50,41 | 51,53 | 52,65 | 53,77 | 54,89 |
| 5 | 56,01 | 57,13 | 58,25 | 59,37 | 60,49 | 61,61 | 62,73 | 63,85 | 64,97 | 66,09 |
| 6 | 67,21 | 68,33 | 69,45 | 70,57 | 71,69 | 72,81 | 73,93 | 75,05 | 76,17 | 77,29 |
| 7 | 78,41 | 79,53 | 80,65 | 81,77 | 82,89 | 84,02 | 85,14 | 86,26 | 87,38 | 88,50 |
| 8 | 89,62 | 90,74 | 91,86 | 92,98 | 94,10 | 95,22 | 96,34 | 97,46 | 98,58 | 99,70 |
| 9 | 100,82 | 101,94 | 103,06 | 104,18 | 105,30 | 106,42 | 107,54 | 108,66 | 109,78 | 110,90 |
| 10 | 112,02 | 113,14 | 114,26 | 115,38 | 116,50 | 117,62 | 118,74 | 119,86 | 120,98 | 122,10 |
| 11 | 123,22 | 124,34 | 125,46 | 126,58 | 127,70 | 128,82 | 129,94 | 131,06 | 132,18 | 133,30 |
| 12 | 134,42 | 135,54 | 136,66 | 137,78 | 138,90 | 140,03 | 141,15 | 142,27 | 143,39 | 144,51 |
| 13 | 145,63 | 146,75 | 147,87 | 148,99 | 150,11 | 151,23 | 152,35 | 153,47 | 154,59 | 155,71 |
| 14 | 156,83 | 157,95 | 159,07 | 160,19 | 161,31 | 162,43 | 163,55 | 164,67 | 165,79 | 166,91 |
| 15 | 168,03 | 169,15 | 170,27 | 171,39 | 172,51 | 173,63 | 174,75 | 175,87 | 176,99 | 178,11 |
| 16 | 179,23 | 180,35 | 181,47 | 182,59 | 183,71 | 184,83 | 185,95 | 187,07 | 188,19 | 189,31 |
| 17 | 190,43 | 191,55 | 192,67 | 193,79 | 194,91 | 196,04 | 197,16 | 198,28 | 199,40 | 200,52 |
| 18 | 201,64 | 202,76 | 203,88 | 205,00 | 206,12 | 207,24 | 208,36 | 209,48 | 210,60 | 211,72 |
| 19 | 212,84 | 213,96 | 215,08 | 216,20 | 217,32 | 218,44 | 219,56 | 220,68 | 221,80 | 222,92 |
| 20 | 224,04 | 225,16 | 226,28 | 227,40 | 228,52 | 229,64 | 230,76 | 231,88 | 233,00 | 234,12 |
| 21 | 235,24 | 236,36 | 237,48 | 238,60 | 239,72 | 240,84 | 241,96 | 243,08 | 244,20 | 245,32 |
| 22 | 246,44 | 247,56 | 248,68 | 249,80 | 250,92 | 252,05 | 253,17 | 254,29 | 255,41 | 256,53 |
| 23 | 257,65 | 258,77 | 259,89 | 261,01 | 262,13 | 263,25 | 264,37 | 265,49 | 266,61 | 267,73 |
| 24 | 268,85 | 269,97 | 271,09 | 272,21 | 273,33 | 274,45 | 275,57 | 276,69 | 277,81 | 278,93 |

| dif. | 112 | 113 |
|---|---|---|
| 1 | 0,11 | 0,11 |
| 2 | 0,22 | 0,23 |
| 3 | 0,34 | 0,34 |
| 4 | 0,45 | 0,45 |
| 5 | 0,56 | 0,57 |
| 6 | 0,67 | 0,68 |
| 7 | 0,78 | 0,79 |
| 8 | 0,90 | 0,90 |
| 9 | 1,01 | 1,02 |

## 712,50 = 11,216.

| | 00 | 10 | 20 | 30 | 40 | 50 | 60 | 70 | 80 | 90 | dif. | |
|---|---|---|---|---|---|---|---|---|---|---|---|---|
| 0 | | 1,12 | 2,24 | 3,36 | 4,49 | 5,61 | 6,73 | 7,85 | 8,97 | 10,09 | 112 | |
| | | | | | | | | | | | 1 | 0,11 |
| 1 | 11,22 | 12,34 | 13,46 | 14,58 | 15,70 | 16,82 | 17,95 | 19,07 | 20,19 | 21,31 | 2 | 0,22 |
| 2 | 22,43 | 23,55 | 24,68 | 25,80 | 26,92 | 28,04 | 29,16 | 30,28 | 31,40 | 32,53 | 3 | 0,34 |
| 3 | 33,65 | 34,77 | 35,89 | 37,01 | 38,13 | 39,26 | 40,38 | 41,50 | 42,62 | 43,74 | 4 | 0,45 |
| | | | | | | | | | | | 5 | 0,56 |
| 4 | 44,86 | 45,99 | 47,11 | 48,23 | 49,35 | 50,47 | 51,59 | 52,72 | 53,84 | 54,96 | 6 | 0,67 |
| 5 | 56,08 | 57,20 | 58,32 | 59,44 | 60,57 | 61,69 | 62,81 | 63,93 | 65,05 | 66,17 | 7 | 0,78 |
| 6 | 67,30 | 68,42 | 69,54 | 70,66 | 71,78 | 72,90 | 74,03 | 75,15 | 76,27 | 77,39 | 8 | 0,90 |
| | | | | | | | | | | | 9 | 1,01 |
| 7 | 78,51 | 79,63 | 80,76 | 81,88 | 83,00 | 84,12 | 85,24 | 86,36 | 87,48 | 88,61 | | |
| 8 | 89,73 | 90,85 | 91,97 | 93,09 | 94,21 | 95,34 | 96,46 | 97,58 | 98,70 | 99,82 | 113 | |
| 9 | 100,94 | 102,07 | 103,19 | 104,31 | 105,43 | 106,55 | 107,67 | 108,80 | 109,92 | 111,04 | 1 | 0,11 |
| | | | | | | | | | | | 2 | 0,23 |
| 10 | 112,16 | 113,28 | 114,40 | 115,52 | 116,65 | 117,77 | 118,89 | 120,01 | 121,13 | 122,25 | 3 | 0,34 |
| 11 | 123,38 | 124,50 | 125,62 | 126,74 | 127,86 | 128,98 | 130,11 | 131,23 | 132,35 | 133,47 | 4 | 0,45 |
| 12 | 134,59 | 135,71 | 136,84 | 137,96 | 139,08 | 140,20 | 141,32 | 142,44 | 143,56 | 144,69 | 5 | 0,57 |
| | | | | | | | | | | | 6 | 0,68 |
| 13 | 145,81 | 146,93 | 148,05 | 149,17 | 150,29 | 151,42 | 152,54 | 153,66 | 154,78 | 155,90 | 7 | 0,79 |
| 14 | 157,02 | 158,15 | 159,27 | 160,39 | 161,51 | 162,63 | 163,75 | 164,88 | 166,00 | 167,12 | 8 | 0,90 |
| 15 | 168,24 | 169,36 | 170,48 | 171,60 | 172,73 | 173,85 | 174,97 | 176,09 | 177,21 | 178,33 | 9 | 1,02 |
| 16 | 179,46 | 180,58 | 181,70 | 182,82 | 183,94 | 185,06 | 186,19 | 187,31 | 188,43 | 189,55 | | |
| 17 | 190,67 | 191,79 | 192,92 | 194,04 | 195,16 | 196,28 | 197,40 | 198,52 | 199,64 | 200,77 | | |
| 18 | 201,89 | 203,01 | 204,13 | 205,25 | 206,37 | 207,50 | 208,62 | 209,74 | 210,86 | 211,98 | | |
| 19 | 213,10 | 214,23 | 215,35 | 216,47 | 217,59 | 218,71 | 219,83 | 220,96 | 222,08 | 223,20 | | |
| 20 | 224,32 | 225,44 | 226,56 | 227,68 | 228,81 | 229,93 | 231,05 | 232,17 | 233,29 | 234,41 | | |
| 21 | 235,54 | 236,66 | 237,78 | 238,90 | 240,02 | 241,14 | 242,27 | 243,39 | 244,51 | 245,63 | | |
| 22 | 246,75 | 247,87 | 249,00 | 250,12 | 251,24 | 252,36 | 253,48 | 254,60 | 255,72 | 256,85 | | |
| 23 | 257,97 | 259,09 | 260,21 | 261,33 | 262,45 | 263,58 | 264,70 | 265,82 | 266,94 | 268,06 | | |
| 24 | 269,18 | 270,31 | 271,43 | 272,55 | 273,67 | 274,79 | 275,91 | 277,04 | 278,16 | 279,28 | | |

## 711,50 = 11,233.

| | 00 | 10 | 20 | 30 | 40 | 50 | 60 | 70 | 80 | 90 |
|---|---|---|---|---|---|---|---|---|---|---|
| 0 | | 1,12 | 2,25 | 3,37 | 4,49 | 5,62 | 6,74 | 7,86 | 8,99 | 10,11 |
| 1 | 11,23 | 12,36 | 13,48 | 14,60 | 15,73 | 16,85 | 17,97 | 19,10 | 20,22 | 21,34 |
| 2 | 22,47 | 23,59 | 24,71 | 25,84 | 26,96 | 28,08 | 29,21 | 30,33 | 31,45 | 32,58 |
| 3 | 33,70 | 34,82 | 35,95 | 37,07 | 38,19 | 39,32 | 40,44 | 41,56 | 42,69 | 43,81 |
| 4 | 44,93 | 46,06 | 47,18 | 48,30 | 49,43 | 50,55 | 51,67 | 52,80 | 53,92 | 55,04 |
| 5 | 56,17 | 57,29 | 58,41 | 59,53 | 60,66 | 61,78 | 62,90 | 64,03 | 65,15 | 66,27 |
| 6 | 67,40 | 68,52 | 69,64 | 70,77 | 71,89 | 73,01 | 74,14 | 75,26 | 76,38 | 77,51 |
| 7 | 78,63 | 79,75 | 80,88 | 82,00 | 83,12 | 84,25 | 85,37 | 86,49 | 87,62 | 88,74 |
| 8 | 89,86 | 90,99 | 92,11 | 93,23 | 94,36 | 95,48 | 96,60 | 97,73 | 98,85 | 99,97 |
| 9 | 101,10 | 102,22 | 103,34 | 104,47 | 105,59 | 106,71 | 107,84 | 108,96 | 110,08 | 111,21 |
| 10 | 112,33 | 113,45 | 114,58 | 115,70 | 116,82 | 117,95 | 119,07 | 120,19 | 121,32 | 122,44 |
| 11 | 123,56 | 124,69 | 125,81 | 126,93 | 128,06 | 129,18 | 130,30 | 131,43 | 132,55 | 133,67 |
| 12 | 134,80 | 135,92 | 137,04 | 138,17 | 139,29 | 140,41 | 141,54 | 142,66 | 143,78 | 144,91 |
| 13 | 146,03 | 147,15 | 148,28 | 149,40 | 150,52 | 151,65 | 152,77 | 153,89 | 155,02 | 156,14 |
| 14 | 157,26 | 158,39 | 159,51 | 160,63 | 161,76 | 162,88 | 164,00 | 165,13 | 166,25 | 167,37 |
| 15 | 168,50 | 169,62 | 170,74 | 171,86 | 172,99 | 174,11 | 175,23 | 176,36 | 177,48 | 178,60 |
| 16 | 179,73 | 180,85 | 181,97 | 183,10 | 184,22 | 185,34 | 186,47 | 187,59 | 188,71 | 189,84 |
| 17 | 190,96 | 192,08 | 193,21 | 194,33 | 195,45 | 196,58 | 197,70 | 198,82 | 199,95 | 201,07 |
| 18 | 202,19 | 203,32 | 204,44 | 205,56 | 206,69 | 207,81 | 208,93 | 210,06 | 211,18 | 212,30 |
| 19 | 213,43 | 214,55 | 215,67 | 216,80 | 217,92 | 219,04 | 220,17 | 221,29 | 222,41 | 223,54 |
| 20 | 224,66 | 225,78 | 226,91 | 228,03 | 229,15 | 230,28 | 231,40 | 232,52 | 233,65 | 234,77 |
| 21 | 235,89 | 237,02 | 238,14 | 239,26 | 240,39 | 241,51 | 242,63 | 243,76 | 244,88 | 246,00 |
| 22 | 247,13 | 248,25 | 249,37 | 250,50 | 251,62 | 252,74 | 253,87 | 254,99 | 256,11 | 257,24 |
| 23 | 258,36 | 259,48 | 260,61 | 261,73 | 262,85 | 263,98 | 265,10 | 266,22 | 267,35 | 268,47 |
| 24 | 269,59 | 270,72 | 271,84 | 272,96 | 274,09 | 275,21 | 276,33 | 277,46 | 278,58 | 279,70 |

| dif. | 112 | 113 |
|---|---|---|
| 1 | 0,11 | 0,11 |
| 2 | 0,22 | 0,23 |
| 3 | 0,34 | 0,34 |
| 4 | 0,45 | 0,45 |
| 5 | 0,56 | 0,57 |
| 6 | 0,67 | 0,68 |
| 7 | 0,78 | 0,79 |
| 8 | 0,90 | 0,90 |
| 9 | 1,01 | 1,02 |

# 710,50 = 11,250.

| | 00 | 10 | 20 | 30 | 40 | 50 | 60 | 70 | 80 | 90 | dif. | |
|---|---|---|---|---|---|---|---|---|---|---|---|---|
| 0 | | 1,13 | 2,25 | 3,38 | 4,50 | 5,63 | 6,75 | 7,88 | 9,00 | 10,13 | 112 | |
| | | | | | | | | | | | 1 | 0,11 |
| 1 | 11,25 | 12,38 | 13,50 | 14,63 | 15,75 | 16,88 | 18,00 | 19,13 | 20,25 | 21,38 | 2 | 0,22 |
| 2 | 22,50 | 23,63 | 24,75 | 25,88 | 27,00 | 28,13 | 29,25 | 30,38 | 31,50 | 32,63 | 3 | 0,34 |
| 3 | 33,75 | 34,88 | 36,00 | 37,13 | 38,25 | 39,38 | 40,50 | 41,63 | 42,75 | 43,88 | 4 | 0,45 |
| | | | | | | | | | | | 5 | 0,56 |
| 4 | 45,00 | 46,13 | 47,25 | 48,38 | 49,50 | 50,63 | 51,75 | 52,88 | 54,00 | 55,13 | 6 | 0,67 |
| 5 | 56,25 | 57,38 | 58,50 | 59,63 | 60,75 | 61,88 | 63,00 | 64,13 | 65,25 | 66,38 | 7 | 0,78 |
| 6 | 67,50 | 68,63 | 69,75 | 70,88 | 72,00 | 73,13 | 74,25 | 75,38 | 76,50 | 77,63 | 8 | 0,90 |
| | | | | | | | | | | | 9 | 1,01 |
| 7 | 78,75 | 79,88 | 81,00 | 82,13 | 83,25 | 84,38 | 85,50 | 86,63 | 87,75 | 88,88 | | |
| 8 | 90,00 | 91,13 | 92,25 | 93,38 | 94,50 | 95,63 | 96,75 | 97,88 | 99,00 | 100,13 | 113 | |
| 9 | 101,25 | 102,38 | 103,50 | 104,63 | 105,75 | 106,88 | 108,00 | 109,13 | 110,25 | 111,38 | 1 | 0,11 |
| | | | | | | | | | | | 2 | 0,23 |
| 10 | 112,50 | 113,63 | 114,75 | 115,88 | 117,00 | 118,13 | 119,25 | 120,38 | 121,50 | 122,63 | 3 | 0,34 |
| 11 | 123,75 | 124,88 | 126,00 | 127,13 | 128,25 | 129,38 | 130,50 | 131,63 | 132,75 | 133,88 | 4 | 0,45 |
| 12 | 135,00 | 136,13 | 137,25 | 138,38 | 139,50 | 140,63 | 141,75 | 142,88 | 144,00 | 145,13 | 5 | 0,57 |
| | | | | | | | | | | | 6 | 0,68 |
| 13 | 146,25 | 147,38 | 148,50 | 149,63 | 150,75 | 151,88 | 153,00 | 154,13 | 155,25 | 156,38 | 7 | 0,79 |
| 14 | 157,50 | 158,63 | 159,75 | 160,88 | 162,00 | 163,13 | 164,25 | 165,38 | 166,50 | 167,63 | 8 | 0,90 |
| 15 | 168,75 | 169,88 | 171,00 | 172,13 | 173,25 | 174,38 | 175,50 | 176,63 | 177,75 | 178,88 | 9 | 1,02 |
| 16 | 180,00 | 181,13 | 182,25 | 183,38 | 184,50 | 185,63 | 186,75 | 187,88 | 189,00 | 190,13 | | |
| 17 | 191,25 | 192,38 | 193,50 | 194,63 | 195,75 | 196,88 | 198,00 | 199,13 | 200,25 | 201,38 | | |
| 18 | 202,50 | 203,63 | 204,75 | 205,88 | 207,00 | 208,13 | 209,25 | 210,38 | 211,50 | 212,63 | | |
| 19 | 213,75 | 214,88 | 216,00 | 217,13 | 218,25 | 219,38 | 220,50 | 221,63 | 222,75 | 223,88 | | |
| 20 | 225,00 | 226,13 | 227,25 | 228,38 | 229,50 | 230,63 | 231,75 | 232,88 | 234,00 | 235,13 | | |
| 21 | 236,25 | 237,38 | 238,50 | 239,63 | 240,75 | 241,88 | 243,00 | 244,13 | 245,25 | 246,38 | | |
| 22 | 247,50 | 248,63 | 249,75 | 250,88 | 252,00 | 253,13 | 254,25 | 255,38 | 256,50 | 257,63 | | |
| 23 | 258,75 | 259,88 | 261,00 | 262,13 | 263,25 | 264,38 | 265,50 | 266,63 | 267,75 | 268,88 | | |
| 24 | 270,00 | 271,13 | 272,25 | 273,38 | 274,50 | 275,63 | 276,75 | 277,88 | 279,00 | 280,13 | | |

# 709,50 = 11,264.

| | 00 | 10 | 20 | 30 | 40 | 50 | 60 | 70 | 80 | 90 |
|---|---|---|---|---|---|---|---|---|---|---|
| 0 | | 1,13 | 2,25 | 3,38 | 4,51 | 5,63 | 6,76 | 7,88 | 9,01 | 10,14 |
| 1 | 11,26 | 12,39 | 13,52 | 14,64 | 15,77 | 16,90 | 18,02 | 19,15 | 20,28 | 21,40 |
| 2 | 22,53 | 23,65 | 24,78 | 25,91 | 27,03 | 28,16 | 29,29 | 30,41 | 31,54 | 32,67 |
| 3 | 33,79 | 34,92 | 36,04 | 37,17 | 38,30 | 39,42 | 40,55 | 41,68 | 42,80 | 43,93 |
| 4 | 45,06 | 46,18 | 47,31 | 48,44 | 49,56 | 50,69 | 51,81 | 52,94 | 54,07 | 55,19 |
| 5 | 56,32 | 57,45 | 58,57 | 59,70 | 60,83 | 61,95 | 63,08 | 64,20 | 65,33 | 66,46 |
| 6 | 67,58 | 68,71 | 69,84 | 70,96 | 72,09 | 73,22 | 74,34 | 75,47 | 76,60 | 77,72 |
| 7 | 78,85 | 79,97 | 81,10 | 82,23 | 83,35 | 84,48 | 85,61 | 86,73 | 87,86 | 88,99 |
| 8 | 90,11 | 91,24 | 92,36 | 93,49 | 94,62 | 95,74 | 96,87 | 98,00 | 99,12 | 100,25 |
| 9 | 101,38 | 102,50 | 103,63 | 104,76 | 105,88 | 107,01 | 108,13 | 109,26 | 110,39 | 111,51 |
| 10 | 112,64 | 113,77 | 114,89 | 116,02 | 117,15 | 118,27 | 119,40 | 120,52 | 121,65 | 122,78 |
| 11 | 123,90 | 125,03 | 126,16 | 127,28 | 128,41 | 129,54 | 130,66 | 131,79 | 132,92 | 134,04 |
| 12 | 135,17 | 136,29 | 137,42 | 138,55 | 139,67 | 140,80 | 141,92 | 143,05 | 144,18 | 145,31 |
| 13 | 146,43 | 147,56 | 148,68 | 149,81 | 150,94 | 152,06 | 153,19 | 154,32 | 155,44 | 156,57 |
| 14 | 157,70 | 158,82 | 159,95 | 161,08 | 162,20 | 163,33 | 164,45 | 165,58 | 166,71 | 167,83 |
| 15 | 168,96 | 170,09 | 171,21 | 172,34 | 173,47 | 174,59 | 175,72 | 176,84 | 177,97 | 179,10 |
| 16 | 180,22 | 181,35 | 182,48 | 183,60 | 184,73 | 185,86 | 186,98 | 188,11 | 189,24 | 190,36 |
| 17 | 191,49 | 192,61 | 193,74 | 194,87 | 195,99 | 197,12 | 198,25 | 199,37 | 200,50 | 201,63 |
| 18 | 202,75 | 203,88 | 205,00 | 206,13 | 207,26 | 208,38 | 209,51 | 210,64 | 211,76 | 212,89 |
| 19 | 214,02 | 215,14 | 216,27 | 217,40 | 218,52 | 219,65 | 220,77 | 221,90 | 223,03 | 224,15 |
| 20 | 225,28 | 226,41 | 227,53 | 228,66 | 229,79 | 230,91 | 232,04 | 233,16 | 234,29 | 235,42 |
| 21 | 236,54 | 237,67 | 238,80 | 239,92 | 241,05 | 242,18 | 243,30 | 244,43 | 245,56 | 246,68 |
| 22 | 247,81 | 248,93 | 250,06 | 251,19 | 252,31 | 253,44 | 254,57 | 255,69 | 256,82 | 257,95 |
| 23 | 259,07 | 260,20 | 261,32 | 262,45 | 263,58 | 264,70 | 265,83 | 266,96 | 268,08 | 269,21 |
| 24 | 270,34 | 271,46 | 272,59 | 273,72 | 274,84 | 275,97 | 277,09 | 278,22 | 279,35 | 280,47 |

dif.

| 112 | |
|---|---|
| 1 | 0,11 |
| 2 | 0,22 |
| 3 | 0,34 |
| 4 | 0,45 |
| 5 | 0,56 |
| 6 | 0,67 |
| 7 | 0,78 |
| 8 | 0,90 |
| 9 | 1,01 |

| 113 | |
|---|---|
| 1 | 0,11 |
| 2 | 0,23 |
| 3 | 0,34 |
| 4 | 0,45 |
| 5 | 0,57 |
| 6 | 0,68 |
| 7 | 0,79 |
| 8 | 0,90 |
| 9 | 1,02 |

# 708,50 = 11,281.

| | 00 | 10 | 20 | 30 | 40 | 50 | 60 | 70 | 80 | 90 |
|---|---|---|---|---|---|---|---|---|---|---|
| 0 | | 1,13 | 2,26 | 3,38 | 4,51 | 5,64 | 6,77 | 7,90 | 9,02 | 10,15 |
| 1 | 11,28 | 12,41 | 13,54 | 14,67 | 15,79 | 16,92 | 18,05 | 19,18 | 20,31 | 21,43 |
| 2 | 22,56 | 23,69 | 24,82 | 25,95 | 27,07 | 28,20 | 29,33 | 30,46 | 31,59 | 32,71 |
| 3 | 33,84 | 34,97 | 36,10 | 37,23 | 38,36 | 39,48 | 40,61 | 41,74 | 42,87 | 44,00 |
| 4 | 45,12 | 46,25 | 47,38 | 48,51 | 49,64 | 50,76 | 51,89 | 53,02 | 54,15 | 55,28 |
| 5 | 56,41 | 57,53 | 58,66 | 59,79 | 60,92 | 62,05 | 63,17 | 64,30 | 65,43 | 66,56 |
| 6 | 67,69 | 68,81 | 69,94 | 71,07 | 72,20 | 73,33 | 74,45 | 75,58 | 76,71 | 77,84 |
| 7 | 78,97 | 80,10 | 81,22 | 82,35 | 83,48 | 84,61 | 85,74 | 86,86 | 87,99 | 89,12 |
| 8 | 90,25 | 91,38 | 92,50 | 93,63 | 94,76 | 95,89 | 97,02 | 98,14 | 99,27 | 100,40 |
| 9 | 101,53 | 102,66 | 103,79 | 104,91 | 106,04 | 107,17 | 108,30 | 109,43 | 110,55 | 111,68 |
| 10 | 112,81 | 113,94 | 115,07 | 116,19 | 117,32 | 118,45 | 119,58 | 120,71 | 121,83 | 122,96 |
| 11 | 124,09 | 125,22 | 126,35 | 127,48 | 128,60 | 129,73 | 130,86 | 131,99 | 133,12 | 134,24 |
| 12 | 135,37 | 136,50 | 137,63 | 138,76 | 139,88 | 141,01 | 142,14 | 143,27 | 144,40 | 145,52 |
| 13 | 146,65 | 147,78 | 148,91 | 150,04 | 151,17 | 152,29 | 153,42 | 154,55 | 155,68 | 156,81 |
| 14 | 157,93 | 159,06 | 160,19 | 161,32 | 162,45 | 163,57 | 164,70 | 165,83 | 166,96 | 168,09 |
| 15 | 169,22 | 170,34 | 171,47 | 172,60 | 173,73 | 174,86 | 175,98 | 177,11 | 178,24 | 179,37 |
| 16 | 180,50 | 181,62 | 182,75 | 183,88 | 185,01 | 186,14 | 187,26 | 188,39 | 189,52 | 190,65 |
| 17 | 191,78 | 192,91 | 194,03 | 195,16 | 196,29 | 197,42 | 198,55 | 199,67 | 200,80 | 201,93 |
| 18 | 203,06 | 204,19 | 205,31 | 206,44 | 207,57 | 208,70 | 209,83 | 210,95 | 212,08 | 213,21 |
| 19 | 214,34 | 215,47 | 216,60 | 217,72 | 218,85 | 219,98 | 221,11 | 222,24 | 223,36 | 224,49 |
| 20 | 225,62 | 226,75 | 227,88 | 229,00 | 230,13 | 231,26 | 232,39 | 233,52 | 234,64 | 235,77 |
| 21 | 236,90 | 238,03 | 239,16 | 240,29 | 241,41 | 242,54 | 243,67 | 244,80 | 245,93 | 247,05 |
| 22 | 248,18 | 249,31 | 250,44 | 251,57 | 252,69 | 253,82 | 254,95 | 256,08 | 257,21 | 258,33 |
| 23 | 259,46 | 260,59 | 261,72 | 262,85 | 263,98 | 265,10 | 266,23 | 267,36 | 268,49 | 269,62 |
| 24 | 270,74 | 271,87 | 273,00 | 274,13 | 275,26 | 276,38 | 277,51 | 278,64 | 279,77 | 280,90 |

dif.

| 112 | |
|---|---|
| 1 | 0,11 |
| 2 | 0,22 |
| 3 | 0,34 |
| 4 | 0,45 |
| 5 | 0,56 |
| 6 | 0,67 |
| 7 | 0,78 |
| 8 | 0,90 |
| 9 | 1,01 |

| 113 | |
|---|---|
| 1 | 0,11 |
| 2 | 0,23 |
| 3 | 0,34 |
| 4 | 0,45 |
| 5 | 0,57 |
| 6 | 0,68 |
| 7 | 0,79 |
| 8 | 0,90 |
| 9 | 1,02 |

## 707,50 = 11,297.

| | 00 | 10 | 20 | 30 | 40 | 50 | 60 | 70 | 80 | 90 |
|---|---|---|---|---|---|---|---|---|---|---|
| 0 | | 1,13 | 2,26 | 3,39 | 4,52 | 5,65 | 6,78 | 7,91 | 9,04 | 10,17 |
| 1 | 11,30 | 12,43 | 13,56 | 14,69 | 15,82 | 16,95 | 18,08 | 19,20 | 20,33 | 21,46 |
| 2 | 22,59 | 23,72 | 24,85 | 25,98 | 27,11 | 28,24 | 29,37 | 30,50 | 31,63 | 32,76 |
| 3 | 33,89 | 35,02 | 36,15 | 37,28 | 38,41 | 39,54 | 40,67 | 41,80 | 42,93 | 44,06 |
| 4 | 45,19 | 46,32 | 47,45 | 48,58 | 49,71 | 50,84 | 51,97 | 53,10 | 54,23 | 55,36 |
| 5 | 56,49 | 57,61 | 58,74 | 59,87 | 61,00 | 62,13 | 63,26 | 64,39 | 65,52 | 66,65 |
| 6 | 67,78 | 68,91 | 70,04 | 71,17 | 72,30 | 73,43 | 74,56 | 75,69 | 76,82 | 77,95 |
| 7 | 79,08 | 80,21 | 81,34 | 82,47 | 83,60 | 84,73 | 85,86 | 86,99 | 88,12 | 89,25 |
| 8 | 90,38 | 91,51 | 92,64 | 93,77 | 94,89 | 96,02 | 97,15 | 98,28 | 99,41 | 100,54 |
| 9 | 101,67 | 102,80 | 103,93 | 105,06 | 106,19 | 107,32 | 108,45 | 109,58 | 110,71 | 111,84 |
| 10 | 112,97 | 114,10 | 115,23 | 116,36 | 117,49 | 118,62 | 119,75 | 120,88 | 122,01 | 123,14 |
| 11 | 124,27 | 125,40 | 126,53 | 127,66 | 128,79 | 129,92 | 131,05 | 132,17 | 133,30 | 134,43 |
| 12 | 135,56 | 136,69 | 137,82 | 138,95 | 140,08 | 141,21 | 142,34 | 143,47 | 144,60 | 145,73 |
| 13 | 146,86 | 147,99 | 149,12 | 150,25 | 151,38 | 152,51 | 153,64 | 154,77 | 155,90 | 157,03 |
| 14 | 158,16 | 159,29 | 160,42 | 161,55 | 162,68 | 163,81 | 164,94 | 166,07 | 167,20 | 168,33 |
| 15 | 169,46 | 170,58 | 171,71 | 172,84 | 173,97 | 175,10 | 176,23 | 177,36 | 178,49 | 179,62 |
| 16 | 180,75 | 181,88 | 183,01 | 184,14 | 185,27 | 186,40 | 187,53 | 188,66 | 189,79 | 190,92 |
| 17 | 192,05 | 193,18 | 194,31 | 195,44 | 196,57 | 197,70 | 198,83 | 199,96 | 201,09 | 202,22 |
| 18 | 203,35 | 204,48 | 205,61 | 206,74 | 207,86 | 208,99 | 210,12 | 211,25 | 212,38 | 213,51 |
| 19 | 214,64 | 215,77 | 216,90 | 218,03 | 219,16 | 220,29 | 221,42 | 222,55 | 223,68 | 224,81 |
| 20 | 225,94 | 227,07 | 228,20 | 229,33 | 230,46 | 231,59 | 232,72 | 233,85 | 234,98 | 236,11 |
| 21 | 237,24 | 238,37 | 239,50 | 240,63 | 241,76 | 242,89 | 244,02 | 245,14 | 246,27 | 247,40 |
| 22 | 248,53 | 249,66 | 250,79 | 251,92 | 253,05 | 254,18 | 255,31 | 256,44 | 257,57 | 258,70 |
| 23 | 259,83 | 260,96 | 262,09 | 263,22 | 264,35 | 265,48 | 266,61 | 267,74 | 268,87 | 270,00 |
| 24 | 271,13 | 272,26 | 273,39 | 274,52 | 275,65 | 276,78 | 277,91 | 279,04 | 280,17 | 281,30 |

dif.

| 112 | |
|---|---|
| 1 | 0,11 |
| 2 | 0,22 |
| 3 | 0,34 |
| 4 | 0,45 |
| 5 | 0,56 |
| 6 | 0,67 |
| 7 | 0,78 |
| 8 | 0,90 |
| 9 | 1,01 |

| 113 | |
|---|---|
| 1 | 0,11 |
| 2 | 0,23 |
| 3 | 0,34 |
| 4 | 0,45 |
| 5 | 0,57 |
| 6 | 0,68 |
| 7 | 0,79 |
| 8 | 0,90 |
| 9 | 1,02 |

## 706,50 = 11,312.

| | 00 | 10 | 20 | 30 | 40 | 50 | 60 | 70 | 80 | 90 | dif. |
|---|---|---|---|---|---|---|---|---|---|---|---|
| 0 | | 1,13 | 2,26 | 3,39 | 4,52 | 5,66 | 6,79 | 7,92 | 9,05 | 10,18 | 113 |
| | | | | | | | | | | | 1 0,11 |
| 1 | 11,31 | 12,44 | 13,57 | 14,71 | 15,84 | 16,97 | 18,10 | 19,23 | 20,36 | 21,49 | 2 0,23 |
| 2 | 22,62 | 23,76 | 24,89 | 26,02 | 27,15 | 28,28 | 29,41 | 30,54 | 31,67 | 32,80 | 3 0,34 |
| 3 | 33,94 | 35,07 | 36,20 | 37,33 | 38,46 | 39,59 | 40,72 | 41,85 | 42,99 | 44,12 | 4 0,45 |
| | | | | | | | | | | | 5 0,57 |
| 4 | 45,25 | 46,38 | 47,51 | 48,64 | 49,77 | 50,90 | 52,04 | 53,17 | 54,30 | 55,43 | 6 0,68 |
| 5 | 56,56 | 57,69 | 58,82 | 59,95 | 61,08 | 62,22 | 63,35 | 64,48 | 65,61 | 66,74 | 7 0,79 |
| 6 | 67,87 | 69,00 | 70,13 | 71,27 | 72,40 | 73,53 | 74,66 | 75,79 | 76,92 | 78,05 | 8 0,90 |
| | | | | | | | | | | | 9 1,02 |
| 7 | 79,18 | 80,32 | 81,45 | 82,58 | 83,71 | 84,84 | 85,97 | 87,10 | 88,23 | 89,36 | |
| 8 | 90,50 | 91,63 | 92,76 | 93,89 | 95,02 | 96,15 | 97,28 | 98,41 | 99,55 | 100,68 | 114 |
| 9 | 101,81 | 102,94 | 104,07 | 105,20 | 106,33 | 107,46 | 108,60 | 109,73 | 110,86 | 111,99 | 1 0,11 |
| | | | | | | | | | | | 2 0,23 |
| 10 | 113,12 | 114,25 | 115,38 | 116,51 | 117,64 | 118,78 | 119,91 | 121,04 | 122,17 | 123,30 | 3 0,34 |
| 11 | 124,43 | 125,56 | 126,69 | 127,83 | 128,96 | 130,09 | 131,22 | 132,35 | 133,48 | 134,61 | 4 0,46 |
| 12 | 135,74 | 136,88 | 138,01 | 139,14 | 140,27 | 141,40 | 142,53 | 143,66 | 144,79 | 145,92 | 5 0,57 |
| | | | | | | | | | | | 6 0,68 |
| 13 | 147,06 | 148,19 | 149,32 | 150,45 | 151,58 | 152,71 | 153,84 | 154,97 | 156,11 | 157,24 | 7 0,80 |
| 14 | 158,37 | 159,50 | 160,63 | 161,76 | 162,89 | 164,02 | 165,16 | 166,29 | 167,42 | 168,55 | 8 0,91 |
| 15 | 169,68 | 170,81 | 171,94 | 173,07 | 174,20 | 175,34 | 176,47 | 177,60 | 178,73 | 179,86 | 9 1,03 |
| 16 | 180,99 | 182,12 | 183,25 | 184,39 | 185,52 | 186,65 | 187,78 | 188,91 | 190,04 | 191,17 | |
| 17 | 192,30 | 193,44 | 194,57 | 195,70 | 196,83 | 197,96 | 199,09 | 200,22 | 201,35 | 202,48 | |
| 18 | 203,62 | 204,75 | 205,88 | 207,01 | 208,14 | 209,27 | 210,40 | 211,53 | 212,67 | 213,80 | |
| 19 | 214,93 | 216,06 | 217,19 | 218,32 | 219,45 | 220,58 | 221,72 | 222,85 | 223,98 | 225,11 | |
| 20 | 226,24 | 227,37 | 228,50 | 229,63 | 230,76 | 231,90 | 233,03 | 234,16 | 235,29 | 236,42 | |
| 21 | 237,55 | 238,68 | 239,81 | 240,95 | 242,08 | 243,21 | 244,34 | 245,47 | 246,60 | 247,73 | |
| 22 | 248,86 | 250,00 | 251,13 | 252,26 | 253,39 | 254,52 | 255,65 | 256,78 | 257,91 | 259,04 | |
| 23 | 260,18 | 261,31 | 262,44 | 263,57 | 264,70 | 265,83 | 266,96 | 268,09 | 269,23 | 270,36 | |
| 24 | 271,49 | 272,62 | 273,75 | 274,88 | 276,01 | 277,14 | 278,28 | 279,41 | 280,54 | 281,67 | |

## 705,50 = 11,329.

| | 00 | 10 | 20 | 30 | 40 | 50 | 60 | 70 | 80 | 90 |
|---|---|---|---|---|---|---|---|---|---|---|
| 0 | | 1,13 | 2,27 | 3,40 | 4,53 | 5,66 | 6,80 | 7,93 | 9,06 | 10,20 |
| 1 | 11,33 | 12,46 | 13,59 | 14,73 | 15,86 | 16,99 | 18,13 | 19,26 | 20,39 | 21,53 |
| 2 | 22,66 | 23,79 | 24,92 | 26,06 | 27,19 | 28,32 | 29,46 | 30,59 | 31,72 | 32,85 |
| 3 | 33,99 | 35,12 | 36,25 | 37,39 | 38,52 | 39,65 | 40,78 | 41,92 | 43,05 | 44,18 |
| 4 | 45,32 | 46,45 | 47,58 | 48,71 | 49,85 | 50,98 | 52,11 | 53,25 | 54,38 | 55,51 |
| 5 | 56,65 | 57,78 | 58,91 | 60,04 | 61,18 | 62,31 | 63,44 | 64,58 | 65,71 | 66,84 |
| 6 | 67,97 | 69,11 | 70,24 | 71,37 | 72,51 | 73,64 | 74,77 | 75,90 | 77,04 | 78,17 |
| 7 | 79,30 | 80,44 | 81,57 | 82,70 | 83,83 | 84,97 | 86,10 | 87,23 | 88,37 | 89,50 |
| 8 | 90,63 | 91,76 | 92,90 | 94,03 | 95,16 | 96,30 | 97,43 | 98,56 | 99,70 | 100,83 |
| 9 | 101,96 | 103,09 | 104,23 | 105,36 | 106,49 | 107,63 | 108,76 | 109,89 | 111,02 | 112,16 |
| 10 | 113,29 | 114,42 | 115,56 | 116,69 | 117,82 | 118,95 | 120,09 | 121,22 | 122,35 | 123,49 |
| 11 | 124,62 | 125,75 | 126,88 | 128,02 | 129,15 | 130,28 | 131,42 | 132,55 | 133,68 | 134,82 |
| 12 | 135,95 | 137,08 | 138,21 | 139,35 | 140,48 | 141,61 | 142,75 | 143,88 | 145,01 | 146,14 |
| 13 | 147,28 | 148,41 | 149,54 | 150,68 | 151,81 | 152,94 | 154,07 | 155,21 | 156,34 | 157,47 |
| 14 | 158,61 | 159,74 | 160,87 | 162,00 | 163,14 | 164,27 | 165,40 | 166,54 | 167,67 | 168,80 |
| 15 | 169,94 | 171,07 | 172,20 | 173,33 | 174,47 | 175,60 | 176,73 | 177,87 | 179,00 | 180,13 |
| 16 | 181,26 | 182,40 | 183,53 | 184,66 | 185,80 | 186,93 | 188,06 | 189,19 | 190,33 | 191,46 |
| 17 | 192,59 | 193,73 | 194,86 | 195,99 | 197,12 | 198,26 | 199,39 | 200,52 | 201,66 | 202,79 |
| 18 | 203,92 | 205,05 | 206,19 | 207,32 | 208,45 | 209,59 | 210,72 | 211,85 | 212,99 | 214,12 |
| 19 | 215,25 | 216,38 | 217,52 | 218,65 | 219,78 | 220,92 | 222,05 | 223,18 | 224,31 | 225,45 |
| 20 | 226,58 | 227,71 | 228,85 | 229,98 | 231,11 | 232,24 | 233,38 | 234,51 | 235,64 | 236,78 |
| 21 | 237,91 | 239,04 | 240,17 | 241,31 | 242,44 | 243,57 | 244,71 | 245,84 | 246,97 | 248,11 |
| 22 | 249,24 | 250,37 | 251,50 | 252,64 | 253,77 | 254,90 | 256,04 | 257,17 | 258,30 | 259,43 |
| 23 | 260,57 | 261,70 | 262,83 | 263,97 | 265,10 | 266,23 | 267,36 | 268,50 | 269,63 | 270,76 |
| 24 | 271,90 | 273,03 | 274,16 | 275,29 | 276,43 | 277,56 | 278,69 | 279,83 | 280,96 | 282,09 |

dif.

| 113 | |
|---|---|
| 1 | 0,11 |
| 2 | 0,23 |
| 3 | 0,34 |
| 4 | 0,45 |
| 5 | 0,57 |
| 6 | 0,68 |
| 7 | 0,79 |
| 8 | 0,90 |
| 9 | 1,02 |

| 114 | |
|---|---|
| 1 | 0,11 |
| 2 | 0,23 |
| 3 | 0,34 |
| 4 | 0,46 |
| 5 | 0,57 |
| 6 | 0,68 |
| 7 | 0,80 |
| 8 | 0,91 |
| 9 | 1,03 |

## 704,50 = 11,345.

| | 00 | 10 | 20 | 30 | 40 | 50 | 60 | 70 | 80 | 90 |
|---|---|---|---|---|---|---|---|---|---|---|
| 0 | | 1,13 | 2,27 | 3,40 | 4,54 | 5,67 | 6,81 | 7,94 | 9,08 | 10,21 |
| 1 | 11,35 | 12,48 | 13,61 | 14,75 | 15,88 | 17,02 | 18,15 | 19,29 | 20,42 | 21,56 |
| 2 | 22,69 | 23,82 | 24,96 | 26,09 | 27,23 | 28,36 | 29,50 | 30,63 | 31,77 | 32,90 |
| 3 | 34,04 | 35,17 | 36,30 | 37,44 | 38,57 | 39,71 | 40,84 | 41,98 | 43,11 | 44,25 |
| 4 | 45,38 | 46,51 | 47,65 | 48,78 | 49,92 | 51,05 | 52,19 | 53,32 | 54,46 | 55,59 |
| 5 | 56,73 | 57,86 | 58,99 | 60,13 | 61,26 | 62,40 | 63,53 | 64,67 | 65,80 | 66,94 |
| 6 | 68,07 | 69,20 | 70,34 | 71,47 | 72,61 | 73,74 | 74,88 | 76,01 | 77,15 | 78,28 |
| 7 | 79,42 | 80,55 | 81,68 | 82,82 | 83,95 | 85,09 | 86,22 | 87,36 | 88,49 | 89,63 |
| 8 | 90,76 | 91,89 | 93,03 | 94,16 | 95,30 | 96,43 | 97,57 | 98,70 | 99,84 | 100,97 |
| 9 | 102,11 | 103,24 | 104,37 | 105,51 | 106,64 | 107,78 | 108,91 | 110,05 | 111,18 | 112,32 |
| 10 | 113,45 | 114,58 | 115,72 | 116,85 | 117,99 | 119,12 | 120,26 | 121,39 | 122,53 | 123,66 |
| 11 | 124,80 | 125,93 | 127,06 | 128,20 | 129,33 | 130,47 | 131,60 | 132,74 | 133,87 | 135,01 |
| 12 | 136,14 | 137,27 | 138,41 | 139,54 | 140,68 | 141,81 | 142,95 | 144,08 | 145,22 | 146,35 |
| 13 | 147,49 | 148,62 | 149,75 | 150,89 | 152,02 | 153,16 | 154,29 | 155,43 | 156,56 | 157,70 |
| 14 | 158,83 | 159,96 | 161,10 | 162,23 | 163,37 | 164,50 | 165,64 | 166,77 | 167,91 | 169,04 |
| 15 | 170,18 | 171,31 | 172,44 | 173,58 | 174,71 | 175,85 | 176,98 | 178,12 | 179,25 | 180,39 |
| 16 | 181,52 | 182,65 | 183,79 | 184,92 | 186,06 | 187,19 | 188,33 | 189,46 | 190,60 | 191,73 |
| 17 | 192,87 | 194,00 | 195,13 | 196,27 | 197,40 | 198,54 | 199,67 | 200,81 | 201,94 | 203,08 |
| 18 | 204,21 | 205,34 | 206,48 | 207,61 | 208,75 | 209,88 | 211,02 | 212,15 | 213,29 | 214,42 |
| 19 | 215,56 | 216,69 | 217,82 | 218,96 | 220,09 | 221,23 | 222,36 | 223,50 | 224,63 | 225,77 |
| 20 | 226,90 | 228,03 | 229,17 | 230,30 | 231,44 | 232,57 | 233,71 | 234,84 | 235,98 | 237,11 |
| 21 | 238,25 | 239,38 | 240,51 | 241,65 | 242,78 | 243,92 | 245,05 | 246,19 | 247,32 | 248,46 |
| 22 | 249,59 | 250,72 | 251,86 | 252,99 | 254,13 | 255,26 | 256,40 | 257,53 | 258,67 | 259,80 |
| 23 | 260,94 | 262,07 | 263,20 | 264,34 | 265,47 | 266,61 | 267,74 | 268,88 | 270,01 | 271,15 |
| 24 | 272,28 | 273,41 | 274,55 | 275,68 | 276,82 | 277,95 | 279,09 | 280,22 | 281,36 | 282,49 |

| dif. | 113 | 114 |
|---|---|---|
| 1 | 0,11 | 0,11 |
| 2 | 0,23 | 0,23 |
| 3 | 0,34 | 0,34 |
| 4 | 0,45 | 0,46 |
| 5 | 0,57 | 0,57 |
| 6 | 0,68 | 0,68 |
| 7 | 0,79 | 0,80 |
| 8 | 0,90 | 0,91 |
| 9 | 1,02 | 1,03 |

**703,50 = 11,360.**

| | 00 | 10 | 20 | 30 | 40 | 50 | 60 | 70 | 80 | 90 |
|---|---|---|---|---|---|---|---|---|---|---|
| 0 | | 1,14 | 2,27 | 3,41 | 4,54 | 5,68 | 6,82 | 7,95 | 9,09 | 10,22 |
| 1 | 11,36 | 12,50 | 13,63 | 14,77 | 15,90 | 17,04 | 18,18 | 19,31 | 20,45 | 21,58 |
| 2 | 22,72 | 23,86 | 24,99 | 26,13 | 27,26 | 28,40 | 29,54 | 30,67 | 31,81 | 32,94 |
| 3 | 34,08 | 35,22 | 36,35 | 37,49 | 38,62 | 39,76 | 40,90 | 42,03 | 43,17 | 44,30 |
| 4 | 45,44 | 46,58 | 47,71 | 48,85 | 49,98 | 51,12 | 52,26 | 53,39 | 54,53 | 55,66 |
| 5 | 56,80 | 57,94 | 59,07 | 60,21 | 61,34 | 62,48 | 63,62 | 64,75 | 65,89 | 67,02 |
| 6 | 68,16 | 69,30 | 70,43 | 71,57 | 72,70 | 73,84 | 74,98 | 76,11 | 77,25 | 78,38 |
| 7 | 79,52 | 80,66 | 81,79 | 82,93 | 84,06 | 85,20 | 86,34 | 87,47 | 88,61 | 89,74 |
| 8 | 90,88 | 92,02 | 93,15 | 94,29 | 95,42 | 96,56 | 97,70 | 98,83 | 99,97 | 101,10 |
| 9 | 102,24 | 103,38 | 104,51 | 105,65 | 106,78 | 107,92 | 109,06 | 110,19 | 111,33 | 112,46 |
| 10 | 113,60 | 114,74 | 115,87 | 117,01 | 118,14 | 119,28 | 120,42 | 121,55 | 122,69 | 123,82 |
| 11 | 124,96 | 126,10 | 127,23 | 128,37 | 129,50 | 130,64 | 131,78 | 132,91 | 134,05 | 135,18 |
| 12 | 136,32 | 137,46 | 138,59 | 139,73 | 140,86 | 142,00 | 143,14 | 144,27 | 145,41 | 146,54 |
| 13 | 147,68 | 148,82 | 149,95 | 151,09 | 152,22 | 153,36 | 154,50 | 155,63 | 156,77 | 157,90 |
| 14 | 159,04 | 160,18 | 161,31 | 162,45 | 163,58 | 164,72 | 165,86 | 166,99 | 168,13 | 169,26 |
| 15 | 170,40 | 171,54 | 172,67 | 173,81 | 174,94 | 176,08 | 177,22 | 178,35 | 179,49 | 180,62 |
| 16 | 181,76 | 182,90 | 184,03 | 185,17 | 186,30 | 187,44 | 188,58 | 189,71 | 190,85 | 191,98 |
| 17 | 193,12 | 194,26 | 195,39 | 196,53 | 197,66 | 198,80 | 199,94 | 201,07 | 202,21 | 203,34 |
| 18 | 204,48 | 205,62 | 206,75 | 207,89 | 209,02 | 210,16 | 211,30 | 212,43 | 213,57 | 214,70 |
| 19 | 215,84 | 216,98 | 218,11 | 219,25 | 220,38 | 221,52 | 222,66 | 223,79 | 224,93 | 226,06 |
| 20 | 227,20 | 228,34 | 229,47 | 230,61 | 231,74 | 232,88 | 234,02 | 235,15 | 236,29 | 237,42 |
| 21 | 238,56 | 239,70 | 240,83 | 241,97 | 243,10 | 244,24 | 245,38 | 246,51 | 247,65 | 248,78 |
| 22 | 249,92 | 251,06 | 252,19 | 253,33 | 254,46 | 255,60 | 256,74 | 257,87 | 259,01 | 260,14 |
| 23 | 261,28 | 262,42 | 263,55 | 264,69 | 265,82 | 266,96 | 268,10 | 269,23 | 270,37 | 271,50 |
| 24 | 272,64 | 273,78 | 274,91 | 276,05 | 277,18 | 278,32 | 279,46 | 280,59 | 281,73 | 282,86 |

dif.

| | 113 |
|---|---|
| 1 | 0,11 |
| 2 | 0,23 |
| 3 | 0,34 |
| 4 | 0,45 |
| 5 | 0,57 |
| 6 | 0,68 |
| 7 | 0,79 |
| 8 | 0,90 |
| 9 | 1,02 |

| | 114 |
|---|---|
| 1 | 0,11 |
| 2 | 0,23 |
| 3 | 0,34 |
| 4 | 0,46 |
| 5 | 0,57 |
| 6 | 0,68 |
| 7 | 0,80 |
| 8 | 0,91 |
| 9 | 1,03 |

## 702,50 = 11,377.

| | 00 | 10 | 20 | 30 | 40 | 50 | 60 | 70 | 80 | 90 |
|---|---|---|---|---|---|---|---|---|---|---|
| 0 | | 1,14 | 2,28 | 3,41 | 4,55 | 5,69 | 6,83 | 7,96 | 9,10 | 10,24 |
| 1 | 11,38 | 12,51 | 13,65 | 14,79 | 15,93 | 17,07 | 18,20 | 19,34 | 20,48 | 21,62 |
| 2 | 22,75 | 23,89 | 25,03 | 26,17 | 27,30 | 28,44 | 29,58 | 30,72 | 31,86 | 32,99 |
| 3 | 34,13 | 35,27 | 36,41 | 37,54 | 38,68 | 39,82 | 40,96 | 42,09 | 43,23 | 44,37 |
| 4 | 45,51 | 46,65 | 47,78 | 48,92 | 50,06 | 51,20 | 52,33 | 53,47 | 54,61 | 55,75 |
| 5 | 56,89 | 58,02 | 59,16 | 60,30 | 61,44 | 62,57 | 63,71 | 64,85 | 65,99 | 67,12 |
| 6 | 68,26 | 69,40 | 70,54 | 71,68 | 72,81 | 73,95 | 75,09 | 76,23 | 77,36 | 78,50 |
| 7 | 79,64 | 80,78 | 81,91 | 83,05 | 84,19 | 85,33 | 86,47 | 87,60 | 88,74 | 89,88 |
| 8 | 91,02 | 92,15 | 93,29 | 94,43 | 95,57 | 96,70 | 97,84 | 98,98 | 100,12 | 101,26 |
| 9 | 102,39 | 103,53 | 104,67 | 105,81 | 106,94 | 108,08 | 109,22 | 110,36 | 111,49 | 112,63 |
| 10 | 113,77 | 114,91 | 116,05 | 117,18 | 118,32 | 119,46 | 120,60 | 121,73 | 122,87 | 124,01 |
| 11 | 125,15 | 126,28 | 127,42 | 128,56 | 129,70 | 130,84 | 131,97 | 133,11 | 134,25 | 135,39 |
| 12 | 136,52 | 137,66 | 138,80 | 139,94 | 141,07 | 142,21 | 143,35 | 144,49 | 145,63 | 146,76 |
| 13 | 147,90 | 149,04 | 150,18 | 151,31 | 152,45 | 153,59 | 154,73 | 155,86 | 157,00 | 158,14 |
| 14 | 159,28 | 160,42 | 161,55 | 162,69 | 163,83 | 164,97 | 166,10 | 167,24 | 168,38 | 169,52 |
| 15 | 170,66 | 171,79 | 172,93 | 174,07 | 175,21 | 176,34 | 177,48 | 178,62 | 179,76 | 180,89 |
| 16 | 182,03 | 183,17 | 184,31 | 185,45 | 186,58 | 187,72 | 188,86 | 190,00 | 191,13 | 192,27 |
| 17 | 193,41 | 194,55 | 195,68 | 196,82 | 197,96 | 199,10 | 200,24 | 201,37 | 202,51 | 203,65 |
| 18 | 204,79 | 205,92 | 207,06 | 208,20 | 209,34 | 210,47 | 211,61 | 212,75 | 213,89 | 215,03 |
| 19 | 216,16 | 217,30 | 218,44 | 219,58 | 220,71 | 221,85 | 222,99 | 224,13 | 225,26 | 226,40 |
| 20 | 227,54 | 228,68 | 229,82 | 230,95 | 232,09 | 233,23 | 234,37 | 235,50 | 236,64 | 237,78 |
| 21 | 238,92 | 240,05 | 241,19 | 242,33 | 243,47 | 244,61 | 245,74 | 246,88 | 248,02 | 249,16 |
| 22 | 250,29 | 251,43 | 252,57 | 253,71 | 254,84 | 255,98 | 257,12 | 258,26 | 259,40 | 260,53 |
| 23 | 261,67 | 262,81 | 263,95 | 265,08 | 266,22 | 267,36 | 268,50 | 269,63 | 270,77 | 271,91 |
| 24 | 273,05 | 274,19 | 275,32 | 276,46 | 277,60 | 278,74 | 279,87 | 281,01 | 282,15 | 283,29 |

| dif. | 113 | 114 |
|---|---|---|
| 1 | 0,11 | 0,11 |
| 2 | 0,23 | 0,23 |
| 3 | 0,34 | 0,34 |
| 4 | 0,45 | 0,46 |
| 5 | 0,57 | 0,57 |
| 6 | 0,68 | 0,68 |
| 7 | 0,79 | 0,80 |
| 8 | 0,90 | 0,91 |
| 9 | 1,02 | 1,03 |

## 701,50 = 11,393.

| | 00 | 10 | 20 | 30 | 40 | 50 | 60 | 70 | 80 | 90 |
|---|---|---|---|---|---|---|---|---|---|---|
| 0 | | 1,14 | 2,28 | 3,42 | 4,56 | 5,70 | 6,84 | 7,98 | 9,11 | 10,25 |
| 1 | 11,39 | 12,53 | 13,67 | 14,81 | 15,95 | 17,09 | 18,23 | 19,37 | 20,51 | 21,65 |
| 2 | 22,79 | 23,93 | 25,06 | 26,20 | 27,34 | 28,48 | 29,62 | 30,76 | 31,90 | 33,04 |
| 3 | 34,18 | 35,32 | 36,46 | 37,60 | 38,74 | 39,88 | 41,01 | 42,15 | 43,29 | 44,43 |
| 4 | 45,57 | 46,71 | 47,85 | 48,99 | 50,13 | 51,27 | 52,41 | 53,55 | 54,69 | 55,83 |
| 5 | 56,97 | 58,10 | 59,24 | 60,38 | 61,52 | 62,66 | 63,80 | 64,94 | 66,08 | 67,22 |
| 6 | 68,36 | 69,50 | 70,64 | 71,78 | 72,92 | 74,05 | 75,19 | 76,33 | 77,47 | 78,61 |
| 7 | 79,75 | 80,89 | 82,03 | 83,17 | 84,31 | 85,45 | 86,59 | 87,73 | 88,87 | 90,00 |
| 8 | 91,14 | 92,28 | 93,42 | 94,56 | 95,70 | 96,84 | 97,98 | 99,12 | 100,26 | 101,40 |
| 9 | 102,54 | 103,68 | 104,82 | 105,95 | 107,09 | 108,23 | 109,37 | 110,51 | 111,65 | 112,79 |
| 10 | 113,93 | 115,07 | 116,21 | 117,35 | 118,49 | 119,63 | 120,77 | 121,91 | 123,04 | 124,18 |
| 11 | 125,32 | 126,46 | 127,60 | 128,74 | 129,88 | 131,02 | 132,16 | 133,30 | 134,44 | 135,58 |
| 12 | 136,72 | 137,86 | 138,99 | 140,13 | 141,27 | 142,41 | 143,55 | 144,69 | 145,83 | 146,97 |
| 13 | 148,11 | 149,25 | 150,39 | 151,53 | 152,67 | 153,81 | 154,94 | 156,08 | 157,22 | 158,36 |
| 14 | 159,50 | 160,64 | 161,78 | 162,92 | 164,06 | 165,20 | 166,34 | 167,48 | 168,62 | 169,76 |
| 15 | 170,90 | 172,03 | 173,17 | 174,31 | 175,45 | 176,59 | 177,73 | 178,87 | 180,01 | 181,15 |
| 16 | 182,29 | 183,43 | 184,57 | 185,71 | 186,85 | 187,98 | 189,02 | 190,16 | 191,30 | 192,44 |
| 17 | 193,68 | 194,82 | 195,96 | 197,10 | 198,24 | 199,38 | 200,52 | 201,66 | 202,80 | 203,93 |
| 18 | 205,07 | 206,21 | 207,35 | 208,49 | 209,63 | 210,77 | 211,91 | 213,05 | 214,19 | 215,33 |
| 19 | 216,47 | 217,61 | 218,75 | 219,88 | 221,02 | 222,16 | 223,30 | 224,44 | 225,58 | 226,72 |
| 20 | 227,86 | 229,00 | 230,14 | 231,28 | 232,42 | 233,56 | 234,70 | 235,84 | 236,97 | 238,11 |
| 21 | 239,25 | 240,39 | 241,53 | 242,67 | 243,81 | 244,95 | 246,09 | 247,23 | 248,37 | 249,51 |
| 22 | 250,65 | 251,79 | 252,92 | 254,06 | 255,20 | 256,34 | 257,48 | 258,62 | 259,76 | 260,90 |
| 23 | 262,04 | 263,18 | 264,32 | 265,46 | 266,60 | 267,74 | 268,87 | 270,01 | 271,15 | 272,29 |
| 24 | 273,43 | 274,57 | 275,71 | 276,85 | 277,99 | 279,13 | 280,27 | 281,41 | 282,55 | 283,69 |

| dif. | 113 | 114 |
|---|---|---|
| 1 | 0,11 | 0,11 |
| 2 | 0,23 | 0,23 |
| 3 | 0,34 | 0,34 |
| 4 | 0,45 | 0,46 |
| 5 | 0,57 | 0,57 |
| 6 | 0,68 | 0,68 |
| 7 | 0,79 | 0,80 |
| 8 | 0,90 | 0,91 |
| 9 | 1,02 | 1,03 |

# 700,50 = 11,410.

| | 00 | 10 | 20 | 30 | 40 | 50 | 60 | 70 | 80 | 90 | dif. | |
|---|---|---|---|---|---|---|---|---|---|---|---|---|
| 0 | | 1,14 | 2,28 | 3,42 | 4,56 | 5,71 | 6,85 | 7,99 | 9,13 | 10,27 | 114 | |
| | | | | | | | | | | | 1 | 0,11 |
| 1 | 11,41 | 12,55 | 13,69 | 14,83 | 15,97 | 17,12 | 18,26 | 19,40 | 20,54 | 21,68 | 2 | 0,23 |
| 2 | 22,82 | 23,96 | 25,10 | 26,24 | 27,38 | 28,53 | 29,67 | 30,81 | 31,95 | 33,09 | 3 | 0,34 |
| 3 | 34,23 | 35,37 | 36,51 | 37,65 | 38,79 | 39,94 | 41,08 | 42,22 | 43,36 | 44,50 | 4 | 0,46 |
| | | | | | | | | | | | 5 | 0,57 |
| 4 | 45,64 | 46,78 | 47,92 | 49,06 | 50,20 | 51,35 | 52,49 | 53,63 | 54,77 | 55,91 | 6 | 0,68 |
| 5 | 57,05 | 58,19 | 59,33 | 60,47 | 61,61 | 62,76 | 63,90 | 65,04 | 66,18 | 67,32 | 7 | 0,80 |
| 6 | 68,46 | 69,60 | 70,74 | 71,88 | 73,02 | 74,17 | 75,31 | 76,45 | 77,59 | 78,73 | 8 | 0,91 |
| | | | | | | | | | | | 9 | 1,03 |
| 7 | 79,87 | 81,01 | 82,15 | 83,29 | 84,43 | 85,58 | 86,72 | 87,86 | 89,00 | 90,14 | | |
| 8 | 91,28 | 92,42 | 93,56 | 94,70 | 95,84 | 96,99 | 98,13 | 99,27 | 100,41 | 101,55 | 115 | |
| 9 | 102,69 | 103,83 | 104,97 | 106,11 | 107,25 | 108,40 | 109,54 | 110,68 | 111,82 | 112,96 | 1 | 0,12 |
| | | | | | | | | | | | 2 | 0,23 |
| 10 | 114,10 | 115,24 | 116,38 | 117,52 | 118,66 | 119,81 | 120,95 | 122,09 | 123,23 | 124,37 | 3 | 0,35 |
| 11 | 125,51 | 126,65 | 127,79 | 128,93 | 130,07 | 131,22 | 132,36 | 133,50 | 134,64 | 135,78 | 4 | 0,46 |
| 12 | 136,92 | 138,06 | 139,20 | 140,34 | 141,48 | 142,63 | 143,77 | 144,91 | 146,05 | 147,19 | 5 | 0,58 |
| | | | | | | | | | | | 6 | 0,69 |
| 13 | 148,33 | 149,47 | 150,61 | 151,75 | 152,89 | 154,04 | 155,18 | 156,32 | 157,46 | 158,60 | 7 | 0,81 |
| 14 | 159,74 | 160,88 | 162,02 | 163,16 | 164,30 | 165,45 | 166,59 | 167,73 | 168,87 | 170,01 | 8 | 0,92 |
| 15 | 171,15 | 172,29 | 173,43 | 174,57 | 175,71 | 176,86 | 178,00 | 179,14 | 180,28 | 181,42 | 9 | 1,04 |
| 16 | 182,56 | 183,70 | 184,84 | 185,98 | 187,12 | 188,27 | 189,41 | 190,55 | 191,69 | 192,83 | | |
| 17 | 193,97 | 195,11 | 196,25 | 197,39 | 198,53 | 199,68 | 200,82 | 201,96 | 203,10 | 204,24 | | |
| 18 | 205,38 | 206,52 | 207,66 | 208,80 | 209,94 | 211,09 | 212,23 | 213,37 | 214,51 | 215,65 | | |
| 19 | 216,79 | 217,93 | 219,07 | 220,21 | 221,35 | 222,50 | 223,64 | 224,78 | 225,92 | 227,06 | | |
| 20 | 228,20 | 229,34 | 230,48 | 231,62 | 232,76 | 233,91 | 235,05 | 236,19 | 237,33 | 238,47 | | |
| 21 | 239,61 | 240,75 | 241,89 | 243,03 | 244,17 | 245,32 | 246,46 | 247,60 | 248,74 | 249,88 | | |
| 22 | 251,02 | 252,16 | 253,30 | 254,44 | 255,58 | 256,73 | 257,87 | 259,01 | 260,15 | 261,29 | | |
| 23 | 262,43 | 263,57 | 264,71 | 265,85 | 266,99 | 268,14 | 269,28 | 270,42 | 271,56 | 272,70 | | |
| 24 | 273,84 | 274,98 | 276,12 | 277,26 | 278,40 | 279,55 | 280,69 | 281,83 | 282,97 | 284,11 | | |

## 699,50 = 11,426.

| | 00 | 10 | 20 | 30 | 40 | 50 | 60 | 70 | 80 | 90 |
|---|---|---|---|---|---|---|---|---|---|---|
| 0 | | 1,14 | 2,29 | 3,43 | 4,57 | 5,71 | 6,86 | 8,00 | 9,14 | 10,28 |
| 1 | 11,43 | 12,57 | 13,71 | 14,85 | 16,00 | 17,14 | 18,28 | 19,42 | 20,57 | 21,71 |
| 2 | 22,85 | 23,99 | 25,14 | 26,28 | 27,42 | 28,57 | 29,71 | 30,85 | 31,99 | 33,14 |
| 3 | 34,28 | 35,42 | 36,56 | 37,71 | 38,85 | 39,99 | 41,13 | 42,28 | 43,42 | 44,56 |
| 4 | 45,70 | 46,85 | 47,99 | 49,13 | 50,27 | 51,42 | 52,56 | 53,70 | 54,84 | 55,99 |
| 5 | 57,13 | 58,27 | 59,42 | 60,56 | 61,70 | 62,84 | 63,99 | 65,13 | 66,27 | 67,41 |
| 6 | 68,56 | 69,70 | 70,84 | 71,98 | 73,13 | 74,27 | 75,41 | 76,55 | 77,70 | 78,84 |
| 7 | 79,98 | 81,12 | 82,27 | 83,41 | 84,55 | 85,70 | 86,84 | 87,98 | 89,12 | 90,27 |
| 8 | 91,41 | 92,55 | 93,69 | 94,84 | 95,98 | 97,12 | 98,26 | 99,41 | 100,55 | 101,69 |
| 9 | 102,83 | 103,98 | 105,12 | 106,26 | 107,40 | 108,55 | 109,69 | 110,83 | 111,97 | 113,12 |
| 10 | 114,26 | 115,40 | 116,55 | 117,69 | 118,83 | 119,97 | 121,12 | 122,26 | 123,40 | 124,54 |
| 11 | 125,69 | 126,83 | 127,97 | 129,11 | 130,26 | 131,40 | 132,54 | 133,68 | 134,83 | 135,97 |
| 12 | 137,11 | 138,25 | 139,40 | 140,54 | 141,68 | 142,83 | 143,97 | 145,11 | 146,25 | 147,40 |
| 13 | 148,54 | 149,68 | 150,82 | 151,97 | 153,11 | 154,25 | 155,39 | 156,54 | 157,68 | 158,82 |
| 14 | 159,96 | 161,11 | 162,25 | 163,39 | 164,53 | 165,68 | 166,82 | 167,96 | 169,10 | 170,25 |
| 15 | 171,39 | 172,53 | 173,68 | 174,82 | 175,96 | 177,10 | 178,25 | 179,39 | 180,53 | 181,67 |
| 16 | 182,82 | 183,96 | 185,10 | 186,24 | 187,39 | 188,53 | 189,67 | 190,81 | 191,96 | 193,10 |
| 17 | 194,24 | 195,38 | 196,53 | 197,67 | 198,81 | 199,96 | 201,10 | 202,24 | 203,38 | 204,53 |
| 18 | 205,67 | 206,81 | 207,95 | 209,10 | 210,24 | 211,38 | 212,52 | 213,67 | 214,81 | 215,95 |
| 19 | 217,09 | 218,24 | 219,38 | 220,52 | 221,66 | 222,81 | 223,95 | 225,09 | 226,23 | 227,38 |
| 20 | 228,52 | 229,66 | 230,81 | 231,95 | 233,09 | 234,23 | 235,38 | 236,52 | 237,66 | 238,80 |
| 21 | 239,95 | 241,09 | 242,23 | 243,37 | 244,52 | 245,66 | 246,80 | 247,94 | 249,09 | 250,23 |
| 22 | 251,37 | 252,51 | 253,66 | 254,80 | 255,94 | 257,09 | 258,23 | 259,37 | 260,51 | 261,66 |
| 23 | 262,80 | 263,94 | 265,08 | 266,23 | 267,37 | 268,51 | 269,65 | 270,80 | 271,94 | 273,08 |
| 24 | 274,22 | 275,37 | 276,51 | 277,65 | 278,79 | 279,94 | 281,08 | 282,22 | 283,36 | 284,51 |

| dif. | 114 | 115 |
|---|---|---|
| 1 | 0,11 | 0,11 |
| 2 | 0,23 | 0,23 |
| 3 | 0,34 | 0,35 |
| 4 | 0,46 | 0,46 |
| 5 | 0,57 | 0,58 |
| 6 | 0,68 | 0,69 |
| 7 | 0,80 | 0,81 |
| 8 | 0,91 | 0,92 |
| 9 | 1,03 | 1,04 |

# 698,50 = 11,443.

| | . 00 | 10 | 20 | 30 | 40 | 50 | 60 | 70 | 80 | 90 |
|---|---|---|---|---|---|---|---|---|---|---|
| 0 | | 1,14 | 2,29 | 3,43 | 4,58 | 5,72 | 6,87 | 8,01 | 9,15 | 10,30 |
| 1 | 11,44 | 12,59 | 13,73 | 14,88 | 16,02 | 17,16 | 18,31 | 19,45 | 20,60 | 21,74 |
| 2 | 22,89 | 24,03 | 25,17 | 26,32 | 27,46 | 28,61 | 29,75 | 30,90 | 32,04 | 33,18 |
| 3 | 34,33 | 35,47 | 36,62 | 37,76 | 38,91 | 40,05 | 41,19 | 42,34 | 43,48 | 44,63 |
| 4 | 45,77 | 46,92 | 48,06 | 49,20 | 50,35 | 51,49 | 52,64 | 53,78 | 54,93 | 56,07 |
| 5 | 57,22 | 58,36 | 59,50 | 60,65 | 61,79 | 62,94 | 64,08 | 65,23 | 66,37 | 67,51 |
| 6 | 68,66 | 69,80 | 70,95 | 72,09 | 73,24 | 74,38 | 75,52 | 76,67 | 77,81 | 78,96 |
| 7 | 80,10 | 81,25 | 82,39 | 83,53 | 84,68 | 85,82 | 86,97 | 88,11 | 89,26 | 90,40 |
| 8 | 91,54 | 92,69 | 93,83 | 94,98 | 96,12 | 97,27 | 98,41 | 99,55 | 100,70 | 101,84 |
| 9 | 102,99 | 104,13 | 105,28 | 106,42 | 107,56 | 108,71 | 109,85 | 111,00 | 112,14 | 113,29 |
| 10 | 114,43 | 115,57 | 116,72 | 117,86 | 119,01 | 120,15 | 121,30 | 122,44 | 123,58 | 124,73 |
| 11 | 125,87 | 127,02 | 128,16 | 129,31 | 130,45 | 131,59 | 132,74 | 133,88 | 135,03 | 136,17 |
| 12 | 137,32 | 138,46 | 139,60 | 140,75 | 141,89 | 143,04 | 144,18 | 145,33 | 146,47 | 147,61 |
| 13 | 148,76 | 149,90 | 151,05 | 152,19 | 153,34 | 154,48 | 155,62 | 156,77 | 157,91 | 159,06 |
| 14 | 160,20 | 161,35 | 162,49 | 163,63 | 164,78 | 165,92 | 167,07 | 168,21 | 169,36 | 170,50 |
| 15 | 171,65 | 172,79 | 173,93 | 175,08 | 176,22 | 177,37 | 178,51 | 179,66 | 180,80 | 181,94 |
| 16 | 183,09 | 184,23 | 185,38 | 186,52 | 187,67 | 188,81 | 189,95 | 191,10 | 192,24 | 193,39 |
| 17 | 194,53 | 195,68 | 196,82 | 197,96 | 199,11 | 200,25 | 201,40 | 202,54 | 203,69 | 204,83 |
| 18 | 205,97 | 207,12 | 208,26 | 209,41 | 210,55 | 211,70 | 212,84 | 213,98 | 215,13 | 216,27 |
| 19 | 217,42 | 218,56 | 219,71 | 220,85 | 221,99 | 223,14 | 224,28 | 225,43 | 226,57 | 227,72 |
| 20 | 228,86 | 230,00 | 231,15 | 232,29 | 233,44 | 234,58 | 235,73 | 236,87 | 238,01 | 239,16 |
| 21 | 240,30 | 241,45 | 242,59 | 243,74 | 244,88 | 246,02 | 247,17 | 248,31 | 249,46 | 250,60 |
| 22 | 251,75 | 252,89 | 254,03 | 255,18 | 256,32 | 257,47 | 258,61 | 259,76 | 260,90 | 262,04 |
| 23 | 263,19 | 264,33 | 265,48 | 266,62 | 267,77 | 268,91 | 270,05 | 271,20 | 272,34 | 273,49 |
| 24 | 274,63 | 275,78 | 276,92 | 278,06 | 279,21 | 280,35 | 281,50 | 282,64 | 283,79 | 284,93 |

| dif. | 114 | 115 |
|---|---|---|
| 1 | 0,11 | 0,12 |
| 2 | 0,23 | 0,23 |
| 3 | 0,34 | 0,35 |
| 4 | 0,46 | 0,46 |
| 5 | 0,57 | 0,58 |
| 6 | 0,68 | 0,69 |
| 7 | 0,80 | 0,81 |
| 8 | 0,91 | 0,92 |
| 9 | 1,03 | 1,04 |

# 697,50 = 11,457.

| | 00 | 10 | 20 | 30 | 40 | 50 | 60 | 70 | 80 | 90 |
|---|---|---|---|---|---|---|---|---|---|---|
| 0 | | 1,15 | 2,29 | 3,44 | 4,58 | 5,73 | 6,87 | 8,02 | 9,17 | 10,31 |
| 1 | 11,46 | 12,60 | 13,75 | 14,89 | 16,04 | 17,19 | 18,33 | 19,48 | 20,62 | 21,77 |
| 2 | 22,91 | 24,06 | 25,21 | 26,35 | 27,50 | 28,64 | 29,79 | 30,93 | 32,08 | 33,23 |
| 3 | 34,37 | 35,52 | 36,66 | 37,81 | 38,95 | 40,10 | 41,25 | 42,39 | 43,54 | 44,68 |
| 4 | 45,83 | 46,97 | 48,12 | 49,27 | 50,41 | 51,56 | 52,70 | 53,85 | 54,99 | 56,14 |
| 5 | 57,29 | 58,43 | 59,58 | 60,72 | 61,87 | 63,01 | 64,16 | 65,30 | 66,45 | 67,60 |
| 6 | 68,74 | 69,89 | 71,03 | 72,18 | 73,32 | 74,47 | 75,62 | 76,76 | 77,91 | 79,05 |
| 7 | 80,20 | 81,34 | 82,49 | 83,64 | 84,78 | 85,93 | 87,07 | 88,22 | 89,36 | 90,51 |
| 8 | 91,66 | 92,80 | 93,95 | 95,09 | 96,24 | 97,38 | 98,53 | 99,68 | 100,82 | 101,97 |
| 9 | 103,11 | 104,26 | 105,40 | 106,55 | 107,70 | 108,84 | 109,99 | 111,13 | 112,28 | 113,42 |
| 10 | 114,57 | 115,72 | 116,86 | 118,01 | 119,15 | 120,30 | 121,44 | 122,59 | 123,74 | 124,88 |
| 11 | 126,03 | 127,17 | 128,32 | 129,46 | 130,61 | 131,76 | 132,90 | 134,05 | 135,19 | 136,34 |
| 12 | 137,48 | 138,63 | 139,78 | 140,92 | 142,07 | 143,21 | 144,36 | 145,50 | 146,65 | 147,80 |
| 13 | 148,94 | 150,09 | 151,23 | 152,38 | 153,52 | 154,67 | 155,82 | 156,96 | 158,11 | 159,25 |
| 14 | 160,40 | 161,54 | 162,69 | 163,84 | 164,98 | 166,13 | 167,27 | 168,42 | 169,56 | 170,71 |
| 15 | 171,86 | 173,00 | 174,15 | 175,29 | 176,44 | 177,58 | 178,73 | 179,87 | 181,02 | 182,17 |
| 16 | 183,31 | 184,46 | 185,60 | 186,75 | 187,89 | 189,04 | 190,19 | 191,33 | 192,48 | 193,62 |
| 17 | 194,77 | 195,91 | 197,06 | 198,21 | 199,35 | 200,50 | 201,64 | 202,79 | 203,93 | 205,08 |
| 18 | 206,23 | 207,37 | 208,52 | 209,66 | 210,81 | 211,95 | 213,10 | 214,25 | 215,39 | 216,54 |
| 19 | 217,68 | 218,83 | 219,97 | 221,12 | 222,27 | 223,41 | 224,56 | 225,70 | 226,85 | 227,99 |
| 20 | 229,14 | 230,29 | 231,43 | 232,58 | 233,72 | 234,87 | 236,01 | 237,16 | 238,31 | 239,45 |
| 21 | 240,60 | 241,74 | 242,89 | 244,03 | 245,18 | 246,33 | 247,47 | 248,62 | 249,76 | 250,91 |
| 22 | 252,05 | 253,20 | 254,35 | 255,49 | 256,64 | 257,78 | 258,93 | 260,07 | 261,22 | 262,37 |
| 23 | 263,51 | 264,66 | 265,80 | 266,95 | 268,09 | 269,24 | 270,39 | 271,53 | 272,68 | 273,82 |
| 24 | 274,97 | 276,11 | 277,26 | 278,41 | 279,55 | 280,70 | 281,84 | 282,99 | 284,13 | 285,28 |

| dif. | 114 | 115 |
|---|---|---|
| 1 | 0,11 | 0,12 |
| 2 | 0,23 | 0,23 |
| 3 | 0,34 | 0,35 |
| 4 | 0,46 | 0,46 |
| 5 | 0,57 | 0,58 |
| 6 | 0,68 | 0,69 |
| 7 | 0,80 | 0,81 |
| 8 | 0,91 | 0,92 |
| 9 | 1,03 | 1,04 |

## 696,50 = 11,474.

| | 00 | 10 | 20 | 30 | 40 | 50 | 60 | 70 | 80 | 90 |
|---|---|---|---|---|---|---|---|---|---|---|
| 0 | | 1,15 | 2,29 | 3,44 | 4,59 | 5,74 | 6,88 | 8,03 | 9,18 | 10,33 |
| 1 | 11,47 | 12,62 | 13,77 | 14,92 | 16,06 | 17,21 | 18,36 | 19,51 | 20,65 | 21,80 |
| 2 | 22,95 | 24,10 | 25,24 | 26,39 | 27,54 | 28,69 | 29,83 | 30,98 | 32,13 | 33,27 |
| 3 | 34,42 | 35,57 | 36,72 | 37,86 | 39,01 | 40,16 | 41,31 | 42,45 | 43,60 | 44,75 |
| 4 | 45,90 | 47,04 | 48,19 | 49,34 | 50,49 | 51,63 | 52,78 | 53,93 | 55,08 | 56,22 |
| 5 | 57,37 | 58,52 | 59,66 | 60,81 | 61,96 | 63,11 | 64,25 | 65,40 | 66,55 | 67,70 |
| 6 | 68,84 | 69,99 | 71,14 | 72,29 | 73,43 | 74,58 | 75,73 | 76,88 | 78,02 | 79,17 |
| 7 | 80,32 | 81,47 | 82,61 | 83,76 | 84,91 | 86,06 | 87,20 | 88,35 | 89,50 | 90,64 |
| 8 | 91,79 | 92,94 | 94,09 | 95,23 | 96,38 | 97,53 | 98,68 | 99,82 | 100,97 | 102,12 |
| 9 | 103,27 | 104,41 | 105,56 | 106,71 | 107,86 | 109,00 | 110,15 | 111,30 | 112,45 | 113,59 |
| 10 | 114,74 | 115,89 | 117,03 | 118,18 | 119,33 | 120,48 | 121,62 | 122,77 | 123,92 | 125,07 |
| 11 | 126,21 | 127,36 | 128,51 | 129,66 | 130,80 | 131,95 | 133,10 | 134,25 | 135,39 | 136,54 |
| 12 | 137,69 | 138,84 | 139,98 | 141,13 | 142,28 | 143,43 | 144,57 | 145,72 | 146,87 | 148,01 |
| 13 | 149,16 | 150,31 | 151,46 | 152,60 | 153,75 | 154,90 | 156,05 | 157,19 | 158,34 | 159,49 |
| 14 | 160,64 | 161,78 | 162,93 | 164,08 | 165,23 | 166,37 | 167,52 | 168,67 | 169,82 | 170,96 |
| 15 | 172,11 | 173,26 | 174,40 | 175,55 | 176,70 | 177,85 | 178,99 | 180,14 | 181,29 | 182,44 |
| 16 | 183,58 | 184,73 | 185,88 | 187,03 | 188,17 | 189,32 | 190,47 | 191,62 | 192,76 | 193,91 |
| 17 | 195,06 | 196,21 | 197,35 | 198,50 | 199,65 | 200,80 | 201,94 | 203,09 | 204,24 | 205,38 |
| 18 | 206,53 | 207,68 | 208,83 | 209,97 | 211,12 | 212,27 | 213,42 | 214,56 | 215,71 | 216,86 |
| 19 | 218,01 | 219,15 | 220,30 | 221,45 | 222,60 | 223,74 | 224,89 | 226,04 | 227,19 | 228,33 |
| 20 | 229,48 | 230,63 | 231,77 | 232,92 | 234,07 | 235,22 | 236,36 | 237,51 | 238,66 | 239,81 |
| 21 | 240,95 | 242,10 | 243,25 | 244,40 | 245,54 | 246,69 | 247,84 | 248,99 | 250,13 | 251,28 |
| 22 | 252,43 | 253,58 | 254,72 | 255,87 | 257,02 | 258,17 | 259,31 | 260,46 | 261,61 | 262,75 |
| 23 | 263,90 | 265,05 | 266,20 | 267,34 | 268,49 | 269,64 | 270,79 | 271,93 | 273,08 | 274,23 |
| 24 | 275,38 | 276,52 | 277,67 | 278,82 | 279,97 | 281,11 | 282,26 | 283,41 | 284,56 | 285,70 |

| dif. | |
|---|---|
| 114 | |
| 1 | 0,11 |
| 2 | 0,23 |
| 3 | 0,34 |
| 4 | 0,46 |
| 5 | 0,57 |
| 6 | 0,68 |
| 7 | 0,80 |
| 8 | 0,91 |
| 9 | 1,03 |
| 115 | |
| 1 | 0,12 |
| 2 | 0,23 |
| 3 | 0,35 |
| 4 | 0,46 |
| 5 | 0,58 |
| 6 | 0,69 |
| 7 | 0,81 |
| 8 | 0,92 |
| 9 | 1,04 |

## 695,50 = 11,491.

| | 00 | 10 | 20 | 30 | 40 | 50 | 60 | 70 | 80 | 90 |
|---|---|---|---|---|---|---|---|---|---|---|
| 0 | | 1,15 | 2,30 | 3,45 | 4,60 | 5,75 | 6,89 | 8,04 | 9,19 | 10,34 |
| 1 | 11,49 | 12,64 | 13,79 | 14,94 | 16,09 | 17,24 | 18,39 | 19,53 | 20,68 | 21,83 |
| 2 | 22,98 | 24,13 | 25,28 | 26,43 | 27,58 | 28,73 | 29,88 | 31,03 | 32,17 | 33,32 |
| 3 | 34,47 | 35,62 | 36,77 | 37,92 | 39,07 | 40,22 | 41,37 | 42,52 | 43,67 | 44,81 |
| 4 | 45,96 | 47,11 | 48,26 | 49,41 | 50,56 | 51,71 | 52,86 | 54,01 | 55,16 | 56,31 |
| 5 | 57,46 | 58,60 | 59,75 | 60,90 | 62,05 | 63,20 | 64,35 | 65,50 | 66,65 | 67,80 |
| 6 | 68,95 | 70,10 | 71,24 | 72,39 | 73,54 | 74,69 | 75,84 | 76,99 | 78,14 | 79,29 |
| 7 | 80,44 | 81,59 | 82,74 | 83,88 | 85,03 | 86,18 | 87,33 | 88,48 | 89,63 | 90,78 |
| 8 | 91,93 | 93,08 | 94,23 | 95,38 | 96,52 | 97,67 | 98,82 | 99,97 | 101,12 | 102,27 |
| 9 | 103,42 | 104,57 | 105,72 | 106,87 | 108,02 | 109,16 | 110,31 | 111,46 | 112,61 | 113,76 |
| 10 | 114,91 | 116,06 | 117,21 | 118,36 | 119,51 | 120,66 | 121,80 | 122,95 | 124,10 | 125,25 |
| 11 | 126,40 | 127,55 | 128,70 | 129,85 | 131,00 | 132,15 | 133,30 | 134,44 | 135,59 | 136,74 |
| 12 | 137,89 | 139,04 | 140,19 | 141,34 | 142,49 | 143,64 | 144,79 | 145,94 | 147,08 | 148,23 |
| 13 | 149,38 | 150,53 | 151,68 | 152,83 | 153,98 | 155,13 | 156,28 | 157,43 | 158,58 | 159,72 |
| 14 | 160,87 | 162,02 | 163,17 | 164,32 | 165,47 | 166,62 | 167,77 | 168,92 | 170,07 | 171,22 |
| 15 | 172,37 | 173,51 | 174,66 | 175,81 | 176,96 | 178,11 | 179,26 | 180,41 | 181,56 | 182,71 |
| 16 | 183,86 | 185,01 | 186,15 | 187,30 | 188,45 | 189,60 | 190,75 | 191,90 | 193,05 | 194,20 |
| 17 | 195,35 | 196,50 | 197,65 | 198,79 | 199,94 | 201,09 | 202,24 | 203,39 | 204,54 | 205,69 |
| 18 | 206,84 | 207,99 | 209,14 | 210,29 | 211,43 | 212,58 | 213,73 | 214,88 | 216,03 | 217,18 |
| 19 | 218,33 | 219,48 | 220,63 | 221,78 | 222,93 | 224,07 | 225,22 | 226,37 | 227,52 | 228,67 |
| 20 | 229,82 | 230,97 | 232,12 | 233,27 | 234,42 | 235,57 | 236,71 | 237,86 | 239,01 | 240,16 |
| 21 | 241,31 | 242,46 | 243,61 | 244,76 | 245,91 | 247,06 | 248,21 | 249,35 | 250,50 | 251,65 |
| 22 | 252,80 | 253,95 | 255,10 | 256,25 | 257,40 | 258,55 | 259,70 | 260,85 | 261,99 | 263,14 |
| 23 | 264,29 | 265,44 | 266,59 | 267,74 | 268,89 | 270,04 | 271,19 | 272,34 | 273,49 | 274,63 |
| 24 | 275,78 | 276,93 | 278,08 | 279,23 | 280,38 | 281,53 | 282,68 | 283,83 | 284,98 | 286,13 |

| dif. | 114 | 115 |
|---|---|---|
| 1 | 0,11 | 0,12 |
| 2 | 0,23 | 0,23 |
| 3 | 0,34 | 0,35 |
| 4 | 0,46 | 0,46 |
| 5 | 0,57 | 0,58 |
| 6 | 0,68 | 0,69 |
| 7 | 0,80 | 0,81 |
| 8 | 0,91 | 0,92 |
| 9 | 1,03 | 1,04 |

# 694,50 = 11,507.

| | 00 | 10 | 20 | 30 | 40 | 50 | 60 | 70 | 80 | 90 |
|---|---|---|---|---|---|---|---|---|---|---|
| 0 | | 1,15 | 2,30 | 3,45 | 4,60 | 5,75 | 6,90 | 8,05 | 9,21 | 10,36 |
| 1 | 11,51 | 12,66 | 13,81 | 14,96 | 16,11 | 17,26 | 18,41 | 19,56 | 20,71 | 21,86 |
| 2 | 23,01 | 24,16 | 25,32 | 26,47 | 27,62 | 28,77 | 29,92 | 31,07 | 32,22 | 33,37 |
| 3 | 34,52 | 35,67 | 36,82 | 37,97 | 39,12 | 40,27 | 41,43 | 42,58 | 43,73 | 44,88 |
| 4 | 46,03 | 47,18 | 48,33 | 49,48 | 50,63 | 51,78 | 52,93 | 54,08 | 55,23 | 56,38 |
| 5 | 57,54 | 58,69 | 59,84 | 60,99 | 62,14 | 63,29 | 64,44 | 65,59 | 66,74 | 67,89 |
| 6 | 69,04 | 70,19 | 71,34 | 72,49 | 73,64 | 74,80 | 75,95 | 77,10 | 78,25 | 79,40 |
| 7 | 80,55 | 81,70 | 82,85 | 84,00 | 85,15 | 86,30 | 87,45 | 88,60 | 89,75 | 90,91 |
| 8 | 92,06 | 93,21 | 94,36 | 95,51 | 96,66 | 97,81 | 98,96 | 100,11 | 101,26 | 102,41 |
| 9 | 103,56 | 104,71 | 105,86 | 107,02 | 108,17 | 109,32 | 110,47 | 111,62 | 112,77 | 113,92 |
| 10 | 115,07 | 116,22 | 117,37 | 118,52 | 119,67 | 120,82 | 121,97 | 123,12 | 124,28 | 125,43 |
| 11 | 126,58 | 127,73 | 128,88 | 130,03 | 131,18 | 132,33 | 133,48 | 134,63 | 135,78 | 136,93 |
| 12 | 138,08 | 139,23 | 140,39 | 141,54 | 142,69 | 143,84 | 144,99 | 146,14 | 147,29 | 148,44 |
| 13 | 149,59 | 150,74 | 151,89 | 153,04 | 154,19 | 155,34 | 156,50 | 157,65 | 158,80 | 159,95 |
| 14 | 161,10 | 162,25 | 163,40 | 164,55 | 165,70 | 166,85 | 168,00 | 169,15 | 170,30 | 171,45 |
| 15 | 172,61 | 173,76 | 174,91 | 176,06 | 177,21 | 178,36 | 179,51 | 180,66 | 181,81 | 182,96 |
| 16 | 184,11 | 185,26 | 186,41 | 187,56 | 188,71 | 189,87 | 191,02 | 192,17 | 193,32 | 194,47 |
| 17 | 195,62 | 196,77 | 197,92 | 199,07 | 200,22 | 201,37 | 202,52 | 203,67 | 204,82 | 205,98 |
| 18 | 207,13 | 208,28 | 209,43 | 210,58 | 211,73 | 212,88 | 214,03 | 215,18 | 216,33 | 217,48 |
| 19 | 218,63 | 219,78 | 220,93 | 222,09 | 223,24 | 224,39 | 225,54 | 226,69 | 227,84 | 228,99 |
| 20 | 230,14 | 231,29 | 232,44 | 233,59 | 234,74 | 235,89 | 237,04 | 238,19 | 239,35 | 240,50 |
| 21 | 241,65 | 242,80 | 243,95 | 245,10 | 246,25 | 247,40 | 248,55 | 249,70 | 250,85 | 252,00 |
| 22 | 253,15 | 254,30 | 255,46 | 256,61 | 257,76 | 258,91 | 260,06 | 261,21 | 262,36 | 263,51 |
| 23 | 264,66 | 265,81 | 266,96 | 268,11 | 269,26 | 270,41 | 271,57 | 272,72 | 273,87 | 275,02 |
| 24 | 276,17 | 277,32 | 278,47 | 279,62 | 280,77 | 281,92 | 283,07 | 284,22 | 285,37 | 286,52 |

| dif. | 115 | | 116 |
|---|---|---|---|
| 1 | 0,12 | 1 | 0,12 |
| 2 | 0,23 | 2 | 0,23 |
| 3 | 0,35 | 3 | 0,35 |
| 4 | 0,46 | 4 | 0,46 |
| 5 | 0,58 | 5 | 0,58 |
| 6 | 0,69 | 6 | 0,70 |
| 7 | 0,81 | 7 | 0,81 |
| 8 | 0,92 | 8 | 0,93 |
| 9 | 1,04 | 9 | 1,04 |

## 693,50 = 11,524.

| | 00 | 10 | 20 | 30 | 40 | 50 | 60 | 70 | 80 | 90 |
|---|---|---|---|---|---|---|---|---|---|---|
| 0 | | 1,15 | 2,30 | 3,46 | 4,61 | 5,76 | 6,91 | 8,07 | 9,22 | 10,37 |
| 1 | 11,52 | 12,68 | 13,83 | 14,98 | 16,13 | 17,29 | 18,44 | 19,59 | 20,74 | 21,90 |
| 2 | 23,05 | 24,20 | 25,35 | 26,51 | 27,66 | 28,81 | 29,96 | 31,11 | 32,27 | 33,42 |
| 3 | 34,57 | 35,72 | 36,88 | 38,03 | 39,18 | 40,33 | 41,49 | 42,64 | 43,79 | 44,94 |
| 4 | 46,10 | 47,25 | 48,40 | 49,55 | 50,71 | 51,86 | 53,01 | 54,16 | 55,32 | 56,47 |
| 5 | 57,62 | 58,77 | 59,92 | 61,08 | 62,23 | 63,38 | 64,53 | 65,69 | 66,84 | 67,99 |
| 6 | 69,14 | 70,30 | 71,45 | 72,60 | 73,75 | 74,91 | 76,06 | 77,21 | 78,36 | 79,52 |
| 7 | 80,67 | 81,82 | 82,97 | 84,13 | 85,28 | 86,43 | 87,58 | 88,73 | 89,89 | 91,04 |
| 8 | 92,19 | 93,34 | 94,50 | 95,65 | 96,80 | 97,95 | 99,11 | 100,26 | 101,41 | 102,56 |
| 9 | 103,72 | 104,87 | 106,02 | 107,17 | 108,33 | 109,48 | 110,63 | 111,78 | 112,94 | 114,09 |
| 10 | 115,24 | 116,39 | 117,54 | 118,70 | 119,85 | 121,00 | 122,15 | 123,31 | 124,46 | 125,61 |
| 11 | 126,76 | 127,92 | 129,07 | 130,22 | 131,37 | 132,53 | 133,68 | 134,83 | 135,98 | 137,14 |
| 12 | 138,29 | 139,44 | 140,59 | 141,75 | 142,90 | 144,05 | 145,20 | 146,35 | 147,51 | 148,66 |
| 13 | 149,81 | 150,96 | 152,12 | 153,27 | 154,42 | 155,57 | 156,73 | 157,88 | 159,03 | 160,18 |
| 14 | 161,34 | 162,49 | 163,64 | 164,79 | 165,95 | 167,10 | 168,25 | 169,40 | 170,56 | 171,71 |
| 15 | 172,86 | 174,01 | 175,16 | 176,32 | 177,47 | 178,62 | 179,77 | 180,93 | 182,08 | 183,23 |
| 16 | 184,38 | 185,54 | 186,69 | 187,84 | 188,99 | 190,15 | 191,30 | 192,45 | 193,60 | 194,76 |
| 17 | 195,91 | 197,06 | 198,21 | 199,37 | 200,52 | 201,67 | 202,82 | 203,97 | 205,13 | 206,28 |
| 18 | 207,43 | 208,58 | 209,74 | 210,89 | 212,04 | 213,19 | 214,35 | 215,50 | 216,65 | 217,80 |
| 19 | 218,96 | 220,11 | 221,26 | 222,41 | 223,57 | 224,72 | 225,87 | 227,02 | 228,18 | 229,33 |
| 20 | 230,48 | 231,63 | 232,78 | 233,94 | 235,09 | 236,24 | 237,39 | 238,55 | 239,70 | 240,85 |
| 21 | 242,00 | 243,16 | 244,31 | 245,46 | 246,61 | 247,77 | 248,92 | 250,07 | 251,22 | 252,38 |
| 22 | 253,53 | 254,68 | 255,83 | 256,99 | 258,14 | 259,29 | 260,44 | 261,59 | 262,75 | 263,90 |
| 23 | 265,05 | 266,20 | 267,36 | 268,51 | 269,66 | 270,81 | 271,97 | 273,12 | 274,27 | 275,42 |
| 24 | 276,58 | 277,73 | 278,88 | 280,03 | 281,19 | 282,34 | 283,49 | 284,64 | 285,80 | 286,95 |

| dif. | 115 | 116 |
|---|---|---|
| 1 | 0,12 | 0,12 |
| 2 | 0,23 | 0,23 |
| 3 | 0,35 | 0,35 |
| 4 | 0,46 | 0,46 |
| 5 | 0,58 | 0,58 |
| 6 | 0,69 | 0,70 |
| 7 | 0,81 | 0,81 |
| 8 | 0,92 | 0,93 |
| 9 | 1,04 | 1,04 |

## 692,50 = 11,540.

| | 00 | 10 | 20 | 30 | 40 | 50 | 60 | 70 | 80 | 90 |
|---|---|---|---|---|---|---|---|---|---|---|
| 0 | | 1,15 | 2,31 | 3,46 | 4,62 | 5,77 | 6,92 | 8,08 | 9,23 | 10,39 |
| 1 | 11,54 | 12,69 | 13,85 | 15,00 | 16,16 | 17,31 | 18,46 | 19,62 | 20,77 | 21,93 |
| 2 | 23,08 | 24,23 | 25,39 | 26,54 | 27,70 | 28,85 | 30,00 | 31,16 | 32,31 | 33,47 |
| 3 | 34,62 | 35,77 | 36,93 | 38,08 | 39,24 | 40,39 | 41,54 | 42,70 | 43,85 | 45,01 |
| 4 | 46,16 | 47,31 | 48,47 | 49,62 | 50,78 | 51,93 | 53,08 | 54,24 | 55,39 | 56,55 |
| 5 | 57,70 | 58,85 | 60,01 | 61,16 | 62,32 | 63,47 | 64,62 | 65,78 | 66,93 | 68,09 |
| 6 | 69,24 | 70,39 | 71,55 | 72,70 | 73,86 | 75,01 | 76,16 | 77,32 | 78,47 | 79,63 |
| 7 | 80,78 | 81,93 | 83,09 | 84,24 | 85,40 | 86,55 | 87,70 | 88,86 | 90,01 | 91,17 |
| 8 | 92,32 | 93,47 | 94,63 | 95,78 | 96,94 | 98,09 | 99,24 | 100,40 | 101,55 | 102,71 |
| 9 | 103,86 | 105,01 | 106,17 | 107,32 | 108,48 | 109,63 | 110,78 | 111,94 | 113,09 | 114,25 |
| 10 | 115,40 | 116,55 | 117,71 | 118,86 | 120,02 | 121,17 | 122,32 | 123,48 | 124,63 | 125,79 |
| 11 | 126,94 | 128,09 | 129,25 | 130,40 | 131,56 | 132,71 | 133,86 | 135,02 | 136,17 | 137,33 |
| 12 | 138,48 | 139,63 | 140,79 | 141,94 | 143,10 | 144,25 | 145,40 | 146,56 | 147,71 | 148,87 |
| 13 | 150,02 | 151,17 | 152,33 | 153,48 | 154,64 | 155,79 | 156,94 | 158,10 | 159,25 | 160,41 |
| 14 | 161,56 | 162,71 | 163,87 | 165,02 | 166,18 | 167,33 | 168,48 | 169,64 | 170,79 | 171,95 |
| 15 | 173,10 | 174,25 | 175,41 | 176,56 | 177,72 | 178,87 | 180,02 | 181,18 | 182,33 | 183,49 |
| 16 | 184,64 | 185,79 | 186,95 | 188,10 | 189,26 | 190,41 | 191,56 | 192,72 | 193,87 | 195,03 |
| 17 | 196,18 | 197,33 | 198,49 | 199,64 | 200,80 | 201,95 | 203,10 | 204,26 | 205,41 | 206,57 |
| 18 | 207,72 | 208,87 | 210,03 | 211,18 | 212,34 | 213,49 | 214,64 | 215,80 | 216,95 | 218,11 |
| 19 | 219,26 | 220,41 | 221,57 | 222,72 | 223,88 | 225,03 | 226,18 | 227,34 | 228,49 | 229,65 |
| 20 | 230,80 | 231,95 | 233,11 | 234,26 | 235,42 | 236,57 | 237,72 | 238,88 | 240,03 | 241,19 |
| 21 | 242,34 | 243,49 | 244,65 | 245,80 | 246,96 | 248,11 | 249,26 | 250,42 | 251,57 | 252,73 |
| 22 | 253,88 | 255,03 | 256,19 | 257,34 | 258,50 | 259,65 | 260,80 | 261,96 | 263,11 | 264,27 |
| 23 | 265,42 | 266,57 | 267,73 | 268,88 | 270,04 | 271,19 | 272,34 | 273,50 | 274,65 | 275,81 |
| 24 | 276,96 | 278,11 | 279,27 | 280,42 | 281,58 | 282,73 | 283,88 | 285,04 | 286,19 | 287,35 |

| dif. | 115 | 116 |
|---|---|---|
| 1 | 0,12 | 0,12 |
| 2 | 0,23 | 0,23 |
| 3 | 0,35 | 0,35 |
| 4 | 0,46 | 0,46 |
| 5 | 0,58 | 0,58 |
| 6 | 0,69 | 0,70 |
| 7 | 0,81 | 0,81 |
| 8 | 0,92 | 0,93 |
| 9 | 1,04 | 1,04 |

## 691,50 = 11,558.

| | 00 | 10 | 20 | 30 | 40 | 50 | 60 | 70 | 80 | 90 | dif. | |
|---|---|---|---|---|---|---|---|---|---|---|---|---|
| 0 | | 1,16 | 2,31 | 3,47 | 4,62 | 5,78 | 6,93 | 8,09 | 9,25 | 10,40 | 115 | |
| | | | | | | | | | | | 1 | 0,12 |
| 1 | 11,56 | 12,71 | 13,87 | 15,03 | 16,18 | 17,34 | 18,49 | 19,65 | 20,80 | 21,96 | 2 | 0,23 |
| 2 | 23,12 | 24,27 | 25,43 | 26,58 | 27,74 | 28,90 | 30,05 | 31,21 | 32,36 | 33,52 | 3 | 0,35 |
| 3 | 34,67 | 35,83 | 36,99 | 38,14 | 39,30 | 40,45 | 41,61 | 42,76 | 43,92 | 45,08 | 4 | 0,46 |
| | | | | | | | | | | | 5 | 0,58 |
| 4 | 46,23 | 47,39 | 48,54 | 49,70 | 50,86 | 52,01 | 53,17 | 54,32 | 55,48 | 56,63 | 6 | 0,69 |
| 5 | 57,79 | 58,95 | 60,10 | 61,26 | 62,41 | 63,57 | 64,72 | 65,88 | 67,04 | 68,19 | 7 | 0,81 |
| 6 | 69,35 | 70,50 | 71,66 | 72,82 | 73,97 | 75,13 | 76,28 | 77,44 | 78,59 | 79,75 | 8 | 0,92 |
| | | | | | | | | | | | 9 | 1,04 |
| 7 | 80,91 | 82,06 | 83,22 | 84,37 | 85,53 | 86,69 | 87,84 | 89,00 | 90,15 | 91,31 | | |
| 8 | 92,46 | 93,62 | 94,78 | 95,93 | 97,09 | 98,24 | 99,40 | 100,55 | 101,71 | 102,87 | 116 | |
| 9 | 104,02 | 105,18 | 106,33 | 107,49 | 108,65 | 109,80 | 110,96 | 112,11 | 113,27 | 114,42 | 1 | 0,12 |
| | | | | | | | | | | | 2 | 0,23 |
| 10 | 115,58 | 116,74 | 117,89 | 119,05 | 120,20 | 121,36 | 122,51 | 123,67 | 124,83 | 125,98 | 3 | 0,35 |
| 11 | 127,14 | 128,29 | 129,45 | 130,61 | 131,76 | 132,92 | 134,07 | 135,23 | 136,38 | 137,54 | 4 | 0,46 |
| 12 | 138,70 | 139,85 | 141,01 | 142,16 | 143,32 | 144,48 | 145,63 | 146,79 | 147,94 | 149,10 | 5 | 0,58 |
| | | | | | | | | | | | 6 | 0,70 |
| 13 | 150,25 | 151,41 | 152,57 | 153,72 | 154,88 | 156,03 | 157,19 | 158,34 | 159,50 | 160,66 | 7 | 0,81 |
| 14 | 161,81 | 162,97 | 164,12 | 165,28 | 166,44 | 167,59 | 168,75 | 169,90 | 171,06 | 172,21 | 8 | 0,93 |
| 15 | 173,37 | 174,53 | 175,68 | 176,84 | 177,99 | 179,15 | 180,30 | 181,46 | 182,62 | 183,77 | 9 | 1,04 |
| 16 | 184,93 | 186,08 | 187,24 | 188,40 | 189,55 | 190,71 | 191,86 | 193,02 | 194,17 | 195,33 | | |
| 17 | 196,49 | 197,64 | 198,80 | 199,95 | 201,11 | 202,27 | 203,42 | 204,58 | 205,73 | 206,89 | | |
| 18 | 208,04 | 209,20 | 210,36 | 211,51 | 212,67 | 213,82 | 214,98 | 216,13 | 217,29 | 218,45 | | |
| 19 | 219,60 | 220,76 | 221,91 | 223,07 | 224,23 | 225,38 | 226,54 | 227,69 | 228,85 | 230,00 | | |
| 20 | 231,16 | 232,32 | 233,47 | 234,63 | 235,78 | 236,94 | 238,09 | 239,25 | 240,41 | 241,56 | | |
| 21 | 242,72 | 243,87 | 245,03 | 246,19 | 247,34 | 248,50 | 249,65 | 250,81 | 251,96 | 253,12 | | |
| 22 | 254,28 | 255,43 | 256,59 | 257,74 | 258,90 | 260,06 | 261,21 | 262,37 | 263,52 | 264,68 | | |
| 23 | 265,83 | 266,99 | 268,15 | 269,30 | 270,46 | 271,61 | 272,77 | 273,92 | 275,08 | 276,24 | | |
| 24 | 277,39 | 278,55 | 279,70 | 280,86 | 282,02 | 283,17 | 284,33 | 285,48 | 286,64 | 287,79 | | |

## 690,50 = 11,575.

| | 00 | 10 | 20 | 30 | 40 | 50 | 60 | 70 | 80 | 90 |
|---|---|---|---|---|---|---|---|---|---|---|
| 0 | | 1,16 | 2,32 | 3,47 | 4,63 | 5,79 | 6,95 | 8,10 | 9,26 | 10,42 |
| 1 | 11,58 | 12,73 | 13,89 | 15,05 | 16,21 | 17,36 | 18,52 | 19,68 | 20,84 | 21,99 |
| 2 | 23,15 | 24,31 | 25,47 | 26,62 | 27,78 | 28,94 | 30,10 | 31,25 | 32,41 | 33,57 |
| 3 | 34,73 | 35,88 | 37,04 | 38,20 | 39,36 | 40,51 | 41,67 | 42,83 | 43,99 | 45,14 |
| 4 | 46,30 | 47,46 | 48,62 | 49,77 | 50,93 | 52,09 | 53,25 | 54,40 | 55,56 | 56,72 |
| 5 | 57,88 | 59,03 | 60,19 | 61,35 | 62,51 | 63,66 | 64,82 | 65,98 | 67,14 | 68,29 |
| 6 | 69,45 | 70,61 | 71,77 | 72,92 | 74,08 | 75,24 | 76,40 | 77,55 | 78,71 | 79,87 |
| 7 | 81,03 | 82,18 | 83,34 | 84,50 | 85,66 | 86,81 | 87,97 | 89,13 | 90,29 | 91,44 |
| 8 | 92,60 | 93,76 | 94,92 | 96,07 | 97,23 | 98,39 | 99,55 | 100,70 | 101,86 | 103,02 |
| 9 | 104,18 | 105,33 | 106,49 | 107,65 | 108,81 | 109,96 | 111,12 | 112,28 | 113,44 | 114,59 |
| 10 | 115,75 | 116,91 | 118,07 | 119,22 | 120,38 | 121,54 | 122,70 | 123,85 | 125,01 | 126,17 |
| 11 | 127,33 | 128,48 | 129,64 | 130,80 | 131,96 | 133,11 | 134,27 | 135,43 | 136,59 | 137,74 |
| 12 | 138,90 | 140,06 | 141,22 | 142,37 | 143,53 | 144,69 | 145,85 | 147,00 | 148,16 | 149,32 |
| 13 | 150,48 | 151,63 | 152,79 | 153,95 | 155,11 | 156,26 | 157,42 | 158,58 | 159,74 | 160,89 |
| 14 | 162,05 | 163,21 | 164,37 | 165,52 | 166,68 | 167,84 | 169,00 | 170,15 | 171,31 | 172,47 |
| 15 | 173,63 | 174,78 | 175,94 | 177,10 | 178,26 | 179,41 | 180,57 | 181,73 | 182,89 | 184,04 |
| 16 | 185,20 | 186,36 | 187,52 | 188,67 | 189,83 | 190,99 | 192,15 | 193,30 | 194,46 | 195,62 |
| 17 | 196,78 | 197,93 | 199,09 | 200,25 | 201,41 | 202,56 | 203,72 | 204,88 | 206,04 | 207,19 |
| 18 | 208,35 | 209,51 | 210,67 | 211,82 | 212,98 | 214,14 | 215,30 | 216,45 | 217,61 | 218,77 |
| 19 | 219,93 | 221,08 | 222,24 | 223,40 | 224,56 | 225,71 | 226,87 | 228,03 | 229,19 | 230,34 |
| 20 | 231,50 | 232,66 | 233,82 | 234,97 | 236,13 | 237,29 | 238,45 | 239,60 | 240,76 | 241,92 |
| 21 | 243,08 | 244,23 | 245,39 | 246,55 | 247,71 | 248,86 | 250,02 | 251,18 | 252,34 | 253,49 |
| 22 | 254,65 | 255,81 | 256,97 | 258,12 | 259,28 | 260,44 | 261,60 | 262,75 | 263,91 | 265,07 |
| 23 | 266,23 | 267,38 | 268,54 | 269,70 | 270,86 | 272,01 | 273,17 | 274,33 | 275,49 | 276,64 |
| 24 | 277,80 | 278,96 | 280,12 | 281,27 | 282,43 | 283,59 | 284,75 | 285,90 | 287,06 | 288,22 |

| dif. | 115 | 116 |
|---|---|---|
| 1 | 0,12 | 0,12 |
| 2 | 0,23 | 0,23 |
| 3 | 0,35 | 0,35 |
| 4 | 0,46 | 0,46 |
| 5 | 0,58 | 0,58 |
| 6 | 0,69 | 0,70 |
| 7 | 0,81 | 0,81 |
| 8 | 0,92 | 0,93 |
| 9 | 1,04 | 1,04 |

**689,50 = 11,592.**

| | 00 | 10 | 20 | 30 | 40 | 50 | 60 | 70 | 80 | 90 |
|---|---|---|---|---|---|---|---|---|---|---|
| 0 | | 1,16 | 2,32 | 3,48 | 4,64 | 5,80 | 6,96 | 8,11 | 9,27 | 10,43 |
| 1 | 11,59 | 12,75 | 13,91 | 15,07 | 16,23 | 17,39 | 18,55 | 19,71 | 20,87 | 22,02 |
| 2 | 23,18 | 24,34 | 25,50 | 26,66 | 27,82 | 28,98 | 30,14 | 31,30 | 32,46 | 33,62 |
| 3 | 34,78 | 35,94 | 37,09 | 38,25 | 39,41 | 40,57 | 41,73 | 42,89 | 44,05 | 45,21 |
| 4 | 46,37 | 47,53 | 48,69 | 49,85 | 51,00 | 52,16 | 53,32 | 54,48 | 55,64 | 56,80 |
| 5 | 57,96 | 59,12 | 60,28 | 61,44 | 62,60 | 63,76 | 64,92 | 66,07 | 67,23 | 68,39 |
| 6 | 69,55 | 70,71 | 71,87 | 73,03 | 74,19 | 75,35 | 76,51 | 77,67 | 78,83 | 79,98 |
| 7 | 81,14 | 82,30 | 83,46 | 84,62 | 85,78 | 86,94 | 88,10 | 89,26 | 90,42 | 91,58 |
| 8 | 92,74 | 93,90 | 95,05 | 96,21 | 97,37 | 98,53 | 99,69 | 100,85 | 102,01 | 103,17 |
| 9 | 104,33 | 105,49 | 106,65 | 107,81 | 108,96 | 110,12 | 111,28 | 112,44 | 113,60 | 114,76 |
| 10 | 115,92 | 117,08 | 118,24 | 119,40 | 120,56 | 121,72 | 122,88 | 124,03 | 125,19 | 126,35 |
| 11 | 127,51 | 128,67 | 129,83 | 130,99 | 132,15 | 133,31 | 134,47 | 135,63 | 136,79 | 137,94 |
| 12 | 139,10 | 140,26 | 141,42 | 142,58 | 143,74 | 144,90 | 146,06 | 147,22 | 148,38 | 149,54 |
| 13 | 150,70 | 151,86 | 153,01 | 154,17 | 155,33 | 156,49 | 157,65 | 158,81 | 159,97 | 161,13 |
| 14 | 162,29 | 163,45 | 164,61 | 165,77 | 166,92 | 168,08 | 169,24 | 170,40 | 171,56 | 172,72 |
| 15 | 173,88 | 175,04 | 176,20 | 177,36 | 178,52 | 179,68 | 180,84 | 181,99 | 183,15 | 184,31 |
| 16 | 185,47 | 186,63 | 187,79 | 188,95 | 190,11 | 191,27 | 192,43 | 193,59 | 194,75 | 195,90 |
| 17 | 197,06 | 198,22 | 199,38 | 200,54 | 201,70 | 202,86 | 204,02 | 205,18 | 206,34 | 207,50 |
| 18 | 208,66 | 209,82 | 210,97 | 212,13 | 213,29 | 214,45 | 215,61 | 216,77 | 217,93 | 219,09 |
| 19 | 220,25 | 221,41 | 222,57 | 223,73 | 224,88 | 226,04 | 227,20 | 228,36 | 229,52 | 230,68 |
| 20 | 231,84 | 233,00 | 234,16 | 235,32 | 236,48 | 237,64 | 238,80 | 239,95 | 241,11 | 242,27 |
| 21 | 243,43 | 244,59 | 245,75 | 246,91 | 248,07 | 249,23 | 250,39 | 251,55 | 252,71 | 253,86 |
| 22 | 255,02 | 256,18 | 257,34 | 258,50 | 259,66 | 260,82 | 261,98 | 263,14 | 264,30 | 265,46 |
| 23 | 266,62 | 267,78 | 268,93 | 270,09 | 271,25 | 272,41 | 273,57 | 274,73 | 275,89 | 277,05 |
| 24 | 278,21 | 279,37 | 280,53 | 281,69 | 282,84 | 284,00 | 285,16 | 286,32 | 287,48 | 288,64 |

| dif. | 115 | 116 |
|---|---|---|
| 1 | 0,12 | 0,12 |
| 2 | 0,23 | 0,23 |
| 3 | 0,35 | 0,35 |
| 4 | 0,46 | 0,46 |
| 5 | 0,58 | 0,58 |
| 6 | 0,69 | 0,70 |
| 7 | 0,81 | 0,81 |
| 8 | 0,92 | 0,93 |
| 9 | 1,04 | 1,04 |

## 688,50 = 11,608.

| | 00 | 10 | 20 | 30 | 40 | 50 | 60 | 70 | 80 | 90 |
|---|---|---|---|---|---|---|---|---|---|---|
| 0 | | 1,16 | 2,32 | 3,48 | 4,64 | 5,80 | 6,96 | 8,13 | 9,29 | 10,45 |
| 1 | 11,61 | 12,77 | 13,93 | 15,09 | 16,25 | 17,41 | 18,57 | 19,73 | 20,89 | 22,06 |
| 2 | 23,22 | 24,38 | 25,54 | 26,70 | 27,86 | 29,02 | 30,18 | 31,34 | 32,50 | 33,66 |
| 3 | 34,82 | 35,98 | 37,15 | 38,31 | 39,47 | 40,63 | 41,79 | 42,95 | 44,11 | 45,27 |
| 4 | 46,43 | 47,59 | 48,75 | 49,91 | 51,08 | 52,24 | 53,40 | 54,56 | 55,72 | 56,88 |
| 5 | 58,04 | 59,20 | 60,36 | 61,52 | 62,68 | 63,84 | 65,00 | 66,17 | 67,33 | 68,49 |
| 6 | 69,65 | 70,81 | 71,97 | 73,13 | 74,29 | 75,45 | 76,61 | 77,77 | 78,93 | 80,10 |
| 7 | 81,26 | 82,42 | 83,58 | 84,74 | 85,90 | 87,06 | 88,22 | 89,38 | 90,54 | 91,70 |
| 8 | 92,86 | 94,02 | 95,19 | 96,35 | 97,51 | 98,67 | 99,83 | 100,99 | 102,15 | 103,31 |
| 9 | 104,47 | 105,63 | 106,79 | 107,95 | 109,12 | 110,28 | 111,44 | 112,60 | 113,76 | 114,92 |
| 10 | 116,08 | 117,24 | 118,40 | 119,56 | 120,72 | 121,88 | 123,04 | 124,21 | 125,37 | 126,53 |
| 11 | 127,69 | 128,85 | 130,01 | 131,17 | 132,33 | 133,49 | 134,65 | 135,81 | 136,97 | 138,14 |
| 12 | 139,30 | 140,46 | 141,62 | 142,78 | 143,94 | 145,10 | 146,26 | 147,42 | 148,58 | 149,74 |
| 13 | 150,90 | 152,06 | 153,23 | 154,39 | 155,55 | 156,71 | 157,87 | 159,03 | 160,19 | 161,35 |
| 14 | 162,51 | 163,67 | 164,83 | 165,99 | 167,16 | 168,32 | 169,48 | 170,64 | 171,80 | 172,96 |
| 15 | 174,12 | 175,28 | 176,44 | 177,60 | 178,76 | 179,92 | 181,08 | 182,25 | 183,41 | 184,57 |
| 16 | 185,73 | 186,89 | 188,05 | 189,21 | 190,37 | 191,53 | 192,69 | 193,85 | 195,01 | 196,18 |
| 17 | 197,34 | 198,50 | 199,66 | 200,82 | 201,98 | 203,14 | 204,30 | 205,46 | 206,62 | 207,78 |
| 18 | 208,94 | 210,10 | 211,27 | 212,43 | 213,59 | 214,75 | 215,91 | 217,07 | 218,23 | 219,39 |
| 19 | 220,55 | 221,71 | 222,87 | 224,03 | 225,20 | 226,36 | 227,52 | 228,68 | 229,84 | 231,00 |
| 20 | 232,16 | 233,32 | 234,48 | 235,64 | 236,80 | 237,96 | 239,12 | 240,29 | 241,45 | 242,61 |
| 21 | 243,77 | 244,93 | 246,09 | 247,25 | 248,41 | 249,57 | 250,73 | 251,89 | 253,05 | 254,22 |
| 22 | 255,38 | 256,54 | 257,70 | 258,86 | 260,02 | 261,18 | 262,34 | 263,50 | 264,66 | 265,82 |
| 23 | 266,98 | 268,14 | 269,31 | 270,47 | 271,63 | 272,79 | 273,95 | 275,11 | 276,27 | 277,43 |
| 24 | 278,59 | 279,75 | 280,91 | 282,07 | 283,24 | 284,40 | 285,56 | 286,72 | 287,88 | 289,04 |

dif.

| 116 | |
|---|---|
| 1 | 0,12 |
| 2 | 0,23 |
| 3 | 0,35 |
| 4 | 0,46 |
| 5 | 0,58 |
| 6 | 0,70 |
| 7 | 0,81 |
| 8 | 0,93 |
| 9 | 1,04 |

| 117 | |
|---|---|
| 1 | 0,12 |
| 2 | 0,23 |
| 3 | 0,35 |
| 4 | 0,47 |
| 5 | 0,59 |
| 6 | 0,70 |
| 7 | 0,82 |
| 8 | 0,94 |
| 9 | 1,05 |

## 687,50 = 11,625.

| | 00 | 10 | 20 | 30 | 40 | 50 | 60 | 70 | 80 | 90 |
|---|---|---|---|---|---|---|---|---|---|---|
| 0 | | 1,16 | 2,33 | 3,49 | 4,65 | 5,81 | 6,98 | 8,14 | 9,30 | 10,46 |
| 1 | 11,63 | 12,79 | 13,95 | 15,11 | 16,28 | 17,44 | 18,60 | 19,76 | 20,93 | 22,09 |
| 2 | 23,25 | 24,41 | 25,58 | 26,74 | 27,90 | 29,06 | 30,23 | 31,39 | 32,55 | 33,71 |
| 3 | 34,88 | 36,04 | 37,20 | 38,36 | 39,53 | 40,69 | 41,85 | 43,01 | 44,18 | 45,34 |
| 4 | 46,50 | 47,66 | 48,83 | 49,99 | 51,15 | 52,31 | 53,48 | 54,64 | 55,80 | 56,96 |
| 5 | 58,13 | 59,29 | 60,45 | 61,61 | 62,78 | 63,94 | 65,10 | 66,26 | 67,43 | 68,59 |
| 6 | 69,75 | 70,91 | 72,08 | 73,24 | 74,40 | 75,56 | 76,73 | 77,89 | 79,05 | 80,21 |
| 7 | 81,38 | 82,54 | 83,70 | 84,86 | 86,03 | 87,19 | 88,35 | 89,51 | 90,68 | 91,84 |
| 8 | 93,00 | 94,16 | 95,33 | 96,49 | 97,65 | 98,81 | 99,98 | 101,14 | 102,30 | 103,46 |
| 9 | 104,63 | 105,79 | 106,95 | 108,11 | 109,28 | 110,44 | 111,60 | 112,76 | 113,93 | 115,09 |
| 10 | 116,25 | 117,41 | 118,58 | 119,74 | 120,90 | 122,06 | 123,23 | 124,39 | 125,55 | 126,71 |
| 11 | 127,88 | 129,04 | 130,20 | 131,36 | 132,53 | 133,69 | 134,85 | 136,01 | 137,18 | 138,34 |
| 12 | 139,50 | 140,66 | 141,83 | 142,99 | 144,15 | 145,31 | 146,48 | 147,64 | 148,80 | 149,96 |
| 13 | 151,13 | 152,29 | 153,45 | 154,61 | 155,78 | 156,94 | 158,10 | 159,26 | 160,43 | 161,59 |
| 14 | 162,75 | 163,91 | 165,08 | 166,24 | 167,40 | 168,56 | 169,73 | 170,89 | 172,05 | 173,21 |
| 15 | 174,38 | 175,54 | 176,70 | 177,86 | 179,03 | 180,19 | 181,35 | 182,51 | 183,68 | 184,84 |
| 16 | 186,00 | 187,16 | 188,33 | 189,49 | 190,65 | 191,81 | 192,98 | 194,14 | 195,30 | 196,46 |
| 17 | 197,63 | 198,79 | 199,95 | 201,11 | 202,28 | 203,44 | 204,60 | 205,76 | 206,93 | 208,09 |
| 18 | 209,25 | 210,41 | 211,58 | 212,74 | 213,90 | 215,06 | 216,23 | 217,39 | 218,55 | 219,71 |
| 19 | 220,88 | 222,04 | 223,20 | 224,36 | 225,53 | 226,69 | 227,85 | 229,01 | 230,18 | 231,34 |
| 20 | 232,50 | 233,66 | 234,83 | 235,99 | 237,15 | 238,31 | 239,48 | 240,64 | 241,80 | 242,96 |
| 21 | 244,13 | 245,29 | 246,45 | 247,61 | 248,78 | 249,94 | 251,10 | 252,26 | 253,43 | 254,59 |
| 22 | 255,75 | 256,91 | 258,08 | 259,24 | 260,40 | 261,56 | 262,73 | 263,89 | 265,05 | 266,21 |
| 23 | 267,38 | 268,54 | 269,70 | 270,86 | 272,03 | 273,19 | 274,35 | 275,51 | 276,68 | 277,84 |
| 24 | 279,00 | 280,16 | 281,33 | 282,49 | 283,65 | 284,81 | 285,98 | 287,14 | 288,30 | 289,46 |

| dif. | 116 | 117 |
|---|---|---|
| 1 | 0,12 | 0,12 |
| 2 | 0,23 | 0,23 |
| 3 | 0,35 | 0,35 |
| 4 | 0,46 | 0,47 |
| 5 | 0,58 | 0,59 |
| 6 | 0,70 | 0,70 |
| 7 | 0,81 | 0,82 |
| 8 | 0,93 | 0,94 |
| 9 | 1,04 | 1,05 |

## 686,50 = 11,642.

| | 00 | 10 | 20 | 30 | 40 | 50 | 60 | 70 | 80 | 90 |
|---|---|---|---|---|---|---|---|---|---|---|
| 0 | | 1,16 | 2,33 | 3,49 | 4,66 | 5,82 | 6,99 | 8,15 | 9,31 | 10,48 |
| 1 | 11,64 | 12,81 | 13,97 | 15,13 | 16,30 | 17,46 | 18,63 | 19,79 | 20,96 | 22,12 |
| 2 | 23,28 | 24,45 | 25,61 | 26,78 | 27,94 | 29,11 | 30,27 | 31,43 | 32,60 | 33,76 |
| 3 | 34,93 | 36,09 | 37,25 | 38,42 | 39,58 | 40,75 | 41,91 | 43,08 | 44,24 | 45,40 |
| 4 | 46,57 | 47,73 | 48,90 | 50,06 | 51,22 | 52,39 | 53,55 | 54,72 | 55,88 | 57,05 |
| 5 | 58,21 | 59,37 | 60,54 | 61,70 | 62,87 | 64,03 | 65,20 | 66,36 | 67,52 | 68,69 |
| 6 | 69,85 | 71,02 | 72,18 | 73,34 | 74,51 | 75,67 | 76,84 | 78,00 | 79,17 | 80,33 |
| 7 | 81,49 | 82,66 | 83,82 | 84,99 | 86,15 | 87,32 | 88,48 | 89,64 | 90,81 | 91,97 |
| 8 | 93,14 | 94,30 | 95,46 | 96,63 | 97,79 | 98,96 | 100,12 | 101,29 | 102,45 | 103,61 |
| 9 | 104,78 | 105,94 | 107,11 | 108,27 | 109,43 | 110,60 | 111,76 | 112,93 | 114,09 | 115,26 |
| 10 | 116,42 | 117,58 | 118,75 | 119,91 | 121,08 | 122,24 | 123,41 | 124,57 | 125,73 | 126,90 |
| 11 | 128,06 | 129,23 | 130,39 | 131,55 | 132,72 | 133,88 | 135,05 | 136,21 | 137,38 | 138,54 |
| 12 | 139,70 | 140,87 | 142,03 | 143,20 | 144,36 | 145,53 | 146,69 | 147,85 | 149,02 | 150,18 |
| 13 | 151,35 | 152,51 | 153,67 | 154,84 | 156,00 | 157,17 | 158,33 | 159,50 | 160,66 | 161,82 |
| 14 | 162,99 | 164,15 | 165,32 | 166,48 | 167,64 | 168,81 | 169,97 | 171,14 | 172,30 | 173,47 |
| 15 | 174,63 | 175,79 | 176,96 | 178,12 | 179,29 | 180,45 | 181,62 | 182,78 | 183,94 | 185,11 |
| 16 | 186,27 | 187,44 | 188,60 | 189,76 | 190,93 | 192,09 | 193,26 | 194,42 | 195,59 | 196,75 |
| 17 | 197,91 | 199,08 | 200,24 | 201,41 | 202,57 | 203,74 | 204,90 | 206,06 | 207,23 | 208,39 |
| 18 | 209,56 | 210,72 | 211,88 | 213,05 | 214,21 | 215,38 | 216,54 | 217,71 | 218,87 | 220,03 |
| 19 | 221,20 | 222,36 | 223,53 | 224,69 | 225,85 | 227,02 | 228,18 | 229,35 | 230,51 | 231,68 |
| 20 | 232,84 | 234,00 | 235,17 | 236,33 | 237,50 | 238,66 | 239,83 | 240,99 | 242,15 | 243,32 |
| 21 | 244,48 | 245,65 | 246,81 | 247,97 | 249,14 | 250,30 | 251,47 | 252,63 | 253,80 | 254,96 |
| 22 | 256,12 | 257,29 | 258,45 | 259,62 | 260,78 | 261,95 | 263,11 | 264,27 | 265,44 | 266,60 |
| 23 | 267,77 | 268,93 | 270,09 | 271,26 | 272,42 | 273,59 | 274,75 | 275,92 | 277,08 | 278,24 |
| 24 | 279,41 | 280,57 | 281,74 | 282,90 | 284,06 | 285,23 | 286,39 | 287,56 | 288,72 | 289,89 |

| dif. | 116 | dif. | 117 |
|---|---|---|---|
| 1 | 0,12 | 1 | 0,12 |
| 2 | 0,23 | 2 | 0,23 |
| 3 | 0,35 | 3 | 0,35 |
| 4 | 0,46 | 4 | 0,47 |
| 5 | 0,58 | 5 | 0,59 |
| 6 | 0,70 | 6 | 0,70 |
| 7 | 0,81 | 7 | 0,82 |
| 8 | 0,93 | 8 | 0,94 |
| 9 | 1,04 | 9 | 1,05 |

## 685,50 = 11,660.

| | 00 | 10 | 20 | 30 | 40 | 50 | 60 | 70 | 80 | 90 |
|---|---|---|---|---|---|---|---|---|---|---|
| 0 | | 1,17 | 2,33 | 3,50 | 4,66 | 5,83 | 7,00 | 8,16 | 9,33 | 10,49 |
| 1 | 11,66 | 12,83 | 13,99 | 15,16 | 16,32 | 17,49 | 18,66 | 19,82 | 20,99 | 22,15 |
| 2 | 23,32 | 24,49 | 25,65 | 26,82 | 27,98 | 29,15 | 30,32 | 31,48 | 32,65 | 33,81 |
| 3 | 34,98 | 36,15 | 37,31 | 38,48 | 39,64 | 40,81 | 41,98 | 43,14 | 44,31 | 45,47 |
| 4 | 46,64 | 47,81 | 48,97 | 50,14 | 51,30 | 52,47 | 53,64 | 54,80 | 55,97 | 57,13 |
| 5 | 58,30 | 59,47 | 60,63 | 61,80 | 62,96 | 64,13 | 65,30 | 66,46 | 67,63 | 68,79 |
| 6 | 69,96 | 71,13 | 72,29 | 73,46 | 74,62 | 75,79 | 76,96 | 78,12 | 79,29 | 80,45 |
| 7 | 81,62 | 82,79 | 83,95 | 85,12 | 86,28 | 87,45 | 88,62 | 89,78 | 90,95 | 92,11 |
| 8 | 93,28 | 94,45 | 95,61 | 96,78 | 97,94 | 99,11 | 100,28 | 101,44 | 102,61 | 103,77 |
| 9 | 104,94 | 106,11 | 107,27 | 108,44 | 109,60 | 110,77 | 111,94 | 113,10 | 114,27 | 115,43 |
| 10 | 116,60 | 117,77 | 118,93 | 120,10 | 121,26 | 122,43 | 123,60 | 124,76 | 125,93 | 127,09 |
| 11 | 128,26 | 129,43 | 130,59 | 131,76 | 132,92 | 134,09 | 135,26 | 136,42 | 137,59 | 138,75 |
| 12 | 139,92 | 141,09 | 142,25 | 143,42 | 144,58 | 145,75 | 146,92 | 148,08 | 149,25 | 150,41 |
| 13 | 151,58 | 152,75 | 153,91 | 155,08 | 156,24 | 157,41 | 158,58 | 159,74 | 160,91 | 162,07 |
| 14 | 163,24 | 164,41 | 165,57 | 166,74 | 167,90 | 169,07 | 170,24 | 171,40 | 172,57 | 173,73 |
| 15 | 174,90 | 176,07 | 177,23 | 178,40 | 179,56 | 180,73 | 181,90 | 183,06 | 184,23 | 185,39 |
| 16 | 186,56 | 187,73 | 188,89 | 190,06 | 191,22 | 192,39 | 193,56 | 194,72 | 195,89 | 197,05 |
| 17 | 198,22 | 199,39 | 200,55 | 201,72 | 202,88 | 204,05 | 205,22 | 206,38 | 207,55 | 208,71 |
| 18 | 209,88 | 211,05 | 212,21 | 213,38 | 214,54 | 215,71 | 216,88 | 218,04 | 219,21 | 220,37 |
| 19 | 221,54 | 222,71 | 223,87 | 225,04 | 226,20 | 227,37 | 228,54 | 229,70 | 230,87 | 232,03 |
| 20 | 233,20 | 234,37 | 235,53 | 236,70 | 237,86 | 239,03 | 240,20 | 241,36 | 242,53 | 243,69 |
| 21 | 244,86 | 246,03 | 247,19 | 248,36 | 249,52 | 250,69 | 251,86 | 253,02 | 254,19 | 255,35 |
| 22 | 256,52 | 257,69 | 258,85 | 260,02 | 261,18 | 262,35 | 263,52 | 264,68 | 265,85 | 267,01 |
| 23 | 268,18 | 269,35 | 270,51 | 271,68 | 272,84 | 274,01 | 275,18 | 276,34 | 277,51 | 278,67 |
| 24 | 279,84 | 281,01 | 282,17 | 283,34 | 284,50 | 285,67 | 286,84 | 288,00 | 289,17 | 290,33 |

dif.

| 116 | |
|---|---|
| 1 | 0,12 |
| 2 | 0,23 |
| 3 | 0,35 |
| 4 | 0,46 |
| 5 | 0,58 |
| 6 | 0,70 |
| 7 | 0,81 |
| 8 | 0,93 |
| 9 | 1,04 |

| 117 | |
|---|---|
| 1 | 0,12 |
| 2 | 0,23 |
| 3 | 0,35 |
| 4 | 0,47 |
| 5 | 0,59 |
| 6 | 0,70 |
| 7 | 0,82 |
| 8 | 0,94 |
| 9 | 1,05 |

## 684,50 = 11,676.

| | 00 | 10 | 20 | 30 | 40 | 50 | 60 | 70 | 80 | 90 |
|---|---|---|---|---|---|---|---|---|---|---|
| 0 | | 1,17 | 2,34 | 3,50 | 4,67 | 5,84 | 7,01 | 8,17 | 9,34 | 10,51 |
| 1 | 11,68 | 12,84 | 14,01 | 15,18 | 16,35 | 17,51 | 18,68 | 19,85 | 21,02 | 22,18 |
| 2 | 23,35 | 24,52 | 25,69 | 26,85 | 28,02 | 29,19 | 30,36 | 31,53 | 32,69 | 33,86 |
| 3 | 35,03 | 36,20 | 37,36 | 38,53 | 39,70 | 40,87 | 42,03 | 43,20 | 44,37 | 45,54 |
| 4 | 46,70 | 47,87 | 49,04 | 50,21 | 51,37 | 52,54 | 53,71 | 54,88 | 56,04 | 57,21 |
| 5 | 58,38 | 59,55 | 60,72 | 61,88 | 63,05 | 64,22 | 65,39 | 66,55 | 67,72 | 68,89 |
| 6 | 70,06 | 71,22 | 72,39 | 73,56 | 74,73 | 75,89 | 77,06 | 78,23 | 79,40 | 80,56 |
| 7 | 81,73 | 82,90 | 84,07 | 85,23 | 86,40 | 87,57 | 88,74 | 89,91 | 91,07 | 92,24 |
| 8 | 93,41 | 94,58 | 95,74 | 96,91 | 98,08 | 99,25 | 100,41 | 101,58 | 102,75 | 103,92 |
| 9 | 105,08 | 106,25 | 107,42 | 108,59 | 109,75 | 110,92 | 112,09 | 113,26 | 114,42 | 115,59 |
| 10 | 116,76 | 117,93 | 119,10 | 120,26 | 121,43 | 122,60 | 123,77 | 124,93 | 126,10 | 127,27 |
| 11 | 128,44 | 129,60 | 130,77 | 131,94 | 133,11 | 134,27 | 135,44 | 136,61 | 137,78 | 138,94 |
| 12 | 140,11 | 141,28 | 142,45 | 143,61 | 144,78 | 145,95 | 147,12 | 148,29 | 149,45 | 150,62 |
| 13 | 151,79 | 152,96 | 154,12 | 155,29 | 156,46 | 157,63 | 158,79 | 159,96 | 161,13 | 162,30 |
| 14 | 163,46 | 164,63 | 165,80 | 166,97 | 168,13 | 169,30 | 170,47 | 171,64 | 172,80 | 173,97 |
| 15 | 175,14 | 176,31 | 177,48 | 178,64 | 179,81 | 180,98 | 182,15 | 183,31 | 184,48 | 185,65 |
| 16 | 186,82 | 187,98 | 189,15 | 190,32 | 191,49 | 192,65 | 193,82 | 194,99 | 196,16 | 197,32 |
| 17 | 198,49 | 199,66 | 200,83 | 201,99 | 203,16 | 204,33 | 205,50 | 206,67 | 207,83 | 209,00 |
| 18 | 210,17 | 211,34 | 212,50 | 213,67 | 214,84 | 216,01 | 217,17 | 218,34 | 219,51 | 220,68 |
| 19 | 221,84 | 223,01 | 224,18 | 225,35 | 226,51 | 227,68 | 228,85 | 230,02 | 231,18 | 232,35 |
| 20 | 233,52 | 234,69 | 235,86 | 237,02 | 238,19 | 239,36 | 240,53 | 241,69 | 242,86 | 244,03 |
| 21 | 245,20 | 246,36 | 247,53 | 248,70 | 249,87 | 251,03 | 252,20 | 253,37 | 254,54 | 255,70 |
| 22 | 256,87 | 258,04 | 259,21 | 260,37 | 261,54 | 262,71 | 263,88 | 265,05 | 266,21 | 267,38 |
| 23 | 268,55 | 269,72 | 270,88 | 272,05 | 273,22 | 274,39 | 275,55 | 276,72 | 277,89 | 279,06 |
| 24 | 280,22 | 281,39 | 282,56 | 283,73 | 284,89 | 286,06 | 287,23 | 288,40 | 289,56 | 290,73 |

| dif. | 116 | 117 |
|---|---|---|
| 1 | 0,12 | 0,12 |
| 2 | 0,23 | 0,23 |
| 3 | 0,35 | 0,35 |
| 4 | 0,46 | 0,47 |
| 5 | 0,58 | 0,59 |
| 6 | 0,70 | 0,70 |
| 7 | 0,81 | 0,82 |
| 8 | 0,93 | 0,94 |
| 9 | 1,04 | 1,05 |

# 683,50 = 11,693.

| | 00 | 10 | 20 | 30 | 40 | 50 | 60 | 70 | 80 | 90 |
|---|---|---|---|---|---|---|---|---|---|---|
| 0 | | 1,17 | 2,34 | 3,51 | 4,68 | 5,85 | 7,02 | 8,19 | 9,35 | 10,52 |
| 1 | 11,69 | 12,86 | 14,03 | 15,20 | 16,37 | 17,54 | 18,71 | 19,88 | 21,05 | 22,22 |
| 2 | 23,39 | 24,56 | 25,72 | 26,89 | 28,06 | 29,23 | 30,40 | 31,57 | 32,74 | 33,91 |
| 3 | 35,08 | 36,25 | 37,42 | 38,59 | 39,76 | 40,93 | 42,09 | 43,26 | 44,43 | 45,60 |
| 4 | 46,77 | 47,94 | 49,11 | 50,28 | 51,45 | 52,62 | 53,79 | 54,96 | 56,13 | 57,30 |
| 5 | 58,47 | 59,63 | 60,80 | 61,97 | 63,14 | 64,31 | 65,48 | 66,65 | 67,82 | 68,99 |
| 6 | 70,16 | 71,33 | 72,50 | 73,67 | 74,84 | 76,00 | 77,17 | 78,34 | 79,51 | 80,68 |
| 7 | 81,85 | 83,02 | 84,19 | 85,36 | 86,53 | 87,70 | 88,87 | 90,04 | 91,21 | 92,37 |
| 8 | 93,54 | 94,71 | 95,88 | 97,05 | 98,22 | 99,39 | 100,56 | 101,73 | 102,90 | 104,07 |
| 9 | 105,24 | 106,41 | 107,58 | 108,74 | 109,91 | 111,08 | 112,25 | 113,42 | 114,59 | 115,76 |
| 10 | 116,93 | 118,10 | 119,27 | 120,44 | 121,61 | 122,78 | 123,95 | 125,12 | 126,28 | 127,45 |
| 11 | 128,62 | 129,79 | 130,96 | 132,13 | 133,30 | 134,47 | 135,64 | 136,81 | 137,98 | 139,15 |
| 12 | 140,32 | 141,49 | 142,65 | 143,82 | 144,99 | 146,16 | 147,33 | 148,50 | 149,67 | 150,84 |
| 13 | 152,01 | 153,18 | 154,35 | 155,52 | 156,69 | 157,86 | 159,02 | 160,19 | 161,36 | 162,53 |
| 14 | 163,70 | 164,87 | 166,04 | 167,21 | 168,38 | 169,55 | 170,72 | 171,89 | 173,06 | 174,23 |
| 15 | 175,40 | 176,56 | 177,73 | 178,90 | 180,07 | 181,24 | 182,41 | 183,58 | 184,75 | 185,92 |
| 16 | 187,09 | 188,26 | 189,43 | 190,60 | 191,77 | 192,93 | 194,10 | 195,27 | 196,44 | 197,61 |
| 17 | 198,78 | 199,95 | 201,12 | 202,29 | 203,46 | 204,63 | 205,80 | 206,97 | 208,14 | 209,30 |
| 18 | 210,47 | 211,64 | 212,81 | 213,98 | 215,15 | 216,32 | 217,49 | 218,66 | 219,83 | 221,00 |
| 19 | 222,17 | 223,34 | 224,51 | 225,67 | 226,84 | 228,01 | 229,18 | 230,35 | 231,52 | 232,69 |
| 20 | 233,86 | 235,03 | 236,20 | 237,37 | 238,54 | 239,71 | 240,88 | 242,05 | 243,21 | 244,38 |
| 21 | 245,55 | 246,72 | 247,89 | 249,06 | 250,23 | 251,40 | 252,57 | 253,74 | 254,91 | 256,08 |
| 22 | 257,25 | 258,42 | 259,58 | 260,75 | 261,92 | 263,09 | 264,26 | 265,43 | 266,60 | 267,77 |
| 23 | 268,94 | 270,11 | 271,28 | 272,45 | 273,62 | 274,79 | 275,95 | 277,12 | 278,29 | 279,46 |
| 24 | 280,63 | 281,80 | 282,97 | 284,14 | 285,31 | 286,48 | 287,65 | 288,82 | 289,99 | 291,16 |

| dif. | 116 | 117 |
|---|---|---|
| 1 | 0,12 | 0,12 |
| 2 | 0,23 | 0,23 |
| 3 | 0,35 | 0,35 |
| 4 | 0,46 | 0,47 |
| 5 | 0,58 | 0,59 |
| 6 | 0,70 | 0,70 |
| 7 | 0,81 | 0,82 |
| 8 | 0,93 | 0,94 |
| 9 | 1,04 | 1,05 |

# 682,50 = 11,710.

| | 00 | 10 | 20 | 30 | 40 | 50 | 60 | 70 | 80 | 90 |
|---|---|---|---|---|---|---|---|---|---|---|
| 0 | | 1,17 | 2,34 | 3,51 | 4,68 | 5,86 | 7,03 | 8,20 | 9,37 | 10,54 |
| 1 | 11,71 | 12,88 | 14,05 | 15,22 | 16,39 | 17,57 | 18,74 | 19,91 | 21,08 | 22,25 |
| 2 | 23,42 | 24,59 | 25,76 | 26,93 | 28,10 | 29,28 | 30,45 | 31,62 | 32,79 | 33,96 |
| 3 | 35,13 | 36,30 | 37,47 | 38,64 | 39,81 | 40,99 | 42,16 | 43,33 | 44,50 | 45,67 |
| 4 | 46,84 | 48,01 | 49,18 | 50,35 | 51,52 | 52,70 | 53,87 | 55,04 | 56,21 | 57,38 |
| 5 | 58,55 | 59,72 | 60,89 | 62,06 | 63,23 | 64,41 | 65,58 | 66,75 | 67,92 | 69,09 |
| 6 | 70,26 | 71,43 | 72,60 | 73,77 | 74,94 | 76,12 | 77,29 | 78,46 | 79,63 | 80,80 |
| 7 | 81,97 | 83,14 | 84,31 | 85,48 | 86,65 | 87,83 | 89,00 | 90,17 | 91,34 | 92,51 |
| 8 | 93,68 | 94,85 | 96,02 | 97,19 | 98,36 | 99,54 | 100,71 | 101,88 | 103,05 | 104,22 |
| 9 | 105,39 | 106,56 | 107,73 | 108,90 | 110,07 | 111,25 | 112,42 | 113,59 | 114,76 | 115,93 |
| 10 | 117,10 | 118,27 | 119,44 | 120,61 | 121,78 | 122,96 | 124,13 | 125,30 | 126,47 | 127,64 |
| 11 | 128,81 | 129,98 | 131,15 | 132,32 | 133,49 | 134,67 | 135,84 | 137,01 | 138,18 | 139,35 |
| 12 | 140,52 | 141,69 | 142,86 | 144,03 | 145,20 | 146,38 | 147,55 | 148,72 | 149,89 | 151,06 |
| 13 | 152,23 | 153,40 | 154,57 | 155,74 | 156,91 | 158,09 | 159,26 | 160,43 | 161,60 | 162,77 |
| 14 | 163,94 | 165,11 | 166,28 | 167,45 | 168,62 | 169,80 | 170,97 | 172,14 | 173,31 | 174,48 |
| 15 | 175,65 | 176,82 | 177,99 | 179,16 | 180,33 | 181,51 | 182,68 | 183,85 | 185,02 | 186,19 |
| 16 | 187,36 | 188,53 | 189,70 | 190,87 | 192,04 | 193,22 | 194,39 | 195,56 | 196,73 | 197,90 |
| 17 | 199,07 | 200,24 | 201,41 | 202,58 | 203,75 | 204,93 | 206,10 | 207,27 | 208,44 | 209,61 |
| 18 | 210,78 | 211,95 | 213,12 | 214,29 | 215,46 | 216,64 | 217,81 | 218,98 | 220,15 | 221,32 |
| 19 | 222,49 | 223,66 | 224,83 | 226,00 | 227,17 | 228,35 | 229,52 | 230,69 | 231,86 | 233,03 |
| 20 | 234,20 | 235,37 | 236,54 | 237,71 | 238,88 | 240,06 | 241,23 | 242,40 | 243,57 | 244,74 |
| 21 | 245,91 | 247,08 | 248,25 | 249,42 | 250,59 | 251,77 | 252,94 | 254,11 | 255,28 | 256,45 |
| 22 | 257,62 | 258,79 | 259,96 | 261,13 | 262,30 | 263,48 | 264,65 | 265,82 | 266,99 | 268,16 |
| 23 | 269,33 | 270,50 | 271,67 | 272,84 | 274,01 | 275,19 | 276,36 | 277,53 | 278,70 | 279,87 |
| 24 | 281,04 | 282,21 | 283,38 | 284,55 | 285,72 | 286,90 | 288,07 | 289,24 | 290,41 | 291,58 |

dif.

| 117 | |
|---|---|
| 1 | 0,12 |
| 2 | 0,23 |
| 3 | 0,35 |
| 4 | 0,47 |
| 5 | 0,59 |
| 6 | 0,70 |
| 7 | 0,82 |
| 8 | 0,94 |
| 9 | 1,05 |

| 118 | |
|---|---|
| 1 | 0,12 |
| 2 | 0,24 |
| 3 | 0,35 |
| 4 | 0,47 |
| 5 | 0,59 |
| 6 | 0,71 |
| 7 | 0,83 |
| 8 | 0,94 |
| 9 | 1,06 |

## 681,50 = 11,728.

| | 00 | 10 | 20 | 30 | 40 | 50 | 60 | 70 | 80 | 90 |
|---|---|---|---|---|---|---|---|---|---|---|
| 0 | | 1,17 | 2,35 | 3,52 | 4,69 | 5,86 | 7,04 | 8,21 | 9,38 | 10,56 |
| 1 | 11,73 | 12,90 | 14,07 | 15,25 | 16,42 | 17,59 | 18,76 | 19,94 | 21,11 | 22,28 |
| 2 | 23,46 | 24,63 | 25,80 | 26,97 | 28,15 | 29,32 | 30,49 | 31,67 | 32,84 | 34,01 |
| 3 | 35,18 | 36,36 | 37,53 | 38,70 | 39,88 | 41,05 | 42,22 | 43,39 | 44,57 | 45,74 |
| 4 | 46,91 | 48,08 | 49,26 | 50,43 | 51,60 | 52,78 | 53,95 | 55,12 | 56,29 | 57,47 |
| 5 | 58,64 | 59,81 | 60,99 | 62,16 | 63,33 | 64,50 | 65,68 | 66,85 | 68,02 | 69,20 |
| 6 | 70,37 | 71,54 | 72,71 | 73,89 | 75,06 | 76,23 | 77,40 | 78,58 | 79,75 | 80,92 |
| 7 | 82,10 | 83,27 | 84,44 | 85,61 | 86,79 | 87,96 | 89,13 | 90,31 | 91,48 | 92,65 |
| 8 | 93,82 | 95,00 | 96,17 | 97,34 | 98,52 | 99,69 | 100,86 | 102,03 | 103,21 | 104,38 |
| 9 | 105,55 | 106,72 | 107,90 | 109,07 | 110,24 | 111,42 | 112,59 | 113,76 | 114,93 | 116,11 |
| 10 | 117,28 | 118,45 | 119,63 | 120,80 | 121,97 | 123,14 | 124,32 | 125,49 | 126,66 | 127,84 |
| 11 | 129,01 | 130,18 | 131,35 | 132,53 | 133,70 | 134,87 | 136,04 | 137,22 | 138,39 | 139,56 |
| 12 | 140,74 | 141,91 | 143,08 | 144,25 | 145,43 | 146,60 | 147,77 | 148,95 | 150,12 | 151,29 |
| 13 | 152,46 | 153,64 | 154,81 | 155,98 | 157,16 | 158,33 | 159,50 | 160,67 | 161,85 | 163,02 |
| 14 | 164,19 | 165,36 | 166,54 | 167,71 | 168,88 | 170,06 | 171,23 | 172,40 | 173,57 | 174,75 |
| 15 | 175,92 | 177,09 | 178,27 | 179,44 | 180,61 | 181,78 | 182,96 | 184,13 | 185,30 | 186,48 |
| 16 | 187,65 | 188,82 | 189,99 | 191,17 | 192,34 | 193,51 | 194,68 | 195,86 | 197,03 | 198,20 |
| 17 | 199,38 | 200,55 | 201,72 | 202,89 | 204,07 | 205,24 | 206,41 | 207,59 | 208,76 | 209,93 |
| 18 | 211,10 | 212,28 | 213,45 | 214,62 | 215,80 | 216,97 | 218,14 | 219,31 | 220,49 | 221,66 |
| 19 | 222,83 | 224,00 | 225,18 | 226,35 | 227,52 | 228,70 | 229,87 | 231,04 | 232,21 | 233,39 |
| 20 | 234,56 | 235,73 | 236,91 | 238,08 | 239,25 | 240,42 | 241,60 | 242,77 | 243,94 | 245,12 |
| 21 | 246,29 | 247,46 | 248,63 | 249,81 | 250,98 | 252,15 | 253,32 | 254,50 | 255,67 | 256,84 |
| 22 | 258,02 | 259,19 | 260,36 | 261,53 | 262,71 | 263,88 | 265,05 | 266,23 | 267,40 | 268,57 |
| 23 | 269,74 | 270,92 | 272,09 | 273,26 | 274,44 | 275,61 | 276,78 | 277,95 | 279,13 | 280,30 |
| 24 | 281,47 | 282,64 | 283,82 | 284,99 | 286,16 | 287,34 | 288,51 | 289,68 | 290,85 | 292,03 |

| dif. | |
|---|---|
| 117 | |
| 1 | 0,12 |
| 2 | 0,23 |
| 3 | 0,35 |
| 4 | 0,47 |
| 5 | 0,59 |
| 6 | 0,70 |
| 7 | 0,82 |
| 8 | 0,94 |
| 9 | 1,05 |
| 118 | |
| 1 | 0,12 |
| 2 | 0,24 |
| 3 | 0,35 |
| 4 | 0,47 |
| 5 | 0,59 |
| 6 | 0,71 |
| 7 | 0,83 |
| 8 | 0,94 |
| 9 | 1,06 |

## 680,50 = 11,745.

| | 00 | 10 | 20 | 30 | 40 | 50 | 60 | 70 | 80 | 90 |
|---|---|---|---|---|---|---|---|---|---|---|
| 0 | | 1,17 | 2,35 | 3,52 | 4,70 | 5,87 | 7,05 | 8,22 | 9,40 | 10,57 |
| 1 | 11,75 | 12,92 | 14,09 | 15,27 | 16,44 | 17,62 | 18,79 | 19,97 | 21,14 | 22,32 |
| 2 | 23,49 | 24,66 | 25,84 | 27,01 | 28,19 | 29,36 | 30,54 | 31,71 | 32,89 | 34,06 |
| 3 | 35,24 | 36,41 | 37,58 | 38,76 | 39,93 | 41,11 | 42,28 | 43,46 | 44,63 | 45,81 |
| 4 | 46,98 | 48,15 | 49,33 | 50,50 | 51,68 | 52,85 | 54,03 | 55,20 | 56,38 | 57,55 |
| 5 | 58,73 | 59,90 | 61,07 | 62,25 | 63,42 | 64,60 | 65,77 | 66,95 | 68,12 | 69,30 |
| 6 | 70,47 | 71,64 | 72,82 | 73,99 | 75,17 | 76,34 | 77,52 | 78,69 | 79,87 | 81,04 |
| 7 | 82,22 | 83,39 | 84,56 | 85,74 | 86,91 | 88,09 | 89,26 | 90,44 | 91,61 | 92,79 |
| 8 | 93,96 | 95,13 | 96,31 | 97,48 | 98,66 | 99,83 | 101,01 | 102,18 | 103,36 | 104,53 |
| 9 | 105,71 | 106,88 | 108,05 | 109,23 | 110,40 | 111,58 | 112,75 | 113,93 | 115,10 | 116,28 |
| 10 | 117,45 | 118,62 | 119,80 | 120,97 | 122,15 | 123,32 | 124,50 | 125,67 | 126,85 | 128,02 |
| 11 | 129,20 | 130,37 | 131,54 | 132,72 | 133,89 | 135,07 | 136,24 | 137,42 | 138,59 | 139,77 |
| 12 | 140,94 | 142,11 | 143,29 | 144,46 | 145,64 | 146,81 | 147,99 | 149,16 | 150,34 | 151,51 |
| 13 | 152,69 | 153,86 | 155,03 | 156,21 | 157,38 | 158,56 | 159,73 | 160,91 | 162,08 | 163,26 |
| 14 | 164,43 | 165,60 | 166,78 | 167,95 | 169,13 | 170,30 | 171,48 | 172,65 | 173,83 | 175,00 |
| 15 | 176,18 | 177,35 | 178,52 | 179,70 | 180,87 | 182,05 | 183,22 | 184,40 | 185,57 | 186,75 |
| 16 | 187,92 | 189,09 | 190,27 | 191,44 | 192,62 | 193,79 | 194,97 | 196,14 | 197,32 | 198,49 |
| 17 | 199,67 | 200,84 | 202,01 | 203,19 | 204,36 | 205,54 | 206,71 | 207,89 | 209,06 | 210,24 |
| 18 | 211,41 | 212,58 | 213,76 | 214,93 | 216,11 | 217,28 | 218,46 | 219,63 | 220,81 | 221,98 |
| 19 | 223,16 | 224,33 | 225,50 | 226,68 | 227,85 | 229,03 | 230,20 | 231,38 | 232,55 | 233,73 |
| 20 | 234,90 | 236,07 | 237,25 | 238,42 | 239,60 | 240,77 | 241,95 | 243,12 | 244,30 | 245,47 |
| 21 | 246,65 | 247,82 | 248,99 | 250,17 | 251,34 | 252,52 | 253,69 | 254,87 | 256,04 | 257,22 |
| 22 | 258,39 | 259,56 | 260,74 | 261,91 | 263,09 | 264,26 | 265,44 | 266,61 | 267,79 | 268,96 |
| 23 | 270,14 | 271,31 | 272,48 | 273,66 | 274,83 | 276,01 | 277,18 | 278,36 | 279,53 | 280,71 |
| 24 | 281,88 | 283,05 | 284,23 | 285,40 | 286,58 | 287,75 | 288,93 | 290,10 | 291,28 | 292,45 |

| dif. | 117 |
|---|---|
| 1 | 0,12 |
| 2 | 0,23 |
| 3 | 0,35 |
| 4 | 0,47 |
| 5 | 0,59 |
| 6 | 0,70 |
| 7 | 0,82 |
| 8 | 0,94 |
| 9 | 1,05 |

| dif. | 118 |
|---|---|
| 1 | 0,12 |
| 2 | 0,24 |
| 3 | 0,35 |
| 4 | 0,47 |
| 5 | 0,59 |
| 6 | 0,71 |
| 7 | 0,83 |
| 8 | 0,94 |
| 9 | 1,06 |

## 679,50 = 11,761.

| | 00 | 10 | 20 | 30 | 40 | 50 | 60 | 70 | 80 | 90 |
|---|---|---|---|---|---|---|---|---|---|---|
| 0 | | 1,18 | 2,35 | 3,53 | 4,70 | 5,88 | 7,06 | 8,23 | 9,41 | 10,58 |
| 1 | 11,76 | 12,94 | 14,11 | 15,29 | 16,47 | 17,64 | 18,82 | 19,99 | 21,17 | 22,35 |
| 2 | 23,52 | 24,70 | 25,87 | 27,05 | 28,23 | 29,40 | 30,58 | 31,75 | 32,93 | 34,11 |
| 3 | 35,28 | 36,46 | 37,64 | 38,81 | 39,99 | 41,16 | 42,34 | 43,52 | 44,69 | 45,87 |
| 4 | 47,04 | 48,22 | 49,40 | 50,57 | 51,75 | 52,92 | 54,10 | 55,28 | 56,45 | 57,63 |
| 5 | 58,81 | 59,98 | 61,16 | 62,33 | 63,51 | 64,69 | 65,86 | 67,04 | 68,21 | 69,39 |
| 6 | 70,57 | 71,74 | 72,92 | 74,09 | 75,27 | 76,45 | 77,62 | 78,80 | 79,97 | 81,15 |
| 7 | 82,33 | 83,50 | 84,68 | 85,86 | 87,03 | 88,21 | 89,38 | 90,56 | 91,74 | 92,91 |
| 8 | 94,09 | 95,26 | 96,44 | 97,62 | 98,79 | 99,97 | 101,14 | 102,32 | 103,50 | 104,67 |
| 9 | 105,85 | 107,03 | 108,20 | 109,38 | 110,55 | 111,73 | 112,91 | 114,08 | 115,26 | 116,43 |
| 10 | 117,61 | 118,79 | 119,96 | 121,14 | 122,31 | 123,49 | 124,67 | 125,84 | 127,02 | 128,19 |
| 11 | 129,37 | 130,55 | 131,72 | 132,90 | 134,08 | 135,25 | 136,43 | 137,60 | 138,78 | 139,96 |
| 12 | 141,13 | 142,31 | 143,48 | 144,66 | 145,84 | 147,01 | 148,19 | 149,36 | 150,54 | 151,72 |
| 13 | 152,89 | 154,07 | 155,25 | 156,42 | 157,60 | 158,77 | 159,95 | 161,13 | 162,30 | 163,48 |
| 14 | 164,65 | 165,83 | 167,01 | 168,18 | 169,36 | 170,53 | 171,71 | 172,89 | 174,06 | 175,24 |
| 15 | 176,42 | 177,59 | 178,77 | 179,94 | 181,12 | 182,30 | 183,47 | 184,65 | 185,82 | 187,00 |
| 16 | 188,18 | 189,35 | 190,53 | 191,70 | 192,88 | 194,06 | 195,23 | 196,41 | 197,58 | 198,76 |
| 17 | 199,94 | 201,11 | 202,29 | 203,47 | 204,64 | 205,82 | 206,99 | 208,17 | 209,35 | 210,52 |
| 18 | 211,70 | 212,87 | 214,05 | 215,23 | 216,40 | 217,58 | 218,75 | 219,93 | 221,11 | 222,28 |
| 19 | 223,46 | 224,64 | 225,81 | 226,99 | 228,16 | 229,34 | 230,52 | 231,69 | 232,87 | 234,04 |
| 20 | 235,22 | 236,40 | 237,57 | 238,75 | 239,92 | 241,10 | 242,28 | 243,45 | 244,63 | 245,80 |
| 21 | 246,98 | 248,16 | 249,33 | 250,51 | 251,69 | 252,86 | 254,04 | 255,21 | 256,39 | 257,57 |
| 22 | 258,74 | 259,92 | 261,09 | 262,27 | 263,45 | 264,62 | 265,80 | 266,97 | 268,15 | 269,33 |
| 23 | 270,50 | 271,68 | 272,86 | 274,03 | 275,21 | 276,38 | 277,56 | 278,74 | 279,91 | 281,09 |
| 24 | 282,26 | 283,44 | 284,62 | 285,79 | 286,97 | 288,14 | 289,32 | 290,50 | 291,67 | 292,85 |

| dif. | 117 | 118 |
|---|---|---|
| 1 | 0,12 | 0,12 |
| 2 | 0,23 | 0,24 |
| 3 | 0,35 | 0,35 |
| 4 | 0,47 | 0,47 |
| 5 | 0,59 | 0,59 |
| 6 | 0,70 | 0,71 |
| 7 | 0,82 | 0,83 |
| 8 | 0,94 | 0,94 |
| 9 | 1,05 | 1,06 |

## 678,50 = 11,780.

| | 00 | 10 | 20 | 30 | 40 | 50 | 60 | 70 | 80 | 90 |
|---|---|---|---|---|---|---|---|---|---|---|
| 0 | | 1,18 | 2,36 | 3,53 | 4,71 | 5,89 | 7,07 | 8,25 | 9,42 | 10,60 |
| 1 | 11,78 | 12,96 | 14,14 | 15,31 | 16,49 | 17,67 | 18,85 | 20,03 | 21,20 | 22,38 |
| 2 | 23,56 | 24,74 | 25,92 | 27,09 | 28,27 | 29,45 | 30,63 | 31,81 | 32,98 | 34,16 |
| 3 | 35,34 | 36,52 | 37,70 | 38,87 | 40,05 | 41,23 | 42,41 | 43,59 | 44,76 | 45,94 |
| 4 | 47,12 | 48,30 | 49,48 | 50,65 | 51,83 | 53,01 | 54,19 | 55,37 | 56,54 | 57,72 |
| 5 | 58,90 | 60,08 | 61,26 | 62,43 | 63,61 | 64,79 | 65,97 | 67,15 | 68,32 | 69,50 |
| 6 | 70,68 | 71,86 | 73,04 | 74,21 | 75,39 | 76,57 | 77,75 | 78,93 | 80,10 | 81,28 |
| 7 | 82,46 | 83,64 | 84,82 | 85,99 | 87,17 | 88,35 | 89,53 | 90,71 | 91,88 | 93,06 |
| 8 | 94,24 | 95,42 | 96,60 | 97,77 | 98,95 | 100,13 | 101,31 | 102,49 | 103,66 | 104,84 |
| 9 | 106,02 | 107,20 | 108,38 | 109,55 | 110,73 | 111,91 | 113,09 | 114,27 | 115,44 | 116,62 |
| 10 | 117,80 | 118,98 | 120,16 | 121,33 | 122,51 | 123,69 | 124,87 | 126,05 | 127,22 | 128,40 |
| 11 | 129,58 | 130,76 | 131,94 | 133,11 | 134,29 | 135,47 | 136,65 | 137,83 | 139,00 | 140,18 |
| 12 | 141,36 | 142,54 | 143,72 | 144,89 | 146,07 | 147,25 | 148,43 | 149,61 | 150,78 | 151,96 |
| 13 | 153,14 | 154,32 | 155,50 | 156,67 | 157,85 | 159,03 | 160,21 | 161,39 | 162,56 | 163,74 |
| 14 | 164,92 | 166,10 | 167,28 | 168,45 | 169,63 | 170,81 | 171,99 | 173,17 | 174,34 | 175,52 |
| 15 | 176,70 | 177,88 | 179,06 | 180,23 | 181,41 | 182,59 | 183,77 | 184,95 | 186,12 | 187,30 |
| 16 | 188,48 | 189,66 | 190,84 | 192,01 | 193,19 | 194,37 | 195,55 | 196,73 | 197,90 | 199,08 |
| 17 | 200,26 | 201,44 | 202,62 | 203,79 | 204,97 | 206,15 | 207,33 | 208,51 | 209,68 | 210,86 |
| 18 | 212,04 | 213,22 | 214,40 | 215,57 | 216,75 | 217,93 | 219,11 | 220,29 | 221,46 | 222,64 |
| 19 | 223,82 | 225,00 | 226,18 | 227,35 | 228,53 | 229,71 | 230,89 | 232,07 | 233,24 | 234,42 |
| 20 | 235,60 | 236,78 | 237,96 | 239,13 | 240,31 | 241,49 | 242,67 | 243,85 | 245,02 | 246,20 |
| 21 | 247,38 | 248,56 | 249,74 | 250,91 | 252,09 | 253,27 | 254,45 | 255,63 | 256,80 | 257,98 |
| 22 | 259,16 | 260,34 | 261,52 | 262,69 | 263,87 | 265,05 | 266,23 | 267,41 | 268,58 | 269,76 |
| 23 | 270,94 | 272,12 | 273,30 | 274,47 | 275,65 | 276,83 | 278,01 | 279,19 | 280,36 | 281,54 |
| 24 | 282,72 | 283,90 | 285,08 | 286,25 | 287,43 | 288,61 | 289,79 | 290,97 | 292,14 | 293,32 |

| dif. | |
|---|---|
| 117 | |
| 1 | 0,12 |
| 2 | 0,23 |
| 3 | 0,35 |
| 4 | 0,47 |
| 5 | 0,59 |
| 6 | 0,70 |
| 7 | 0,82 |
| 8 | 0,94 |
| 9 | 1,05 |
| 118 | |
| 1 | 0,12 |
| 2 | 0,24 |
| 3 | 0,35 |
| 4 | 0,47 |
| 5 | 0,59 |
| 6 | 0,71 |
| 7 | 0,83 |
| 8 | 0,94 |
| 9 | 1,06 |

**677,50 = 11,796.**

| | 00 | 10 | 20 | 30 | 40 | 50 | 60 | 70 | 80 | 90 | dif. | |
|---|---|---|---|---|---|---|---|---|---|---|---|---|
| 0 | | 1,18 | 2,36 | 3,54 | 4,72 | 5,90 | 7,08 | 8,26 | 9,44 | 10,62 | 117 | |
| | | | | | | | | | | | 1 | 0,12 |
| 1 | 11,80 | 12,98 | 14,16 | 15,33 | 16,51 | 17,69 | 18,87 | 20,05 | 21,23 | 22,41 | 2 | 0,23 |
| 2 | 23,59 | 24,77 | 25,95 | 27,13 | 28,31 | 29,49 | 30,67 | 31,85 | 33,03 | 34,21 | 3 | 0,35 |
| 3 | 35,39 | 36,57 | 37,75 | 38,93 | 40,11 | 41,29 | 42,47 | 43,65 | 44,82 | 46,00 | 4 | 0,47 |
| | | | | | | | | | | | 5 | 0,59 |
| 4 | 47,18 | 48,36 | 49,54 | 50,72 | 51,90 | 53,08 | 54,26 | 55,44 | 56,62 | 57,80 | 6 | 0,70 |
| 5 | 58,98 | 60,16 | 61,34 | 62,52 | 63,70 | 64,88 | 66,06 | 67,24 | 68,42 | 69,60 | 7 | 0,82 |
| 6 | 70,78 | 71,96 | 73,14 | 74,31 | 75,49 | 76,67 | 77,85 | 79,03 | 80,21 | 81,39 | 8 | 0,94 |
| | | | | | | | | | | | 9 | 1,05 |
| 7 | 82,57 | 83,75 | 84,93 | 86,11 | 87,29 | 88,47 | 89,65 | 90,83 | 92,01 | 93,19 | | |
| 8 | 94,37 | 95,55 | 96,73 | 97,91 | 99,09 | 100,27 | 101,45 | 102,63 | 103,80 | 104,98 | 118 | |
| 9 | 106,16 | 107,34 | 108,52 | 109,70 | 110,88 | 112,06 | 113,24 | 114,42 | 115,60 | 116,78 | 1 | 0,12 |
| | | | | | | | | | | | 2 | 0,24 |
| 10 | 117,96 | 119,14 | 120,32 | 121,50 | 122,68 | 123,86 | 125,04 | 126,22 | 127,40 | 128,58 | 3 | 0,35 |
| 11 | 129,76 | 130,94 | 132,12 | 133,29 | 134,47 | 135,65 | 136,83 | 138,01 | 139,19 | 140,37 | 4 | 0,47 |
| 12 | 141,55 | 142,73 | 143,91 | 145,09 | 146,27 | 147,45 | 148,63 | 149,81 | 150,99 | 152,17 | 5 | 0,59 |
| | | | | | | | | | | | 6 | 0,71 |
| 13 | 153,35 | 154,53 | 155,71 | 156,89 | 158,07 | 159,25 | 160,43 | 161,61 | 162,78 | 163,96 | 7 | 0,83 |
| 14 | 165,14 | 166,32 | 167,50 | 168,68 | 169,86 | 171,04 | 172,22 | 173,40 | 174,58 | 175,76 | 8 | 0,94 |
| 15 | 176,94 | 178,12 | 179,30 | 180,48 | 181,66 | 182,84 | 184,02 | 185,20 | 186,38 | 187,56 | 9 | 1,06 |
| 16 | 188,74 | 189,92 | 191,10 | 192,27 | 193,45 | 194,63 | 195,81 | 196,99 | 198,17 | 199,35 | | |
| 17 | 200,53 | 201,71 | 202,89 | 204,07 | 205,25 | 206,43 | 207,61 | 208,79 | 209,97 | 211,15 | | |
| 18 | 212,33 | 213,51 | 214,69 | 215,87 | 217,05 | 218,23 | 219,41 | 220,59 | 221,76 | 222,94 | | |
| 19 | 224,12 | 225,30 | 226,48 | 227,66 | 228,84 | 230,02 | 231,20 | 232,38 | 233,56 | 234,74 | | |
| 20 | 235,92 | 237,10 | 238,28 | 239,46 | 240,64 | 241,82 | 243,00 | 244,18 | 245,36 | 246,54 | | |
| 21 | 247,72 | 248,90 | 250,08 | 251,25 | 252,43 | 253,61 | 254,79 | 255,97 | 257,15 | 258,33 | | |
| 22 | 259,51 | 260,69 | 261,87 | 263,05 | 264,23 | 265,41 | 266,59 | 267,77 | 268,95 | 270,13 | | |
| 23 | 271,31 | 272,49 | 273,67 | 274,85 | 276,03 | 277,21 | 278,39 | 279,57 | 280,74 | 281,92 | | |
| 24 | 283,10 | 284,28 | 285,46 | 286,64 | 287,82 | 289,00 | 290,18 | 291,36 | 292,54 | 293,72 | | |

## 676,50 = 11,814.

| | 00 | 10 | 20 | 30 | 40 | 50 | 60 | 70 | 80 | 90 |
|---|---|---|---|---|---|---|---|---|---|---|
| 0 | | 1,18 | 2,36 | 3,54 | 4,73 | 5,91 | 7,09 | 8,27 | 9,45 | 10,63 |
| 1 | 11,81 | 13,00 | 14,18 | 15,36 | 16,54 | 17,72 | 18,90 | 20,08 | 21,27 | 22,45 |
| 2 | 23,63 | 24,81 | 25,99 | 27,17 | 28,35 | 29,54 | 30,72 | 31,90 | 33,08 | 34,26 |
| 3 | 35,44 | 36,62 | 37,80 | 38,99 | 40,17 | 41,35 | 42,53 | 43,71 | 44,89 | 46,07 |
| 4 | 47,26 | 48,44 | 49,62 | 50,80 | 51,98 | 53,16 | 54,34 | 55,53 | 56,71 | 57,89 |
| 5 | 59,07 | 60,25 | 61,43 | 62,61 | 63,80 | 64,98 | 66,16 | 67,34 | 68,52 | 69,70 |
| 6 | 70,88 | 72,07 | 73,25 | 74,43 | 75,61 | 76,79 | 77,97 | 79,15 | 80,34 | 81,52 |
| 7 | 82,70 | 83,88 | 85,06 | 86,24 | 87,42 | 88,61 | 89,79 | 90,97 | 92,15 | 93,33 |
| 8 | 94,51 | 95,69 | 96,87 | 98,06 | 99,24 | 100,42 | 101,60 | 102,78 | 103,96 | 105,14 |
| 9 | 106,33 | 107,51 | 108,69 | 109,87 | 111,05 | 112,23 | 113,41 | 114,60 | 115,78 | 116,96 |
| 10 | 118,14 | 119,32 | 120,50 | 121,68 | 122,87 | 124,05 | 125,23 | 126,41 | 127,59 | 128,77 |
| 11 | 129,95 | 131,14 | 132,32 | 133,50 | 134,68 | 135,86 | 137,04 | 138,22 | 139,41 | 140,59 |
| 12 | 141,77 | 142,95 | 144,13 | 145,31 | 146,49 | 147,68 | 148,86 | 150,04 | 151,22 | 152,40 |
| 13 | 153,58 | 154,76 | 155,94 | 157,13 | 158,31 | 159,49 | 160,67 | 161,85 | 163,03 | 164,21 |
| 14 | 165,40 | 166,58 | 167,76 | 168,94 | 170,12 | 171,30 | 172,48 | 173,67 | 174,85 | 176,03 |
| 15 | 177,21 | 178,39 | 179,57 | 180,75 | 181,94 | 183,12 | 184,30 | 185,48 | 186,66 | 187,84 |
| 16 | 189,02 | 190,21 | 191,39 | 192,57 | 193,75 | 194,93 | 196,11 | 197,29 | 198,48 | 199,66 |
| 17 | 200,84 | 202,02 | 203,20 | 204,38 | 205,56 | 206,75 | 207,93 | 209,11 | 210,29 | 211,47 |
| 18 | 212,65 | 213,83 | 215,01 | 216,20 | 217,38 | 218,56 | 219,74 | 220,92 | 222,10 | 223,28 |
| 19 | 224,47 | 225,65 | 226,83 | 228,01 | 229,19 | 230,37 | 231,55 | 232,74 | 233,92 | 235;10 |
| 20 | 236,28 | 237,46 | 238,64 | 239,82 | 241,01 | 242,19 | 243,37 | 244,55 | 245,73 | 246,91 |
| 21 | 248,09 | 249,28 | 250,46 | 251,64 | 252,82 | 254,00 | 255,18 | 256,36 | 257,55 | 258,73 |
| 22 | 259,91 | 261,09 | 262,27 | 263,45 | 264,63 | 265,82 | 267,00 | 268,18 | 269,36 | 270,54 |
| 23 | 271,72 | 272,90 | 274,08 | 275,27 | 276,45 | 277,63 | 278,81 | 279,99 | 281,17 | 282,35 |
| 24 | 283,54 | 284,72 | 285,90 | 287,08 | 288,26 | 289,44 | 290,62 | 291,81 | 292,99 | 294,17 |

| dif. | |
|---|---|
| 118 | |
| 1 | 0,12 |
| 2 | 0,24 |
| 3 | 0,35 |
| 4 | 0,47 |
| 5 | 0,59 |
| 6 | 0,71 |
| 7 | 0,83 |
| 8 | 0,94 |
| 9 | 1,06 |
| 119 | |
| 1 | 0,12 |
| 2 | 0,24 |
| 3 | 0,36 |
| 4 | 0,48 |
| 5 | 0,60 |
| 6 | 0,71 |
| 7 | 0,83 |
| 8 | 0,95 |
| 9 | 1,07 |

## 675,50 = 11,831.

| | 00 | 10 | 20 | 30 | 40 | 50 | 60 | 70 | 80 | 90 | dif. | |
|---|---|---|---|---|---|---|---|---|---|---|---|---|
| 0 | | 1,18 | 2,37 | 3,55 | 4,73 | 5,92 | 7,10 | 8,28 | 9,46 | 10,65 | 118 | |
| | | | | | | | | | | | 1 | 0,12 |
| 1 | 11,83 | 13,01 | 14,20 | 15,38 | 16,56 | 17,75 | 18,93 | 20,11 | 21,30 | 22,48 | 2 | 0,24 |
| 2 | 23,66 | 24,85 | 26,03 | 27,21 | 28,39 | 29,58 | 30,76 | 31,94 | 33,13 | 34,31 | 3 | 0,35 |
| 3 | 35,49 | 36,68 | 37,86 | 39,04 | 40,23 | 41,41 | 42,59 | 43,77 | 44,96 | 46,14 | 4 | 0,47 |
| | | | | | | | | | | | 5 | 0,59 |
| 4 | 47,32 | 48,51 | 49,69 | 50,87 | 52,06 | 53,24 | 54,42 | 55,61 | 56,79 | 57,97 | 6 | 0,71 |
| 5 | 59,16 | 60,34 | 61,52 | 62,70 | 63,89 | 65,07 | 66,25 | 67,44 | 68,62 | 69,80 | 7 | 0,83 |
| 6 | 70,99 | 72,17 | 73,35 | 74,54 | 75,72 | 76,90 | 78,08 | 79,27 | 80,45 | 81,63 | 8 | 0,94 |
| | | | | | | | | | | | 9 | 1,06 |
| 7 | 82,82 | 84,00 | 85,18 | 86,37 | 87,55 | 88,73 | 89,92 | 91,10 | 92,28 | 93,46 | | |
| 8 | 94,65 | 95,83 | 97,01 | 98,20 | 99,38 | 100,56 | 101,75 | 102,93 | 104,11 | 105,30 | 119 | |
| 9 | 106,48 | 107,66 | 108,85 | 110,03 | 111,21 | 112,39 | 113,58 | 114,76 | 115,94 | 117,13 | 1 | 0,12 |
| | | | | | | | | | | | 2 | 0,24 |
| 10 | 118,31 | 119,49 | 120,68 | 121,86 | 123,04 | 124,23 | 125,41 | 126,59 | 127,77 | 128,96 | 3 | 0,36 |
| 11 | 130,14 | 131,32 | 132,51 | 133,69 | 134,87 | 136,06 | 137,24 | 138,42 | 139,61 | 140,79 | 4 | 0,48 |
| 12 | 141,97 | 143,16 | 144,34 | 145,52 | 146,70 | 147,89 | 149,07 | 150,25 | 151,44 | 152,62 | 5 | 0,60 |
| | | | | | | | | | | | 6 | 0,71 |
| 13 | 153,80 | 154,99 | 156,17 | 157,35 | 158,54 | 159,72 | 160,90 | 162,08 | 163,27 | 164,45 | 7 | 0,83 |
| 14 | 165,63 | 166,82 | 168,00 | 169,18 | 170,37 | 171,55 | 172,73 | 173,92 | 175,10 | 176,28 | 8 | 0,95 |
| 15 | 177,47 | 178,65 | 179,83 | 181,01 | 182,20 | 183,38 | 184,56 | 185,75 | 186,93 | 188,11 | 9 | 1,07 |
| 16 | 189,30 | 190,48 | 191,66 | 192,85 | 194,03 | 195,21 | 196,39 | 197,58 | 198,76 | 199,94 | | |
| 17 | 201,13 | 202,31 | 203,49 | 204,68 | 205,86 | 207,04 | 208,23 | 209,41 | 210,59 | 211,77 | | |
| 18 | 212,96 | 214,14 | 215,32 | 216,51 | 217,69 | 218,87 | 220,06 | 221,24 | 222,42 | 223,61 | | |
| 19 | 224,79 | 225,97 | 227,16 | 228,34 | 229,52 | 230,70 | 231,89 | 233,07 | 234,25 | 235,44 | | |
| 20 | 236,62 | 237,80 | 238,99 | 240,17 | 241,35 | 242,54 | 243,72 | 244,90 | 246,08 | 247,27 | | |
| 21 | 248,45 | 249,63 | 250,82 | 252,00 | 253,18 | 254,37 | 255,55 | 256,73 | 257,92 | 259,10 | | |
| 22 | 260,28 | 261,47 | 262,65 | 263,83 | 265,01 | 266,20 | 267,38 | 268,56 | 269,75 | 270,93 | | |
| 23 | 272,11 | 273,30 | 274,48 | 275,66 | 276,85 | 278,03 | 279,21 | 280,39 | 281,58 | 282,76 | | |
| 24 | 283,94 | 285,13 | 286,31 | 287,49 | 288,68 | 289,86 | 291,04 | 292,23 | 293,41 | 294,59 | | |

## 674,50 = 11,849.

| | 00 | 10 | 20 | 30 | 40 | 50 | 60 | 70 | 80 | 90 |
|---|---|---|---|---|---|---|---|---|---|---|
| 0 | | 1,18 | 2,37 | 3,55 | 4,74 | 5,92 | 7,11 | 8,29 | 9,48 | 10,66 |
| 1 | 11,85 | 13,03 | 14,22 | 15,40 | 16,59 | 17,77 | 18,96 | 20,14 | 21,33 | 22,51 |
| 2 | 23,70 | 24,88 | 26,07 | 27,25 | 28,44 | 29,62 | 30,81 | 31,99 | 33,18 | 34,36 |
| 3 | 35,55 | 36,73 | 37,92 | 39,10 | 40,29 | 41,47 | 42,66 | 43,84 | 45,03 | 46,21 |
| 4 | 47,40 | 48,58 | 49,77 | 50,95 | 52,14 | 53,32 | 54,51 | 55,69 | 56,88 | 58,06 |
| 5 | 59,25 | 60,43 | 61,61 | 62,80 | 63,98 | 65,17 | 66,35 | 67,54 | 68,72 | 69,91 |
| 6 | 71,09 | 72,28 | 73,46 | 74,65 | 75,83 | 77,02 | 78,20 | 79,39 | 80,57 | 81,76 |
| 7 | 82,94 | 84,13 | 85,31 | 86,50 | 87,68 | 88,87 | 90,05 | 91,24 | 92,42 | 93,61 |
| 8 | 94,79 | 95,98 | 97,16 | 98,35 | 99,53 | 100,72 | 101,90 | 103,09 | 104,27 | 105,46 |
| 9 | 106,64 | 107,83 | 109,01 | 110,20 | 111,38 | 112,57 | 113,75 | 114,94 | 116,12 | 117,31 |
| 10 | 118,49 | 119,67 | 120,86 | 122,04 | 123,23 | 124,41 | 125,60 | 126,78 | 127,97 | 129,15 |
| 11 | 130,34 | 131,52 | 132,71 | 133,89 | 135,08 | 136,26 | 137,45 | 138,63 | 139,82 | 141,00 |
| 12 | 142,19 | 143,37 | 144,56 | 145,74 | 146,93 | 148,11 | 149,30 | 150,48 | 151,67 | 152,85 |
| 13 | 154,04 | 155,22 | 156,41 | 157,59 | 158,78 | 159,96 | 161,15 | 162,33 | 163,52 | 164,70 |
| 14 | 165,89 | 167,07 | 168,26 | 169,44 | 170,63 | 171,81 | 173,00 | 174,18 | 175,37 | 176,55 |
| 15 | 177,74 | 178,92 | 180,10 | 181,29 | 182,47 | 183,66 | 184,84 | 186,03 | 187,21 | 188,40 |
| 16 | 189,58 | 190,77 | 191,95 | 193,14 | 194,32 | 195,51 | 196,69 | 197,88 | 199,06 | 200,25 |
| 17 | 201,43 | 202,62 | 203,80 | 204,99 | 206,17 | 207,36 | 208,54 | 209,73 | 210,91 | 212,10 |
| 18 | 213,28 | 214,47 | 215,65 | 216,84 | 218,02 | 219,21 | 220,39 | 221,58 | 222,76 | 223,95 |
| 19 | 225,13 | 226,32 | 227,50 | 228,69 | 229,87 | 231,06 | 232,24 | 233,43 | 234,61 | 235,80 |
| 20 | 236,98 | 238,16 | 239,35 | 240,53 | 241,72 | 242,90 | 244,09 | 245,27 | 246,46 | 247,64 |
| 21 | 248,83 | 250,01 | 251,20 | 252,38 | 253,57 | 254,75 | 255,94 | 257,12 | 258,31 | 259,49 |
| 22 | 260,68 | 261,86 | 263,05 | 264,23 | 265,42 | 266,60 | 267,79 | 268,97 | 270,16 | 271,34 |
| 23 | 272,53 | 273,71 | 274,90 | 276,08 | 277,27 | 278,45 | 279,64 | 280,82 | 282,01 | 283,19 |
| 24 | 284,38 | 285,56 | 286,75 | 287,93 | 289,12 | 290,30 | 291,49 | 292,67 | 293,86 | 295,04 |

| dif. | |
|---|---|
| | 118 |
| 1 | 0,12 |
| 2 | 0,24 |
| 3 | 0,35 |
| 4 | 0,47 |
| 5 | 0,59 |
| 6 | 0,71 |
| 7 | 0,83 |
| 8 | 0,94 |
| 9 | 1,06 |
| | 119 |
| 1 | 0,12 |
| 2 | 0,24 |
| 3 | 0,36 |
| 4 | 0,48 |
| 5 | 0,60 |
| 6 | 0,71 |
| 7 | 0,83 |
| 8 | 0,95 |
| 9 | 1,07 |

# 673,50 = 11,866.

| | 00 | 10 | 20 | 30 | 40 | 50 | 60 | 70 | 80 | 90 |
|---|---|---|---|---|---|---|---|---|---|---|
| 0 | | 1,19 | 2,37 | 3,56 | 4,75 | 5,93 | 7,12 | 8,31 | 9,49 | 10,68 |
| 1 | 11,87 | 13,05 | 14,24 | 15,43 | 16,61 | 17,80 | 18,99 | 20,17 | 21,36 | 22,55 |
| 2 | 23,73 | 24,92 | 26,11 | 27,29 | 28,48 | 29,67 | 30,85 | 32,04 | 33,22 | 34,41 |
| 3 | 35,60 | 36,78 | 37,97 | 39,16 | 40,34 | 41,53 | 42,72 | 43,90 | 45,09 | 46,28 |
| 4 | 47,46 | 48,65 | 49,84 | 51,02 | 52,21 | 53,40 | 54,58 | 55,77 | 56,96 | 58,14 |
| 5 | 59,33 | 60,52 | 61,70 | 62,89 | 64,08 | 65,26 | 66,45 | 67,64 | 68,82 | 70,01 |
| 6 | 71,20 | 72,38 | 73,57 | 74,76 | 75,94 | 77,13 | 78,32 | 79,50 | 80,69 | 81,88 |
| 7 | 83,06 | 84,25 | 85,44 | 86,62 | 87,81 | 89,00 | 90,18 | 91,37 | 92,55 | 93,74 |
| 8 | 94,93 | 96,11 | 97,30 | 98,49 | 99,67 | 100,86 | 102,05 | 103,23 | 104,42 | 105,61 |
| 9 | 106,79 | 107,98 | 109,17 | 110,35 | 111,54 | 112,73 | 113,91 | 115,10 | 116,29 | 117,47 |
| 10 | 118,66 | 119,85 | 121,03 | 122,22 | 123,41 | 124,59 | 125,78 | 126,97 | 128,15 | 129,34 |
| 11 | 130,53 | 131,71 | 132,90 | 134,09 | 135,27 | 136,46 | 137,65 | 138,83 | 140,02 | 141,21 |
| 12 | 142,39 | 143,58 | 144,77 | 145,95 | 147,14 | 148,33 | 149,51 | 150,70 | 151,88 | 153,07 |
| 13 | 154,26 | 155,44 | 156,63 | 157,82 | 159,00 | 160,19 | 161,38 | 162,56 | 163,75 | 164,94 |
| 14 | 166,12 | 167,31 | 168,50 | 169,68 | 170,87 | 172,06 | 173,24 | 174,43 | 175,62 | 176,80 |
| 15 | 177,99 | 179,18 | 180,36 | 181,55 | 182,74 | 183,92 | 185,11 | 186,30 | 187,48 | 188,67 |
| 16 | 189,86 | 191,04 | 192,23 | 193,42 | 194,60 | 195,79 | 196,98 | 198,16 | 199,35 | 200,54 |
| 17 | 201,72 | 202,91 | 204,10 | 205,28 | 206,47 | 207,66 | 208,84 | 210,03 | 211,21 | 212,40 |
| 18 | 213,59 | 214,77 | 215,96 | 217,15 | 218,33 | 219,52 | 220,71 | 221,89 | 223,08 | 224,27 |
| 19 | 225,45 | 226,64 | 227,83 | 229,01 | 230,20 | 231,39 | 232,57 | 233,76 | 234,95 | 236,13 |
| 20 | 237,32 | 238,51 | 239,69 | 240,88 | 242,07 | 243,25 | 244,44 | 245,63 | 246,81 | 248,00 |
| 21 | 249,19 | 250,37 | 251,56 | 252,75 | 253,93 | 255,12 | 256,31 | 257,49 | 258,68 | 259,87 |
| 22 | 261,05 | 262,24 | 263,43 | 264,61 | 265,80 | 266,99 | 268,17 | 269,36 | 270,54 | 271,73 |
| 23 | 272,92 | 274,10 | 275,29 | 276,48 | 277,66 | 278,85 | 280,04 | 281,22 | 282,41 | 283,60 |
| 24 | 284,78 | 285,97 | 287,16 | 288,34 | 289,53 | 290,72 | 291,90 | 293,09 | 294,28 | 295,46 |

dif.

| 118 | |
|---|---|
| 1 | 0,12 |
| 2 | 0,24 |
| 3 | 0,35 |
| 4 | 0,47 |
| 5 | 0,59 |
| 6 | 0,71 |
| 7 | 0,83 |
| 8 | 0,94 |
| 9 | 1,06 |

| 119 | |
|---|---|
| 1 | 0,12 |
| 2 | 0,24 |
| 3 | 0,36 |
| 4 | 0,48 |
| 5 | 0,60 |
| 6 | 0,71 |
| 7 | 0,83 |
| 8 | 0,95 |
| 9 | 1,07 |

## 672,50 = 11,884.

| | 00 | 10 | 20 | 30 | 40 | 50 | 60 | 70 | 80 | 90 |
|---|---|---|---|---|---|---|---|---|---|---|
| 0 | | 1,19 | 2,38 | 3,57 | 4,75 | 5,94 | 7,13 | 8,32 | 9,51 | 10,70 |
| 1 | 11,88 | 13,07 | 14,26 | 15,45 | 16,64 | 17,83 | 19,01 | 20,20 | 21,39 | 22,58 |
| 2 | 23,77 | 24,96 | 26,14 | 27,33 | 28,52 | 29,71 | 30,90 | 32,09 | 33,28 | 34,46 |
| 3 | 35,65 | 36,84 | 38,03 | 39,22 | 40,41 | 41,59 | 42,78 | 43,97 | 45,16 | 46,35 |
| 4 | 47,54 | 48,72 | 49,91 | 51,10 | 52,29 | 53,48 | 54,67 | 55,85 | 57,04 | 58,23 |
| 5 | 59,42 | 60,61 | 61,80 | 62,99 | 64,17 | 65,36 | 66,55 | 67,74 | 68,93 | 70,12 |
| 6 | 71,30 | 72,49 | 73,68 | 74,87 | 76,06 | 77,25 | 78,43 | 79,62 | 80,81 | 82,00 |
| 7 | 83,19 | 84,38 | 85,56 | 86,75 | 87,94 | 89,13 | 90,32 | 91,51 | 92,70 | 93,88 |
| 8 | 95,07 | 96,26 | 97,45 | 98,64 | 99,83 | 101,01 | 102,20 | 103,39 | 104,58 | 105,77 |
| 9 | 106,96 | 108,14 | 109,33 | 110,52 | 111,71 | 112,90 | 114,09 | 115,27 | 116,46 | 117,65 |
| 10 | 118,84 | 120,03 | 121,22 | 122,41 | 123,59 | 124,78 | 125,97 | 127,16 | 128,35 | 129,54 |
| 11 | 130,72 | 131,91 | 133,10 | 134,29 | 135,48 | 136,67 | 137,85 | 139,04 | 140,23 | 141,42 |
| 12 | 142,61 | 143,80 | 144,98 | 146,17 | 147,36 | 148,55 | 149,74 | 150,93 | 152,12 | 153,30 |
| 13 | 154,49 | 155,68 | 156,87 | 158,06 | 159,25 | 160,43 | 161,62 | 162,81 | 164,00 | 165,19 |
| 14 | 166,38 | 167,56 | 168,75 | 169,94 | 171,13 | 172,32 | 173,51 | 174,69 | 175,88 | 177,07 |
| 15 | 178,26 | 179,45 | 180,64 | 181,83 | 183,01 | 184,20 | 185,39 | 186,58 | 187,77 | 188,96 |
| 16 | 190,14 | 191,33 | 192,52 | 193,71 | 194,90 | 196,09 | 197,27 | 198,46 | 199,65 | 200,84 |
| 17 | 202,03 | 203,22 | 204,40 | 205,59 | 206,78 | 207,97 | 209,16 | 210,35 | 211,54 | 212,72 |
| 18 | 213,91 | 215,10 | 216,29 | 217,48 | 218,67 | 219,85 | 221,04 | 222,23 | 223,42 | 224,61 |
| 19 | 225,80 | 226,98 | 228,17 | 229,36 | 230,55 | 231,74 | 232,93 | 234,11 | 235,30 | 236,49 |
| 20 | 237,68 | 238,87 | 240,06 | 241,25 | 242,43 | 243,62 | 244,81 | 246,00 | 247,19 | 248,38 |
| 21 | 249,56 | 250,75 | 251,94 | 253,13 | 254,32 | 255,51 | 256,69 | 257,88 | 259,07 | 260,26 |
| 22 | 261,45 | 262,64 | 263,82 | 265,01 | 266,20 | 267,39 | 268,58 | 269,77 | 270,96 | 272,14 |
| 23 | 273,33 | 274,52 | 275,71 | 276,90 | 278,09 | 279,27 | 280,46 | 281,65 | 282,84 | 284,03 |
| 24 | 285,22 | 286,40 | 287,59 | 288,78 | 289,97 | 291,16 | 292,35 | 293,53 | 294,72 | 295,91 |

| dif. | 118 | 119 |
|---|---|---|
| 1 | 0,12 | 0,12 |
| 2 | 0,24 | 0,24 |
| 3 | 0,35 | 0,36 |
| 4 | 0,47 | 0,48 |
| 5 | 0,59 | 0,60 |
| 6 | 0,71 | 0,71 |
| 7 | 0,83 | 0,83 |
| 8 | 0,94 | 0,95 |
| 9 | 1,06 | 1,07 |

## 671,50 = 11,903.

| | 00 | 10 | 20 | 30 | 40 | 50 | 60 | 70 | 80 | 90 |
|---|---|---|---|---|---|---|---|---|---|---|
| 0 | | 1,19 | 2,38 | 3,57 | 4,76 | 5,95 | 7,14 | 8,33 | 9,52 | 10,71 |
| 1 | 11,90 | 13,09 | 14,28 | 15,47 | 16,66 | 17,85 | 19,04 | 20,24 | 21,43 | 22,62 |
| 2 | 23,81 | 25,00 | 26,19 | 27,38 | 28,57 | 29,76 | 30,95 | 32,14 | 33,33 | 34,52 |
| 3 | 35,71 | 36,90 | 38,09 | 39,28 | 40,47 | 41,66 | 42,85 | 44,04 | 45,23 | 46,42 |
| 4 | 47,61 | 48,80 | 49,99 | 51,18 | 52,37 | 53,56 | 54,75 | 55,94 | 57,13 | 58,32 |
| 5 | 59,52 | 60,71 | 61,90 | 63,09 | 64,28 | 65,47 | 66,66 | 67,85 | 69,04 | 70,23 |
| 6 | 71,42 | 72,61 | 73,80 | 74,99 | 76,18 | 77,37 | 78,56 | 79,75 | 80,94 | 82,13 |
| 7 | 83,32 | 84,51 | 85,70 | 86,89 | 88,08 | 89,27 | 90,46 | 91,65 | 92,84 | 94,03 |
| 8 | 95,22 | 96,41 | 97,60 | 98,79 | 99,99 | 101,18 | 102,37 | 103,56 | 104,75 | 105,94 |
| 9 | 107,13 | 108,32 | 109,51 | 110,70 | 111,89 | 113,08 | 114,27 | 115,46 | 116,65 | 117,84 |
| 10 | 119,03 | 120,22 | 121,41 | 122,60 | 123,79 | 124,98 | 126,17 | 127,36 | 128,55 | 129,74 |
| 11 | 130,93 | 132,12 | 133,31 | 134,50 | 135,69 | 136,88 | 138,07 | 139,27 | 140,46 | 141,65 |
| 12 | 142,84 | 144,03 | 145,22 | 146,41 | 147,60 | 148,79 | 149,98 | 151,17 | 152,36 | 153,55 |
| 13 | 154,74 | 155,93 | 157,12 | 158,31 | 159,50 | 160,69 | 161,88 | 163,07 | 164,26 | 165,45 |
| 14 | 166,64 | 167,83 | 169,02 | 170,21 | 171,40 | 172,59 | 173,78 | 174,97 | 176,16 | 177,35 |
| 15 | 178,55 | 179,74 | 180,93 | 182,12 | 183,31 | 184,50 | 185,69 | 186,88 | 188,07 | 189,26 |
| 16 | 190,45 | 191,64 | 192,83 | 194,02 | 195,21 | 196,40 | 197,59 | 198,78 | 199,97 | 201,16 |
| 17 | 202,35 | 203,54 | 204,73 | 205,92 | 207,11 | 208,30 | 209,49 | 210,68 | 211,87 | 213,06 |
| 18 | 214,25 | 215,44 | 216,63 | 217,82 | 219,02 | 220,21 | 221,40 | 222,59 | 223,78 | 224,97 |
| 19 | 226,16 | 227,35 | 228,54 | 229,73 | 230,92 | 232,11 | 233,30 | 234,49 | 235,68 | 236,87 |
| 20 | 238,06 | 239,25 | 240,44 | 241,63 | 242,82 | 244,01 | 245,20 | 246,39 | 247,58 | 248,77 |
| 21 | 249,96 | 251,15 | 252,34 | 253,53 | 254,72 | 255,91 | 257,10 | 258,30 | 259,49 | 260,68 |
| 22 | 261,87 | 263,06 | 264,25 | 265,44 | 266,63 | 267,82 | 269,01 | 270,20 | 271,39 | 272,58 |
| 23 | 273,77 | 274,96 | 276,15 | 277,34 | 278,53 | 279,72 | 280,91 | 282,10 | 283,29 | 284,48 |
| 24 | 285,67 | 286,86 | 288,05 | 289,24 | 290,43 | 291,62 | 292,81 | 294,00 | 295,19 | 296,38 |

| dif. | 119 | 120 |
|---|---|---|
| 1 | 0,12 | 0,12 |
| 2 | 0,24 | 0,24 |
| 3 | 0,36 | 0,36 |
| 4 | 0,48 | 0,48 |
| 5 | 0,60 | 0,60 |
| 6 | 0,71 | 0,72 |
| 7 | 0,83 | 0,84 |
| 8 | 0,95 | 0,96 |
| 9 | 1,07 | 1,08 |

## 670,50 = 11,920.

| | 00 | 10 | 20 | 30 | 40 | 50 | 60 | 70 | 80 | 90 |
|---|---|---|---|---|---|---|---|---|---|---|
| 0 | | 1,19 | 2,38 | 3,58 | 4,77 | 5,96 | 7,15 | 8,34 | 9,54 | 10,73 |
| 1 | 11,92 | 13,11 | 14,30 | 15,50 | 16,69 | 17,88 | 19,07 | 20,26 | 21,46 | 22,65 |
| 2 | 23,84 | 25,03 | 26,22 | 27,42 | 28,61 | 29,80 | 30,99 | 32,18 | 33,38 | 34,57 |
| 3 | 35,76 | 36,95 | 38,14 | 39,34 | 40,53 | 41,72 | 42,91 | 44,10 | 45,30 | 46,49 |
| 4 | 47,68 | 48,87 | 50,06 | 51,26 | 52,45 | 53,64 | 54,83 | 56,02 | 57,22 | 58,41 |
| 5 | 59,60 | 60,79 | 61,98 | 63,18 | 64,37 | 65,56 | 66,75 | 67,94 | 69,14 | 70,33 |
| 6 | 71,52 | 72,71 | 73,90 | 75,10 | 76,29 | 77,48 | 78,67 | 79,86 | 81,06 | 82,25 |
| 7 | 83,44 | 84,63 | 85,82 | 87,02 | 88,21 | 89,40 | 90,59 | 91,78 | 92,98 | 94,17 |
| 8 | 95,36 | 96,55 | 97,74 | 98,94 | 100,13 | 101,32 | 102,51 | 103,70 | 104,90 | 106,09 |
| 9 | 107,28 | 108,47 | 109,66 | 110,86 | 112,05 | 113,24 | 114,43 | 115,62 | 116,82 | 118,01 |
| 10 | 119,20 | 120,39 | 121,58 | 122,78 | 123,97 | 125,16 | 126,35 | 127,54 | 128,74 | 129,93 |
| 11 | 131,12 | 132,31 | 133,50 | 134,70 | 135,89 | 137,08 | 138,27 | 139,46 | 140,66 | 141,85 |
| 12 | 143,04 | 144,23 | 145,42 | 146,62 | 147,81 | 149,00 | 150,19 | 151,38 | 152,58 | 153,77 |
| 13 | 154,96 | 156,15 | 157,34 | 158,54 | 159,73 | 160,92 | 162,11 | 163,30 | 164,50 | 165,69 |
| 14 | 166,88 | 168,07 | 169,26 | 170,46 | 171,65 | 172,84 | 174,03 | 175,22 | 176,42 | 177,61 |
| 15 | 178,80 | 179,99 | 181,18 | 182,38 | 183,57 | 184,76 | 185,95 | 187,14 | 188,34 | 189,53 |
| 16 | 190,72 | 191,91 | 193,10 | 194,30 | 195,49 | 196,68 | 197,87 | 199,06 | 200,26 | 201,45 |
| 17 | 202,64 | 203,83 | 205,02 | 206,22 | 207,41 | 208,60 | 209,79 | 210,98 | 212,18 | 213,37 |
| 18 | 214,56 | 215,75 | 216,94 | 218,14 | 219,33 | 220,52 | 221,71 | 222,90 | 224,10 | 225,29 |
| 19 | 226,48 | 227,67 | 228,86 | 230,06 | 231,25 | 232,44 | 233,63 | 234,82 | 236,02 | 237,21 |
| 20 | 238,40 | 239,59 | 240,78 | 241,98 | 243,17 | 244,36 | 245,55 | 246,74 | 247,94 | 249,13 |
| 21 | 250,32 | 251,51 | 252,70 | 253,90 | 255,09 | 256,28 | 257,47 | 258,66 | 259,86 | 261,05 |
| 22 | 262,24 | 263,43 | 264,62 | 265,82 | 267,01 | 268,20 | 269,39 | 270,58 | 271,78 | 272,97 |
| 23 | 274,16 | 275,35 | 276,54 | 277,74 | 278,93 | 280,12 | 281,31 | 282,50 | 283,70 | 284,89 |
| 24 | 286,08 | 287,27 | 288,46 | 289,66 | 290,85 | 292,04 | 293,23 | 294,42 | 295,62 | 296,81 |

| dif. | 119 | 120 |
|---|---|---|
| 1 | 0,12 | 0,12 |
| 2 | 0,24 | 0,24 |
| 3 | 0,36 | 0,36 |
| 4 | 0,48 | 0,48 |
| 5 | 0,60 | 0,60 |
| 6 | 0,71 | 0,72 |
| 7 | 0,83 | 0,84 |
| 8 | 0,95 | 0,96 |
| 9 | 1,07 | 1,08 |

## 669,50 = 11,938.

| | 00 | 10 | 20 | 30 | 40 | 50 | 60 | 70 | 80 | 90 |
|---|---|---|---|---|---|---|---|---|---|---|
| 0 | | 1,19 | 2,39 | 3,58 | 4,78 | 5,97 | 7,16 | 8,36 | 9,55 | 10,74 |
| 1 | 11,94 | 13,13 | 14,33 | 15,52 | 16,71 | 17,91 | 19,10 | 20,29 | 21,49 | 22,68 |
| 2 | 23,88 | 25,07 | 26,26 | 27,46 | 28,65 | 29,85 | 31,04 | 32,23 | 33,43 | 34,62 |
| 3 | 35,81 | 37,01 | 38,20 | 39,40 | 40,59 | 41,78 | 42,98 | 44,17 | 45,36 | 46,56 |
| 4 | 47,75 | 48,95 | 50,14 | 51,33 | 52,53 | 53,72 | 54,91 | 56,11 | 57,30 | 58,50 |
| 5 | 59,69 | 60,88 | 62,08 | 63,27 | 64,47 | 65,66 | 66,85 | 68,05 | 69,24 | 70,43 |
| 6 | 71,63 | 72,82 | 74,02 | 75,21 | 76,40 | 77,60 | 78,79 | 79,98 | 81,18 | 82,37 |
| 7 | 83,57 | 84,76 | 85,95 | 87,15 | 88,34 | 89,54 | 90,73 | 91,92 | 93,12 | 94,31 |
| 8 | 95,50 | 96,70 | 97,89 | 99,09 | 100,28 | 101,47 | 102,67 | 103,86 | 105,05 | 106,25 |
| 9 | 107,44 | 108,64 | 109,83 | 111,02 | 112,22 | 113,41 | 114,60 | 115,80 | 116,99 | 118,19 |
| 10 | 119,38 | 120,57 | 121,77 | 122,96 | 124,16 | 125,35 | 126,54 | 127,74 | 128,93 | 130,12 |
| 11 | 131,32 | 132,51 | 133,71 | 134,90 | 136,09 | 137,29 | 138,48 | 139,67 | 140,87 | 142,06 |
| 12 | 143,26 | 144,45 | 145,64 | 146,84 | 148,03 | 149,23 | 150,42 | 151,61 | 152,81 | 154,00 |
| 13 | 155,19 | 156,39 | 157,58 | 158,78 | 159,97 | 161,16 | 162,36 | 163,55 | 164,74 | 165,94 |
| 14 | 167,13 | 168,33 | 169,52 | 170,71 | 171,91 | 173,10 | 174,29 | 175,49 | 176,68 | 177,88 |
| 15 | 179,07 | 180,26 | 181,46 | 182,65 | 183,85 | 185,04 | 186,23 | 187,43 | 188,62 | 189,81 |
| 16 | 191,01 | 192,20 | 193,40 | 194,59 | 195,78 | 196,98 | 198,17 | 199,36 | 200,56 | 201,75 |
| 17 | 202,95 | 204,14 | 205,33 | 206,53 | 207,72 | 208,92 | 210,11 | 211,30 | 212,50 | 213,69 |
| 18 | 214,88 | 216,08 | 217,27 | 218,47 | 219,66 | 220,85 | 222,05 | 223,24 | 224,43 | 225,63 |
| 19 | 226,82 | 228,02 | 229,21 | 230,40 | 231,60 | 232,79 | 233,98 | 235,18 | 236,37 | 237,57 |
| 20 | 238,76 | 239,95 | 241,15 | 242,34 | 243,54 | 244,73 | 245,92 | 247,12 | 248,31 | 249,50 |
| 21 | 250,70 | 251,89 | 253,09 | 254,28 | 255,47 | 256,67 | 257,86 | 259,05 | 260,25 | 261,44 |
| 22 | 262,64 | 263,83 | 265,02 | 266,22 | 267,41 | 268,61 | 269,80 | 270,99 | 272,19 | 273,38 |
| 23 | 274,57 | 275,77 | 276,96 | 278,16 | 279,35 | 280,54 | 281,74 | 282,93 | 284,12 | 285,32 |
| 24 | 286,51 | 287,71 | 288,90 | 290,09 | 291,29 | 292,48 | 293,67 | 294,87 | 296,06 | 297,26 |

dif.

| 119 | |
|---|---|
| 1 | 0,12 |
| 2 | 0,24 |
| 3 | 0,36 |
| 4 | 0,48 |
| 5 | 0,60 |
| 6 | 0,71 |
| 7 | 0,83 |
| 8 | 0,95 |
| 9 | 1,07 |

| 120 | |
|---|---|
| 1 | 0,12 |
| 2 | 0,24 |
| 3 | 0,36 |
| 4 | 0,48 |
| 5 | 0,60 |
| 6 | 0,72 |
| 7 | 0,84 |
| 8 | 0,96 |
| 9 | 1,08 |

## 668,50 = 11,956.

| | 00 | 10 | 20 | 30 | 40 | 50 | 60 | 70 | 80 | 90 |
|---|---|---|---|---|---|---|---|---|---|---|
| 0 | | 1,20 | 2,39 | 3,59 | 4,78 | 5,98 | 7,17 | 8,37 | 9,56 | 10,76 |
| 1 | 11,96 | 13,15 | 14,35 | 15,54 | 16,74 | 17,93 | 19,13 | 20,33 | 21,52 | 22,72 |
| 2 | 23,91 | 25,11 | 26,30 | 27,50 | 28,69 | 29,89 | 31,09 | 32,28 | 33,48 | 34,67 |
| 3 | 35,87 | 37,06 | 38,26 | 39,45 | 40,65 | 41,85 | 43,04 | 44,24 | 45,43 | 46,63 |
| 4 | 47,82 | 49,02 | 50,22 | 51,41 | 52,61 | 53,80 | 55,00 | 56,19 | 57,39 | 58,58 |
| 5 | 59,78 | 60,98 | 62,17 | 63,37 | 64,56 | 65,76 | 66,95 | 68,15 | 69,34 | 70,54 |
| 6 | 71,74 | 72,93 | 74,13 | 75,32 | 76,52 | 77,71 | 78,91 | 80,11 | 81,30 | 82,50 |
| 7 | 83,69 | 84,89 | 86,08 | 87,28 | 88,47 | 89,67 | 90,87 | 92,06 | 93,26 | 94,45 |
| 8 | 95,65 | 96,84 | 98,04 | 99,23 | 100,43 | 101,63 | 102,82 | 104,02 | 105,21 | 106,41 |
| 9 | 107,60 | 108,80 | 110,00 | 111,19 | 112,39 | 113,58 | 114,78 | 115,97 | 117,17 | 118,36 |
| 10 | 119,56 | 120,76 | 121,95 | 123,15 | 124,34 | 125,54 | 126,73 | 127,93 | 129,12 | 130,32 |
| 11 | 131,52 | 132,71 | 133,91 | 135,10 | 136,30 | 137,49 | 138,69 | 139,89 | 141,08 | 142,28 |
| 12 | 143,47 | 144,67 | 145,86 | 147,06 | 148,25 | 149,45 | 150,65 | 151,84 | 153,04 | 154,23 |
| 13 | 155,43 | 156,62 | 157,82 | 159,01 | 160,21 | 161,41 | 162,60 | 163,80 | 164,99 | 166,19 |
| 14 | 167,38 | 168,58 | 169,78 | 170,97 | 172,17 | 173,36 | 174,56 | 175,75 | 176,95 | 178,14 |
| 15 | 179,34 | 180,54 | 181,73 | 182,93 | 184,12 | 185,32 | 186,51 | 187,71 | 188,90 | 190,10 |
| 16 | 191,30 | 192,49 | 193,69 | 194,88 | 196,08 | 197,27 | 198,47 | 199,67 | 200,86 | 202,06 |
| 17 | 203,25 | 204,45 | 205,64 | 206,84 | 208,03 | 209,23 | 210,43 | 211,62 | 212,82 | 214,01 |
| 18 | 215,21 | 216,40 | 217,60 | 218,79 | 219,99 | 221,19 | 222,38 | 223,58 | 224,77 | 225,97 |
| 19 | 227,16 | 228,36 | 229,56 | 230,75 | 231,95 | 233,14 | 234,34 | 235,53 | 236,73 | 237,92 |
| 20 | 239,12 | 240,32 | 241,51 | 242,71 | 243,90 | 245,10 | 246,29 | 247,49 | 248,68 | 249,88 |
| 21 | 251,08 | 252,27 | 253,47 | 254,66 | 255,86 | 257,05 | 258,25 | 259,45 | 260,64 | 261,84 |
| 22 | 263,03 | 264,23 | 265,42 | 266,62 | 267,81 | 269,01 | 270,21 | 271,40 | 272,60 | 273,79 |
| 23 | 274,99 | 276,18 | 277,38 | 278,57 | 279,77 | 280,97 | 282,16 | 283,36 | 284,55 | 285,75 |
| 24 | 286,94 | 288,14 | 289,34 | 290,53 | 291,73 | 292,92 | 294,12 | 295,31 | 296,51 | 297,70 |

| dif. | |
|---|---|
| 119 | |
| 1 | 0,12 |
| 2 | 0,24 |
| 3 | 0,36 |
| 4 | 0,48 |
| 5 | 0,60 |
| 6 | 0,71 |
| 7 | 0,83 |
| 8 | 0,95 |
| 9 | 1,07 |
| 120 | |
| 1 | 0,12 |
| 2 | 0,24 |
| 3 | 0,36 |
| 4 | 0,48 |
| 5 | 0,60 |
| 6 | 0,72 |
| 7 | 0,84 |
| 8 | 0,96 |
| 9 | 1,08 |

## 667,50 = 11,973.

| | 00 | 10 | 20 | 30 | 40 | 50 | 60 | 70 | 80 | 90 | dif. | |
|---|---|---|---|---|---|---|---|---|---|---|---|---|
| 0 | | 1,20 | 2,39 | 3,59 | 4,79 | 5,99 | 7,18 | 8,38 | 9,58 | 10,78 | 119 | |
| | | | | | | | | | | | 1 | 0,12 |
| 1 | 11,97 | 13,17 | 14,37 | 15,56 | 16,76 | 17,96 | 19,16 | 20,35 | 21,55 | 22,75 | 2 | 0,24 |
| 2 | 23,95 | 25,14 | 26,34 | 27,54 | 28,74 | 29,93 | 31,13 | 32,33 | 33,52 | 34,72 | 3 | 0,36 |
| 3 | 35,92 | 37,12 | 38,31 | 39,51 | 40,71 | 41,91 | 43,10 | 44,30 | 45,50 | 46,69 | 4 | 0,48 |
| | | | | | | | | | | | 5 | 0,60 |
| 4 | 47,89 | 49,09 | 50,29 | 51,48 | 52,68 | 53,88 | 55,08 | 56,27 | 57,47 | 58,67 | 6 | 0,71 |
| 5 | 59,87 | 61,06 | 62,26 | 63,46 | 64,65 | 65,85 | 67,05 | 68,25 | 69,44 | 70,64 | 7 | 0,83 |
| 6 | 71,84 | 73,04 | 74,23 | 75,43 | 76,63 | 77,82 | 79,02 | 80,22 | 81,42 | 82,61 | 8 | 0,95 |
| | | | | | | | | | | | 9 | 1,07 |
| 7 | 83,81 | 85,01 | 86,21 | 87,40 | 88,60 | 89,80 | 90,99 | 92,19 | 93,39 | 94,59 | | |
| 8 | 95,78 | 96,98 | 98,18 | 99,38 | 100,57 | 101,77 | 102,97 | 104,17 | 105,36 | 106,56 | 120 | |
| 9 | 107,76 | 108,95 | 110,15 | 111,35 | 112,45 | 113,74 | 114,94 | 116,14 | 117,34 | 118,53 | 1 | 0,12 |
| | | | | | | | | | | | 2 | 0,24 |
| 10 | 119,73 | 120,93 | 122,12 | 123,32 | 124,52 | 125,72 | 126,91 | 128,11 | 129,31 | 130,51 | 3 | 0,36 |
| 11 | 131,70 | 132,90 | 134,10 | 135,29 | 136,49 | 137,69 | 138,89 | 140,08 | 141,28 | 142,48 | 4 | 0,48 |
| 12 | 143,68 | 144,87 | 146,07 | 147,27 | 148,47 | 149,66 | 150,86 | 152,06 | 153,25 | 154,45 | 5 | 0,60 |
| | | | | | | | | | | | 6 | 0,72 |
| 13 | 155,65 | 156,85 | 158,04 | 159,24 | 160,44 | 161,64 | 162,83 | 164,03 | 165,23 | 166,42 | 7 | 0,84 |
| 14 | 167,62 | 168,82 | 170,02 | 171,21 | 172,41 | 173,61 | 174 81 | 176,00 | 177,20 | 178,40 | 8 | 0,96 |
| 15 | 179,60 | 180,79 | 181,99 | 183,19 | 184,38 | 185,58 | 186,78 | 187,98 | 189,17 | 190,37 | 9 | 1,08 |
| 16 | 191,57 | 192,77 | 193,96 | 195,16 | 196,36 | 197,55 | 198,75 | 199,95 | 201,15 | 202,34 | | |
| 17 | 203,54 | 204,74 | 205,94 | 207,13 | 208,33 | 209,53 | 210,72 | 211,92 | 213,12 | 214,32 | | |
| 18 | 215,51 | 216,71 | 217,91 | 219,11 | 220,30 | 221,50 | 222,70 | 223,90 | 225,09 | 226,29 | | |
| 19 | 227,49 | 228,68 | 229,88 | 231,08 | 232,28 | 233,47 | 234,67 | 235,87 | 237,07 | 238,26 | | |
| 20 | 239,46 | 240,66 | 241,85 | 243,05 | 244,25 | 245,45 | 246,64 | 247,84 | 249,04 | 250,24 | | |
| 21 | 251,43 | 252,63 | 253,83 | 255,02 | 256,22 | 257,42 | 258,62 | 259,81 | 261,01 | 262,21 | | |
| 22 | 263,41 | 264,60 | 265,80 | 267,00 | 268,20 | 269,39 | 270,59 | 271,79 | 272,98 | 274,18 | | |
| 23 | 275,38 | 276,58 | 277,77 | 278,97 | 280,17 | 281,37 | 282,56 | 283,76 | 284,96 | 286,15 | | |
| 24 | 287,35 | 288,55 | 289,75 | 290,94 | 292,14 | 293,34 | 294,54 | 295,73 | 296,93 | 298,13 | | |

## 666,50 = 11,991.

| | 00 | 10 | 20 | 30 | 40 | 50 | 60 | 70 | 80 | 90 | dif. | |
|---|---|---|---|---|---|---|---|---|---|---|---|---|
| 0 | | 1,20 | 2,40 | 3,60 | 4,80 | 6,00 | 7,19 | 8,39 | 9,59 | 10,79 | 119 | |
| | | | | | | | | | | | 1 | 0,12 |
| 1 | 11,99 | 13,19 | 14,39 | 15,59 | 16,79 | 17,99 | 19,19 | 20,38 | 21,58 | 22,78 | 2 | 0,24 |
| 2 | 23,98 | 25,18 | 26,38 | 27,58 | 28,78 | 29,98 | 31,18 | 32,38 | 33,57 | 34,77 | 3 | 0,36 |
| 3 | 35,97 | 37,17 | 38,37 | 39,57 | 40,77 | 41,97 | 43,17 | 44,37 | 45,57 | 46,76 | 4 | 0,48 |
| | | | | | | | | | | | 5 | 0,60 |
| 4 | 47,96 | 49,16 | 50,36 | 51,56 | 52,76 | 53,96 | 55,16 | 56,36 | 57,56 | 58,76 | 6 | 0,71 |
| 5 | 59,96 | 61,15 | 62,35 | 63,55 | 64,75 | 65,95 | 67,15 | 68,35 | 69,55 | 70,75 | 7 | 0,83 |
| 6 | 71,95 | 73,15 | 74,34 | 75,54 | 76,74 | 77,94 | 79,14 | 80,34 | 81,54 | 82,74 | 8 | 0,95 |
| | | | | | | | | | | | 9 | 1,07 |
| 7 | 83,94 | 85,14 | 86,34 | 87,53 | 88,73 | 89,93 | 91,13 | 92,33 | 93,53 | 94,73 | | |
| 8 | 95,93 | 97,13 | 98,33 | 99,53 | 100,72 | 101,92 | 103,12 | 104,32 | 105,52 | 106,72 | 120 | |
| 9 | 107,92 | 109,12 | 110,32 | 111,52 | 112,72 | 113,91 | 115,11 | 116,31 | 117,51 | 118,71 | 1 | 0,12 |
| | | | | | | | | | | | 2 | 0,24 |
| 10 | 119,91 | 121,11 | 122,31 | 123,51 | 124,71 | 125,91 | 127,10 | 128,30 | 129,50 | 130,70 | 3 | 0,36 |
| 11 | 131,90 | 133,10 | 134,30 | 135,50 | 136,70 | 137,90 | 139,10 | 140,29 | 141,49 | 142,69 | 4 | 0,48 |
| 12 | 143,89 | 145,09 | 146,29 | 147,49 | 148,69 | 149,89 | 151,09 | 152,29 | 153,48 | 154,68 | 5 | 0,60 |
| | | | | | | | | | | | 6 | 0,72 |
| 13 | 155,88 | 157,08 | 158,28 | 159,48 | 160,68 | 161,88 | 163,08 | 164,28 | 165,48 | 166,67 | 7 | 0,84 |
| 14 | 167,87 | 169,07 | 170,27 | 171,47 | 172,67 | 173,87 | 175,07 | 176,27 | 177,47 | 178,67 | 8 | 0,96 |
| 15 | 179,87 | 181,06 | 182,26 | 183,46 | 184,66 | 185,86 | 187,06 | 188,26 | 189,46 | 190,66 | 9 | 1,08 |
| 16 | 191,86 | 193,06 | 194,25 | 195,45 | 196,65 | 197,85 | 199,05 | 200,25 | 201,45 | 202,65 | | |
| 17 | 203,85 | 205,05 | 206,25 | 207,44 | 208,64 | 209,84 | 211,04 | 212,24 | 213,44 | 214,64 | | |
| 18 | 215,84 | 217,04 | 218,24 | 219,44 | 220,63 | 221,83 | 223,03 | 224,23 | 225,43 | 226,63 | | |
| 19 | 227,83 | 229,03 | 230,23 | 231,43 | 232,63 | 233,82 | 235,02 | 236,22 | 237,42 | 238,62 | | |
| 20 | 239,82 | 241,02 | 242,22 | 243,42 | 244,62 | 245,82 | 247,01 | 248,21 | 249,41 | 250,61 | | |
| 21 | 251,81 | 253,01 | 254,21 | 255,41 | 256,61 | 257,81 | 259,01 | 260,20 | 261,40 | 262,60 | | |
| 22 | 263,80 | 265,00 | 266,20 | 267,40 | 268,60 | 269,80 | 271,00 | 272,20 | 273,39 | 274,59 | | |
| 23 | 275,79 | 276,99 | 278,19 | 279,39 | 280,59 | 281,79 | 282,99 | 284,19 | 285,39 | 286,58 | | |
| 24 | 287,78 | 288,98 | 290,18 | 291,38 | 292,58 | 293,78 | 294,98 | 296,18 | 297,38 | 298,58 | | |

**665,50 = 12,010.**

| | 00 | 10 | 20 | 30 | 40 | 50 | 60 | 70 | 80 | 90 |
|---|---|---|---|---|---|---|---|---|---|---|
| 0 | | 1,20 | 2,40 | 3,60 | 4,80 | 6,01 | 7,21 | 8,41 | 9,61 | 10,81 |
| 1 | 12,01 | 13,21 | 14,41 | 15,61 | 16,81 | 18,02 | 19,22 | 20,42 | 21,62 | 22,82 |
| 2 | 24,02 | 25,22 | 26,42 | 27,62 | 28,82 | 30,03 | 31,23 | 32,43 | 33,63 | 34,83 |
| 3 | 36,03 | 37,23 | 38,43 | 39,63 | 40,83 | 42,04 | 43,24 | 44,44 | 45,64 | 46,84 |
| 4 | 48,04 | 49,24 | 50,44 | 51,64 | 52,84 | 54,05 | 55,25 | 56,45 | 57,65 | 58,85 |
| 5 | 60,05 | 61,25 | 62,45 | 63,65 | 64,85 | 66,06 | 67,26 | 68,46 | 69,66 | 70,86 |
| 6 | 72,06 | 73,26 | 74,46 | 75,66 | 76,86 | 78,07 | 79,27 | 80,47 | 81,67 | 82,87 |
| 7 | 84,07 | 85,27 | 86,47 | 87,67 | 88,87 | 90,08 | 91,28 | 92,48 | 93,68 | 94,88 |
| 8 | 96,08 | 97,28 | 98,48 | 99,68 | 100,88 | 102,09 | 103,29 | 104,49 | 105,69 | 106,89 |
| 9 | 108,09 | 109,29 | 110,49 | 111,69 | 112,89 | 114,10 | 115,30 | 116,50 | 117,70 | 118,90 |
| 10 | 120,10 | 121,30 | 122,50 | 123,70 | 124,90 | 126,11 | 127,31 | 128,51 | 129,71 | 130,91 |
| 11 | 132,11 | 133,31 | 134,51 | 135,71 | 136,91 | 138,12 | 139,32 | 140,52 | 141,72 | 142,92 |
| 12 | 144,12 | 145,32 | 146,52 | 147,72 | 148,92 | 150,13 | 151,33 | 152,53 | 153,73 | 154,93 |
| 13 | 156,13 | 157,33 | 158,53 | 159,73 | 160,93 | 162,14 | 163,34 | 164,54 | 165,74 | 166,94 |
| 14 | 168,14 | 169,34 | 170,54 | 171,74 | 172,94 | 174,15 | 175,35 | 176,55 | 177,75 | 178,95 |
| 15 | 180,15 | 181,35 | 182,55 | 183,75 | 184,95 | 186,16 | 187,36 | 188,56 | 189,76 | 190,96 |
| 16 | 192,16 | 193,36 | 194,56 | 195,76 | 196,96 | 198,17 | 199,37 | 200,57 | 201,77 | 202,97 |
| 17 | 204,17 | 205,37 | 206,57 | 207,77 | 208,97 | 210,18 | 211,38 | 212,58 | 213,78 | 214,98 |
| 18 | 216,18 | 217,38 | 218,58 | 219,78 | 220,98 | 222,19 | 223,39 | 224,59 | 225,79 | 226,99 |
| 19 | 228,19 | 229,39 | 230,59 | 231,79 | 232,99 | 234,20 | 235,40 | 236,60 | 237,80 | 239,00 |
| 20 | 240,20 | 241,40 | 242,60 | 243,80 | 245,00 | 246,21 | 247,41 | 248,61 | 249,81 | 251,01 |
| 21 | 252,21 | 253,41 | 254,61 | 255,81 | 257,01 | 258,22 | 259,42 | 260,62 | 261,82 | 263,02 |
| 22 | 264,22 | 265,42 | 266,62 | 267,82 | 269,02 | 270,23 | 271,43 | 272,63 | 273,83 | 275,03 |
| 23 | 276,23 | 277,43 | 278,63 | 279,83 | 281,03 | 282,24 | 283,44 | 284,64 | 285,84 | 287,04 |
| 24 | 288,24 | 289,44 | 290,64 | 291,84 | 293,04 | 294,25 | 295,45 | 296,65 | 297,85 | 299,05 |

| dif. | |
|---|---|
| 120 | |
| 1 | 0,12 |
| 2 | 0,24 |
| 3 | 0,36 |
| 4 | 0,48 |
| 5 | 0,60 |
| 6 | 0,72 |
| 7 | 0,84 |
| 8 | 0,96 |
| 9 | 1,08 |
| 121 | |
| 1 | 0,12 |
| 2 | 0,24 |
| 3 | 0,36 |
| 4 | 0,48 |
| 5 | 0,61 |
| 6 | 0,73 |
| 7 | 0,85 |
| 8 | 0,97 |
| 9 | 1,09 |

## 664,50 = 12,028.

| | 00 | 10 | 20 | 30 | 40 | 50 | 60 | 70 | 80 | 90 |
|---|---|---|---|---|---|---|---|---|---|---|
| 0 | | 1,20 | 2,41 | 3,61 | 4,81 | 6,01 | 7,22 | 8,42 | 9,62 | 10,83 |
| 1 | 12,03 | 13,23 | 14,43 | 15,64 | 16,84 | 18,04 | 19,24 | 20,45 | 21,65 | 22,85 |
| 2 | 24,06 | 25,26 | 26,46 | 27,66 | 28,87 | 30,07 | 31,27 | 32,48 | 33,68 | 34,88 |
| 3 | 36,08 | 37,29 | 38,49 | 39,69 | 40,90 | 42,10 | 43,30 | 44,50 | 45,71 | 46,91 |
| 4 | 48,11 | 49,31 | 50,52 | 51,72 | 52,92 | 54,13 | 55,33 | 56,53 | 57,73 | 58,94 |
| 5 | 60,14 | 61,34 | 62,55 | 63,75 | 64,95 | 66,15 | 67,36 | 68,56 | 69,76 | 70,97 |
| 6 | 72,17 | 73,37 | 74,57 | 75,78 | 76,98 | 78,18 | 79,38 | 80,59 | 81,79 | 82,99 |
| 7 | 84,20 | 85,40 | 86,60 | 87,80 | 89,01 | 90,21 | 91,41 | 92,62 | 93,82 | 95,02 |
| 8 | 96,22 | 97,43 | 98,63 | 99,83 | 101,04 | 102,24 | 103,44 | 104,64 | 105,85 | 107,05 |
| 9 | 108,25 | 109,45 | 110,66 | 111,86 | 113,06 | 114,27 | 115,47 | 116,67 | 117,87 | 119,08 |
| 10 | 120,28 | 121,48 | 122,69 | 123,89 | 125,09 | 126,29 | 127,50 | 128,70 | 129,90 | 131,11 |
| 11 | 132,31 | 133,51 | 134,71 | 135,92 | 137,12 | 138,32 | 139,52 | 140,73 | 141,93 | 143,13 |
| 12 | 144,34 | 145,54 | 146,74 | 147,94 | 149,15 | 150,35 | 151,55 | 152,76 | 153,96 | 155,16 |
| 13 | 156,36 | 157,57 | 158,77 | 159,97 | 161,18 | 162,38 | 163,58 | 164,78 | 165,99 | 167,19 |
| 14 | 168,39 | 169,59 | 170,80 | 172,00 | 173,20 | 174,41 | 175,61 | 176,81 | 178,01 | 179,22 |
| 15 | 180,42 | 181,62 | 182,83 | 184,03 | 185,23 | 186,43 | 187,64 | 188,84 | 190,04 | 191,25 |
| 16 | 192,45 | 193,65 | 194,85 | 196,06 | 197,26 | 198,46 | 199,66 | 200,87 | 202,07 | 203,27 |
| 17 | 204,48 | 205,68 | 206,88 | 208,08 | 209,29 | 210,49 | 211,69 | 212,90 | 214,10 | 215,30 |
| 18 | 216,50 | 217,71 | 218,91 | 220,11 | 221,32 | 222,52 | 223,72 | 224,92 | 226,13 | 227,33 |
| 19 | 228,53 | 229,73 | 230,94 | 232,14 | 233,34 | 234,55 | 235,75 | 236,95 | 238,15 | 239,36 |
| 20 | 240,56 | 241,76 | 242,97 | 244,17 | 245,37 | 246,57 | 247,78 | 248,98 | 250,18 | 251,39 |
| 21 | 252,59 | 253,79 | 254,99 | 256,20 | 257,40 | 258,60 | 259,80 | 261,01 | 262,21 | 263,41 |
| 22 | 264,62 | 265,82 | 267,02 | 268,22 | 269,43 | 270,63 | 271,83 | 273,04 | 274,24 | 275,44 |
| 23 | 276,64 | 277,85 | 279,05 | 280,25 | 281,46 | 282,66 | 283,86 | 285,06 | 286,27 | 287,47 |
| 24 | 288,67 | 289,87 | 291,08 | 292,28 | 293,48 | 294,69 | 295,89 | 297,09 | 298,29 | 299,50 |

| dif. | 120 | dif. | 121 |
|---|---|---|---|
| 1 | 0,12 | 1 | 0,12 |
| 2 | 0,24 | 2 | 0,24 |
| 3 | 0,36 | 3 | 0,36 |
| 4 | 0,48 | 4 | 0,48 |
| 5 | 0,60 | 5 | 0,61 |
| 6 | 0,72 | 6 | 0,73 |
| 7 | 0,84 | 7 | 0,85 |
| 8 | 0,96 | 8 | 0,97 |
| 9 | 1,08 | 9 | 1,09 |

## 663,50 = 12,046.

| | 00 | 10 | 20 | 30 | 40 | 50 | 60 | 70 | 80 | 90 |
|---|---|---|---|---|---|---|---|---|---|---|
| 0 | | 1,20 | 2,41 | 3,61 | 4,82 | 6,02 | 7,23 | 8,43 | 9,64 | 10,84 |
| 1 | 12,05 | 13,25 | 14,46 | 15,66 | 16,86 | 18,07 | 19,27 | 20,48 | 21,68 | 22,89 |
| 2 | 24,09 | 25,30 | 26,50 | 27,71 | 28,91 | 30,12 | 31,32 | 32,52 | 33,73 | 34,93 |
| 3 | 36,14 | 37,34 | 38,55 | 39,75 | 40,96 | 42,16 | 43,37 | 44,57 | 45,77 | 46,98 |
| 4 | 48,18 | 49,39 | 50,59 | 51,80 | 53,00 | 54,21 | 55,41 | 56,62 | 57,82 | 59,03 |
| 5 | 60,23 | 61,43 | 62,64 | 63,84 | 65,05 | 66,25 | 67,46 | 68,66 | 69,87 | 71,07 |
| 6 | 72,28 | 73,48 | 74,69 | 75,89 | 77,09 | 78,30 | 79,50 | 80,71 | 81,91 | 83,12 |
| 7 | 84,32 | 85,53 | 86,73 | 87,94 | 89,14 | 90,35 | 91,55 | 92,75 | 93,96 | 95,16 |
| 8 | 96,37 | 97,57 | 98,78 | 99,98 | 101,19 | 102,39 | 103,60 | 104,80 | 106,00 | 107,21 |
| 9 | 108,41 | 109,62 | 110,82 | 112,03 | 113,23 | 114,44 | 115,64 | 116,85 | 118,05 | 119,26 |
| 10 | 120,46 | 121,66 | 122,87 | 124,07 | 125,28 | 126,48 | 127,69 | 128,89 | 130,10 | 131,30 |
| 11 | 132,51 | 133,71 | 134,92 | 136,12 | 137,32 | 138,53 | 139,73 | 140,94 | 142,14 | 143,35 |
| 12 | 144,55 | 145,76 | 146,96 | 148,17 | 149,37 | 150,58 | 151,78 | 152,98 | 154,19 | 155,39 |
| 13 | 156,60 | 157,80 | 159,01 | 160,21 | 161,42 | 162,62 | 163,83 | 165,03 | 166,23 | 167,44 |
| 14 | 168,64 | 169,85 | 171,05 | 172,26 | 173,46 | 174,67 | 175,87 | 177,08 | 178,28 | 179,49 |
| 15 | 180,69 | 181,89 | 183,10 | 184,30 | 185,51 | 186,71 | 187,92 | 189,12 | 190,33 | 191,53 |
| 16 | 192,74 | 193,94 | 195,15 | 196,35 | 197,55 | 198,76 | 199,96 | 201,17 | 202,37 | 203,58 |
| 17 | 204,78 | 205,99 | 207,19 | 208,40 | 209,60 | 210,81 | 212,01 | 213,21 | 214,42 | 215,62 |
| 18 | 216,83 | 218,03 | 219,24 | 220,44 | 221,65 | 222,85 | 224,06 | 225,26 | 226,46 | 227,67 |
| 19 | 228,87 | 230,08 | 231,28 | 232,49 | 233,69 | 234,90 | 236,10 | 237,31 | 238,51 | 239,72 |
| 20 | 240,92 | 242,12 | 243,33 | 244,53 | 245,74 | 246,94 | 248,15 | 249,35 | 250,56 | 251,76 |
| 21 | 252,97 | 254,17 | 255,38 | 256,58 | 257,78 | 258,99 | 260,19 | 261,40 | 262,60 | 263,81 |
| 22 | 265,01 | 266,22 | 267,42 | 268,63 | 269,83 | 271,04 | 272,24 | 273,44 | 274,65 | 275,85 |
| 23 | 277,06 | 278,26 | 279,47 | 280,67 | 281,88 | 283,08 | 284,29 | 285,49 | 286,69 | 287,90 |
| 24 | 289,10 | 290,31 | 291,51 | 292,72 | 293,92 | 295,13 | 296,33 | 297,54 | 298,74 | 299,95 |

dif.

| 120 | |
|---|---|
| 1 | 0,12 |
| 2 | 0,24 |
| 3 | 0,36 |
| 4 | 0,48 |
| 5 | 0,60 |
| 6 | 0,72 |
| 7 | 0,84 |
| 8 | 0,96 |
| 9 | 1,08 |

| 121 | |
|---|---|
| 1 | 0,12 |
| 2 | 0,24 |
| 3 | 0,36 |
| 4 | 0,48 |
| 5 | 0,61 |
| 6 | 0,73 |
| 7 | 0,85 |
| 8 | 0,97 |
| 9 | 1,09 |

## 662,50 = 12,063.

| | 00 | 10 | 20 | 30 | 40 | 50 | 60 | 70 | 80 | 90 |
|---|---|---|---|---|---|---|---|---|---|---|
| 0 | | 1,21 | 2,41 | 3,62 | 4,83 | 6,03 | 7,24 | 8,44 | 9,65 | 10,86 |
| 1 | 12,06 | 13,27 | 14,48 | 15,68 | 16,89 | 18,09 | 19,30 | 20,51 | 21,71 | 22,92 |
| 2 | 24,13 | 25,33 | 26,54 | 27,74 | 28,95 | 30,16 | 31,36 | 32,57 | 33,78 | 34,98 |
| 3 | 36,19 | 37,40 | 38,60 | 39,81 | 41,01 | 42,22 | 43,43 | 44,63 | 45,84 | 47,05 |
| 4 | 48,25 | 49,46 | 50,66 | 51,87 | 53,08 | 54,28 | 55,49 | 56,70 | 57,90 | 59,11 |
| 5 | 60,32 | 61,52 | 62,73 | 63,93 | 65,14 | 66,35 | 67,55 | 68,76 | 69,97 | 71,17 |
| 6 | 72,38 | 73,58 | 74,79 | 76,00 | 77,20 | 78,41 | 79,62 | 80,82 | 82,03 | 83,23 |
| 7 | 84,44 | 85,65 | 86,85 | 88,06 | 89,27 | 90,47 | 91,68 | 92,89 | 94,09 | 95,30 |
| 8 | 96,50 | 97,71 | 98,92 | 100,12 | 101.33 | 102,54 | 103,74 | 104,95 | 106,15 | 107,36 |
| 9 | 108,57 | 109,77 | 110,98 | 112,19 | 113,39 | 114,60 | 115,80 | 117,01 | 118,22 | 119,42 |
| 10 | 120,63 | 121,84 | 123,04 | 124,25 | 125,46 | 126,66 | 127,87 | 129,07 | 130,28 | 131,49 |
| 11 | 132,69 | 133,90 | 135,11 | 136,31 | 137,52 | 138,72 | 139,93 | 141,14 | 142,34 | 143,55 |
| 12 | 144,76 | 145,96 | 147,17 | 148,37 | 149,58 | 150,79 | 151,99 | 153,20 | 154,41 | 155,61 |
| 13 | 156,82 | 158,03 | 159,23 | 160,44 | 161,64 | 162,85 | 164,06 | 165,26 | 166,47 | 167,68 |
| 14 | 168,88 | 170,09 | 171,29 | 172,50 | 173,71 | 174,91 | 176,12 | 177,33 | 178,53 | 179,74 |
| 15 | 180,95 | 182,15 | 183,36 | 184,56 | 185,77 | 186,98 | 188,18 | 189,39 | 190,60 | 191,80 |
| 16 | 193,01 | 194,21 | 195,42 | 196,63 | 197,83 | 199,04 | 200,25 | 201,45 | 202,66 | 203,86 |
| 17 | 205,07 | 206,28 | 207,48 | 208,69 | 209,90 | 211,10 | 212,31 | 213,52 | 214,72 | 215,93 |
| 18 | 217,13 | 218,34 | 219,55 | 220,75 | 221,96 | 223,17 | 224,37 | 225,58 | 226,78 | 227,99 |
| 19 | 229,20 | 230,40 | 231,61 | 232,82 | 234,02 | 235,23 | 236,43 | 237,64 | 238,85 | 240,05 |
| 20 | 241,26 | 242,47 | 243,67 | 244,88 | 246,09 | 247,29 | 248,50 | 249,70 | 250,91 | 252,12 |
| 21 | 253,32 | 254,53 | 255,74 | 256,94 | 258,15 | 259,35 | 260,56 | 261,77 | 262,97 | 264,18 |
| 22 | 265,39 | 266,59 | 267,80 | 269,00 | 270,21 | 271,42 | 272,62 | 273,83 | 275,04 | 276,24 |
| 23 | 277,45 | 278,66 | 279,86 | 281,07 | 282,27 | 283,48 | 284,69 | 285,89 | 287,10 | 288,31 |
| 24 | 289,51 | 290,72 | 291,92 | 293,13 | 294,34 | 295,54 | 296,75 | 297,96 | 299,16 | 300,37 |

| dif | 120 | 121 |
|---|---|---|
| 1 | 0,12 | 0,12 |
| 2 | 0,24 | 0,24 |
| 3 | 0,36 | 0,36 |
| 4 | 0,48 | 0,48 |
| 5 | 0,60 | 0,61 |
| 6 | 0,72 | 0,73 |
| 7 | 0,84 | 0,85 |
| 8 | 0,96 | 0,97 |
| 9 | 1,08 | 1,09 |

## 661,50 = 12,081.

| | 00 | 10 | 20 | 30 | 40 | 50 | 60 | 70 | 80 | 90 |
|---|---|---|---|---|---|---|---|---|---|---|
| 0 | | 1,21 | 2,42 | 3,62 | 4,83 | 6,04 | 7,25 | 8,46 | 9,66 | 10,87 |
| 1 | 12,08 | 13,29 | 14,50 | 15,71 | 16,91 | 18,12 | 19,33 | 20,54 | 21,75 | 22,95 |
| 2 | 24,16 | 25,37 | 26,58 | 27,79 | 28,99 | 30,20 | 31,41 | 32,62 | 33,83 | 35,03 |
| 3 | 36,24 | 37,45 | 38,66 | 39,87 | 41,08 | 42,28 | 43,49 | 44,70 | 45,91 | 47,12 |
| 4 | 48,32 | 49,53 | 50,74 | 51,95 | 53,16 | 54,36 | 55,57 | 56,78 | 57,99 | 59,20 |
| 5 | 60,41 | 61,61 | 62,82 | 64,03 | 65,24 | 66,45 | 67,65 | 68,86 | 70,07 | 71,28 |
| 6 | 72,49 | 73,69 | 74,90 | 76,11 | 77,32 | 78,53 | 79,73 | 80,94 | 82,15 | 83,36 |
| 7 | 84,57 | 85,78 | 86,98 | 88,19 | 89,40 | 90,61 | 91,82 | 93,02 | 94,23 | 95,44 |
| 8 | 96,65 | 97,86 | 99,06 | 100,27 | 101,48 | 102,69 | 103,90 | 105,10 | 106,31 | 107,52 |
| 9 | 108,73 | 109,94 | 111,15 | 112,35 | 113,56 | 114,77 | 115,98 | 117,19 | 118,39 | 119,60 |
| 10 | 120,81 | 122,02 | 123,23 | 124,43 | 125,64 | 126,85 | 128,06 | 129,27 | 130,47 | 131,68 |
| 11 | 132,89 | 134,10 | 135,31 | 136,52 | 137,72 | 138,93 | 140,14 | 141,35 | 142,56 | 143,76 |
| 12 | 144,97 | 146,18 | 147,39 | 148,60 | 149,80 | 151,01 | 152,22 | 153,43 | 154,64 | 155,84 |
| 13 | 157,05 | 158,26 | 159,47 | 160,68 | 161,89 | 163,09 | 164,30 | 165,51 | 166,72 | 167,93 |
| 14 | 169,13 | 170,34 | 171,55 | 172,76 | 173,97 | 175,17 | 176,38 | 177,59 | 178,80 | 180,01 |
| 15 | 181,22 | 182,42 | 183,63 | 184,84 | 186,05 | 187,26 | 188,46 | 189,67 | 190,88 | 192,09 |
| 16 | 193,30 | 194,50 | 195,71 | 196,92 | 198,13 | 199,34 | 200,54 | 201,75 | 202,96 | 204,17 |
| 17 | 205,38 | 206,59 | 207,79 | 209,00 | 210,21 | 211,42 | 212,63 | 213,83 | 215,04 | 216,25 |
| 18 | 217,46 | 218,67 | 219,87 | 221,08 | 222,29 | 223,50 | 224,71 | 225,91 | 227,12 | 228,33 |
| 19 | 229,54 | 230,75 | 231,96 | 233,16 | 234,37 | 235,58 | 236,79 | 238,00 | 239,20 | 240,41 |
| 20 | 241,62 | 242,83 | 244,04 | 245,24 | 246,45 | 247,66 | 248,87 | 250,08 | 251,28 | 252,49 |
| 21 | 253,70 | 254,91 | 256,12 | 257,33 | 258,53 | 259,74 | 260,95 | 262,16 | 263,37 | 264,57 |
| 22 | 265,78 | 266,99 | 268,20 | 269,41 | 270,61 | 271,82 | 273,03 | 274,24 | 275,45 | 276,65 |
| 23 | 277,86 | 279,07 | 280,28 | 281,49 | 282,70 | 283,90 | 285,11 | 286,32 | 287,53 | 288,74 |
| 24 | 289,94 | 291,15 | 292,36 | 293,57 | 294,78 | 295,98 | 297,19 | 298,40 | 299,61 | 300,82 |

| dif. | |
|---|---|
| 120 | |
| 1 | 0,12 |
| 2 | 0,24 |
| 3 | 0,36 |
| 4 | 0,48 |
| 5 | 0,60 |
| 6 | 0,72 |
| 7 | 0,84 |
| 8 | 0,96 |
| 9 | 1,08 |
| 121 | |
| 1 | 0,12 |
| 2 | 0,24 |
| 3 | 0,36 |
| 4 | 0,48 |
| 5 | 0,61 |
| 6 | 0,73 |
| 7 | 0,85 |
| 8 | 0,97 |
| 9 | 1,09 |

## 660,50 = 12,100.

| | 00 | 10 | 20 | 30 | 40 | 50 | 60 | 70 | 80 | 90 |
|---|---|---|---|---|---|---|---|---|---|---|
| 0 | | 1,21 | 2,42 | 3,63 | 4,84 | 6,05 | 7,26 | 8,47 | 9,68 | 10,89 |
| 1 | 12,10 | 13,31 | 14,52 | 15,73 | 16,94 | 18,15 | 19,36 | 20,57 | 21,78 | 22,99 |
| 2 | 24,20 | 25,41 | 26,62 | 27,83 | 29,04 | 30,25 | 31,46 | 32,67 | 33,88 | 35,09 |
| 3 | 36,30 | 37,51 | 38,72 | 39,93 | 41,14 | 42,35 | 43,56 | 44,77 | 45,98 | 47,19 |
| 4 | 48,40 | 49,61 | 50,82 | 52,03 | 53,24 | 54,45 | 55,66 | 56,87 | 58,08 | 59,29 |
| 5 | 60,50 | 61,71 | 62,92 | 64,13 | 65,34 | 66,55 | 67,76 | 68,97 | 70,18 | 71,39 |
| 6 | 72,60 | 73,81 | 75,02 | 76,23 | 77,44 | 78,65 | 79,86 | 81,07 | 82,28 | 83,49 |
| 7 | 84,70 | 85,91 | 87,12 | 88,33 | 89,54 | 90,75 | 91,96 | 93,17 | 94,38 | 95,59 |
| 8 | 96,80 | 98,01 | 99,22 | 100,43 | 101,64 | 102,85 | 104,06 | 105,27 | 106,48 | 107,69 |
| 9 | 108,90 | 110,11 | 111,32 | 112,53 | 113,74 | 114,95 | 116,16 | 117,37 | 118,58 | 119,79 |
| 10 | 121,00 | 122,21 | 123,42 | 124,63 | 125,84 | 127,05 | 128,26 | 129,47 | 130,68 | 131,89 |
| 11 | 133,10 | 134,31 | 135,52 | 136,73 | 137,94 | 139,15 | 140,36 | 141,57 | 142,78 | 143,99 |
| 12 | 145,20 | 146,41 | 147,62 | 148,83 | 150,04 | 151,25 | 152,46 | 153,67 | 154,88 | 156,09 |
| 13 | 157,30 | 158,51 | 159,72 | 160,93 | 162,14 | 163,35 | 164,56 | 165,77 | 166,98 | 168,19 |
| 14 | 169,40 | 170,61 | 171,82 | 173,03 | 174,24 | 175,45 | 176,66 | 177,87 | 179,08 | 180,29 |
| 15 | 181,50 | 182,71 | 183,92 | 185,13 | 186,34 | 187,55 | 188,76 | 189,97 | 191,18 | 192,39 |
| 16 | 193,60 | 194,81 | 196,02 | 197,23 | 198,44 | 199,65 | 200,86 | 202,07 | 203,28 | 204,49 |
| 17 | 205,70 | 206,91 | 208,12 | 209,33 | 210,54 | 211,75 | 212,96 | 214,17 | 215,38 | 216,59 |
| 18 | 217,80 | 219,01 | 220,22 | 221,43 | 222,64 | 223,85 | 225,06 | 226,27 | 227,48 | 228,69 |
| 19 | 229,90 | 231,11 | 232,32 | 233,53 | 234,74 | 235,95 | 237,16 | 238,37 | 239,58 | 240,79 |
| 20 | 242,00 | 243,21 | 244,42 | 245,63 | 246,84 | 248,05 | 249,26 | 250,47 | 251,68 | 252,89 |
| 21 | 254,10 | 255,31 | 256,52 | 257,73 | 258,94 | 260,15 | 261,36 | 262,57 | 263,78 | 264,99 |
| 22 | 266,20 | 267,41 | 268,62 | 269,83 | 271,04 | 272,25 | 273,46 | 274,67 | 275,88 | 277,09 |
| 23 | 278,30 | 279,51 | 280,72 | 281,93 | 283,14 | 284,35 | 285,56 | 286,77 | 287,98 | 289,19 |
| 24 | 290,40 | 291,61 | 292,82 | 294,03 | 295,24 | 296,45 | 297,66 | 298,87 | 300,08 | 301,29 |

| dif. | 121 |
|---|---|
| 1 | 0,12 |
| 2 | 0,24 |
| 3 | 0,36 |
| 4 | 0,48 |
| 5 | 0,61 |
| 6 | 0,73 |
| 7 | 0,85 |
| 8 | 0,97 |
| 9 | 1,09 |

## 659,50 = 12,118.

| | 00 | 10 | 20 | 30 | 40 | 50 | 60 | 70 | 80 | 90 |
|---|---|---|---|---|---|---|---|---|---|---|
| 0 | | 1,21 | 2,42 | 3,64 | 4,85 | 6,06 | 7,27 | 8,48 | 9,69 | 10,91 |
| 1 | 12,12 | 13,33 | 14,54 | 15,75 | 16,97 | 18,18 | 19,39 | 20,60 | 21,81 | 23,02 |
| 2 | 24,24 | 25,45 | 26,66 | 27,87 | 29,08 | 30,30 | 31,51 | 32,72 | 33,93 | 35,14 |
| 3 | 36,35 | 37,57 | 38,78 | 39,99 | 41,20 | 42,41 | 43,62 | 44,84 | 46,05 | 47,26 |
| 4 | 48,47 | 49,68 | 50,90 | 52,11 | 53,32 | 54,53 | 55,74 | 56,95 | 58,17 | 59,38 |
| 5 | 60,59 | 61,80 | 63,01 | 64,23 | 65,44 | 66,65 | 67,86 | 69,07 | 70,28 | 71,50 |
| 6 | 72,71 | 73,92 | 75,13 | 76,34 | 77,56 | 78,77 | 79,98 | 81,19 | 82,40 | 83,61 |
| 7 | 84,83 | 86,04 | 87,25 | 88,46 | 89,67 | 90,89 | 92,10 | 93,31 | 94,52 | 95,73 |
| 8 | 96,94 | 98,16 | 99,37 | 100,58 | 101,79 | 103,00 | 104,21 | 105,43 | 106,64 | 107,85 |
| 9 | 109,06 | 110,27 | 111,49 | 112,70 | 113,91 | 115,12 | 116,33 | 117,54 | 118,76 | 119,97 |
| 10 | 121,18 | 122,39 | 123,60 | 124,82 | 126,03 | 127,24 | 128,45 | 129,66 | 130,87 | 132,09 |
| 11 | 133,30 | 134,51 | 135,72 | 136,93 | 138,15 | 139,36 | 140,57 | 141,78 | 142,99 | 144,20 |
| 12 | 145,42 | 146,63 | 147,84 | 149,05 | 150,26 | 151,48 | 152,69 | 153,90 | 155,11 | 156,32 |
| 13 | 157,53 | 158,75 | 159,96 | 161,17 | 162,38 | 163,59 | 164,80 | 166,02 | 167,23 | 168,44 |
| 14 | 169,65 | 170,86 | 172,08 | 173,29 | 174,50 | 175,71 | 176,92 | 178,13 | 179,35 | 180,56 |
| 15 | 181,77 | 182,98 | 184,19 | 185,41 | 186,62 | 187,83 | 189,04 | 190,25 | 191,46 | 192,68 |
| 16 | 193,89 | 195,10 | 196,31 | 197,52 | 198,74 | 199,95 | 201,16 | 202,37 | 203,58 | 204,79 |
| 17 | 206,01 | 207,22 | 208,43 | 209,64 | 210,85 | 212,07 | 213,28 | 214,49 | 215,70 | 216,91 |
| 18 | 218,12 | 219,34 | 220,55 | 221,76 | 222,97 | 224,18 | 225,39 | 226,61 | 227,82 | 229,03 |
| 19 | 230,24 | 231,45 | 232,67 | 233,88 | 235,09 | 236,30 | 237,51 | 238,72 | 239,94 | 241,15 |
| 20 | 242,36 | 243,57 | 244,78 | 246,00 | 247,21 | 248,42 | 249,63 | 250,84 | 252,05 | 253,27 |
| 21 | 254,48 | 255,69 | 256,90 | 258,11 | 259,33 | 260,54 | 261,75 | 262,96 | 264,17 | 265,38 |
| 22 | 266,60 | 267,81 | 269,02 | 270,23 | 271,44 | 272,66 | 273,87 | 275,08 | 276,29 | 277,50 |
| 23 | 278,71 | 279,93 | 281,14 | 282,35 | 283,56 | 284,77 | 285,98 | 287,20 | 288,41 | 289,62 |
| 24 | 290,83 | 292,04 | 293,26 | 294,47 | 295,68 | 296,89 | 298,10 | 299,31 | 300,53 | 301,74 |

| dif. | 121 | 122 |
|---|---|---|
| 1 | 0,12 | 0,12 |
| 2 | 0,24 | 0,24 |
| 3 | 0,36 | 0,37 |
| 4 | 0,48 | 0,49 |
| 5 | 0,61 | 0,61 |
| 6 | 0,73 | 0,73 |
| 7 | 0,85 | 0,85 |
| 8 | 0,97 | 0,98 |
| 9 | 1,09 | 1,10 |

## 658,50 = 12,137.

| | 00 | 10 | 20 | 30 | 40 | 50 | 60 | 70 | 80 | 90 |
|---|---|---|---|---|---|---|---|---|---|---|
| 0 | | 1,21 | 2,43 | 3,64 | 4,85 | 6,07 | 7,28 | 8,50 | 9,71 | 10,92 |
| 1 | 12,14 | 13,35 | 14,56 | 15,78 | 16,99 | 18,21 | 19,42 | 20,63 | 21,85 | 23,06 |
| 2 | 24,27 | 25,49 | 26,70 | 27,92 | 29,13 | 30,34 | 31,56 | 32,77 | 33,98 | 35,20 |
| 3 | 36,41 | 37,62 | 38,84 | 40,05 | 41,27 | 42,48 | 43,69 | 44,91 | 46,12 | 47,33 |
| 4 | 48,55 | 49,76 | 50,98 | 52,19 | 53,40 | 54,62 | 55,83 | 57,04 | 58,26 | 59,47 |
| 5 | 60,69 | 61,90 | 63,11 | 64,33 | 65,54 | 66,75 | 67,97 | 69,18 | 70,39 | 71,61 |
| 6 | 72,82 | 74,04 | 75,25 | 76,46 | 77,68 | 78,89 | 80,10 | 81,32 | 82,53 | 83,75 |
| 7 | 84,96 | 86,17 | 87,39 | 88,60 | 89,81 | 91,03 | 92,24 | 93,45 | 94,67 | 95,88 |
| 8 | 97,10 | 98,31 | 99,52 | 100,74 | 101,95 | 103,16 | 104,38 | 105,59 | 106,81 | 108,02 |
| 9 | 109,23 | 110,45 | 111,66 | 112,87 | 114,09 | 115,30 | 116,52 | 117,73 | 118,94 | 120,16 |
| 10 | 121,37 | 122,58 | 123,80 | 125,01 | 126,22 | 127,44 | 128,65 | 129,87 | 131,08 | 132,29 |
| 11 | 133,51 | 134,72 | 135,93 | 137,15 | 138,36 | 139,58 | 140,79 | 142,00 | 143,22 | 144,43 |
| 12 | 145,64 | 146,86 | 148,07 | 149,29 | 150,50 | 151,71 | 152,93 | 154,14 | 155,35 | 156,57 |
| 13 | 157,78 | 158,99 | 160,21 | 161,42 | 162,64 | 163,85 | 165,06 | 166,28 | 167,49 | 168,70 |
| 14 | 169,92 | 171,13 | 172,35 | 173,56 | 174,77 | 175,99 | 177,20 | 178,41 | 179,63 | 180,84 |
| 15 | 182,06 | 183,27 | 184,48 | 185,70 | 186,91 | 188,12 | 189,34 | 190,55 | 191,76 | 192,98 |
| 16 | 194,19 | 195,41 | 196,62 | 197,83 | 199,05 | 200,26 | 201,47 | 202,69 | 203,90 | 205,12 |
| 17 | 206,33 | 207,54 | 208,76 | 209,97 | 211,18 | 212,40 | 213,61 | 214,82 | 216,04 | 217,25 |
| 18 | 218,47 | 219,68 | 220,89 | 222,11 | 223,32 | 224,53 | 225,75 | 226,96 | 228,18 | 229,39 |
| 19 | 230,60 | 231,82 | 233,03 | 234,24 | 235,46 | 236,67 | 237,89 | 239,10 | 240,31 | 241,53 |
| 20 | 242,74 | 243,95 | 245,17 | 246,38 | 247,59 | 248,81 | 250,02 | 251,24 | 252,45 | 253,66 |
| 21 | 254,88 | 256,09 | 257,30 | 258,52 | 259,73 | 260,95 | 262,16 | 263,37 | 264,59 | 265,80 |
| 22 | 267,01 | 268,23 | 269,44 | 270,66 | 271,87 | 273,08 | 274,30 | 275,51 | 276,72 | 277,94 |
| 23 | 279,15 | 280,36 | 281,58 | 282,79 | 284,01 | 285,22 | 286,43 | 287,65 | 288,86 | 290,07 |
| 24 | 291,29 | 292,50 | 293,72 | 294,93 | 296,14 | 297,36 | 298,57 | 299,78 | 301,00 | 302,21 |

| dif. | 121 | 122 |
|---|---|---|
| 1 | 0,12 | 0,12 |
| 2 | 0,24 | 0,24 |
| 3 | 0,36 | 0,37 |
| 4 | 0,48 | 0,49 |
| 5 | 0,61 | 0,61 |
| 6 | 0,73 | 0,73 |
| 7 | 0,85 | 0,85 |
| 8 | 0,97 | 0,98 |
| 9 | 1,09 | 1,10 |

## 657,50 = 12,155.

| | 00 | 10 | 20 | 30 | 40 | 50 | 60 | 70 | 80 | 90 |
|---|---|---|---|---|---|---|---|---|---|---|
| 0 | | 1,22 | 2,43 | 3,65 | 4,86 | 6,08 | 7,29 | 8,51 | 9,72 | 10,94 |
| 1 | 12,16 | 13,37 | 14,59 | 15,80 | 17,02 | 18,23 | 19,45 | 20,66 | 21,88 | 23,09 |
| 2 | 24,31 | 25,53 | 26,74 | 27,96 | 29,17 | 30,39 | 31,60 | 32,82 | 34,03 | 35,25 |
| 3 | 36,47 | 37,68 | 38,90 | 40,11 | 41,33 | 42,54 | 43,76 | 44,97 | 46,19 | 47,40 |
| 4 | 48,62 | 49,84 | 51,05 | 52,27 | 53,48 | 54,70 | 55,91 | 57,13 | 58,34 | 59,56 |
| 5 | 60,78 | 61,99 | 63,21 | 64,42 | 65,64 | 66,85 | 68,07 | 69,28 | 70,50 | 71,71 |
| 6 | 72,93 | 74,15 | 75,36 | 76,58 | 77,79 | 79,01 | 80,22 | 81,44 | 82,65 | 83,87 |
| 7 | 85,09 | 86,30 | 87,52 | 88,73 | 89,95 | 91,16 | 92,38 | 93,59 | 94,81 | 96,02 |
| 8 | 97,24 | 98,46 | 99,67 | 100,89 | 102,10 | 103,32 | 104,53 | 105,75 | 106,96 | 108,18 |
| 9 | 109,40 | 110,61 | 111,83 | 113,04 | 114,26 | 115,47 | 116,69 | 117,90 | 119,12 | 120,33 |
| 10 | 121,55 | 122,77 | 123,98 | 125,20 | 126,41 | 127,63 | 128,84 | 130,06 | 131,27 | 132,49 |
| 11 | 133,71 | 134,92 | 136,14 | 137,35 | 138,57 | 139,78 | 141,00 | 142,21 | 143,43 | 144,64 |
| 12 | 145,86 | 147,08 | 148,29 | 149,51 | 150,72 | 151,94 | 153,15 | 154,37 | 155,58 | 156,80 |
| 13 | 158,02 | 159,23 | 160,45 | 161,66 | 162,88 | 164,09 | 165,31 | 166,52 | 167,74 | 168,95 |
| 14 | 170,17 | 171,39 | 172,60 | 173,82 | 175,03 | 176,25 | 177,46 | 178,68 | 179,89 | 181,11 |
| 15 | 182,33 | 183,54 | 184,76 | 185,97 | 187,19 | 188,40 | 189,62 | 190,83 | 192,05 | 193,26 |
| 16 | 194,48 | 195,70 | 196,91 | 198,13 | 199,34 | 200,56 | 201,77 | 202,99 | 204,20 | 205,42 |
| 17 | 206,64 | 207,85 | 209,07 | 210,28 | 211,50 | 212,71 | 213,93 | 215,14 | 216,36 | 217,57 |
| 18 | 218,79 | 220,01 | 221,22 | 222,44 | 223,65 | 224,87 | 226,08 | 227,30 | 228,51 | 229,73 |
| 19 | 230,95 | 232,16 | 233,38 | 234,59 | 235,81 | 237,02 | 238,24 | 239,45 | 240,67 | 241,88 |
| 20 | 243,10 | 244,32 | 245,53 | 246,75 | 247,96 | 249,18 | 250,39 | 251,61 | 252,82 | 254,04 |
| 21 | 255,26 | 256,47 | 257,69 | 258,90 | 260,12 | 261,33 | 262,55 | 263,76 | 264,98 | 266,19 |
| 22 | 267,41 | 268,63 | 269,84 | 271,06 | 272,27 | 273,49 | 274,70 | 275,92 | 277,13 | 278,35 |
| 23 | 279,57 | 280,78 | 282,00 | 283,21 | 284,43 | 285,64 | 286,86 | 288,07 | 289,29 | 290,50 |
| 24 | 291,72 | 292,94 | 294,15 | 295,37 | 296,58 | 297,80 | 299,01 | 300,23 | 301,44 | 302,66 |

| dif. | 121 | 122 |
|---|---|---|
| 1 | 0,12 | 0,12 |
| 2 | 0,24 | 0,24 |
| 3 | 0,36 | 0,37 |
| 4 | 0,48 | 0,49 |
| 5 | 0,61 | 0,61 |
| 6 | 0,73 | 0,73 |
| 7 | 0,85 | 0,85 |
| 8 | 0,97 | 0,98 |
| 9 | 1,09 | 1,10 |

## 656,50 = 12,173.

| | 00 | 10 | 20 | 30 | 40 | 50 | 60 | 70 | 80 | 90 | dif. | |
|---|---|---|---|---|---|---|---|---|---|---|---|---|
| 0 | | 1,22 | 2,43 | 3,65 | 4,87 | 6,09 | 7,30 | 8,52 | 9,74 | 10,96 | 121 | |
| | | | | | | | | | | | 1 | 0,12 |
| 1 | 12,17 | 13,39 | 14,61 | 15,82 | 17,04 | 18,26 | 19,48 | 20,69 | 21,91 | 23,13 | 2 | 0,24 |
| 2 | 24,35 | 25,56 | 26,78 | 28,00 | 29,22 | 30,43 | 31,65 | 32,87 | 34,08 | 35,30 | 3 | 0,36 |
| 3 | 36,52 | 37,74 | 38,95 | 40,17 | 41,39 | 42,61 | 43,82 | 45,04 | 46,26 | 47,47 | 4 | 0,48 |
| | | | | | | | | | | | 5 | 0,61 |
| 4 | 48,69 | 49,91 | 51,13 | 52,34 | 53,56 | 54,78 | 56,00 | 57,21 | 58,43 | 59,65 | 6 | 0,73 |
| 5 | 60,87 | 62,08 | 63,30 | 64,52 | 65,73 | 66,95 | 68,17 | 69,39 | 70,60 | 71,82 | 7 | 0,85 |
| 6 | 73,04 | 74,26 | 75,47 | 76,69 | 77,91 | 79,12 | 80,34 | 81,56 | 82,78 | 83,99 | 8 | 0,97 |
| | | | | | | | | | | | 9 | 1,09 |
| 7 | 85,21 | 86,43 | 87,65 | 88,86 | 90,08 | 91,30 | 92,51 | 93,73 | 94,95 | 96,17 | | |
| 8 | 97,38 | 98,60 | 99,82 | 101,04 | 102,25 | 103,47 | 104,69 | 105,91 | 107,12 | 108,34 | 122 | |
| 9 | 109,56 | 110,77 | 111,99 | 113,21 | 114,43 | 115,64 | 116,86 | 118,08 | 119,30 | 120,51 | 1 | 0,12 |
| | | | | | | | | | | | 2 | 0,24 |
| 10 | 121,73 | 122,95 | 124,16 | 125,38 | 126,60 | 127,82 | 129,03 | 130,25 | 131,47 | 132,69 | 3 | 0,37 |
| 11 | 133,90 | 135,12 | 136,34 | 137,55 | 138,77 | 139,99 | 141,21 | 142,42 | 143,64 | 144,86 | 4 | 0,49 |
| 12 | 146,08 | 147,29 | 148,51 | 149,73 | 150,95 | 152,16 | 153,38 | 154,60 | 155,81 | 157,03 | 5 | 0,61 |
| | | | | | | | | | | | 6 | 0,73 |
| 13 | 158,25 | 159,47 | 160,68 | 161,90 | 163,12 | 164,34 | 165,55 | 166,77 | 167,99 | 169,20 | 7 | 0,85 |
| 14 | 170,42 | 171,64 | 172,86 | 174,07 | 175,29 | 176,51 | 177,73 | 178,94 | 180,16 | 181,38 | 8 | 0,98 |
| 15 | 182,60 | 183,81 | 185,03 | 186,25 | 187,46 | 188,68 | 189,90 | 191,12 | 192,33 | 193,55 | 9 | 1,10 |
| 16 | 194,77 | 195,99 | 197,20 | 198,42 | 199,64 | 200,85 | 202,07 | 203,29 | 204,51 | 205,72 | | |
| 17 | 206,94 | 208,16 | 209,38 | 210,59 | 211,81 | 213,03 | 214,24 | 215,46 | 216,68 | 217,90 | | |
| 18 | 219,11 | 220,33 | 221,55 | 222,77 | 223,98 | 225,20 | 226,42 | 227,64 | 228,85 | 230,07 | | |
| 19 | 231,29 | 232,50 | 233,72 | 234,94 | 236,16 | 237,37 | 238,59 | 239,81 | 241,03 | 242,24 | | |
| 20 | 243,46 | 244,68 | 245,89 | 247,11 | 248,33 | 249,55 | 250,76 | 251,98 | 253,20 | 254,42 | | |
| 21 | 255,63 | 256,85 | 258,07 | 259,28 | 260,50 | 261,72 | 262,94 | 264,15 | 265,37 | 266,59 | | |
| 22 | 267,81 | 269,02 | 270,24 | 271,46 | 272,68 | 273,89 | 275,11 | 276,33 | 277,54 | 278,76 | | |
| 23 | 279,98 | 281,20 | 282,41 | 283,63 | 284,85 | 286,07 | 287,28 | 288,50 | 289,72 | 290,93 | | |
| 24 | 292,15 | 293,37 | 294,59 | 295,80 | 297,02 | 298,24 | 299,46 | 300,67 | 301,89 | 303,11 | | |

# 655,50 = 12,192.

| | 00 | 10 | 20 | 30 | 40 | 50 | 60 | 70 | 80 | 90 |
|---|---|---|---|---|---|---|---|---|---|---|
| 0 | | 1,22 | 2,44 | 3,66 | 4,88 | 6,10 | 7,32 | 8,53 | 9,75 | 10,97 |
| 1 | 12,19 | 13,41 | 14,63 | 15,85 | 17,07 | 18,29 | 19,51 | 20,73 | 21,95 | 23,16 |
| 2 | 24,38 | 25,60 | 26,82 | 28,04 | 29,26 | 30,48 | 31,70 | 32,92 | 34,14 | 35,36 |
| 3 | 36,58 | 37,80 | 39,01 | 40,23 | 41,45 | 42,67 | 43,89 | 45,11 | 46,33 | 47,55 |
| 4 | 48,77 | 49,99 | 51,21 | 52,43 | 53,64 | 54,86 | 56,08 | 57,30 | 58,52 | 59,74 |
| 5 | 60,96 | 62,18 | 63,40 | 64,62 | 65,84 | 67,06 | 68,28 | 69,49 | 70,71 | 71,93 |
| 6 | 73,15 | 74,37 | 75,59 | 76,81 | 78,03 | 79,25 | 80,47 | 81,69 | 82,91 | 84,12 |
| 7 | 85,34 | 86,56 | 87,78 | 89,00 | 90,22 | 91,44 | 92,66 | 93,88 | 95,10 | 96,32 |
| 8 | 97,54 | 98,76 | 99,97 | 101,19 | 102,41 | 103,63 | 104,85 | 106,07 | 107,29 | 108,51 |
| 9 | 109,73 | 110,95 | 112,17 | 113,39 | 114,60 | 115,82 | 117,04 | 118,26 | 119,48 | 120,70 |
| 10 | 121,92 | 123,14 | 124,36 | 125,58 | 126,80 | 128,02 | 129,24 | 130,45 | 131,67 | 132,89 |
| 11 | 134,11 | 135,33 | 136,55 | 137,77 | 138,99 | 140,21 | 141,43 | 142,65 | 143,87 | 145,08 |
| 12 | 146,30 | 147,52 | 148,74 | 149,96 | 151,18 | 152,40 | 153,62 | 154,84 | 156,06 | 157,28 |
| 13 | 158,50 | 159,72 | 160,93 | 162,15 | 163,37 | 164,59 | 165,81 | 167,03 | 168,25 | 169,47 |
| 14 | 170,69 | 171,91 | 173,13 | 174,35 | 175,56 | 176,78 | 178,00 | 179,22 | 180,44 | 181,66 |
| 15 | 182,88 | 184,10 | 185,32 | 186,54 | 187,76 | 188,98 | 190,20 | 191,41 | 192,63 | 193,85 |
| 16 | 195,07 | 196,29 | 197,51 | 198,73 | 199,95 | 201,17 | 202,39 | 203,61 | 204,83 | 206,04 |
| 17 | 207,26 | 208,48 | 209,70 | 210,92 | 212,14 | 213,36 | 214,58 | 215,80 | 217,02 | 218,24 |
| 18 | 219,46 | 220,68 | 221,89 | 223,11 | 224,33 | 225,55 | 226,77 | 227,99 | 229,21 | 230,43 |
| 19 | 231,65 | 232,87 | 234,09 | 235,31 | 236,52 | 237,74 | 238,96 | 240,18 | 241,40 | 242,62 |
| 20 | 243,84 | 245,06 | 246,28 | 247,50 | 248,72 | 249,94 | 251,16 | 252,37 | 253,59 | 254,81 |
| 21 | 256,03 | 257,25 | 258,47 | 259,69 | 260,91 | 262,13 | 263,35 | 264,57 | 265,79 | 267,00 |
| 22 | 268,22 | 269,44 | 270,66 | 271,88 | 273,10 | 274,32 | 275,54 | 276,76 | 277,98 | 279,20 |
| 23 | 280,42 | 281,64 | 282,85 | 284,07 | 285,29 | 286,51 | 287,73 | 288,95 | 290,17 | 291,39 |
| 24 | 292,61 | 293,83 | 295,05 | 296,27 | 297,48 | 298,70 | 299,92 | 301,14 | 302,36 | 303,58 |

| dif. | 121 |
|---|---|
| 1 | 0,12 |
| 2 | 0,24 |
| 3 | 0,36 |
| 4 | 0,48 |
| 5 | 0,61 |
| 6 | 0,73 |
| 7 | 0,85 |
| 8 | 0,97 |
| 9 | 1,09 |

| dif. | 122 |
|---|---|
| 1 | 0,12 |
| 2 | 0,24 |
| 3 | 0,37 |
| 4 | 0,49 |
| 5 | 0,61 |
| 6 | 0,73 |
| 7 | 0,85 |
| 8 | 0,98 |
| 9 | 1,10 |

## 654,50 = 12,212.

| | 00 | 10 | 20 | 30 | 40 | 50 | 60 | 70 | 80 | 90 |
|---|---|---|---|---|---|---|---|---|---|---|
| 0 | | 1,22 | 2,44 | 3,66 | 4,88 | 6,11 | 7,33 | 8,55 | 9,77 | 10,99 |
| 1 | 12,21 | 13,43 | 14,65 | 15,88 | 17,10 | 18,32 | 19,54 | 20,76 | 21,98 | 23,20 |
| 2 | 24,42 | 25,65 | 26,87 | 28,09 | 29,31 | 30,53 | 31,75 | 32,97 | 34,19 | 35,41 |
| 3 | 36,64 | 37,86 | 39,08 | 40,30 | 41,52 | 42,74 | 43,96 | 45,18 | 46,41 | 47,63 |
| 4 | 48,85 | 50,07 | 51,29 | 52,51 | 53,73 | 54,95 | 56,18 | 57,40 | 58,62 | 59,84 |
| 5 | 61,06 | 62,28 | 63,50 | 64,72 | 65,94 | 67,17 | 68,39 | 69,61 | 70,83 | 72,05 |
| 6 | 73,27 | 74,49 | 75,71 | 76,94 | 78,16 | 79,38 | 80,60 | 81,82 | 83,04 | 84,26 |
| 7 | 85,48 | 86,71 | 87,93 | 89,15 | 90,37 | 91,59 | 92,81 | 94,03 | 95,25 | 96,47 |
| 8 | 97,70 | 98,92 | 100,14 | 101,36 | 102,58 | 103,80 | 105,02 | 106,24 | 107,47 | 108,69 |
| 9 | 109,91 | 111,13 | 112,35 | 113.57 | 114,79 | 116,01 | 117,24 | 118,46 | 119,68 | 120,90 |
| 10 | 122,12 | 123,34 | 124,56 | 125,78 | 127,00 | 128,23 | 129,45 | 130,67 | 131,89 | 133,11 |
| 11 | 134,33 | 135,55 | 136,77 | 138,00 | 139,22 | 140,44 | 141,66 | 142,88 | 144,10 | 145,32 |
| 12 | 146,54 | 147,77 | 148,99 | 150,21 | 151,43 | 152,65 | 153,87 | 155,09 | 156,31 | 157,53 |
| 13 | 158,76 | 159,98 | 161,20 | 162,42 | 163,64 | 164,86 | 166,08 | 167,30 | 168,53 | 169,75 |
| 14 | 170,97 | 172,19 | 173,41 | 174,63 | 175,85 | 177,07 | 178,30 | 179,52 | 180,74 | 181,96 |
| 15 | 183,18 | 184,40 | 185,62 | 186,84 | 188,06 | 189,29 | 190,51 | 191,73 | 192,95 | 194,17 |
| 16 | 195,39 | 196,61 | 197,83 | 199,06 | 200,28 | 201,50 | 202,72 | 203,94 | 205,16 | 206,38 |
| 17 | 207,60 | 208,83 | 210,05 | 211,27 | 212,49 | 213,71 | 214,93 | 216,15 | 217,37 | 218,59 |
| 18 | 219,82 | 221,04 | 222,26 | 223,48 | 224,70 | 225,92 | 227,14 | 228,36 | 229,59 | 230,81 |
| 19 | 232,03 | 233,25 | 234,47 | 235,69 | 236,91 | 238,13 | 239,36 | 240,58 | 241,80 | 243,02 |
| 20 | 244,24 | 245,46 | 246,68 | 247,90 | 249,12 | 250,35 | 251,57 | 252,79 | 254,01 | 255,23 |
| 21 | 256,45 | 257,67 | 258,89 | 260,12 | 261,34 | 262,56 | 263,78 | 265,00 | 266,22 | 267,44 |
| 22 | 268,66 | 269,89 | 271,11 | 272,33 | 273,55 | 274,77 | 275,99 | 277,21 | 278,43 | 279,65 |
| 23 | 280,88 | 282,10 | 283,32 | 284,54 | 285,76 | 286,98 | 288,20 | 289,42 | 290,65 | 291,87 |
| 24 | 293,09 | 294,31 | 295,53 | 296,75 | 297,97 | 299,19 | 300,42 | 301,64 | 302,86 | 304,08 |

| dif. | |
|---|---|
| 122 | |
| 1 | 0,12 |
| 2 | 0,24 |
| 3 | 0,37 |
| 4 | 0,49 |
| 5 | 0,61 |
| 6 | 0,73 |
| 7 | 0,85 |
| 8 | 0,98 |
| 9 | 1,10 |
| 123 | |
| 1 | 0,12 |
| 2 | 0,25 |
| 3 | 0,37 |
| 4 | 0,49 |
| 5 | 0,62 |
| 6 | 0,74 |
| 7 | 0,86 |
| 8 | 0,98 |
| 9 | 1;11 |

## 653,50 = 12,230.

| | 00 | 10 | 20 | 30 | 40 | 50 | 60 | 70 | 80 | 90 |
|---|---|---|---|---|---|---|---|---|---|---|
| 0 | | 1,22 | 2,45 | 3,67 | 4,89 | 6,12 | 7,34 | 8,56 | 9,78 | 11,01 |
| 1 | 12,23 | 13,45 | 14,68 | 15,90 | 17,12 | 18,35 | 19,57 | 20,79 | 22,01 | 23,24 |
| 2 | 24,46 | 25,68 | 26,91 | 28,13 | 29,35 | 30,58 | 31,80 | 33,02 | 34,24 | 35,47 |
| 3 | 36,69 | 37,91 | 39,14 | 40,36 | 41,58 | 42,81 | 44,03 | 45,25 | 46,47 | 47,70 |
| 4 | 48,92 | 50,14 | 51,37 | 52,59 | 53,81 | 55,04 | 56,26 | 57,48 | 58,70 | 59,93 |
| 5 | 61,15 | 62,37 | 63,60 | 64,82 | 66,04 | 67,27 | 68,49 | 69,71 | 70,93 | 72,16 |
| 6 | 73,38 | 74,60 | 75,83 | 77,05 | 78,27 | 79,50 | 80,72 | 81,94 | 83,16 | 84,39 |
| 7 | 85,61 | 86,83 | 88,06 | 89,28 | 90,50 | 91,73 | 92,95 | 94,17 | 95,39 | 96,62 |
| 8 | 97,84 | 99,06 | 100,29 | 101,51 | 102,73 | 103,96 | 105,18 | 106,40 | 107,62 | 108,85 |
| 9 | 110,07 | 111,29 | 112,52 | 113,74 | 114,96 | 116,19 | 117,41 | 118,63 | 119,85 | 121,08 |
| 10 | 122,30 | 123,52 | 124,75 | 125,97 | 127,19 | 128,42 | 129,64 | 130,86 | 132,08 | 133,31 |
| 11 | 134,53 | 135,75 | 136,98 | 138,20 | 139,42 | 140,65 | 141,87 | 143,09 | 144,31 | 145,54 |
| 12 | 146,76 | 147,98 | 149,21 | 150,43 | 151,65 | 152,88 | 154,10 | 155,32 | 156,54 | 157,77 |
| 13 | 158,99 | 160,21 | 161,44 | 162,66 | 163,88 | 165,11 | 166,33 | 167,55 | 168,77 | 170,00 |
| 14 | 171,22 | 172,44 | 173,67 | 174,89 | 176,11 | 177,34 | 178,56 | 179,78 | 181,00 | 182,23 |
| 15 | 183,45 | 184,67 | 185,90 | 187,12 | 188,34 | 189,57 | 190,79 | 192,01 | 193,23 | 194,46 |
| 16 | 195,68 | 196,90 | 198,13 | 199,35 | 200,57 | 201,80 | 203,02 | 204,24 | 205,46 | 206,69 |
| 17 | 207,91 | 209,13 | 210,36 | 211,58 | 212,80 | 214,03 | 215,25 | 216,47 | 217,69 | 218,92 |
| 18 | 220,14 | 221,36 | 222,59 | 223,81 | 225,03 | 226,26 | 227,48 | 228,70 | 229,92 | 231,15 |
| 19 | 232,37 | 233,59 | 234,82 | 236,04 | 237,26 | 238,49 | 239,71 | 240,93 | 242,15 | 243,38 |
| 20 | 244,60 | 245,82 | 247,05 | 248,27 | 249,49 | 250,72 | 251,94 | 253,16 | 254,38 | 255,61 |
| 21 | 256,83 | 258,05 | 259,28 | 260,50 | 261,72 | 262,95 | 264,17 | 265,39 | 266,61 | 267,84 |
| 22 | 269,06 | 270,28 | 271,51 | 272,73 | 273,95 | 275,18 | 276,40 | 277,62 | 278,84 | 280,07 |
| 23 | 281,29 | 282,51 | 283,74 | 284,96 | 286,18 | 287,41 | 288,63 | 289,85 | 291,07 | 292,30 |
| 24 | 293,52 | 294,74 | 295,97 | 297,19 | 298,41 | 299,64 | 300,86 | 302,08 | 303,30 | 304,53 |

| dif. | 122 |
|---|---|
| 1 | 0,12 |
| 2 | 0,24 |
| 3 | 0,37 |
| 4 | 0,49 |
| 5 | 0,61 |
| 6 | 0,73 |
| 7 | 0,85 |
| 8 | 0,98 |
| 9 | 1,10 |

| dif. | 123 |
|---|---|
| 1 | 0,12 |
| 2 | 0,25 |
| 3 | 0,37 |
| 4 | 0,49 |
| 5 | 0,62 |
| 6 | 0,74 |
| 7 | 0,86 |
| 8 | 0,98 |
| 9 | 1,11 |

# 652,50 = 12,249.

| | 00 | 10 | 20 | 30 | 40 | 50 | 60 | 70 | 80 | 90 |
|---|---|---|---|---|---|---|---|---|---|---|
| 0 | | 1,22 | 2,45 | 3,67 | 4,90 | 6,12 | 7,35 | 8,57 | 9,80 | 11,02 |
| 1 | 12,25 | 13,47 | 14,70 | 15,92 | 17,15 | 18,37 | 19,60 | 20,82 | 22,05 | 23,27 |
| 2 | 24,50 | 25,72 | 26,95 | 28,17 | 29,40 | 30,62 | 31,85 | 33,07 | 34,30 | 35,52 |
| 3 | 36,75 | 37,97 | 39,20 | 40,42 | 41,65 | 42,87 | 44,10 | 45,32 | 46,55 | 47,77 |
| 4 | 49,00 | 50,22 | 51,45 | 52,67 | 53,90 | 55,12 | 56,35 | 57,57 | 58,80 | 60,02 |
| 5 | 61,25 | 62,47 | 63,69 | 64,92 | 66,14 | 67,37 | 68,59 | 69,82 | 71,04 | 72,27 |
| 6 | 73,49 | 74,72 | 75,94 | 77,17 | 78,39 | 79,62 | 80,84 | 82,07 | 83,29 | 84,52 |
| 7 | 85,74 | 86,97 | 88,19 | 89,42 | 90,64 | 91,87 | 93,09 | 94,32 | 95,54 | 96,77 |
| 8 | 97,99 | 99,22 | 100,44 | 101,67 | 102,89 | 104,12 | 105,34 | 106,57 | 107,79 | 109,02 |
| 9 | 110,24 | 111,47 | 112,69 | 113,92 | 115,14 | 116,37 | 117,59 | 118,82 | 120,04 | 121,27 |
| 10 | 122,49 | 123,71 | 124,94 | 126,16 | 127,39 | 128,61 | 129,84 | 131,06 | 132,29 | 133,51 |
| 11 | 134,74 | 135,96 | 137,19 | 138,41 | 139,64 | 140,86 | 142,09 | 143,31 | 144,54 | 145,76 |
| 12 | 146,99 | 148,21 | 149,44 | 150,66 | 151,89 | 153,11 | 154,34 | 155,56 | 156,79 | 158,01 |
| 13 | 159,24 | 160,46 | 161,69 | 162,91 | 164,14 | 165,36 | 166,59 | 167,81 | 169,04 | 170,26 |
| 14 | 171,49 | 172,71 | 173,94 | 175,16 | 176,39 | 177,61 | 178,84 | 180,06 | 181,29 | 182,51 |
| 15 | 183,74 | 184,96 | 186,18 | 187,41 | 188,63 | 189,86 | 191,08 | 192,31 | 193,53 | 194,76 |
| 16 | 195,98 | 197,21 | 198,43 | 199,66 | 200,88 | 202,11 | 203,33 | 204,56 | 205,78 | 207,01 |
| 17 | 208,23 | 209,46 | 210,68 | 211,91 | 213,13 | 214,36 | 215,58 | 216,81 | 218,03 | 219,26 |
| 18 | 220,48 | 221,71 | 222,93 | 224,16 | 225,38 | 226,61 | 227,83 | 229,06 | 230,28 | 231,51 |
| 19 | 232,73 | 233,96 | 235,18 | 236,41 | 237,63 | 238,86 | 240,08 | 241,31 | 242,53 | 243,76 |
| 20 | 244,98 | 246,20 | 247,43 | 248,65 | 249,88 | 251,10 | 252,33 | 253,55 | 254,78 | 256,00 |
| 21 | 257,23 | 258,45 | 259,68 | 260,90 | 262,13 | 263,35 | 264,58 | 265,80 | 267,03 | 268,25 |
| 22 | 269,48 | 270,70 | 271,93 | 273,15 | 274,38 | 275,60 | 276,83 | 278,05 | 279,28 | 280,50 |
| 23 | 281,73 | 282,95 | 284,18 | 285,40 | 286,63 | 287,85 | 289,08 | 290,30 | 291,53 | 292,75 |
| 24 | 293,98 | 295,20 | 296,43 | 297,65 | 298,88 | 300,10 | 301,33 | 302,55 | 303,78 | 305,00 |

| dif. | 122 | 123 |
|---|---|---|
| 1 | 0,12 | 0,12 |
| 2 | 0,24 | 0,25 |
| 3 | 0,37 | 0,37 |
| 4 | 0,49 | 0,49 |
| 5 | 0,61 | 0,62 |
| 6 | 0,73 | 0,74 |
| 7 | 0,85 | 0,86 |
| 8 | 0,98 | 0,98 |
| 9 | 1,10 | 1,11 |

## 651,50 = 12,267.

| | 00 | 10 | 20 | 30 | 40 | 50 | 60 | 70 | 80 | 90 |
|---|---|---|---|---|---|---|---|---|---|---|
| 0 | | 1,23 | 2,45 | 3,68 | 4,91 | 6,13 | 7,36 | 8,59 | 9,81 | 11,04 |
| 1 | 12,27 | 13,49 | 14,72 | 15,95 | 17,17 | 18,40 | 19,63 | 20,85 | 22,08 | 23,31 |
| 2 | 24,53 | 25,76 | 26,99 | 28,21 | 29,44 | 30,67 | 31,89 | 33,12 | 34,35 | 35,57 |
| 3 | 36,80 | 38,03 | 39,25 | 40,48 | 41,71 | 42,93 | 44,16 | 45,39 | 46,61 | 47,84 |
| 4 | 49,07 | 50,29 | 51,52 | 52,75 | 53,97 | 55,20 | 56,43 | 57,65 | 58,88 | 60,11 |
| 5 | 61,34 | 62,56 | 63,79 | 65,02 | 66,24 | 67,47 | 68,70 | 69,92 | 71,15 | 72,38 |
| 6 | 73,60 | 74,83 | 76,06 | 77,28 | 78,51 | 79,74 | 80,96 | 82,19 | 83,42 | 84,64 |
| 7 | 85,87 | 87,10 | 88,32 | 89,55 | 90,78 | 92,00 | 93,23 | 94,46 | 95,68 | 96,91 |
| 8 | 98,14 | 99,36 | 100,59 | 101,82 | 103,04 | 104,27 | 105,50 | 106,72 | 107,95 | 109,18 |
| 9 | 110,40 | 111,63 | 112,86 | 114,08 | 115,31 | 116,54 | 117,76 | 118,99 | 120,22 | 121,44 |
| 10 | 122,67 | 123,90 | 125,12 | 126,35 | 127,58 | 128,80 | 130,03 | 131,26 | 132,48 | 133,71 |
| 11 | 134,94 | 136,16 | 137,39 | 138,62 | 139,84 | 141,07 | 142,30 | 143,52 | 144,75 | 145,98 |
| 12 | 147,20 | 148,43 | 149,66 | 150,88 | 152,11 | 153,34 | 154,56 | 155,79 | 157,02 | 158,24 |
| 13 | 159,47 | 160,70 | 161,92 | 163,15 | 164,38 | 165,60 | 166,83 | 168,06 | 169,28 | 170,51 |
| 14 | 171,74 | 172,96 | 174,19 | 175,42 | 176,64 | 177,87 | 179,10 | 180,32 | 181,55 | 182,78 |
| 15 | 184,01 | 185,23 | 186,46 | 187,69 | 188,91 | 190,14 | 191,37 | 192,59 | 193,82 | 195,05 |
| 16 | 196,27 | 197,50 | 198,73 | 199,95 | 201,18 | 202,41 | 203,63 | 204,86 | 206,09 | 207,31 |
| 17 | 208,54 | 209,77 | 210,99 | 212,22 | 213,45 | 214,67 | 215,90 | 217,13 | 218,35 | 219,58 |
| 18 | 220,81 | 222,03 | 223,26 | 224,49 | 225,71 | 226,94 | 228,17 | 229,39 | 230,62 | 231,85 |
| 19 | 233,07 | 234,30 | 235,53 | 236,75 | 237,98 | 239,21 | 240,43 | 241,66 | 242,89 | 244,11 |
| 20 | 245,34 | 246,57 | 247,79 | 249,02 | 250,25 | 251,47 | 252,70 | 253,93 | 255,15 | 256,38 |
| 21 | 257,61 | 258,83 | 260,06 | 261,29 | 262,51 | 263,74 | 264,97 | 266,19 | 267,42 | 268,65 |
| 22 | 269,87 | 271,10 | 272,33 | 273,55 | 274,78 | 276,01 | 277,23 | 278,46 | 279,69 | 280,91 |
| 23 | 282,14 | 283,37 | 284,59 | 285,82 | 287,05 | 288,27 | 289,50 | 290,73 | 291,95 | 293,18 |
| 24 | 294,41 | 295,63 | 296,86 | 298,09 | 299,31 | 300,54 | 301,77 | 302,99 | 304,22 | 305,45 |

| dif. | 122 | 123 |
|---|---|---|
| 1 | 0,12 | 0,12 |
| 2 | 0,24 | 0,25 |
| 3 | 0,37 | 0,37 |
| 4 | 0,49 | 0,49 |
| 5 | 0,61 | 0,62 |
| 6 | 0,73 | 0,74 |
| 7 | 0,85 | 0,86 |
| 8 | 0,98 | 0,98 |
| 9 | 1,10 | 1,11 |

## 650,50 = 12,286.

| | 00 | 10 | 20 | 30 | 40 | 50 | 60 | 70 | 80 | 90 |
|---|---|---|---|---|---|---|---|---|---|---|
| 0 | | 1,23 | 2,46 | 3,69 | 4,91 | 6,14 | 7,37 | 8,60 | 9,83 | 11,06 |
| 1 | 12,29 | 13,51 | 14,74 | 15,97 | 17,20 | 18,43 | 19,66 | 20,89 | 22,11 | 23,34 |
| 2 | 24,57 | 25,80 | 27,03 | 28,26 | 29,49 | 30,72 | 31,94 | 33,17 | 34,40 | 35,63 |
| 3 | 36,86 | 38,09 | 39,32 | 40,54 | 41,77 | 43,00 | 44,23 | 45,46 | 46,69 | 47,92 |
| 4 | 49,14 | 50,37 | 51,60 | 52,83 | 54,06 | 55,29 | 56,52 | 57,74 | 58,97 | 60,20 |
| 5 | 61,43 | 62,66 | 63,89 | 65,12 | 66,34 | 67,57 | 68,80 | 70,03 | 71,26 | 72,49 |
| 6 | 73,72 | 74,94 | 76,17 | 77,40 | 78,63 | 79,86 | 81,09 | 82,32 | 83,54 | 84,77 |
| 7 | 86,00 | 87,23 | 88,46 | 89,69 | 90,92 | 92,15 | 93,37 | 94,60 | 95,83 | 97,06 |
| 8 | 98,29 | 99,52 | 100,75 | 101,97 | 103,20 | 104,43 | 105,66 | 106,89 | 108,12 | 109,35 |
| 9 | 110,57 | 111,80 | 113,03 | 114,26 | 115,49 | 116,72 | 117,95 | 119,17 | 120,40 | 121,63 |
| 10 | 122,86 | 124,09 | 125,32 | 126,55 | 127,77 | 129,00 | 130,23 | 131,46 | 132,69 | 133,92 |
| 11 | 135,15 | 136,37 | 137,60 | 138,83 | 140,06 | 141,29 | 142,52 | 143,75 | 144,97 | 146,20 |
| 12 | 147,43 | 148,66 | 149,89 | 151,12 | 152,35 | 153,58 | 154,80 | 156,03 | 157,26 | 158,49 |
| 13 | 159,72 | 160,95 | 162,18 | 163,40 | 164,63 | 165,86 | 167,09 | 168,32 | 169,55 | 170,78 |
| 14 | 172,00 | 173,23 | 174,46 | 175,69 | 176,92 | 178,15 | 179,38 | 180,60 | 181,83 | 183,06 |
| 15 | 184,29 | 185,52 | 186,75 | 187,98 | 189,20 | 190,43 | 191,66 | 192,89 | 194,12 | 195,35 |
| 16 | 196,58 | 197,80 | 199,03 | 200,26 | 201,49 | 202,72 | 203,95 | 205,18 | 206,40 | 207,63 |
| 17 | 208,86 | 210,09 | 211,32 | 212,55 | 213,78 | 215,01 | 216,23 | 217,46 | 218,69 | 219,92 |
| 18 | 221,15 | 222,38 | 223,61 | 224,83 | 226,06 | 227,29 | 228,52 | 229,75 | 230,98 | 232,21 |
| 19 | 233,43 | 234,66 | 235,89 | 237,12 | 238,35 | 239,58 | 240,81 | 242,03 | 243,26 | 244,49 |
| 20 | 245,72 | 246,95 | 248,18 | 249,41 | 250,63 | 251,86 | 253,09 | 254,32 | 255,55 | 256,78 |
| 21 | 258,01 | 259,23 | 260,46 | 261,69 | 262,92 | 264,15 | 265,38 | 266,61 | 267,83 | 269,06 |
| 22 | 270,29 | 271,52 | 272,75 | 273,98 | 275,21 | 276,44 | 277,66 | 278,89 | 280,12 | 281,35 |
| 23 | 282,58 | 283,81 | 285,04 | 286,26 | 287,49 | 288,72 | 289,95 | 291,18 | 292,41 | 293,64 |
| 24 | 294,86 | 296,09 | 297,32 | 298,55 | 299,78 | 301,01 | 302,24 | 303,46 | 304,69 | 305,92 |

dif.

| 122 | |
|---|---|
| 1 | 0,12 |
| 2 | 0,24 |
| 3 | 0,37 |
| 4 | 0,49 |
| 5 | 0,61 |
| 6 | 0,73 |
| 7 | 0,85 |
| 8 | 0,98 |
| 9 | 1,10 |

| 123 | |
|---|---|
| 1 | 0,12 |
| 2 | 0,25 |
| 3 | 0,37 |
| 4 | 0,49 |
| 5 | 0,62 |
| 6 | 0,74 |
| 7 | 0,86 |
| 8 | 0,98 |
| 9 | 1,11 |

# 649,50 = 12,306.

| | 00 | 10 | 20 | 30 | 40 | 50 | 60 | 70 | 80 | 90 | dif. | |
|---|---|---|---|---|---|---|---|---|---|---|---|---|
| 0 | | 1,23 | 2,46 | 3,69 | 4,92 | 6,15 | 7,38 | 8,61 | 9,84 | 11,08 | | 123 |
| | | | | | | | | | | | 1 | 0,12 |
| 1 | 12,31 | 13,54 | 14,77 | 16,00 | 17,23 | 18,46 | 19,69 | 20,92 | 22,15 | 23,38 | 2 | 0,25 |
| 2 | 24,61 | 25,84 | 27,07 | 28,30 | 29,53 | 30,77 | 32,00 | 33,23 | 34,46 | 35,69 | 3 | 0,37 |
| 3 | 36,92 | 38,15 | 39,38 | 40,61 | 41,84 | 43,07 | 44,30 | 45,53 | 46,76 | 47,99 | 4 | 0,49 |
| | | | | | | | | | | | 5 | 0,62 |
| 4 | 49,22 | 50,45 | 51,69 | 52,92 | 54,15 | 55,38 | 56,61 | 57,84 | 59,07 | 60,30 | 6 | 0,74 |
| 5 | 61,53 | 62,76 | 63,99 | 65,22 | 66,45 | 67,68 | 68,91 | 70,14 | 71,37 | 72,61 | 7 | 0,86 |
| 6 | 73,84 | 75,07 | 76,30 | 77,53 | 78,76 | 79,99 | 81,22 | 82,45 | 83,68 | 84,91 | 8 | 0,98 |
| | | | | | | | | | | | 9 | 1,11 |
| 7 | 86,14 | 87,37 | 88,60 | 89,83 | 91,06 | 92,30 | 93,53 | 94,76 | 95,99 | 97,22 | | |
| 8 | 98,45 | 99,68 | 100,91 | 102,14 | 103,37 | 104,60 | 105,83 | 107,06 | 108,29 | 109,52 | | 124 |
| 9 | 110,75 | 111,98 | 113,22 | 114,45 | 115,68 | 116,91 | 118,14 | 119,37 | 120,60 | 121,83 | 1 | 0,12 |
| | | | | | | | | | | | 2 | 0,25 |
| 10 | 123,06 | 124,29 | 125,52 | 126,75 | 127,98 | 129,21 | 130,44 | 131,67 | 132,90 | 134,14 | 3 | 0,37 |
| 11 | 135,37 | 136,60 | 137,83 | 139,06 | 140,29 | 141,52 | 142,75 | 143,98 | 145,21 | 146,44 | 4 | 0,50 |
| 12 | 147,67 | 148,90 | 150,13 | 151,36 | 152,59 | 153,83 | 155,06 | 156,29 | 157,52 | 158,75 | 5 | 0,62 |
| | | | | | | | | | | | 6 | 0,74 |
| 13 | 159,98 | 161,21 | 162,44 | 163,67 | 164,90 | 166,13 | 167,36 | 168,59 | 169,82 | 171,05 | 7 | 0,87 |
| 14 | 172,28 | 173,51 | 174,75 | 175,98 | 177,21 | 178,44 | 179,67 | 180,90 | 182,13 | 183,36 | 8 | 0,99 |
| 15 | 184,59 | 185,82 | 187,05 | 188,28 | 189,51 | 190,74 | 191,97 | 193,20 | 194,43 | 195,67 | 9 | 1,12 |
| 16 | 196,90 | 198,13 | 199,36 | 200,59 | 201,82 | 203,05 | 204,28 | 205,51 | 206,74 | 207,97 | | |
| 17 | 209,20 | 210,43 | 211,66 | 212,89 | 214,12 | 215,36 | 216,59 | 217,82 | 219,05 | 220,28 | | |
| 18 | 221,51 | 222,74 | 223,97 | 225,20 | 226,43 | 227,66 | 228,89 | 230,12 | 231,35 | 232,58 | | |
| 19 | 233,81 | 235,04 | 236,28 | 237,51 | 238,74 | 239,97 | 241,20 | 242,43 | 243,66 | 244,89 | | |
| 20 | 246,12 | 247,35 | 248,58 | 249,81 | 251,04 | 252,27 | 253,50 | 254,73 | 255,96 | 257,20 | | |
| 21 | 258,43 | 259,66 | 260,89 | 262,12 | 263,35 | 264,58 | 265,81 | 267,04 | 268,27 | 269,50 | | |
| 22 | 270,73 | 271,96 | 273,19 | 274,42 | 275,65 | 276,89 | 278,12 | 279,35 | 280,58 | 281,81 | | |
| 23 | 283,04 | 284,27 | 285,50 | 286,73 | 287,96 | 289,19 | 290,42 | 291,65 | 292,88 | 294,11 | | |
| 24 | 295,34 | 296,57 | 297,81 | 299,04 | 300,27 | 301,50 | 302,73 | 303,96 | 305,19 | 306,42 | | |

# 648,50 = 12,324.

| | 00 | 10 | 20 | 30 | 40 | 50 | 60 | 70 | 80 | 90 | dif. | |
|---|---|---|---|---|---|---|---|---|---|---|---|---|
| 0 | | 1,23 | 2,46 | 3,70 | 4,93 | 6,16 | 7,39 | 8,63 | 9,86 | 11,09 | | 123 |
| | | | | | | | | | | | 1 | 0,12 |
| 1 | 12,32 | 13,56 | 14,79 | 16,02 | 17,25 | 18,49 | 19,72 | 20,95 | 22,18 | 23,42 | 2 | 0,25 |
| 2 | 24,65 | 25,88 | 27,11 | 28,35 | 29,58 | 30,81 | 32,04 | 33,27 | 34,51 | 35,74 | 3 | 0,37 |
| 3 | 36,97 | 38,20 | 39,44 | 40,67 | 41,90 | 43,13 | 44,37 | 45,60 | 46,83 | 48,06 | 4 | 0,49 |
| | | | | | | | | | | | 5 | 0,62 |
| 4 | 49,30 | 50,53 | 51,76 | 52,99 | 54,23 | 55,46 | 56,69 | 57,92 | 59,16 | 60,39 | 6 | 0,74 |
| 5 | 61,62 | 62,85 | 64,08 | 65,32 | 66,55 | 67,78 | 69,01 | 70,25 | 71,48 | 72,71 | 7 | 0,86 |
| 6 | 73,94 | 75,18 | 76,41 | 77,64 | 78,87 | 80,11 | 81,34 | 82,57 | 83,80 | 85,04 | 8 | 0,98 |
| | | | | | | | | | | | 9 | 1,11 |
| 7 | 86,27 | 87,50 | 88,73 | 89,97 | 91,20 | 92,43 | 93,66 | 94,89 | 96,13 | 97,36 | | |
| 8 | 98,59 | 99,82 | 101,06 | 102,29 | 103,52 | 104,75 | 105,99 | 107,22 | 108,45 | 109,68 | | 124 |
| 9 | 110,92 | 112,15 | 113,38 | 114,61 | 115,85 | 117,08 | 118,31 | 119,54 | 120,78 | 122,01 | 1 | 0,12 |
| | | | | | | | | | | | 2 | 0,25 |
| 10 | 123,24 | 124,47 | 125,70 | 126,94 | 128,17 | 129,40 | 130,63 | 131,87 | 133,10 | 134,33 | 3 | 0,37 |
| 11 | 135,56 | 136,80 | 138,03 | 139,26 | 140,49 | 141,73 | 142,96 | 144,19 | 145,42 | 146,66 | 4 | 0,50 |
| 12 | 147,89 | 149,12 | 150,35 | 151,59 | 152,82 | 154,05 | 155,28 | 156,51 | 157,75 | 158,98 | 5 | 0,62 |
| | | | | | | | | | | | 6 | 0,74 |
| 13 | 160,21 | 161,44 | 162,68 | 163,91 | 165,14 | 166,37 | 167,61 | 168,84 | 170,07 | 171,30 | 7 | 0,87 |
| 14 | 172,54 | 173,77 | 175,00 | 176,23 | 177,47 | 178,70 | 179,93 | 181,16 | 182,40 | 183,63 | 8 | 0,99 |
| 15 | 184,86 | 186,09 | 187,32 | 188,56 | 189,79 | 191,02 | 192,25 | 193,49 | 194,72 | 195,95 | 9 | 1,12 |
| 16 | 197,18 | 198,42 | 199,65 | 200,88 | 202,11 | 203,35 | 204,58 | 205,81 | 207,04 | 208,28 | | |
| 17 | 209,51 | 210,74 | 211,97 | 213,21 | 214,44 | 215,67 | 216,90 | 218,13 | 219,37 | 220,60 | | |
| 18 | 221,83 | 223,06 | 224,30 | 225,53 | 226,76 | 227,99 | 229,23 | 230,46 | 231,69 | 232,92 | | |
| 19 | 234,16 | 235,39 | 236,62 | 237,85 | 239,09 | 240,32 | 241,55 | 242,78 | 244,02 | 245,25 | | |
| 20 | 246,48 | 247,71 | 248,94 | 250,18 | 251,41 | 252,64 | 253,87 | 255,11 | 256,34 | 257,57 | | |
| 21 | 258,80 | 260,04 | 261,27 | 262,50 | 263,73 | 264,97 | 266,20 | 267,43 | 268,66 | 269,90 | | |
| 22 | 271,13 | 272,36 | 273,59 | 274,83 | 276,06 | 277,29 | 278,52 | 279,75 | 280,99 | 282,22 | | |
| 23 | 283,45 | 284,68 | 285,92 | 287,15 | 288,38 | 289,61 | 290,85 | 292,08 | 293,31 | 294,54 | | |
| 24 | 295,78 | 297,01 | 298,24 | 299,47 | 300,71 | 301,94 | 303,17 | 304,40 | 305,64 | 306,87 | | |

# 647,50 = 12,343.

| | 00 | 10 | 20 | 30 | 40 | 50 | 60 | 70 | 80 | 90 |
|---|---|---|---|---|---|---|---|---|---|---|
| 0 | | 1,23 | 2,47 | 3,70 | 4,94 | 6,17 | 7,41 | 8,64 | 9,87 | 11,11 |
| 1 | 12,34 | 13,58 | 14,81 | 16,05 | 17,28 | 18,51 | 19,75 | 20,98 | 22,22 | 23,45 |
| 2 | 24,69 | 25,92 | 27,15 | 28,39 | 29,62 | 30,86 | 32,09 | 33,33 | 34,56 | 35,79 |
| 3 | 37,03 | 38,26 | 39,50 | 40,73 | 41,97 | 43,20 | 44,43 | 45,67 | 46,90 | 48,14 |
| 4 | 49,37 | 50,61 | 51,84 | 53,07 | 54,31 | 55,54 | 56,78 | 58,01 | 59,25 | 60,48 |
| 5 | 61,72 | 62,95 | 64,18 | 65,42 | 66,65 | 67,89 | 69,12 | 70,36 | 71,59 | 72,82 |
| 6 | 74,06 | 75,29 | 76,53 | 77,76 | 79,00 | 80,23 | 81,46 | 82,70 | 83,93 | 85,17 |
| 7 | 86,40 | 87,64 | 88,87 | 90,10 | 91,34 | 92,57 | 93,81 | 95,04 | 96,28 | 97,51 |
| 8 | 98,74 | 99,98 | 101,21 | 102,45 | 103,68 | 104,92 | 106,15 | 107,38 | 108,62 | 109,85 |
| 9 | 111,09 | 112,32 | 113,56 | 114,79 | 116,02 | 117,26 | 118,49 | 119,73 | 120,96 | 122,20 |
| 10 | 123,43 | 124,66 | 125,90 | 127,13 | 128,37 | 129,60 | 130,84 | 132,07 | 133,30 | 134,54 |
| 11 | 135,77 | 137,01 | 138,24 | 139,48 | 140,71 | 141,94 | 143,18 | 144,41 | 145,65 | 146,88 |
| 12 | 148,12 | 149,35 | 150,58 | 151,82 | 153,05 | 154,29 | 155,52 | 156,76 | 157,99 | 159,22 |
| 13 | 160,46 | 161,69 | 162,93 | 164,16 | 165,40 | 166,63 | 167,86 | 169,10 | 170,33 | 171,57 |
| 14 | 172,80 | 174,04 | 175,27 | 176,50 | 177,74 | 178,97 | 180,21 | 181,44 | 182,68 | 183,91 |
| 15 | 185,15 | 186,38 | 187,61 | 188,85 | 190,08 | 191,32 | 192,55 | 193,79 | 195,02 | 196,25 |
| 16 | 197,49 | 198,72 | 199,96 | 201,19 | 202,43 | 203,66 | 204,89 | 206,13 | 207,36 | 208,60 |
| 17 | 209,83 | 211,07 | 212,30 | 213,53 | 214,77 | 216,00 | 217,24 | 218,47 | 219,71 | 220,94 |
| 18 | 222,17 | 223,41 | 224,64 | 225,88 | 227,11 | 228,35 | 229,58 | 230,81 | 232,05 | 233,28 |
| 19 | 234,52 | 235,75 | 236,99 | 238,22 | 239,45 | 240,69 | 241,92 | 243,16 | 244,39 | 245,63 |
| 20 | 246,86 | 248,09 | 249,33 | 250,56 | 251,80 | 253,03 | 254,27 | 255,50 | 256,73 | 257,97 |
| 21 | 259,20 | 260,44 | 261,67 | 262,91 | 264,14 | 265,37 | 266,61 | 267,84 | 269,08 | 270,31 |
| 22 | 271,55 | 272,78 | 274,01 | 275,25 | 276,48 | 277,72 | 278,95 | 280,19 | 281,42 | 282,65 |
| 23 | 283,89 | 285,12 | 286,36 | 287,59 | 288,83 | 290,06 | 291,29 | 292,53 | 293,76 | 295,00 |
| 24 | 296,23 | 297,47 | 298,70 | 299,93 | 301,17 | 302,40 | 303,64 | 304,87 | 306,11 | 307,34 |

dif.

| 123 | |
|---|---|
| 1 | 0,12 |
| 2 | 0,25 |
| 3 | 0,37 |
| 4 | 0,49 |
| 5 | 0,62 |
| 6 | 0,74 |
| 7 | 0,86 |
| 8 | 0,98 |
| 9 | 1,11 |

| 124 | |
|---|---|
| 1 | 0,12 |
| 2 | 0,25 |
| 3 | 0,37 |
| 4 | 0,50 |
| 5 | 0,62 |
| 6 | 0,74 |
| 7 | 0,87 |
| 8 | 0,99 |
| 9 | 1,12 |

## 646,50 = 12,363.

| | 00 | 10 | 20 | 30 | 40 | 50 | 60 | 70 | 80 | 90 |
|---|---|---|---|---|---|---|---|---|---|---|
| 0 | | 1,24 | 2,47 | 3,71 | 4,95 | 6,18 | 7,42 | 8,65 | 9,89 | 11,13 |
| 1 | 12,36 | 13,60 | 14,84 | 16,07 | 17,31 | 18,54 | 19,78 | 21,02 | 22,25 | 23,49 |
| 2 | 24,73 | 25,96 | 27,20 | 28,43 | 29,67 | 30,91 | 32,14 | 33,38 | 34,62 | 35,85 |
| 3 | 37,09 | 38,33 | 39,56 | 40,80 | 42,03 | 43,27 | 44,51 | 45,74 | 46,98 | 48,22 |
| 4 | 49,45 | 50,69 | 51,92 | 53,16 | 54,40 | 55,63 | 56,87 | 58,11 | 59,34 | 60,58 |
| 5 | 61,82 | 63,05 | 64,29 | 65,52 | 66,76 | 68,00 | 69,23 | 70,47 | 71,71 | 72,94 |
| 6 | 74,18 | 75,41 | 76,65 | 77,89 | 79,12 | 80,36 | 81,60 | 82,83 | 84,07 | 85,30 |
| 7 | 86,54 | 87,78 | 89,01 | 90,25 | 91,49 | 92,72 | 93,96 | 95,20 | 96,43 | 97,67 |
| 8 | 98,90 | 100,14 | 101,38 | 102,61 | 103,85 | 105,09 | 106,32 | 107,56 | 108,79 | 110,03 |
| 9 | 111,27 | 112,50 | 113,74 | 114,98 | 116,21 | 117,45 | 118,68 | 119,92 | 121,16 | 122,39 |
| 10 | 123,63 | 124,87 | 126,10 | 127,34 | 128,58 | 129,81 | 131,05 | 132,28 | 133,52 | 134,76 |
| 11 | 135,99 | 137,23 | 138,47 | 139,70 | 140,94 | 142,17 | 143,41 | 144,65 | 145,88 | 147,12 |
| 12 | 148,36 | 149,59 | 150,83 | 152,06 | 153,30 | 154,54 | 155,77 | 157,01 | 158,25 | 159,48 |
| 13 | 160,72 | 161,96 | 163,19 | 164,43 | 165,66 | 166,90 | 168,14 | 169,37 | 170,61 | 171,85 |
| 14 | 173,08 | 174,32 | 175,55 | 176,79 | 178,03 | 179,26 | 180,50 | 181,74 | 182,97 | 184,21 |
| 15 | 185,45 | 186,68 | 187,92 | 189,15 | 190,39 | 191,63 | 192,86 | 194,10 | 195,34 | 196,57 |
| 16 | 197,81 | 199,04 | 200,28 | 201,52 | 202,75 | 203,99 | 205,23 | 206,46 | 207,70 | 208,93 |
| 17 | 210,17 | 211,41 | 212,64 | 213,88 | 215,12 | 216,35 | 217,59 | 218,83 | 220,06 | 221,30 |
| 18 | 222,53 | 223,77 | 225,01 | 226,24 | 227,48 | 228,72 | 229,95 | 231,19 | 232,42 | 233,66 |
| 19 | 234,90 | 236,13 | 237,37 | 238,61 | 239,84 | 241,08 | 242,31 | 243,55 | 244,79 | 246,02 |
| 20 | 247,26 | 248,50 | 249,73 | 250,97 | 252,21 | 253,44 | 254,68 | 255,91 | 257,15 | 258,39 |
| 21 | 259,62 | 260,86 | 262,10 | 263,33 | 264,57 | 265,80 | 267,04 | 268,28 | 269,51 | 270,75 |
| 22 | 271,99 | 273,22 | 274,46 | 275,69 | 276,93 | 278,17 | 279,40 | 280,64 | 281,88 | 283,11 |
| 23 | 284,35 | 285,59 | 286,82 | 288,06 | 289,29 | 290,53 | 291,77 | 293,00 | 294,24 | 295,48 |
| 24 | 296,71 | 297,95 | 299,18 | 300,42 | 301,66 | 302,89 | 304,13 | 305,37 | 306,60 | 307,84 |

| dif. | 123 | 124 |
|---|---|---|
| 1 | 0,12 | 0,12 |
| 2 | 0,25 | 0,25 |
| 3 | 0,37 | 0,37 |
| 4 | 0,49 | 0,50 |
| 5 | 0,62 | 0,62 |
| 6 | 0,74 | 0,74 |
| 7 | 0,86 | 0,87 |
| 8 | 0,98 | 0,99 |
| 9 | 1,11 | 1,12 |

## 645,50 = 12,381.

| | 00 | 10 | 20 | 30 | 40 | 50 | 60 | 70 | 80 | 90 |
|---|---|---|---|---|---|---|---|---|---|---|
| 0 | | 1,24 | 2,48 | 3,71 | 4,95 | 6,19 | 7,43 | 8,67 | 9,90 | 11,14 |
| 1 | 12,38 | 13,62 | 14,86 | 16,10 | 17,33 | 18,57 | 19,81 | 21,05 | 22,29 | 23,52 |
| 2 | 24,76 | 26,00 | 27,24 | 28,48 | 29,71 | 30,95 | 32,19 | 33,43 | 34,67 | 35,90 |
| 3 | 37,14 | 38,38 | 39,62 | 40,86 | 42,10 | 43,33 | 44,57 | 45,81 | 47,05 | 48,29 |
| 4 | 49,52 | 50,76 | 52,00 | 53,24 | 54,48 | 55,71 | 56,95 | 58,19 | 59,43 | 60,67 |
| 5 | 61,91 | 63,14 | 64,38 | 65,62 | 66,86 | 68,10 | 69,33 | 70,57 | 71,81 | 73,05 |
| 6 | 74,29 | 75,52 | 76,76 | 78,00 | 79,24 | 80,48 | 81,71 | 82,95 | 84,19 | 85,43 |
| 7 | 86,67 | 87,91 | 89,14 | 90,38 | 91,62 | 92,86 | 94,10 | 95,33 | 96,57 | 97,81 |
| 8 | 99,05 | 100,29 | 101,52 | 102,76 | 104,00 | 105,24 | 106,48 | 107,71 | 108,95 | 110,19 |
| 9 | 111,43 | 112,67 | 113,91 | 115,14 | 116,38 | 117,62 | 118,86 | 120,10 | 121,33 | 122,57 |
| 10 | 123,81 | 125,05 | 126,29 | 127,52 | 128,76 | 130,00 | 131,24 | 132,48 | 133,71 | 134,95 |
| 11 | 136,19 | 137,43 | 138,67 | 139,91 | 141,14 | 142,38 | 143,62 | 144,86 | 146,10 | 147,33 |
| 12 | 148,57 | 149,81 | 151,05 | 152,29 | 153,52 | 154,76 | 156,00 | 157,24 | 158,48 | 159,71 |
| 13 | 160,95 | 162,19 | 163,43 | 164,67 | 165,91 | 167,14 | 168,38 | 169,62 | 170,86 | 172,10 |
| 14 | 173,33 | 174,57 | 175,81 | 177,05 | 178,29 | 179,52 | 180,76 | 182,00 | 183,24 | 184,48 |
| 15 | 185,72 | 186,95 | 188,19 | 189,43 | 190,67 | 191,91 | 193,14 | 194,38 | 195,62 | 196,86 |
| 16 | 198,10 | 199,33 | 200,57 | 201,81 | 203,05 | 204,29 | 205,52 | 206,76 | 208,00 | 209,24 |
| 17 | 210,48 | 211,72 | 212,95 | 214,19 | 215,43 | 216,67 | 217,91 | 219,14 | 220,38 | 221,62 |
| 18 | 222,86 | 224,10 | 225,33 | 226,57 | 227,81 | 229,05 | 230,29 | 231,52 | 232,76 | 234,00 |
| 19 | 235,24 | 236,48 | 237,72 | 238,95 | 240,19 | 241,43 | 242,67 | 243,91 | 245,14 | 246,38 |
| 20 | 247,62 | 248, 6 | 250,10 | 251,33 | 252,57 | 253,81 | 255,05 | 256,29 | 257,52 | 258,76 |
| 21 | 260,00 | 261,24 | 262,48 | 263,72 | 264,95 | 266,19 | 267,43 | 268,67 | 269,91 | 271,14 |
| 22 | 272,38 | 273,62 | 274,86 | 276,10 | 277,33 | 278,57 | 279,81 | 281,05 | 282,29 | 283,52 |
| 23 | 284,76 | 286,00 | 287,24 | 288,48 | 289,72 | 290,95 | 292,19 | 293,43 | 294,67 | 295,91 |
| 24 | 297,14 | 298,38 | 299,62 | 300,86 | 302,10 | 303,33 | 304,57 | 305,81 | 307,05 | 308,29 |

| dif. | 123 | 124 |
|---|---|---|
| 1 | 0,12 | 0,12 |
| 2 | 0,25 | 0,25 |
| 3 | 0,37 | 0,37 |
| 4 | 0,49 | 0,50 |
| 5 | 0,62 | 0,62 |
| 6 | 0,74 | 0,74 |
| 7 | 0,86 | 0,87 |
| 8 | 0,98 | 0,99 |
| 9 | 1,11 | 1,12 |

## 644,50 = 12,400.

| | 00 | 10 | 20 | 30 | 40 | 50 | 60 | 70 | 80 | 90 |
|---|---|---|---|---|---|---|---|---|---|---|
| 0 | | 1,24 | 2,48 | 3,72 | 4,96 | 6,20 | 7,44 | 8,68 | 9,92 | 11,16 |
| 1 | 12,40 | 13,64 | 14,88 | 16,12 | 17,36 | 18,60 | 19,84 | 21,08 | 22,32 | 23,56 |
| 2 | 24,80 | 26,04 | 27,28 | 28,52 | 29,76 | 31,00 | 32,24 | 33,48 | 34,72 | 35,96 |
| 3 | 37,20 | 38,44 | 39,68 | 40,92 | 42,16 | 43,40 | 44,64 | 45,88 | 47,12 | 48,36 |
| 4 | 49,60 | 50,84 | 52,08 | 53,32 | 54,56 | 55,80 | 57,04 | 58,28 | 59,52 | 60,76 |
| 5 | 62,00 | 63,24 | 64,48 | 65,72 | 66,96 | 68,20 | 69,44 | 70,68 | 71,92 | 73,16 |
| 6 | 74,40 | 75,64 | 76,88 | 78,12 | 79,36 | 80,60 | 81,84 | 83,08 | 84,32 | 85,56 |
| 7 | 86,80 | 88,04 | 89,28 | 90,52 | 91,76 | 93,00 | 94,24 | 95,48 | 96,72 | 97,96 |
| 8 | 99,20 | 100,44 | 101,68 | 102,92 | 104,16 | 105,40 | 106,64 | 107,88 | 109,12 | 110,36 |
| 9 | 111,60 | 112,84 | 114,08 | 115,32 | 116,56 | 117,80 | 119,04 | 120,28 | 121,52 | 122,76 |
| 10 | 124,00 | 125,24 | 126,48 | 127,72 | 128,96 | 130,20 | 131,44 | 132,68 | 133,92 | 135,16 |
| 11 | 136,40 | 137,64 | 138,88 | 140,12 | 141,36 | 142,60 | 143,84 | 145,08 | 146,32 | 147,56 |
| 12 | 148,80 | 150,04 | 151,28 | 152,52 | 153,76 | 155,00 | 156,24 | 157,48 | 158,72 | 159,96 |
| 13 | 161,20 | 162,44 | 163,68 | 164,92 | 166,16 | 167,40 | 168,64 | 169,88 | 171,12 | 172,36 |
| 14 | 173,60 | 174,84 | 176,08 | 177,32 | 178,56 | 179,80 | 181,04 | 182,28 | 183,52 | 184,76 |
| 15 | 186,00 | 187,24 | 188,48 | 189,72 | 190,96 | 192,20 | 193,44 | 194,68 | 195,92 | 197,16 |
| 16 | 198,40 | 199,64 | 200,88 | 202,12 | 203,36 | 204,60 | 205,84 | 207,08 | 208,32 | 209,56 |
| 17 | 210,80 | 212,04 | 213,28 | 214,52 | 215,76 | 217,00 | 218,24 | 219,48 | 220,72 | 221,96 |
| 18 | 223,20 | 224,44 | 225,68 | 226,92 | 228,16 | 229,40 | 230,64 | 231,88 | 233,12 | 234,36 |
| 19 | 235,60 | 236,84 | 238,08 | 239,32 | 240,56 | 241,80 | 243,04 | 244,28 | 245,52 | 246,76 |
| 20 | 248,00 | 249,24 | 250,48 | 251,72 | 252,96 | 254,20 | 255,44 | 256,68 | 257,92 | 259,16 |
| 21 | 260,40 | 261,64 | 262,88 | 264,12 | 265,36 | 266,60 | 267,84 | 269,08 | 270,32 | 271,56 |
| 22 | 272,80 | 274,04 | 275,28 | 276,52 | 277,76 | 279,00 | 280,24 | 281,48 | 282,72 | 283,96 |
| 23 | 285,20 | 286,44 | 287,68 | 288,92 | 290,16 | 291,40 | 292,64 | 293,88 | 295,12 | 296,36 |
| 24 | 297,60 | 298,84 | 300,08 | 301,32 | 302,56 | 303,80 | 305,04 | 306,28 | 307,52 | 308,76 |

| dif. | 124 |
|---|---|
| 1 | 0,12 |
| 2 | 0,25 |
| 3 | 0,37 |
| 4 | 0,50 |
| 5 | 0,62 |
| 6 | 0,74 |
| 7 | 0,87 |
| 8 | 0,99 |
| 9 | 1,12 |

## 643,50 = 12,420.

| | 00 | 10 | 20 | 30 | 40 | 50 | 60 | 70 | 80 | 90 |
|---|---|---|---|---|---|---|---|---|---|---|
| 0 | | 1,24 | 2,48 | 3,73 | 4,97 | 6,21 | 7,45 | 8,69 | 9,94 | 11,18 |
| 1 | 12,42 | 13,66 | 14,90 | 16,15 | 17,39 | 18,63 | 19,87 | 21,11 | 22,36 | 23,60 |
| 2 | 24,84 | 26,08 | 27,32 | 28,57 | 29,81 | 31,05 | 32,29 | 33,53 | 34,78 | 36,02 |
| 3 | 37,26 | 38,50 | 39,74 | 40,99 | 42,23 | 43,47 | 44,71 | 45,95 | 47,20 | 48,44 |
| 4 | 49,68 | 50,92 | 52,16 | 53,41 | 54,65 | 55,89 | 57,13 | 58,37 | 59,62 | 60,86 |
| 5 | 62,10 | 63,34 | 64,58 | 65,83 | 67,07 | 68,31 | 69,55 | 70,79 | 72,04 | 73,28 |
| 6 | 74,52 | 75,76 | 77,00 | 78,25 | 79,49 | 80,73 | 81,97 | 83,21 | 84,46 | 85,70 |
| 7 | 86,94 | 88,18 | 89,42 | 90,67 | 91,91 | 93,15 | 94,39 | 95,63 | 96,88 | 98,12 |
| 8 | 99,36 | 100,60 | 101,84 | 103,09 | 104,33 | 105,57 | 106,81 | 108,05 | 109,30 | 110,54 |
| 9 | 111,78 | 113,02 | 114,26 | 115,51 | 116,75 | 117,99 | 119,23 | 120,47 | 121,72 | 122,96 |
| 10 | 124,20 | 125,44 | 126,68 | 127,93 | 129,17 | 130,41 | 131,65 | 132,89 | 134,14 | 135,38 |
| 11 | 136,62 | 137,86 | 139,10 | 140,35 | 141,59 | 142,83 | 144,07 | 145,31 | 146,56 | 147,80 |
| 12 | 149,04 | 150,28 | 151,52 | 152,77 | 154,01 | 155,25 | 156,49 | 157,73 | 158,98 | 160,22 |
| 13 | 161,46 | 162,70 | 163,94 | 165,19 | 166,43 | 167,67 | 168,91 | 170,15 | 171,40 | 172,64 |
| 14 | 173,88 | 175,12 | 176,36 | 177,61 | 178,85 | 180,09 | 181,33 | 182,57 | 183,82 | 185,06 |
| 15 | 186,30 | 187,54 | 188,78 | 190,03 | 191,27 | 192,51 | 193,75 | 194,99 | 196,24 | 197,48 |
| 16 | 198,72 | 199,96 | 201,20 | 202,45 | 203,69 | 204,93 | 206,17 | 207,41 | 208,66 | 209,90 |
| 17 | 211,14 | 212,38 | 213,62 | 214,87 | 216,11 | 217,35 | 218,59 | 219,83 | 221,08 | 222,32 |
| 18 | 223,56 | 224,80 | 226,04 | 227,29 | 228,53 | 229,77 | 231,01 | 232,25 | 233,50 | 234,74 |
| 19 | 235,98 | 237,22 | 238,46 | 239,71 | 240,95 | 242,19 | 243,43 | 244,67 | 245,92 | 247,16 |
| 20 | 248,40 | 249,64 | 250,88 | 252,13 | 253,37 | 254,61 | 255,85 | 257,09 | 258,34 | 259,58 |
| 21 | 260,82 | 262,06 | 263,30 | 264,55 | 265,79 | 267,03 | 268,27 | 269,51 | 270,76 | 272,00 |
| 22 | 273,24 | 274,48 | 275,72 | 276,97 | 278,21 | 279,45 | 280,69 | 281,93 | 283,18 | 284,42 |
| 23 | 285,66 | 286,90 | 288,14 | 289,39 | 290,63 | 291,87 | 293,11 | 294,35 | 295,60 | 296,84 |
| 24 | 298,08 | 299,32 | 300,56 | 301,81 | 303,05 | 304,29 | 305,53 | 306,77 | 308,02 | 309,26 |

| dif. | 124 | 125 |
|---|---|---|
| 1 | 0,12 | 0,13 |
| 2 | 0,25 | 0,25 |
| 3 | 0,37 | 0,38 |
| 4 | 0,50 | 0,50 |
| 5 | 0,62 | 0,63 |
| 6 | 0,74 | 0,75 |
| 7 | 0,87 | 0,88 |
| 8 | 0,99 | 1,00 |
| 9 | 1,12 | 1,13 |

## 642,50 = 12,438.

| | 00 | 10 | 20 | 30 | 40 | 50 | 60 | 70 | 80 | 90 |
|---|---|---|---|---|---|---|---|---|---|---|
| 0 | | 1,24 | 2,49 | 3,73 | 4,98 | 6,22 | 7,46 | 8,71 | 9,95 | 11,19 |
| 1 | 12,44 | 13,68 | 14,93 | 16,17 | 17,41 | 18,66 | 19,90 | 21,14 | 22,39 | 23,63 |
| 2 | 24,88 | 26,12 | 27,36 | 28,61 | 29,85 | 31,10 | 32,34 | 33,58 | 34,83 | 36,07 |
| 3 | 37,31 | 38,56 | 39,80 | 41,05 | 42,29 | 43,53 | 44,78 | 46,02 | 47,26 | 48,51 |
| 4 | 49,75 | 51,00 | 52,24 | 53,48 | 54,73 | 55,97 | 57,21 | 58,46 | 59,70 | 60,95 |
| 5 | 62,19 | 63,43 | 64,68 | 65,92 | 67,17 | 68,41 | 69,65 | 70,90 | 72,14 | 73,38 |
| 6 | 74,63 | 75,87 | 77,12 | 78,36 | 79,60 | 80,85 | 82,09 | 83,33 | 84,58 | 85,82 |
| 7 | 87,07 | 88,31 | 89,55 | 90,80 | 92,04 | 93,29 | 94,53 | 95,77 | 97,02 | 98,26 |
| 8 | 99,50 | 100,75 | 101,99 | 103,24 | 104,48 | 105,72 | 106,97 | 108,21 | 109,45 | 110,70 |
| 9 | 111,94 | 113,19 | 114,43 | 115,67 | 116,92 | 118,16 | 119,40 | 120,65 | 121,89 | 123,14 |
| 10 | 124,38 | 125,62 | 126,87 | 128,11 | 129,36 | 130,60 | 131,84 | 133,09 | 134,33 | 135,57 |
| 11 | 136,82 | 138,06 | 139,31 | 140,55 | 141,79 | 143,04 | 144,28 | 145,52 | 146,77 | 148,01 |
| 12 | 149,26 | 150,50 | 151,74 | 152,99 | 154,23 | 155,48 | 156,72 | 157,96 | 159,21 | 160,45 |
| 13 | 161,69 | 162,94 | 164,18 | 165,43 | 166,67 | 167,91 | 169,16 | 170,40 | 171,64 | 172,89 |
| 14 | 174,13 | 175,38 | 176,62 | 177,86 | 179,11 | 180,35 | 181,59 | 182,84 | 184,08 | 185,33 |
| 15 | 186,57 | 187,81 | 189,06 | 190,30 | 191,55 | 192,79 | 194,03 | 195,28 | 196,52 | 197,76 |
| 16 | 199,01 | 200,25 | 201,50 | 202,74 | 203,98 | 205,23 | 206,47 | 207,71 | 208,96 | 210,20 |
| 17 | 211,45 | 212,69 | 213,93 | 215,18 | 216,42 | 217,67 | 218,91 | 220,15 | 221,40 | 222,64 |
| 18 | 223,88 | 225,13 | 226,37 | 227,62 | 228,86 | 230,10 | 231,35 | 232,59 | 233,83 | 235,08 |
| 19 | 236,32 | 237,57 | 238,81 | 240,05 | 241,30 | 242,54 | 243,78 | 245,03 | 246,27 | 247,52 |
| 20 | 248,76 | 250,00 | 251,25 | 252,49 | 253,74 | 254,98 | 256,22 | 257,47 | 258,71 | 259,95 |
| 21 | 261,20 | 262,44 | 263,69 | 264,93 | 266,17 | 267,42 | 268,66 | 269,90 | 271,15 | 272,39 |
| 22 | 273,64 | 274,88 | 276,12 | 277,37 | 278,61 | 279,86 | 281,10 | 282,34 | 283,59 | 284,83 |
| 23 | 286,07 | 287,32 | 288,56 | 289,81 | 291,05 | 292,29 | 293,54 | 294,78 | 296,02 | 297,27 |
| 24 | 298,51 | 299,76 | 301,00 | 302,24 | 303,49 | 304,73 | 305,97 | 307,22 | 308,46 | 309,71 |

| dif. | 124 |
|---|---|
| 1 | 0,12 |
| 2 | 0,25 |
| 3 | 0,37 |
| 4 | 0,50 |
| 5 | 0,62 |
| 6 | 0,74 |
| 7 | 0,87 |
| 8 | 0,99 |
| 9 | 1,12 |

| dif. | 125 |
|---|---|
| 1 | 0,13 |
| 2 | 0,25 |
| 3 | 0,38 |
| 4 | 0,50 |
| 5 | 0,63 |
| 6 | 0,75 |
| 7 | 0,88 |
| 8 | 1,00 |
| 9 | 1,13 |

## 641,50 = 12,459.

| | 00 | 10 | 20 | 30 | 40 | 50 | 60 | 70 | 80 | 90 |
|---|---|---|---|---|---|---|---|---|---|---|
| 0 | | 1,25 | 2,49 | 3,74 | 4,98 | 6,23 | 7,48 | 8,72 | 9,97 | 11,21 |
| 1 | 12,46 | 13,70 | 14,95 | 16,20 | 17,44 | 18,69 | 19,93 | 21,18 | 22,43 | 23,67 |
| 2 | 24,92 | 26,16 | 27,41 | 28,66 | 29,90 | 31,15 | 32,39 | 33,64 | 34,89 | 36,13 |
| 3 | 37,38 | 38,62 | 39,87 | 41,11 | 42,36 | 43,61 | 44,85 | 46,10 | 47,34 | 48,59 |
| 4 | 49,84 | 51,08 | 52,33 | 53,57 | 54,82 | 56,07 | 57,31 | 58,56 | 59,80 | 61,05 |
| 5 | 62,30 | 63,54 | 64,79 | 66,03 | 67,28 | 68,52 | 69,77 | 71,02 | 72,26 | 73,51 |
| 6 | 74,75 | 76,00 | 77,25 | 78,49 | 79,74 | 80,98 | 82,23 | 83,48 | 84,72 | 85,97 |
| 7 | 87,21 | 88,46 | 89,70 | 90,95 | 92,20 | 93,44 | 94,69 | 95,93 | 97,18 | 98,43 |
| 8 | 99,67 | 100,92 | 102,16 | 103,41 | 104,66 | 105,90 | 107,15 | 108,39 | 109,64 | 110,89 |
| 9 | 112,13 | 113,38 | 114,62 | 115,87 | 117,11 | 118,36 | 119,61 | 120,85 | 122,10 | 123,34 |
| 10 | 124,59 | 125,84 | 127,08 | 128,33 | 129,57 | 130,82 | 132,07 | 133,31 | 134,56 | 135,80 |
| 11 | 137,05 | 138,29 | 139,54 | 140,79 | 142,03 | 143,28 | 144,52 | 145,77 | 147,02 | 148,26 |
| 12 | 149,51 | 150,75 | 152,00 | 153,25 | 154,49 | 155,74 | 156,98 | 158,23 | 159,48 | 160,72 |
| 13 | 161,97 | 163,21 | 164,46 | 165,70 | 166,95 | 168,20 | 169,44 | 170,69 | 171,93 | 173,18 |
| 14 | 174,43 | 175,67 | 176,92 | 178,16 | 179,41 | 180,66 | 181,90 | 183,15 | 184,39 | 185,64 |
| 15 | 186,89 | 188,13 | 189,38 | 190,62 | 191,87 | 193,11 | 194,36 | 195,61 | 196,85 | 198,10 |
| 16 | 199,34 | 200,59 | 201,84 | 203,08 | 204,33 | 205,57 | 206,82 | 208,07 | 209,31 | 210,56 |
| 17 | 211,80 | 213,05 | 214,29 | 215,54 | 216,79 | 218,03 | 219,28 | 220,52 | 221,77 | 223,02 |
| 18 | 224,26 | 225,51 | 226,75 | 228,00 | 229,25 | 230,49 | 231,74 | 232,98 | 234,23 | 235,48 |
| 19 | 236,72 | 237,97 | 239,21 | 240,46 | 241,70 | 242,95 | 244,20 | 245,44 | 246,69 | 247,93 |
| 20 | 249,18 | 250,43 | 251,67 | 252,92 | 254,16 | 255,41 | 256,66 | 257,90 | 259,15 | 260,39 |
| 21 | 261,64 | 262,88 | 264,13 | 265,38 | 266,62 | 267,87 | 269,11 | 270,36 | 271,61 | 272,85 |
| 22 | 274,10 | 275,34 | 276,59 | 277,84 | 279,08 | 280,33 | 281,57 | 282,82 | 284,07 | 285,31 |
| 23 | 286,56 | 287,80 | 289,05 | 290,29 | 291,54 | 292,79 | 294,03 | 295,28 | 296,52 | 297,77 |
| 24 | 299,02 | 300,26 | 301,51 | 302,75 | 304,00 | 305,25 | 306,49 | 307,74 | 308,98 | 310,23 |

dif.

| 124 | |
|---|---|
| 1 | 0,12 |
| 2 | 0,25 |
| 3 | 0,37 |
| 4 | 0,50 |
| 5 | 0,62 |
| 6 | 0,74 |
| 7 | 0,87 |
| 8 | 0,99 |
| 9 | 1,12 |

| 125 | |
|---|---|
| 1 | 0,13 |
| 2 | 0,25 |
| 3 | 0,38 |
| 4 | 0,50 |
| 5 | 0,63 |
| 6 | 0,75 |
| 7 | 0,88 |
| 8 | 1,00 |
| 9 | 1,13 |

## 640,50 = 12,479.

| | 00 | 10 | 20 | 30 | 40 | 50 | 60 | 70 | 80 | 90 |
|---|---|---|---|---|---|---|---|---|---|---|
| 0 | | 1,25 | 2,50 | 3,74 | 4,99 | 6,24 | 7,49 | 8,74 | 9,98 | 11,23 |
| 1 | 12,48 | 13,73 | 14,97 | 16,22 | 17,47 | 18,72 | 19,97 | 21,21 | 22,46 | 23,71 |
| 2 | 24,96 | 26,21 | 27,45 | 28,70 | 29,95 | 31,20 | 32,45 | 33,69 | 34,94 | 36,19 |
| 3 | 37,44 | 38,68 | 39,93 | 41,18 | 42,43 | 43,68 | 44,92 | 46,17 | 47,42 | 48,67 |
| 4 | 49,92 | 51,16 | 52,41 | 53,66 | 54,91 | 56,16 | 57,40 | 58,65 | 59,90 | 61,15 |
| 5 | 62,40 | 63,64 | 64,89 | 66,14 | 67,39 | 68,63 | 69,88 | 71,13 | 72,38 | 73,63 |
| 6 | 74,87 | 76,12 | 77,37 | 78,62 | 79,87 | 81,11 | 82,36 | 83,61 | 84,86 | 86,11 |
| 7 | 87,35 | 88,60 | 89,85 | 91,10 | 92,34 | 93,59 | 94,84 | 96,09 | 97,34 | 98,58 |
| 8 | 99,83 | 101,08 | 102,33 | 103,58 | 104,82 | 106,07 | 107,32 | 108,57 | 109,82 | 111,06 |
| 9 | 112,31 | 113,56 | 114,81 | 116,05 | 117,30 | 118,55 | 119,80 | 121,05 | 122,29 | 123,54 |
| 10 | 124,79 | 126,04 | 127,29 | 128,53 | 129,78 | 131,03 | 132,28 | 133,53 | 134,77 | 136,02 |
| 11 | 137,27 | 138,52 | 139,76 | 141,01 | 142,26 | 143,51 | 144,76 | 146,00 | 147,25 | 148,50 |
| 12 | 149,75 | 151,00 | 152,21 | 153,49 | 154,74 | 155,99 | 157,24 | 158,48 | 159,73 | 160,98 |
| 13 | 162,23 | 163,47 | 164,72 | 165,97 | 167,22 | 168,47 | 169,71 | 170,96 | 172,21 | 173,46 |
| 14 | 174,71 | 175,95 | 177,20 | 178,45 | 179,70 | 180,95 | 182,19 | 183,44 | 184,69 | 185,94 |
| 15 | 187,19 | 188,43 | 189,68 | 190,93 | 192,18 | 193,42 | 194,67 | 195,92 | 197,17 | 198,42 |
| 16 | 199,66 | 200,91 | 202,16 | 203,41 | 204,66 | 205,90 | 207,15 | 208,40 | 209,65 | 210,90 |
| 17 | 212,14 | 213,39 | 214,64 | 215,89 | 217,13 | 218,38 | 219,63 | 220,88 | 222,13 | 223,37 |
| 18 | 224,62 | 225,87 | 227,12 | 228,37 | 229,61 | 230,86 | 232,11 | 233,36 | 234,61 | 235,85 |
| 19 | 237,10 | 238,35 | 239,60 | 240,84 | 242,09 | 243,34 | 244,59 | 245,84 | 247,08 | 248,33 |
| 20 | 249,58 | 250,83 | 252,08 | 253,32 | 254,57 | 255,82 | 257,07 | 258,32 | 259,56 | 260,81 |
| 21 | 262,06 | 263,31 | 264,55 | 265,80 | 267,05 | 268,30 | 269,55 | 270,79 | 272,04 | 273,29 |
| 22 | 274,54 | 275,79 | 277,03 | 278,28 | 279,53 | 280,78 | 282,03 | 283,27 | 284,52 | 285,77 |
| 23 | 287,02 | 288,26 | 289,51 | 290,76 | 292,01 | 293,26 | 294,50 | 295,75 | 297,00 | 298,25 |
| 24 | 299,50 | 300,74 | 301,99 | 303,24 | 304,49 | 305,74 | 306,98 | 308,23 | 309,48 | 310,73 |

| dif. | 124 | 125 |
|---|---|---|
| 1 | 0,12 | 0,13 |
| 2 | 0,25 | 0,25 |
| 3 | 0,37 | 0,38 |
| 4 | 0,50 | 0,50 |
| 5 | 0,62 | 0,63 |
| 6 | 0,74 | 0,75 |
| 7 | 0,87 | 0,88 |
| 8 | 0,99 | 1,00 |
| 9 | 1,12 | 1,13 |

# 639,50 = 12,497.

| | 00 | 10 | 20 | 30 | 40 | 50 | 60 | 70 | 80 | 90 |
|---|---|---|---|---|---|---|---|---|---|---|
| 0 | | 1,25 | 2,50 | 3,75 | 5,00 | 6,25 | 7,50 | 8,75 | 10,00 | 11,25 |
| 1 | 12,50 | 13,75 | 15,00 | 16,25 | 17,50 | 18,75 | 20,00 | 21,24 | 22,49 | 23,74 |
| 2 | 24,99 | 26,24 | 27,49 | 28,74 | 29,99 | 31,24 | 32,49 | 33,74 | 34,99 | 36,24 |
| 3 | 37,49 | 38,74 | 39,99 | 41,24 | 42,49 | 43,74 | 44,99 | 46,24 | 47,49 | 48,74 |
| 4 | 49,99 | 51,24 | 52,49 | 53,74 | 54,99 | 56,24 | 57,49 | 58,74 | 59,99 | 61,24 |
| 5 | 62,49 | 63,73 | 64,98 | 66,23 | 67,48 | 68,73 | 69,98 | 71,23 | 72,48 | 73,73 |
| 6 | 74,98 | 76,23 | 77,48 | 78,73 | 79,98 | 81,23 | 82,48 | 83,73 | 84,98 | 86,23 |
| 7 | 87,48 | 88,73 | 89,98 | 91,23 | 92,48 | 93,73 | 94,98 | 96,23 | 97,48 | 98,73 |
| 8 | 99,98 | 101,23 | 102,48 | 103,73 | 104,97 | 106,22 | 107,47 | 108,72 | 109,97 | 111,22 |
| 9 | 112,47 | 113,72 | 114,97 | 116,22 | 117,47 | 118,72 | 119,97 | 121,22 | 122,47 | 123,72 |
| 10 | 124,97 | 126,22 | 127,47 | 128,72 | 129,97 | 131,22 | 132,47 | 133,72 | 134,97 | 136,22 |
| 11 | 137,47 | 138,72 | 139,97 | 141,22 | 142,47 | 143,72 | 144,97 | 146,21 | 147,46 | 148,71 |
| 12 | 149,96 | 151,21 | 152,46 | 153,71 | 154,96 | 156,21 | 157,46 | 158,71 | 159,96 | 161,21 |
| 13 | 162,46 | 163,71 | 164,96 | 166,21 | 167,46 | 168,71 | 169,96 | 171,21 | 172,46 | 173,71 |
| 14 | 174,96 | 176,21 | 177,46 | 178,71 | 179,96 | 181,21 | 182,46 | 183,71 | 184,96 | 186,21 |
| 15 | 187,46 | 188,70 | 189,95 | 191,20 | 192,45 | 193,70 | 194,95 | 196,20 | 197,45 | 198,70 |
| 16 | 199,95 | 201,20 | 202,45 | 203,70 | 204,95 | 206,20 | 207,45 | 208,70 | 209,95 | 211,20 |
| 17 | 212,45 | 213,70 | 214,95 | 216,20 | 217,45 | 218,70 | 219,95 | 221,20 | 222,45 | 223,70 |
| 18 | 224,95 | 226,20 | 227,45 | 228,70 | 229,94 | 231,19 | 232,44 | 233,69 | 234,95 | 236,19 |
| 19 | 237,44 | 238,69 | 239,94 | 241,19 | 242,44 | 243,69 | 244,94 | 246,19 | 247,44 | 248,69 |
| 20 | 249,94 | 251,19 | 252,44 | 253,69 | 254,94 | 256,19 | 257,44 | 258,69 | 259,94 | 261,19 |
| 21 | 262,44 | 263,69 | 264,94 | 266,19 | 267,44 | 268,69 | 269,94 | 271,18 | 272,43 | 273,68 |
| 22 | 274,93 | 276,18 | 277,43 | 278,68 | 279,93 | 281,18 | 282,43 | 283,68 | 284,93 | 286,18 |
| 23 | 287,43 | 288,68 | 289,93 | 291,18 | 292,43 | 293,68 | 294,93 | 296,18 | 297,43 | 298,68 |
| 24 | 299,93 | 301,18 | 302,43 | 303,68 | 304,93 | 306,18 | 307,43 | 308,68 | 309,93 | 311,18 |

| dif. | |
|---|---|
| 124 | |
| 1 | 0,12 |
| 2 | 0,25 |
| 3 | 0,37 |
| 4 | 0,50 |
| 5 | 0,62 |
| 6 | 0,74 |
| 7 | 0,87 |
| 8 | 0,99 |
| 9 | 1,12 |
| 125 | |
| 1 | 0,13 |
| 2 | 0,25 |
| 3 | 0,38 |
| 4 | 0,50 |
| 5 | 0,63 |
| 6 | 0,75 |
| 7 | 0,88 |
| 8 | 1,00 |
| 9 | 1,13 |

## 638,50 = 12,517.

| | 00 | 10 | 20 | 30 | 40 | 50 | 60 | 70 | 80 | 90 |
|---|---|---|---|---|---|---|---|---|---|---|
| 0 | | 1,25 | 2,50 | 3,76 | 5,01 | 6,26 | 7,51 | 8,76 | 10,01 | 11,27 |
| 1 | 12,52 | 13,77 | 15,02 | 16,27 | 17,52 | 18,78 | 20,03 | 21,28 | 22,53 | 23,78 |
| 2 | 25,03 | 26,29 | 27,54 | 28,79 | 30,04 | 31,29 | 32,54 | 33,80 | 35,05 | 36,30 |
| 3 | 37,55 | 38,80 | 40,05 | 41,31 | 42,56 | 43,81 | 45,06 | 46,31 | 47,56 | 48,82 |
| 4 | 50,07 | 51,32 | 52,57 | 53,82 | 55,07 | 56,33 | 57,58 | 58,83 | 60,08 | 61,33 |
| 5 | 62,59 | 63,84 | 65,09 | 66,34 | 67,59 | 68,84 | 70,10 | 71,35 | 72,60 | 73,85 |
| 6 | 75,10 | 76,35 | 77,61 | 78,86 | 80,11 | 81,36 | 82,61 | 83,86 | 85,12 | 86,37 |
| 7 | 87,62 | 88,87 | 90,12 | 91,37 | 92,63 | 93,88 | 95,13 | 96,38 | 97,63 | 98,88 |
| 8 | 100,14 | 101,39 | 102,64 | 103,89 | 105,14 | 106,39 | 107,65 | 108,90 | 110,15 | 111,40 |
| 9 | 112,65 | 113,90 | 115,16 | 116,41 | 117,66 | 118,91 | 120,16 | 121,41 | 122,67 | 123,92 |
| 10 | 125,17 | 126,42 | 127,67 | 128,93 | 130,18 | 131,43 | 132,68 | 133,93 | 135,18 | 136,44 |
| 11 | 137,69 | 138,94 | 140,19 | 141,44 | 142,69 | 143,95 | 145,20 | 146,45 | 147,70 | 148,95 |
| 12 | 150,20 | 151,46 | 152,71 | 153,96 | 155,21 | 156,46 | 157,71 | 158,97 | 160,22 | 161,47 |
| 13 | 162,72 | 163,97 | 165,22 | 166,48 | 167,73 | 168,98 | 170,23 | 171,48 | 172,73 | 173,99 |
| 14 | 175,24 | 176,49 | 177,74 | 178,99 | 180,24 | 181,50 | 182,75 | 184,00 | 185,25 | 186,50 |
| 15 | 187,76 | 189,01 | 190,26 | 191,51 | 192,76 | 194,01 | 195,27 | 196,52 | 197,77 | 199,02 |
| 16 | 200,27 | 201,52 | 202,78 | 204,03 | 205,28 | 206,53 | 207,78 | 209,03 | 210,29 | 211,54 |
| 17 | 212,79 | 214,04 | 215,29 | 216,54 | 217,80 | 219,05 | 220,30 | 221,55 | 222,80 | 224,05 |
| 18 | 225,31 | 226,56 | 227,81 | 229,06 | 230,31 | 231,56 | 232,82 | 234,07 | 235,32 | 236,57 |
| 19 | 237,82 | 239,07 | 240,33 | 241,58 | 242,83 | 244,08 | 245,33 | 246,58 | 247,84 | 249,09 |
| 20 | 250,34 | 251,59 | 252,84 | 254,10 | 255,35 | 256,60 | 257,85 | 259,10 | 260,35 | 261,61 |
| 21 | 262,86 | 264,11 | 265,36 | 266,61 | 267,86 | 269,12 | 270,37 | 271,62 | 272,87 | 274,12 |
| 22 | 275,37 | 276,63 | 277,88 | 279,13 | 280,38 | 281,63 | 282,88 | 284,14 | 285,39 | 286,64 |
| 23 | 287,89 | 289,14 | 290,39 | 291,65 | 292,90 | 294,15 | 295,40 | 296,65 | 297,90 | 299,16 |
| 24 | 300,41 | 301,66 | 302,91 | 304,16 | 305,41 | 306,67 | 307,92 | 309,17 | 310,42 | 311,67 |

| dif. | |
|---|---|
| 125 | |
| 1 | 0,13 |
| 2 | 0,25 |
| 3 | 0,38 |
| 4 | 0,50 |
| 5 | 0,63 |
| 6 | 0,75 |
| 7 | 0,88 |
| 8 | 1,00 |
| 9 | 1,13 |
| 126 | |
| 1 | 0,13 |
| 2 | 0,25 |
| 3 | 0,38 |
| 4 | 0,50 |
| 5 | 0,63 |
| 6 | 0,76 |
| 7 | 0,88 |
| 8 | 1,01 |
| 9 | 1,13 |

**637,50 = 12,538.**

| | 00 | 10 | 20 | 30 | 40 | 50 | 60 | 70 | 80 | 90 |
|---|---|---|---|---|---|---|---|---|---|---|
| 0 | | 1,25 | 2,51 | 3,76 | 5,02 | 6,27 | 7,52 | 8,78 | 10,03 | 11,28 |
| 1 | 12,54 | 13,79 | 15,05 | 16,30 | 17,55 | 18,81 | 20,06 | 21,31 | 22,57 | 23,82 |
| 2 | 25,08 | 26,33 | 27,58 | 28,84 | 30,09 | 31,35 | 32,60 | 33,85 | 35,11 | 36,36 |
| 3 | 37,61 | 38,87 | 40,12 | 41,38 | 42,63 | 43,88 | 45,14 | 46,39 | 47,64 | 48,90 |
| 4 | 50,15 | 51,41 | 52,66 | 53,91 | 55,17 | 56,42 | 57,67 | 58,93 | 60,18 | 61,44 |
| 5 | 62,69 | 63,94 | 65,20 | 66,45 | 67,71 | 68,96 | 70,21 | 71,47 | 72,72 | 73,97 |
| 6 | 75,23 | 76,48 | 77,74 | 78,99 | 80,24 | 81,50 | 82,75 | 84,00 | 85,26 | 86,51 |
| 7 | 87,77 | 89,02 | 90,27 | 91,53 | 92,78 | 94,04 | 95,29 | 96,54 | 97,80 | 99,05 |
| 8 | 100,30 | 101,56 | 102,81 | 104,07 | 105,32 | 106,57 | 107,83 | 109,08 | 110,33 | 111,59 |
| 9 | 112,84 | 114,10 | 115,35 | 116,60 | 117,86 | 119,11 | 120,36 | 121,62 | 122,87 | 124,13 |
| 10 | 125,38 | 126,63 | 127,89 | 129,14 | 130,40 | 131,65 | 132,90 | 134,16 | 135,41 | 136,66 |
| 11 | 137,92 | 139,17 | 140,43 | 141,68 | 142,93 | 144,19 | 145,44 | 146,69 | 147,95 | 149,20 |
| 12 | 150,46 | 151,71 | 152,96 | 154,22 | 155,47 | 156,73 | 157,98 | 159,23 | 160,49 | 161,74 |
| 13 | 162,99 | 164,25 | 165,50 | 166,76 | 168,01 | 169,26 | 170,52 | 171,77 | 173,02 | 174,28 |
| 14 | 175,53 | 176,79 | 178,04 | 179,29 | 180,55 | 181,80 | 183,05 | 184,31 | 185,56 | 186,82 |
| 15 | 188,07 | 189,32 | 190,58 | 191,83 | 193,09 | 194,34 | 195,59 | 196,85 | 198,10 | 199,35 |
| 16 | 200,61 | 201,86 | 203,12 | 204,37 | 205,62 | 206,88 | 208,13 | 209,38 | 210,64 | 211,89 |
| 17 | 213,15 | 214,40 | 215,65 | 216,91 | 218,16 | 219,42 | 220,67 | 221,92 | 223,18 | 224,43 |
| 18 | 225,68 | 226,94 | 228,19 | 229,45 | 230,70 | 231,95 | 233,21 | 234,46 | 235,71 | 236,97 |
| 19 | 238,22 | 239,48 | 240,73 | 241,98 | 243,24 | 244,49 | 245,74 | 247,00 | 248,25 | 249,51 |
| 20 | 250,76 | 252,01 | 253,27 | 254,52 | 255,78 | 257,03 | 258,28 | 259,54 | 260,79 | 262,04 |
| 21 | 263,30 | 264,55 | 265,81 | 267,06 | 268,31 | 269,57 | 270,82 | 272,07 | 273,33 | 274,58 |
| 22 | 275,84 | 277,09 | 278,34 | 279,60 | 280,85 | 282,11 | 283,36 | 284,61 | 285,87 | 287,12 |
| 23 | 288,37 | 289,63 | 290,88 | 292,14 | 293,39 | 294,64 | 295,90 | 297,15 | 298,40 | 299,66 |
| 24 | 300,91 | 302,17 | 303,42 | 304,67 | 305,93 | 307,18 | 308,43 | 309,69 | 310,94 | 312,20 |

| dif. | |
|---|---|
| | 125 |
| 1 | 0,13 |
| 2 | 0,25 |
| 3 | 0,38 |
| 4 | 0,50 |
| 5 | 0,63 |
| 6 | 0,75 |
| 7 | 0,88 |
| 8 | 1,00 |
| 9 | 1,13 |
| | 126 |
| 1 | 0,13 |
| 2 | 0,25 |
| 3 | 0,38 |
| 4 | 0,50 |
| 5 | 0,63 |
| 6 | 0,76 |
| 7 | 0,88 |
| 8 | 1,01 |
| 9 | 1,13 |

# 636,50 = 12,556.

| | 00 | 10 | 20 | 30 | 40 | 50 | 60 | 70 | 80 | 90 | dif. |
|---|---|---|---|---|---|---|---|---|---|---|---|
| 0 | | 1,26 | 2,51 | 3,77 | 5,02 | 6,28 | 7,53 | 8,79 | 10,04 | 11,30 | 125 |
| | | | | | | | | | | | 1 0,13 |
| 1 | 12,56 | 13,81 | 15,07 | 16,32 | 17,58 | 18,83 | 20,09 | 21,35 | 22,60 | 23,86 | 2 0,25 |
| 2 | 25,11 | 26,37 | 27,62 | 28,88 | 30,13 | 31,39 | 32,65 | 33,90 | 35,16 | 36,41 | 3 0,38 |
| 3 | 37,67 | 38,92 | 40,18 | 41,43 | 42,69 | 43,95 | 45,20 | 46,46 | 47,71 | 48,97 | 4 0,50 |
| | | | | | | | | | | | 5 0,63 |
| 4 | 50,22 | 51,48 | 52,74 | 53,99 | 55,25 | 56,50 | 57,76 | 59,01 | 60,27 | 61,52 | 6 0,75 |
| 5 | 62,78 | 64,04 | 65,29 | 66,55 | 67,80 | 69,06 | 70,31 | 71,57 | 72,82 | 74,08 | 7 0,88 |
| 6 | 75,34 | 76,59 | 77,85 | 79,10 | 80,36 | 81,61 | 82,87 | 84,13 | 85,38 | 86,64 | 8 1,00 |
| | | | | | | | | | | | 9 1,13 |
| 7 | 87,89 | 89,15 | 90,40 | 91,66 | 92,91 | 94,17 | 95,43 | 96,68 | 97,94 | 99,19 | |
| 8 | 100,45 | 101,70 | 102,96 | 104,21 | 105,47 | 106,73 | 107,98 | 109,24 | 110,49 | 111,75 | 126 |
| 9 | 113,00 | 114,26 | 115,52 | 116,77 | 118,03 | 119,28 | 120,54 | 121,79 | 123,05 | 124,30 | 1 0,13 |
| | | | | | | | | | | | 2 0,25 |
| 10 | 125,56 | 126,82 | 128,07 | 129,33 | 130,58 | 131,84 | 133,09 | 134,35 | 135,60 | 136,86 | 3 0,38 |
| 11 | 138,12 | 139,37 | 140,63 | 141,88 | 143,14 | 144,39 | 145,65 | 146,91 | 148,16 | 149,42 | 4 0,50 |
| 12 | 150,67 | 151,93 | 153,18 | 154,44 | 155,69 | 156,95 | 158,21 | 159,46 | 160,72 | 161,97 | 5 0,63 |
| | | | | | | | | | | | 6 0,76 |
| 13 | 163,23 | 164,48 | 165,74 | 166,99 | 168,25 | 169,51 | 170,76 | 172,02 | 173,27 | 174,53 | 7 0,88 |
| 14 | 175,78 | 177,04 | 178,30 | 179,55 | 180,81 | 182,06 | 183,32 | 184,57 | 185,83 | 187,08 | 8 1,01 |
| 15 | 188,34 | 189,60 | 190,85 | 192,11 | 193,36 | 194,62 | 195,87 | 197,13 | 198,38 | 199,64 | 9 1,13 |
| 16 | 200,90 | 202,15 | 203,41 | 204,66 | 205,92 | 207,17 | 208,43 | 209,69 | 210,94 | 212,20 | |
| 17 | 213,45 | 214,71 | 215,96 | 217,22 | 218,47 | 219,73 | 220,99 | 222,24 | 223,50 | 224,75 | |
| 18 | 226,01 | 227,26 | 228,52 | 229,77 | 231,03 | 232,29 | 233,54 | 234,80 | 236,05 | 237,31 | |
| 19 | 238,56 | 239,82 | 241,08 | 242,33 | 243,59 | 244,84 | 246,10 | 247,35 | 248,61 | 249,86 | |
| 20 | 251,12 | 252,38 | 253,63 | 254,89 | 256,14 | 257,40 | 258,65 | 259,91 | 261,16 | 262,42 | |
| 21 | 263,68 | 264,93 | 266,19 | 267,44 | 268,70 | 269,95 | 271,21 | 272,47 | 273,72 | 274,98 | |
| 22 | 276,23 | 277,49 | 278,74 | 280,00 | 281,25 | 282,51 | 283,77 | 285,02 | 286,28 | 287,53 | |
| 23 | 288,79 | 290,04 | 291,30 | 292,55 | 293,81 | 295,07 | 296,32 | 297,58 | 298,83 | 300,09 | |
| 24 | 301,34 | 302,60 | 303,86 | 305,11 | 306,37 | 307,62 | 308,88 | 310,13 | 311,39 | 312,64 | |

## 635,50 = 12,576.

| | 00 | 10 | 20 | 30 | 40 | 50 | 60 | 70 | 80 | 90 |
|---|---|---|---|---|---|---|---|---|---|---|
| 0 | | 1,26 | 2,52 | 3,77 | 5,03 | 6,29 | 7,55 | 8,80 | 10,06 | 11,32 |
| 1 | 12,58 | 13,83 | 15,09 | 16,35 | 17,61 | 18,86 | 20,12 | 21,38 | 22,64 | 23,89 |
| 2 | 25,15 | 26,41 | 27,67 | 28,92 | 30,18 | 31,44 | 32,70 | 33,96 | 35,21 | 36,47 |
| 3 | 37,73 | 38,99 | 40,24 | 41,50 | 42,76 | 44,02 | 45,27 | 46,53 | 47,79 | 49,05 |
| 4 | 50,30 | 51,56 | 52,82 | 54,08 | 55,33 | 56,59 | 57,85 | 59,11 | 60,36 | 61,62 |
| 5 | 62,88 | 64,14 | 65,40 | 66,65 | 67,91 | 69,17 | 70,43 | 71,68 | 72,94 | 74,20 |
| 6 | 75,46 | 76,71 | 77,97 | 79,23 | 80,49 | 81,74 | 83,00 | 84,26 | 85,52 | 86,77 |
| 7 | 88,03 | 89,29 | 90,55 | 91,80 | 93,06 | 94,32 | 95,58 | 96,84 | 98,09 | 99,35 |
| 8 | 100,61 | 101,87 | 103,12 | 104,38 | 105,64 | 106,90 | 108,15 | 109,41 | 110,67 | 111,93 |
| 9 | 113,18 | 114,44 | 115,70 | 116,96 | 118,21 | 119,47 | 120,73 | 121,99 | 123,24 | 124,50 |
| 10 | 125,76 | 127,02 | 128,28 | 129,53 | 130,79 | 132,05 | 133,31 | 134,56 | 135,82 | 137,08 |
| 11 | 138,34 | 139,59 | 140,85 | 142,11 | 143,37 | 144,62 | 145,88 | 147,14 | 148,40 | 149,65 |
| 12 | 150,91 | 152,17 | 153,43 | 154,68 | 155,94 | 157,20 | 158,46 | 159,72 | 160,97 | 162,23 |
| 13 | 163,49 | 164,75 | 166,00 | 167,26 | 168,52 | 169,78 | 171,03 | 172,29 | 173,55 | 174,81 |
| 14 | 176,06 | 177,32 | 178,58 | 179,84 | 181,09 | 182,35 | 183,61 | 184,87 | 186,12 | 187,38 |
| 15 | 188,64 | 189,90 | 191,16 | 192,41 | 193,67 | 194,93 | 196,19 | 197,44 | 198,70 | 199,96 |
| 16 | 201,22 | 202,47 | 203,73 | 204,99 | 206,25 | 207,50 | 208,76 | 210,02 | 211,28 | 212,53 |
| 17 | 213,79 | 215,05 | 216,31 | 217,56 | 218,82 | 220,08 | 221,34 | 222,60 | 223,85 | 225,11 |
| 18 | 226,37 | 227,63 | 228,88 | 230,14 | 231,40 | 232,66 | 233,91 | 235,17 | 236,43 | 237,69 |
| 19 | 238,94 | 240,20 | 241,46 | 242,72 | 243,97 | 245,23 | 246,49 | 247,75 | 249,00 | 250,26 |
| 20 | 251,52 | 252,78 | 254,04 | 255,29 | 256,55 | 257,81 | 259,07 | 260,32 | 261,58 | 262,84 |
| 21 | 264,10 | 265,35 | 266,61 | 267,87 | 269,13 | 270,38 | 271,64 | 272,90 | 274,16 | 275,41 |
| 22 | 276,67 | 277,93 | 279,19 | 280,44 | 281,70 | 282,96 | 284,22 | 285,48 | 286,73 | 287,99 |
| 23 | 289,25 | 290,51 | 291,76 | 293,02 | 294,28 | 295,54 | 296,79 | 298,05 | 299,31 | 300,57 |
| 24 | 301,82 | 303,08 | 304,34 | 305,60 | 306,85 | 308,11 | 309,37 | 310,63 | 311,88 | 313,14 |

| dif. | 125 | 126 |
|---|---|---|
| 1 | 0,13 | 0,13 |
| 2 | 0,25 | 0,25 |
| 3 | 0,38 | 0,38 |
| 4 | 0,50 | 0,50 |
| 5 | 0,63 | 0,63 |
| 6 | 0,75 | 0,76 |
| 7 | 0,88 | 0,88 |
| 8 | 1,00 | 1,01 |
| 9 | 1,13 | 1,13 |

## 634,50 = 12,597.

| | 00 | 10 | 20 | 30 | 40 | 50 | 60 | 70 | 80 | 90 |
|---|---|---|---|---|---|---|---|---|---|---|
| 0 | | 1,26 | 2,52 | 3,78 | 5,04 | 6,30 | 7,56 | 8,82 | 10,08 | 11,34 |
| 1 | 12,60 | 13,86 | 15,12 | 16,38 | 17,64 | 18,90 | 20,16 | 21,41 | 22,67 | 23,93 |
| 2 | 25,19 | 26,45 | 27,71 | 28,97 | 30,23 | 31,49 | 32,75 | 34,01 | 35,27 | 36,53 |
| 3 | 37,79 | 39,05 | 40,31 | 41,57 | 42,83 | 44,09 | 45,35 | 46,61 | 47,87 | 49,13 |
| 4 | 50,39 | 51,65 | 52,91 | 54,17 | 55,43 | 56,69 | 57,95 | 59,21 | 60,47 | 61,73 |
| 5 | 62,99 | 64,24 | 65,50 | 66,76 | 68,02 | 69,28 | 70,54 | 71,80 | 73,06 | 74,32 |
| 6 | 75,58 | 76,84 | 78,10 | 79,36 | 80,62 | 81,88 | 83,14 | 84,40 | 85,66 | 86,92 |
| 7 | 88,18 | 89,44 | 90,70 | 91,96 | 93,22 | 94,48 | 95,74 | 97,00 | 98,26 | 99,52 |
| 8 | 100,78 | 102,04 | 103,30 | 104,56 | 105,81 | 107,07 | 108,33 | 109,59 | 110,85 | 112,11 |
| 9 | 113,37 | 114,63 | 115,89 | 117,15 | 118,41 | 119,67 | 120,93 | 122,19 | 123,45 | 124,71 |
| 10 | 125,97 | 127,23 | 128,49 | 129,75 | 131,01 | 132,27 | 133,53 | 134,79 | 136,05 | 137,31 |
| 11 | 138,57 | 139,83 | 141,09 | 142,35 | 143,61 | 144,87 | 146,13 | 147,38 | 148,64 | 149,90 |
| 12 | 151,16 | 152,42 | 153,68 | 154,94 | 156,20 | 157,46 | 158,72 | 159,98 | 161,24 | 162,50 |
| 13 | 163,76 | 165,02 | 166,28 | 167,54 | 168,80 | 170,06 | 171,32 | 172,58 | 173,84 | 175,10 |
| 14 | 176,36 | 177,62 | 178,88 | 180,14 | 181,40 | 182,66 | 183,92 | 185,18 | 186,44 | 187,70 |
| 15 | 188,96 | 190,21 | 191,47 | 192,73 | 193,99 | 195,25 | 196,51 | 197,77 | 199,03 | 200,29 |
| 16 | 201,55 | 202,81 | 204,07 | 205,33 | 206,59 | 207,85 | 209,11 | 210,37 | 211,63 | 212,89 |
| 17 | 214,15 | 215,41 | 216,67 | 217,93 | 219,19 | 220,45 | 221,71 | 222,97 | 224,23 | 225,49 |
| 18 | 226,75 | 228,01 | 229,27 | 230,53 | 231,78 | 233,04 | 234,30 | 235,56 | 236,82 | 238,08 |
| 19 | 239,34 | 240,60 | 241,86 | 243,12 | 244,38 | 245,64 | 246,90 | 248,16 | 249,42 | 250,68 |
| 20 | 251,94 | 253,20 | 254,46 | 255,72 | 256,98 | 258,24 | 259,50 | 260,76 | 262,02 | 263,28 |
| 21 | 264,54 | 265,80 | 267,06 | 268,32 | 269,58 | 270,84 | 272,10 | 273,35 | 274,61 | 275,87 |
| 22 | 277,13 | 278,39 | 279,65 | 280,91 | 282,17 | 283,43 | 284,69 | 285,95 | 287,21 | 288,47 |
| 23 | 289,73 | 290,99 | 292,25 | 293,51 | 294,77 | 296,03 | 297,29 | 298,55 | 299,81 | 301,07 |
| 24 | 302,33 | 303,59 | 304,85 | 306,11 | 307,37 | 308,63 | 309,89 | 311,15 | 312,41 | 313,67 |

| dif. | |
|---|---|
| 125 | |
| 1 | 0,13 |
| 2 | 0,25 |
| 3 | 0,38 |
| 4 | 0,50 |
| 5 | 0,63 |
| 6 | 0,75 |
| 7 | 0,88 |
| 8 | 1,00 |
| 9 | 1,13 |
| 126 | |
| 1 | 0,13 |
| 2 | 0,25 |
| 3 | 0,38 |
| 4 | 0,50 |
| 5 | 0,63 |
| 6 | 0,76 |
| 7 | 0,88 |
| 8 | 1,01 |
| 9 | 1,13 |

**633,50 = 12,617.**

| | 00 | 10 | 20 | 30 | 40 | 50 | 60 | 70 | 80 | 90 | dif. | |
|---|---|---|---|---|---|---|---|---|---|---|---|---|
| 0 | | 1,26 | 2,52 | 3,79 | 5,05 | 6,31 | 7,57 | 8,83 | 10,09 | 11,36 | | 126 |
| | | | | | | | | | | | 1 | 0,13 |
| 1 | 12,62 | 13,88 | 15,14 | 16,40 | 17,66 | 18,93 | 20,19 | 21,45 | 22,71 | 23,97 | 2 | 0,25 |
| 2 | 25,23 | 26,50 | 27,76 | 29,02 | 30,28 | 31,54 | 32,80 | 34,07 | 35,33 | 36,59 | 3 | 0,38 |
| 3 | 37,85 | 39,11 | 40,37 | 41,64 | 42,90 | 44,16 | 45,42 | 46,68 | 47,94 | 49,21 | 4 | 0,50 |
| | | | | | | | | | | | 5 | 0,63 |
| 4 | 50,47 | 51,73 | 52,99 | 54,25 | 55,51 | 56,78 | 58,04 | 59,30 | 60,56 | 61,82 | 6 | 0,76 |
| 5 | 63,09 | 64,35 | 65,61 | 66,87 | 68,13 | 69,39 | 70,66 | 71,92 | 73,18 | 74,44 | 7 | 0,88 |
| 6 | 75,70 | 76,96 | 78,23 | 79,49 | 80,75 | 82,01 | 83,27 | 84,53 | 85,80 | 87,06 | 8 | 1,01 |
| | | | | | | | | | | | 9 | 1,13 |
| 7 | 88,32 | 89,58 | 90,84 | 92,10 | 93,37 | 94,63 | 95,89 | 97,15 | 98,41 | 99,67 | | |
| 8 | 100,94 | 102,20 | 103,46 | 104,72 | 105,98 | 107,24 | 108,51 | 109,77 | 111,03 | 112,29 | | 127 |
| 9 | 113,55 | 114,81 | 116,08 | 117,34 | 118,60 | 119,86 | 121,12 | 122,38 | 123,65 | 124,91 | 1 | 0,13 |
| | | | | | | | | | | | 2 | 0,25 |
| 10 | 126,17 | 127,43 | 128,69 | 129,96 | 131,22 | 132,48 | 133,74 | 135,00 | 136,26 | 137,53 | 3 | 0,38 |
| 11 | 138,79 | 140,05 | 141,31 | 142,57 | 143,83 | 145,10 | 146,36 | 147,62 | 148,88 | 150,14 | 4 | 0,51 |
| 12 | 151,40 | 152,67 | 153,93 | 155,19 | 156,45 | 157,71 | 158,97 | 160,24 | 161,50 | 162,76 | 5 | 0,64 |
| | | | | | | | | | | | 6 | 0,76 |
| 13 | 164,02 | 165,28 | 166,54 | 167,81 | 169,07 | 170,33 | 171,59 | 172,85 | 174,11 | 175,38 | 7 | 0,89 |
| 14 | 176,64 | 177,90 | 179,16 | 180,42 | 181,68 | 182,95 | 184,21 | 185,47 | 186,73 | 187,99 | 8 | 1,02 |
| 15 | 189,26 | 190,52 | 191,78 | 193,04 | 194,30 | 195,56 | 196,83 | 198,09 | 199,35 | 200,61 | 9 | 1,14 |
| 16 | 201,87 | 203,13 | 204,40 | 205,66 | 206,92 | 208,18 | 209,44 | 210,70 | 211,97 | 213,23 | | |
| 17 | 214,49 | 215,75 | 217,01 | 218,27 | 219,54 | 220,80 | 222,06 | 223,32 | 224,58 | 225,84 | | |
| 18 | 227,11 | 228,37 | 229,63 | 230,89 | 232,15 | 233,41 | 234,68 | 235,94 | 237,20 | 238,46 | | |
| 19 | 239,72 | 240,98 | 242,25 | 243,51 | 244,77 | 246,03 | 247,29 | 248,55 | 249,82 | 251,08 | | |
| 20 | 252,34 | 253,60 | 254,86 | 256,13 | 257,39 | 258,65 | 259,91 | 261,17 | 262,43 | 263,70 | | |
| 21 | 264,96 | 266,22 | 267,48 | 268,74 | 270,00 | 271,27 | 272,53 | 273,79 | 275,05 | 276,31 | | |
| 22 | 277,57 | 278,84 | 280,10 | 281,36 | 282,62 | 283,88 | 285,14 | 286,41 | 287,67 | 288,93 | | |
| 23 | 290,19 | 291,45 | 292,71 | 293,98 | 295,24 | 296,50 | 297,76 | 299,02 | 300,28 | 301,55 | | |
| 24 | 302,81 | 304,07 | 305,33 | 306,59 | 307,85 | 309,12 | 310,38 | 311,64 | 312,90 | 314,16 | | |

## 632,50 = 12,635.

| | 00 | 10 | 20 | 30 | 40 | 50 | 60 | 70 | 80 | 90 | dif. | |
|---|---|---|---|---|---|---|---|---|---|---|---|---|
| 0 | | 1,26 | 2,53 | 3,79 | 5,05 | 6,32 | 7,58 | 8,84 | 10,11 | 11,37 | 126 | |
| | | | | | | | | | | | 1 | 0,13 |
| 1 | 12,64 | 13,90 | 15,16 | 16,43 | 17,69 | 18,95 | 20,22 | 21,48 | 22,74 | 24,01 | 2 | 0,25 |
| 2 | 25,27 | 26,53 | 27,80 | 29,06 | 30,32 | 31,59 | 32,85 | 34,11 | 35,38 | 36,64 | 3 | 0,38 |
| 3 | 37,91 | 39,17 | 40,43 | 41,70 | 42,96 | 44,22 | 45,49 | 46,75 | 48,01 | 49,28 | 4 | 0,50 |
| | | | | | | | | | | | 5 | 0,63 |
| 4 | 50,54 | 51,80 | 53,07 | 54,33 | 55,59 | 56,86 | 58,12 | 59,38 | 60,65 | 61,91 | 6 | 0,76 |
| 5 | 63,18 | 64,44 | 65,70 | 66,97 | 68,23 | 69,49 | 70,76 | 72,02 | 73,28 | 74,55 | 7 | 0,88 |
| 6 | 75,81 | 77,07 | 78,34 | 79,60 | 80,86 | 82,13 | 83,39 | 84,65 | 85,92 | 87,18 | 8 | 1,01 |
| | | | | | | | | | | | 9 | 1,13 |
| 7 | 88,45 | 89,71 | 90,97 | 92,24 | 93,50 | 94,76 | 96,03 | 97,29 | 98,55 | 99,82 | | |
| 8 | 101,08 | 102,34 | 103,61 | 104,87 | 106,13 | 107,40 | 108,66 | 109,92 | 111,19 | 112,45 | 127 | |
| 9 | 113,72 | 114,98 | 116,24 | 117,51 | 118,77 | 120,03 | 121,30 | 122,56 | 123,82 | 125,09 | 1 | 0,13 |
| | | | | | | | | | | | 2 | 0,25 |
| 10 | 126,35 | 127,61 | 128,88 | 130,14 | 131,40 | 132,67 | 133,93 | 135,19 | 136,46 | 137,72 | 3 | 0,38 |
| 11 | 138,99 | 140,25 | 141,51 | 142,78 | 144,04 | 145,30 | 146,57 | 147,83 | 149,09 | 150,36 | 4 | 0,51 |
| 12 | 151,62 | 152,88 | 154,15 | 155,41 | 156,67 | 157,94 | 159,20 | 160,46 | 161,73 | 162,99 | 5 | 0,64 |
| | | | | | | | | | | | 6 | 0,76 |
| 13 | 164,26 | 165,52 | 166,78 | 168,05 | 169,31 | 170,57 | 171,84 | 173,10 | 174,36 | 175,63 | 7 | 0,89 |
| 14 | 176,89 | 178,15 | 179,42 | 180,68 | 181,94 | 183,21 | 184,47 | 185,73 | 187,00 | 188,26 | 8 | 1,02 |
| 15 | 189,53 | 190,79 | 192,05 | 193,32 | 194,58 | 195,84 | 197,11 | 198,37 | 199,63 | 200,90 | 9 | 1,14 |
| 16 | 202,16 | 203,42 | 204,69 | 205,95 | 207,21 | 208,48 | 209,74 | 211,00 | 212,27 | 213,53 | | |
| 17 | 214,80 | 216,06 | 217,32 | 218,59 | 219,85 | 221,11 | 222,38 | 223,64 | 224,90 | 226,17 | | |
| 18 | 227,43 | 228,69 | 229,96 | 231,22 | 232,48 | 233,75 | 235,01 | 236,27 | 237,54 | 238,80 | | |
| 19 | 240,07 | 241,33 | 242,59 | 243,86 | 245,12 | 246,38 | 247,65 | 248,91 | 250,17 | 251,44 | | |
| 20 | 252,70 | 253,96 | 255,23 | 256,49 | 257,75 | 259,02 | 260,28 | 261,54 | 262,81 | 264,07 | | |
| 21 | 265,34 | 266,60 | 267,86 | 269,13 | 270,39 | 271,65 | 272,92 | 274,18 | 275,44 | 276,71 | | |
| 22 | 277,97 | 279,23 | 280,50 | 281,76 | 283,02 | 284,29 | 285,55 | 286,81 | 288,08 | 289,34 | | |
| 23 | 290,61 | 291,87 | 293,13 | 294,40 | 295,66 | 296,92 | 298,19 | 299,45 | 300,71 | 301,98 | | |
| 24 | 303,24 | 304,50 | 305,77 | 307,03 | 308,29 | 309,56 | 310,82 | 312,08 | 313,35 | 314,61 | | |

## 631,50 = 12,655.

| | 00 | 10 | 20 | 30 | 40 | 50 | 60 | 70 | 80 | 90 | dif. | |
|---|---|---|---|---|---|---|---|---|---|---|---|---|
| 0 | | 1,27 | 2,53 | 3,80 | 5,06 | 6,33 | 7,59 | 8,86 | 10,12 | 11,39 | 126 | |
| | | | | | | | | | | | 1 | 0,13 |
| 1 | 12,66 | 13,92 | 15,19 | 16,45 | 17,72 | 18,98 | 20,25 | 21,51 | 22,78 | 24,04 | 2 | 0,25 |
| 2 | 25,31 | 26,58 | 27,84 | 29,11 | 30,37 | 31,64 | 32,90 | 34,17 | 35,43 | 36,70 | 3 | 0,38 |
| 3 | 37,97 | 39,23 | 40,50 | 41,76 | 43,03 | 44,29 | 45,56 | 46,82 | 48,09 | 49,35 | 4 | 0,50 |
| | | | | | | | | | | | 5 | 0,63 |
| 4 | 50,62 | 51,89 | 53,15 | 54,42 | 55,68 | 56,95 | 58,21 | 59,48 | 60,74 | 62,01 | 6 | 0,76 |
| 5 | 63,28 | 64,54 | 65,81 | 67,07 | 68,34 | 69,60 | 70,87 | 72,13 | 73,40 | 74,66 | 7 | 0,88 |
| 6 | 75,93 | 77,20 | 78,46 | 79,73 | 80,99 | 82,26 | 83,52 | 84,79 | 86,05 | 87,32 | 8 | 1,01 |
| | | | | | | | | | | | 9 | 1,13 |
| 7 | 88,59 | 89,85 | 91,12 | 92,38 | 93,65 | 94,91 | 96,18 | 97,44 | 98,71 | 99,97 | | |
| 8 | 101,24 | 102,51 | 103,77 | 105,04 | 106,30 | 107,57 | 108,83 | 110,10 | 111,36 | 112,63 | 127 | |
| 9 | 113,90 | 115,16 | 116,43 | 117,69 | 118,96 | 120,22 | 121,49 | 122,75 | 124,02 | 125,28 | 1 | 0,13 |
| | | | | | | | | | | | 2 | 0,25 |
| 10 | 126,55 | 127,82 | 129,08 | 130,35 | 131,61 | 132,88 | 134,14 | 135,41 | 136,67 | 137,94 | 3 | 0,38 |
| 11 | 139,21 | 140,47 | 141,74 | 143,00 | 144,27 | 145,53 | 146,80 | 148,06 | 149,33 | 150,59 | 4 | 0,51 |
| 12 | 151,86 | 153,13 | 154,39 | 155,66 | 156,92 | 158,19 | 159,45 | 160,72 | 161,98 | 163,25 | 5 | 0,64 |
| | | | | | | | | | | | 6 | 0,76 |
| 13 | 164,52 | 165,78 | 167,05 | 168,31 | 169,58 | 170,84 | 172,11 | 173,37 | 174,64 | 175,90 | 7 | 0,89 |
| 14 | 177,17 | 178,44 | 179,70 | 180,97 | 182,23 | 183,50 | 184,76 | 186,03 | 187,29 | 188,56 | 8 | 1,02 |
| 15 | 189,83 | 191,09 | 192,36 | 193,62 | 194,89 | 196,15 | 197,42 | 198,68 | 199,95 | 201,21 | 9 | 1,14 |
| 16 | 202,48 | 203,75 | 205,01 | 206,28 | 207,54 | 208,81 | 210,07 | 211,34 | 212,60 | 213,87 | | |
| 17 | 215,14 | 216,40 | 217,67 | 218,93 | 220,20 | 221,46 | 222,73 | 223,99 | 225,26 | 226,52 | | |
| 18 | 227,79 | 229,06 | 230,32 | 231,59 | 232,85 | 234,12 | 235,38 | 236,65 | 237,91 | 239,18 | | |
| 19 | 240,45 | 241,71 | 242,98 | 244,24 | 245,51 | 246,77 | 248,04 | 249,30 | 250,57 | 251,83 | | |
| 20 | 253,10 | 254,37 | 255,63 | 256,90 | 258,16 | 259,43 | 260,69 | 261,96 | 263,22 | 264,49 | | |
| 21 | 265,76 | 267,02 | 268,29 | 269,55 | 270,82 | 272,08 | 273,35 | 274,61 | 275,88 | 277,14 | | |
| 22 | 278,41 | 279,68 | 280,94 | 282,21 | 283,47 | 284,74 | 286,00 | 287,27 | 288,53 | 289,80 | | |
| 23 | 291,07 | 292,33 | 293,60 | 294,86 | 296,13 | 297,39 | 298,66 | 299,92 | 301,19 | 302,45 | | |
| 24 | 303,72 | 304,99 | 306,25 | 307,52 | 308,78 | 310,05 | 311,31 | 312,58 | 313,84 | 315,11 | | |

## 630,50 = 12,676.

| | 00 | 10 | 20 | 30 | 40 | 50 | 60 | 70 | 80 | 90 |
|---|---|---|---|---|---|---|---|---|---|---|
| 0 | | 1,27 | 2,54 | 3,80 | 5,07 | 6,34 | 7,61 | 8,87 | 10,14 | 11,41 |
| 1 | 12,68 | 13,94 | 15,21 | 16,48 | 17,75 | 19,01 | 20,28 | 21,55 | 22,82 | 24,08 |
| 2 | 25,35 | 26,62 | 27,89 | 29,15 | 30,42 | 31,69 | 32,96 | 34,23 | 35,49 | 36,76 |
| 3 | 38,03 | 39,30 | 40,56 | 41,83 | 43,10 | 44,37 | 45,63 | 46,90 | 48,17 | 49,44 |
| 4 | 50,70 | 51,97 | 53,24 | 54,51 | 55,77 | 57,04 | 58,31 | 59,58 | 60,84 | 62,11 |
| 5 | 63,38 | 64,65 | 65,92 | 67,18 | 68,45 | 69,72 | 70,99 | 72,25 | 73,52 | 74,79 |
| 6 | 76,06 | 77,32 | 78,59 | 79,86 | 81,13 | 82,39 | 83,66 | 84,93 | 86,20 | 87,46 |
| 7 | 88,73 | 90,00 | 91,27 | 92,53 | 93,80 | 95,07 | 96,34 | 97,61 | 98,87 | 100,14 |
| 8 | 101,41 | 102,68 | 103,94 | 105,21 | 106,48 | 107,75 | 109,01 | 110,28 | 111,55 | 112,82 |
| 9 | 114,08 | 115,35 | 116,62 | 117,89 | 119,15 | 120,42 | 121,69 | 122,96 | 124,22 | 125,49 |
| 10 | 126,76 | 128,03 | 129,30 | 130,56 | 131,83 | 133,10 | 134,37 | 135,63 | 136,90 | 138,17 |
| 11 | 139,44 | 140,70 | 141,97 | 143,24 | 144,51 | 145,77 | 147,04 | 148,31 | 149,58 | 150,84 |
| 12 | 152,11 | 153,38 | 154,65 | 155,91 | 157,18 | 158,45 | 159,72 | 160,99 | 162,25 | 163,52 |
| 13 | 164,79 | 166,06 | 167,32 | 168,59 | 169,86 | 171,13 | 172,39 | 173,66 | 174,93 | 176,20 |
| 14 | 177,46 | 178,73 | 180,00 | 181,27 | 182,53 | 183,80 | 185,07 | 186,34 | 187,60 | 188,87 |
| 15 | 190,14 | 191,41 | 192,68 | 193,94 | 195,21 | 196,48 | 197,75 | 199,01 | 200,28 | 201,55 |
| 16 | 202,82 | 204,08 | 205,35 | 206,62 | 207,89 | 209,15 | 210,42 | 211,69 | 212,96 | 214,22 |
| 17 | 215,49 | 216,76 | 218,03 | 219,29 | 220,56 | 221,83 | 223,10 | 224,37 | 225,63 | 226,90 |
| 18 | 228,17 | 229,44 | 230,70 | 231,97 | 233,24 | 234,51 | 235,77 | 237,04 | 238,31 | 239,58 |
| 19 | 240,84 | 242,11 | 243,38 | 244,65 | 245,91 | 247,18 | 248,45 | 249,72 | 250,98 | 252,25 |
| 20 | 253,52 | 254,79 | 256,06 | 257,32 | 258,59 | 259,86 | 261,13 | 262,39 | 263,66 | 264,93 |
| 21 | 266,20 | 267,46 | 268,73 | 270,00 | 271,27 | 272,53 | 273,80 | 275,07 | 276,34 | 277,60 |
| 22 | 278,87 | 280,14 | 281,41 | 282,67 | 283,94 | 285,21 | 286,48 | 287,75 | 289,01 | 290,28 |
| 23 | 291,55 | 292,82 | 294,08 | 295,35 | 296,62 | 297,89 | 299,15 | 300,42 | 301,69 | 302,96 |
| 24 | 304,22 | 305,49 | 306,76 | 308,03 | 309,29 | 310,56 | 311,83 | 313,10 | 314,36 | 315,63 |

| dif. | 126 | 127 |
|---|---|---|
| 1 | 0,13 | 0,13 |
| 2 | 0,25 | 0,25 |
| 3 | 0,38 | 0,38 |
| 4 | 0,50 | 0,51 |
| 5 | 0,63 | 0,64 |
| 6 | 0,76 | 0,76 |
| 7 | 0,88 | 0,89 |
| 8 | 1,01 | 1,02 |
| 9 | 1,13 | 1,14 |

## 629,50 = 12,696.

| | 00 | 10 | 20 | 30 | 40 | 50 | 60 | 70 | 80 | 90 |
|---|---|---|---|---|---|---|---|---|---|---|
| 0 | | 1,27 | 2,54 | 3,81 | 5,08 | 6,35 | 7,62 | 8,89 | 10,16 | 11,43 |
| 1 | 12,70 | 13,97 | 15,24 | 16,50 | 17,77 | 19,04 | 20,31 | 21,58 | 22,85 | 24,12 |
| 2 | 25,39 | 26,66 | 27,93 | 29,20 | 30,47 | 31,74 | 33,01 | 34,28 | 35,55 | 36,82 |
| 3 | 38,09 | 39,36 | 40,63 | 41,90 | 43,17 | 44,44 | 45,71 | 46,98 | 48,24 | 49,51 |
| 4 | 50,78 | 52,05 | 53,32 | 54,59 | 55,86 | 57,13 | 58,40 | 59,67 | 60,94 | 62,21 |
| 5 | 63,48 | 64,75 | 66,02 | 67,29 | 68,56 | 69,83 | 71,10 | 72,37 | 73,64 | 74,91 |
| 6 | 76,18 | 77,45 | 78,72 | 79,98 | 81,25 | 82,52 | 83,79 | 85,06 | 86,33 | 87,60 |
| 7 | 88,87 | 90,14 | 91,41 | 92,68 | 93,95 | 95,22 | 96,49 | 97,76 | 99,03 | 100,30 |
| 8 | 101,57 | 102,84 | 104,11 | 105,38 | 106,65 | 107,92 | 109,19 | 110,46 | 111,72 | 112,99 |
| 9 | 114,26 | 115,53 | 116,80 | 118,07 | 119,34 | 120,61 | 121,88 | 123,15 | 124,42 | 125,69 |
| 10 | 126,96 | 128,23 | 129,50 | 130,77 | 132,04 | 133,31 | 134,58 | 135,85 | 137,12 | 138,39 |
| 11 | 139,66 | 140,93 | 142,20 | 143,46 | 144,73 | 146,00 | 147,27 | 148,54 | 149,81 | 151,08 |
| 12 | 152,35 | 153,62 | 154,89 | 156,16 | 157,43 | 158,70 | 159,97 | 161,24 | 162,51 | 163,78 |
| 13 | 165,05 | 166,32 | 167,59 | 168,86 | 170,13 | 171,40 | 172,67 | 173,94 | 175,20 | 176,47 |
| 14 | 177,74 | 179,01 | 180,28 | 181,55 | 182,82 | 184,09 | 185,36 | 186,63 | 187,90 | 189,17 |
| 15 | 190,44 | 191,71 | 192,98 | 194,25 | 195,52 | 196,79 | 198,06 | 199,33 | 200,60 | 201,87 |
| 16 | 203,14 | 204,41 | 205,68 | 206,94 | 208,21 | 209,48 | 210,75 | 212,02 | 213,29 | 214,56 |
| 17 | 215,83 | 217,10 | 218,37 | 219,64 | 220,91 | 222,18 | 223,45 | 224,72 | 225,99 | 227,26 |
| 18 | 228,53 | 229,80 | 231,07 | 232,34 | 233,61 | 234,88 | 236,15 | 237,42 | 238,68 | 239,95 |
| 19 | 241,22 | 242,49 | 243,76 | 245,03 | 246,30 | 247,57 | 248,84 | 250,11 | 251,38 | 252,65 |
| 20 | 253,92 | 255,19 | 256,46 | 257,73 | 259,00 | 260,27 | 261,54 | 262,81 | 264,08 | 265,35 |
| 21 | 266,62 | 267,89 | 269,16 | 270,42 | 271,69 | 272,96 | 274,23 | 275,50 | 276,77 | 278,04 |
| 22 | 279,31 | 280,58 | 281,85 | 283,12 | 284,39 | 285,66 | 286,93 | 288,20 | 289,47 | 290,74 |
| 23 | 292,01 | 293,28 | 294,55 | 295,82 | 297,09 | 298,36 | 299,63 | 300,90 | 302,16 | 303,43 |
| 24 | 304,70 | 305,97 | 307,24 | 308,51 | 309,78 | 311,05 | 312,32 | 313,59 | 314,86 | 316,13 |

dif.

| 126 | |
|---|---|
| 1 | 0,13 |
| 2 | 0,25 |
| 3 | 0,38 |
| 4 | 0,50 |
| 5 | 0,63 |
| 6 | 0,76 |
| 7 | 0,88 |
| 8 | 1,01 |
| 9 | 1,13 |

| 127 | |
|---|---|
| 1 | 0,13 |
| 2 | 0,25 |
| 3 | 0,38 |
| 4 | 0,51 |
| 5 | 0,64 |
| 6 | 0,76 |
| 7 | 0,89 |
| 8 | 1,02 |
| 9 | 1,14 |

## 628,50 = 12,716.

| | 00 | 10 | 20 | 30 | 40 | 50 | 60 | 70 | 80 | 90 | dif. | |
|---|---|---|---|---|---|---|---|---|---|---|---|---|
| 0 | | 1,27 | 2,54 | 3,81 | 5,09 | 6,36 | 7,63 | 8,90 | 10,17 | 11,44 | 126 | |
| | | | | | | | | | | | 1 | 0,13 |
| 1 | 12,72 | 13,99 | 15,26 | 16,53 | 17,80 | 19,07 | 20,35 | 21,62 | 22,89 | 24,16 | 2 | 0,25 |
| 2 | 25,43 | 26,70 | 27,98 | 29,25 | 30,52 | 31,79 | 33,06 | 34,33 | 35,60 | 36,88 | 3 | 0,38 |
| 3 | 38,15 | 39,42 | 40,69 | 41,96 | 43,23 | 44,51 | 45,78 | 47,05 | 48,32 | 49,59 | 4 | 0,50 |
| | | | | | | | | | | | 5 | 0,63 |
| 4 | 50,86 | 52,14 | 53,41 | 54,68 | 55,95 | 57,22 | 58,49 | 59,77 | 61,04 | 62,31 | 6 | 0,76 |
| 5 | 63,58 | 64,85 | 66,12 | 67,39 | 68,67 | 69,94 | 71,21 | 72,48 | 73,75 | 75,02 | 7 | 0,88 |
| 6 | 76,30 | 77,57 | 78,84 | 80,11 | 81,38 | 82,65 | 83,93 | 85,20 | 86,47 | 87,74 | 8 | 1,01 |
| | | | | | | | | | | | 9 | 1,13 |
| 7 | 89,01 | 90,28 | 91,56 | 92,83 | 94,10 | 95,37 | 96,64 | 97,91 | 99,18 | 100,46 | | |
| 8 | 101,73 | 103,00 | 104,27 | 105,54 | 106,81 | 108,09 | 109,36 | 110,63 | 111,90 | 113,17 | 127 | |
| 9 | 114,44 | 115,72 | 116,99 | 118,26 | 119,53 | 120,80 | 122,07 | 123,35 | 124,62 | 125,89 | 1 | 0,13 |
| | | | | | | | | | | | 2 | 0,25 |
| 10 | 127,16 | 128,43 | 129,70 | 130,97 | 132,25 | 133,52 | 134,79 | 136,06 | 137,33 | 138,60 | 3 | 0,38 |
| 11 | 139,88 | 141,15 | 142,42 | 143,69 | 144,96 | 146,23 | 147,51 | 148,78 | 150,05 | 151,32 | 4 | 0,51 |
| 12 | 152,59 | 153,86 | 155,14 | 156,41 | 157,68 | 158,95 | 160,22 | 161,49 | 162,76 | 164,04 | 5 | 0,64 |
| | | | | | | | | | | | 6 | 0,76 |
| 13 | 165,31 | 166,58 | 167,85 | 169,12 | 170,39 | 171,67 | 172,94 | 174,21 | 175,48 | 176,75 | 7 | 0,89 |
| 14 | 178,02 | 179,30 | 180,57 | 181,84 | 183,11 | 184,38 | 185,65 | 186,93 | 188,20 | 189,47 | 8 | 1,02 |
| 15 | 190,74 | 192,01 | 193,28 | 194,55 | 195,83 | 197,10 | 198,37 | 199,64 | 200,91 | 202,18 | 9 | 1,14 |
| 16 | 203,46 | 204,73 | 206,00 | 207,27 | 208,54 | 209,81 | 211,09 | 212,36 | 213,63 | 214,90 | | |
| 17 | 216,17 | 217,44 | 218,72 | 219,99 | 221,26 | 222,53 | 223,80 | 225,07 | 226,34 | 227,62 | | |
| 18 | 228,89 | 230,16 | 231,43 | 232,70 | 233,97 | 235,25 | 236,52 | 237,79 | 239,06 | 240,33 | | |
| 19 | 241,60 | 242,88 | 244,15 | 245,42 | 246,69 | 247,96 | 249,23 | 250,51 | 251,78 | 253,05 | | |
| 20 | 254,32 | 255,59 | 256,86 | 258,13 | 259,41 | 260,68 | 261,95 | 263,22 | 264,49 | 265,76 | | |
| 21 | 267,04 | 268,31 | 269,58 | 270,85 | 272,12 | 273,39 | 274,67 | 275,94 | 277,21 | 278,48 | | |
| 22 | 279,75 | 281,02 | 282,30 | 283,57 | 284,84 | 286,11 | 287,38 | 288,65 | 289,92 | 291,20 | | |
| 23 | 292,47 | 293,74 | 295,01 | 296,28 | 297,55 | 298,83 | 300,10 | 301,37 | 302,64 | 303,91 | | |
| 24 | 305,18 | 306,46 | 307,73 | 309,00 | 310,27 | 311,54 | 312,81 | 314,09 | 315,36 | 316,63 | | |

## 627,50 = 12,736.

| | 00 | 10 | 20 | 30 | 40 | 50 | 60 | 70 | 80 | 90 |
|---|---|---|---|---|---|---|---|---|---|---|
| 0 | | 1,27 | 2,55 | 3,82 | 5,09 | 6,37 | 7,64 | 8,92 | 10,19 | 11,46 |
| 1 | 12,74 | 14,01 | 15,28 | 16,56 | 17,83 | 19,10 | 20,38 | 21,65 | 22,92 | 24,20 |
| 2 | 25,47 | 26,75 | 28,02 | 29,29 | 30,57 | 31,84 | 33,11 | 34,39 | 35,66 | 36,93 |
| 3 | 38,21 | 39,48 | 40,76 | 42,03 | 43,30 | 44,58 | 45,85 | 47,12 | 48,40 | 49,67 |
| 4 | 50,94 | 52,22 | 53,49 | 54,76 | 56,04 | 57,31 | 58,59 | 59,86 | 61,13 | 62,41 |
| 5 | 63,68 | 64,95 | 66,23 | 67,50 | 68,77 | 70,05 | 71,32 | 72,60 | 73,87 | 75,14 |
| 6 | 76,42 | 77,69 | 78,96 | 80,24 | 81,51 | 82,78 | 84,06 | 85,33 | 86,60 | 87,88 |
| 7 | 89,15 | 90,43 | 91,70 | 92,97 | 94,25 | 95,52 | 96,79 | 98,07 | 99,34 | 100,61 |
| 8 | 101,89 | 103,16 | 104,44 | 105,71 | 106,98 | 108,26 | 109,53 | 110,80 | 112,08 | 113,35 |
| 9 | 114,62 | 115,90 | 117,17 | 118,44 | 119,72 | 120,99 | 122,27 | 123,54 | 124,81 | 126,09 |
| 10 | 127,36 | 128,63 | 129,91 | 131,18 | 132,45 | 133,73 | 135,00 | 136,28 | 137,55 | 138,82 |
| 11 | 140,10 | 141,37 | 142,64 | 143,92 | 145,19 | 146,46 | 147,74 | 149,01 | 150,28 | 151,56 |
| 12 | 152,83 | 154,11 | 155,38 | 156,65 | 157,93 | 159,20 | 160,47 | 161,75 | 163,02 | 164,29 |
| 13 | 165,57 | 166,84 | 168,12 | 169,39 | 170,66 | 171,94 | 173,21 | 174,48 | 175,76 | 177,03 |
| 14 | 178,30 | 179,58 | 180,85 | 182,12 | 183,40 | 184,67 | 185,95 | 187,22 | 188,49 | 189,77 |
| 15 | 191,04 | 192,31 | 193,59 | 194,86 | 196,13 | 197,41 | 198,68 | 199,96 | 201,23 | 202,50 |
| 16 | 203,78 | 205,05 | 206,32 | 207,60 | 208,87 | 210,14 | 211,42 | 212,69 | 213,96 | 215,24 |
| 17 | 216,51 | 217,79 | 219,06 | 220,33 | 221,61 | 222,88 | 224,15 | 225,43 | 226,70 | 227,97 |
| 18 | 229,25 | 230,52 | 231,80 | 233,07 | 234,34 | 235,62 | 236,89 | 238,16 | 239,44 | 240,71 |
| 19 | 241,98 | 243,26 | 244,53 | 245,80 | 247,08 | 248,35 | 249,63 | 250,90 | 252,17 | 253,45 |
| 20 | 254,72 | 255,99 | 257,27 | 258,54 | 259,81 | 261,09 | 262,36 | 263,64 | 264,91 | 266,18 |
| 21 | 267,46 | 268,73 | 270,00 | 271,28 | 272,55 | 273,82 | 275,10 | 276,37 | 277,64 | 278,92 |
| 22 | 280,19 | 281,47 | 282,74 | 284,01 | 285,29 | 286,56 | 287,83 | 289,11 | 290,38 | 291,65 |
| 23 | 292,93 | 294,20 | 295,48 | 296,75 | 298,02 | 299,30 | 300,57 | 301,84 | 303,12 | 304,39 |
| 24 | 305,66 | 306,94 | 308,21 | 309,48 | 310,76 | 312,03 | 313,31 | 314,58 | 315,85 | 317,13 |

| dif. | 127 | 128 |
|---|---|---|
| 1 | 0,13 | 0,13 |
| 2 | 0,25 | 0,26 |
| 3 | 0,38 | 0,38 |
| 4 | 0,51 | 0,51 |
| 5 | 0,64 | 0,64 |
| 6 | 0,76 | 0,77 |
| 7 | 0,89 | 0,90 |
| 8 | 1,02 | 1,02 |
| 9 | 1,14 | 1,15 |

## 626,50 = 12,757.

| | 00 | 10 | 20 | 30 | 40 | 50 | 60 | 70 | 80 | 90 |
|---|---|---|---|---|---|---|---|---|---|---|
| 0 | | 1,28 | 2,55 | 3,83 | 5,10 | 6,38 | 7,65 | 8,93 | 10,21 | 11,48 |
| 1 | 12,76 | 14,03 | 15,31 | 16,58 | 17,86 | 19,14 | 20,41 | 21,69 | 22,96 | 24,24 |
| 2 | 25,51 | 26,79 | 28,07 | 29,34 | 30,62 | 31,89 | 33,17 | 34,44 | 35,72 | 37,00 |
| 3 | 38,27 | 39,55 | 40,82 | 42,10 | 43,37 | 44,65 | 45,93 | 47,20 | 48,48 | 49,75 |
| 4 | 51,03 | 52,30 | 53,58 | 54,86 | 56,13 | 57,41 | 58,68 | 59,96 | 61,23 | 62,51 |
| 5 | 63,79 | 65,06 | 66,34 | 67,61 | 68,89 | 70,16 | 71,44 | 72,71 | 73,99 | 75,27 |
| 6 | 76,54 | 77,82 | 79,09 | 80,37 | 81,64 | 82,92 | 84,20 | 85,47 | 86,75 | 88,02 |
| 7 | 89,30 | 90,57 | 91,85 | 93,13 | 94,40 | 95,68 | 96,95 | 98,23 | 99,50 | 100,78 |
| 8 | 102,06 | 103,33 | 104,61 | 105,88 | 107,16 | 108,43 | 109,71 | 110,99 | 112,26 | 113,54 |
| 9 | 114,81 | 116,09 | 117,36 | 118,64 | 119,92 | 121,19 | 122,47 | 123,74 | 125,02 | 126,29 |
| 10 | 127,57 | 128,85 | 130,12 | 131,40 | 132,67 | 133,95 | 135,22 | 136,50 | 137,78 | 139,05 |
| 11 | 140,33 | 141,60 | 142,88 | 144,15 | 145,43 | 146,71 | 147,98 | 149,26 | 150,53 | 151,81 |
| 12 | 153,08 | 154,36 | 155,64 | 156,91 | 158,19 | 159,46 | 160,74 | 162,01 | 163,29 | 164,57 |
| 13 | 165,84 | 167,12 | 168,39 | 169,67 | 170,94 | 172,22 | 173,50 | 174,77 | 176,05 | 177,32 |
| 14 | 178,60 | 179,87 | 181,15 | 182,43 | 183,70 | 184,98 | 186,25 | 187,53 | 188,80 | 190,08 |
| 15 | 191,36 | 192,63 | 193,91 | 195,18 | 196,46 | 197,73 | 199,01 | 200,28 | 201,56 | 202,84 |
| 16 | 204,11 | 205,39 | 206,66 | 207,94 | 209,21 | 210,49 | 211,77 | 213,04 | 214,32 | 215,59 |
| 17 | 216,87 | 218,14 | 219,42 | 220,70 | 221,97 | 223,25 | 224,52 | 225,80 | 227,07 | 228,35 |
| 18 | 229,63 | 230,90 | 232,18 | 233,45 | 234,73 | 236,00 | 237,28 | 238,56 | 239,83 | 241,11 |
| 19 | 242,38 | 243,66 | 244,93 | 246,21 | 247,49 | 248,76 | 250,04 | 251,31 | 252,59 | 253,86 |
| 20 | 255,14 | 256,42 | 257,69 | 258,97 | 260,24 | 261,52 | 262,79 | 264,07 | 265,35 | 266,62 |
| 21 | 267,90 | 269,17 | 270,45 | 271,72 | 273,00 | 274,28 | 275,55 | 276,83 | 278,10 | 279,38 |
| 22 | 280,65 | 281,93 | 283,21 | 284,48 | 285,76 | 287,03 | 288,31 | 289,58 | 290,86 | 292,14 |
| 23 | 293,41 | 294,69 | 295,96 | 297,24 | 298,51 | 299,79 | 301,07 | 302,34 | 303,62 | 304,89 |
| 24 | 306,17 | 307,44 | 308,72 | 310,00 | 311,27 | 312,55 | 313,82 | 315,10 | 316,37 | 317,65 |

dif.

| | 127 |
|---|---|
| 1 | 0,13 |
| 2 | 0,25 |
| 3 | 0,38 |
| 4 | 0,51 |
| 5 | 0,64 |
| 6 | 0,76 |
| 7 | 0,89 |
| 8 | 1,02 |
| 9 | 1,14 |

| | 128 |
|---|---|
| 1 | 0,13 |
| 2 | 0,26 |
| 3 | 0,38 |
| 4 | 0,51 |
| 5 | 0,64 |
| 6 | 0,77 |
| 7 | 0,90 |
| 8 | 1,02 |
| 9 | 1,15 |

## 625,50 = 12,777.

| | 00 | 10 | 20 | 30 | 40 | 50 | 60 | 70 | 80 | 90 | dif. | |
|---|---|---|---|---|---|---|---|---|---|---|---|---|
| 0 | | 1,28 | 2,56 | 3,83 | 5,11 | 6,39 | 7,67 | 8,94 | 10,22 | 11,50 | 127 | |
| | | | | | | | | | | | 1 | 0,13 |
| 1 | 12,78 | 14,05 | 15,33 | 16,61 | 17,89 | 19,17 | 20,44 | 21,72 | 23,00 | 24,28 | 2 | 0,25 |
| 2 | 25,55 | 26,83 | 28,11 | 29,39 | 30,66 | 31,94 | 33,22 | 34,50 | 35,78 | 37,05 | 3 | 0,38 |
| 3 | 38,33 | 39,61 | 40,89 | 42,16 | 43,44 | 44,72 | 46,00 | 47,27 | 48,55 | 49,83 | 4 | 0,51 |
| | | | | | | | | | | | 5 | 0,64 |
| 4 | 51,11 | 52,39 | 53,66 | 54,94 | 56,22 | 57,50 | 58,77 | 60,05 | 61,33 | 62,61 | 6 | 0,76 |
| 5 | 63,89 | 65,16 | 66,44 | 67,72 | 69,00 | 70,27 | 71,55 | 72,83 | 74,11 | 75,38 | 7 | 0,89 |
| 6 | 76,66 | 77,94 | 79,22 | 80,50 | 81,77 | 83,05 | 84,33 | 85,61 | 86,88 | 88,16 | 8 | 1,02 |
| | | | | | | | | | | | 9 | 1,14 |
| 7 | 89,44 | 90,72 | 91,99 | 93,27 | 94,55 | 95,83 | 97,11 | 98,38 | 99,66 | 100,94 | | |
| 8 | 102,22 | 103,49 | 104,77 | 106,05 | 107,33 | 108,60 | 109,88 | 111,16 | 112,44 | 113,72 | 128 | |
| 9 | 114,99 | 116,27 | 117,55 | 118,83 | 120,10 | 121,38 | 122,66 | 123,94 | 125,21 | 126,49 | 1 | 0,13 |
| | | | | | | | | | | | 2 | 0,26 |
| 10 | 127,77 | 129,05 | 130,33 | 131,60 | 132,88 | 134,16 | 135,44 | 136,71 | 137,99 | 139,27 | 3 | 0,38 |
| 11 | 140,55 | 141,82 | 143,10 | 144,38 | 145,66 | 146,94 | 148,21 | 149,49 | 150,77 | 152,05 | 4 | 0,51 |
| 12 | 153,32 | 154,60 | 155,88 | 157,16 | 158,43 | 159,71 | 160,99 | 162,27 | 163,55 | 164,82 | 5 | 0,64 |
| | | | | | | | | | | | 6 | 0,77 |
| 13 | 166,10 | 167,38 | 168,66 | 169,93 | 171,21 | 172,49 | 173,77 | 175,04 | 176,32 | 177,60 | 7 | 0,90 |
| 14 | 178,88 | 180,16 | 181,43 | 182,71 | 183,99 | 185,27 | 186,54 | 187,82 | 189,10 | 190,38 | 8 | 1,02 |
| 15 | 191,66 | 192,93 | 194,21 | 195,49 | 196,77 | 198,04 | 199,32 | 200,60 | 201,88 | 203,15 | 9 | 1,15 |
| 16 | 204,43 | 205,71 | 206,99 | 208,27 | 209,54 | 210,82 | 212,10 | 213,38 | 214,65 | 215,93 | | |
| 17 | 217,21 | 218,49 | 219,76 | 221,04 | 222,32 | 223,60 | 224,88 | 226,15 | 227,43 | 228,71 | | |
| 18 | 229,99 | 231,26 | 232,54 | 233,82 | 235,10 | 236,37 | 237,65 | 238,93 | 240,21 | 241,49 | | |
| 19 | 242,76 | 244,04 | 245,32 | 246,60 | 247,87 | 249,15 | 250,43 | 251,71 | 252,98 | 254,26 | | |
| 20 | 255,54 | 256,82 | 258,10 | 259,37 | 260,65 | 261,93 | 263,21 | 264,48 | 265,76 | 267,04 | | |
| 21 | 268,32 | 269,59 | 270,87 | 272,15 | 273,43 | 274,71 | 275,98 | 277,26 | 278,54 | 279,82 | | |
| 22 | 281,09 | 282,37 | 283,65 | 284,93 | 286,20 | 287,48 | 288,76 | 290,04 | 291,32 | 292,59 | | |
| 23 | 293,87 | 295,15 | 296,43 | 297,70 | 298,98 | 300,26 | 301,54 | 302,81 | 304,09 | 305,37 | | |
| 24 | 306,65 | 307,93 | 309,20 | 310,48 | 311,76 | 313,04 | 314,31 | 315,59 | 316,87 | 318,15 | | |

## 624,50 = 12,797.

| | 00 | 10 | 20 | 30 | 40 | 50 | 60 | 70 | 80 | 90 |
|---|---|---|---|---|---|---|---|---|---|---|
| 0 | | 1,28 | 2,56 | 3,84 | 5,12 | 6,40 | 7,68 | 8,96 | 10,24 | 11,52 |
| 1 | 12,80 | 14,08 | 15,36 | 16,64 | 17,92 | 19,20 | 20,48 | 21,75 | 23,03 | 24,31 |
| 2 | 25,59 | 26,87 | 28,15 | 29,43 | 30,71 | 31,99 | 33,27 | 34,55 | 35,83 | 37,11 |
| 3 | 38,39 | 39,67 | 40,95 | 42,23 | 43,51 | 44,79 | 46,07 | 47,35 | 48,63 | 49,91 |
| 4 | 51,19 | 52,47 | 53,75 | 55,03 | 56,31 | 57,59 | 58,87 | 60,15 | 61,43 | 62,71 |
| 5 | 63,99 | 65,26 | 66,54 | 67,82 | 69,10 | 70,38 | 71,66 | 72,94 | 74,22 | 75,50 |
| 6 | 76,78 | 78,06 | 79,34 | 80,62 | 81,90 | 83,18 | 84,46 | 85,74 | 87,02 | 88,30 |
| 7 | 89,58 | 90,86 | 92,14 | 93,42 | 94,70 | 95,98 | 97,26 | 98,54 | 99,82 | 101,10 |
| 8 | 102,38 | 103,66 | 104,94 | 106,22 | 107,49 | 108,77 | 110,05 | 111,33 | 112,61 | 113,89 |
| 9 | 115,17 | 116,45 | 117,73 | 119,01 | 120,29 | 121,57 | 122,85 | 124,13 | 125,41 | 126,69 |
| 10 | 127,97 | 129,25 | 130,53 | 131,81 | 133,09 | 134,37 | 135,65 | 136,93 | 138,21 | 139,49 |
| 11 | 140,77 | 142,05 | 143,33 | 144,61 | 145,89 | 147,17 | 148,45 | 149,72 | 151,00 | 152,28 |
| 12 | 153,56 | 154,84 | 156,12 | 157,40 | 158,68 | 159,96 | 161,24 | 162,52 | 163,80 | 165,08 |
| 13 | 166,36 | 167,64 | 168,92 | 170,20 | 171,48 | 172,76 | 174,04 | 175,32 | 176,60 | 177,88 |
| 14 | 179,16 | 180,44 | 181,72 | 183,00 | 184,28 | 185,56 | 186,84 | 188,12 | 189,40 | 190,68 |
| 15 | 191,96 | 193,23 | 194,51 | 195,79 | 197,07 | 198,35 | 199,63 | 200,91 | 202,19 | 203,47 |
| 16 | 204,75 | 206,03 | 207,31 | 208,59 | 209,87 | 211,15 | 212,43 | 213,71 | 214,99 | 216,27 |
| 17 | 217,55 | 218,83 | 220,11 | 221,39 | 222,67 | 223,95 | 225,23 | 226,51 | 227,79 | 229,07 |
| 18 | 230,35 | 231,63 | 232,91 | 234,19 | 235,46 | 236,74 | 238,02 | 239,30 | 240,58 | 241,86 |
| 19 | 243,14 | 244,42 | 245,70 | 246,98 | 248,26 | 249,54 | 250,82 | 252,10 | 253,38 | 254,66 |
| 20 | 255,94 | 257,22 | 258,50 | 259,78 | 261,06 | 262,34 | 263,62 | 264,90 | 266,18 | 267,46 |
| 21 | 268,74 | 270,02 | 271,30 | 272,58 | 273,86 | 275,14 | 276,42 | 277,69 | 278,97 | 280,25 |
| 22 | 281,53 | 282,81 | 284,09 | 285,37 | 286,65 | 287,93 | 289,21 | 290,49 | 291,77 | 293,05 |
| 23 | 294,33 | 295,61 | 296,89 | 298,17 | 299,45 | 300,73 | 302,01 | 303,29 | 304,57 | 305,85 |
| 24 | 307,13 | 308,41 | 309,69 | 310,97 | 312,25 | 313,53 | 314,81 | 316,09 | 317,37 | 318,65 |

| dif. | 127 | 128 |
|---|---|---|
| 1 | 0,13 | 0,13 |
| 2 | 0,25 | 0,26 |
| 3 | 0,38 | 0,38 |
| 4 | 0,51 | 0,51 |
| 5 | 0,64 | 0,64 |
| 6 | 0,76 | 0,77 |
| 7 | 0,89 | 0,90 |
| 8 | 1,02 | 1,02 |
| 9 | 1,14 | 1,15 |

# 623,50 = 12,817.

| | 00 | 10 | 20 | 30 | 40 | 50 | 60 | 70 | 80 | 90 |
|---|---|---|---|---|---|---|---|---|---|---|
| 0 | | 1,28 | 2,56 | 3,85 | 5,13 | 6,41 | 7,69 | 8,97 | 10,25 | 11,54 |
| 1 | 12,82 | 14,10 | 15,38 | 16,66 | 17,94 | 19,23 | 20,51 | 21,79 | 23,07 | 24,35 |
| 2 | 25,63 | 26,92 | 28,20 | 29,48 | 30,76 | 32,04 | 33,32 | 34,61 | 35,89 | 37,17 |
| 3 | 38,45 | 39,73 | 41,01 | 42,30 | 43,58 | 44,86 | 46,14 | 47,42 | 48,70 | 49,99 |
| 4 | 51,27 | 52,55 | 53,83 | 55,11 | 56,39 | 57,68 | 58,96 | 60,24 | 61,52 | 62,80 |
| 5 | 64,09 | 65,37 | 66,65 | 67,93 | 69,21 | 70,49 | 71,78 | 73,06 | 74,34 | 75,62 |
| 6 | 76,90 | 78,18 | 79,47 | 80,75 | 82,03 | 83,31 | 84,59 | 85,87 | 87,16 | 88,44 |
| 7 | 89,72 | 91,00 | 92,28 | 93,56 | 94,85 | 96,13 | 97,41 | 98,69 | 99,97 | 101,25 |
| 8 | 102,54 | 103,82 | 105,10 | 106,38 | 107,66 | 108,94 | 110,23 | 111,51 | 112,79 | 114,07 |
| 9 | 115,35 | 116,63 | 117,92 | 119,20 | 120,48 | 121,76 | 123,04 | 124,32 | 125,61 | 126,89 |
| 10 | 128,17 | 129,45 | 130,73 | 132,02 | 133,30 | 134,58 | 135,86 | 137,14 | 138,42 | 139,71 |
| 11 | 140,99 | 142,27 | 143,55 | 144,83 | 146,11 | 147,40 | 148,68 | 149,96 | 151,24 | 152,52 |
| 12 | 153,80 | 155,09 | 156,37 | 157,65 | 158,93 | 160,21 | 161,49 | 162,78 | 164,06 | 165,34 |
| 13 | 166,62 | 167,90 | 169,18 | 170,47 | 171,75 | 173,03 | 174,31 | 175,59 | 176,87 | 178,16 |
| 14 | 179,44 | 180,72 | 182,00 | 183,28 | 184,56 | 185,85 | 187,13 | 188,41 | 189,69 | 190,97 |
| 15 | 192,26 | 193,54 | 194,82 | 196,10 | 197,38 | 198,66 | 199,95 | 201,23 | 202,51 | 203,79 |
| 16 | 205,07 | 206,35 | 207,64 | 208,92 | 210,20 | 211,48 | 212,76 | 214,04 | 215,33 | 216,61 |
| 17 | 217,89 | 219,17 | 220,45 | 221,73 | 223,02 | 224,30 | 225,58 | 226,86 | 228,14 | 229,42 |
| 18 | 230,71 | 231,9 | 233,27 | 234,55 | 235,83 | 237,11 | 238,40 | 239,68 | 240,96 | 242,24 |
| 19 | 243,52 | 244,80 | 246,09 | 247,37 | 248,65 | 249,93 | 251,21 | 252,49 | 253,78 | 255,06 |
| 20 | 256,34 | 257,62 | 258,90 | 260,19 | 261,47 | 262,75 | 264,03 | 265,31 | 266,59 | 267,88 |
| 21 | 269,16 | 270,44 | 271,72 | 273,00 | 274,28 | 275,57 | 276,85 | 278,13 | 279,41 | 280,69 |
| 22 | 281,97 | 283,26 | 284,54 | 285,82 | 287,10 | 288,38 | 289,66 | 290,95 | 292,23 | 293,51 |
| 23 | 294,79 | 296,07 | 297,35 | 298,64 | 299,92 | 301,20 | 302,48 | 303,76 | 305,04 | 306,33 |
| 24 | 307,61 | 308,89 | 310,17 | 311,45 | 312,73 | 314,02 | 315,30 | 316,58 | 317,86 | 319,14 |

| dif. | 128 | 129 |
|---|---|---|
| 1 | 0,13 | 0,13 |
| 2 | 0,26 | 0,26 |
| 3 | 0,38 | 0,39 |
| 4 | 0,51 | 0,52 |
| 5 | 0,64 | 0,65 |
| 6 | 0,77 | 0,77 |
| 7 | 0,90 | 0,90 |
| 8 | 1,02 | 1,03 |
| 9 | 1,15 | 1,16 |

## 622,50 = 12,840.

| | 00 | 10 | 20 | 30 | 40 | 50 | 60 | 70 | 80 | 90 |
|---|---|---|---|---|---|---|---|---|---|---|
| 0 | | 1,28 | 2,57 | 3,85 | 5,14 | 6,42 | 7,70 | 8,99 | 10,27 | 11,56 |
| 1 | 12,84 | 14,12 | 15,41 | 16,69 | 17,98 | 19,26 | 20,54 | 21,83 | 23,11 | 24,40 |
| 2 | 25,68 | 26,96 | 28,25 | 29,53 | 30,82 | 32,10 | 33,38 | 34,67 | 35,95 | 37,24 |
| 3 | 38,52 | 39,80 | 41,09 | 42,37 | 43,66 | 44,94 | 46,22 | 47,51 | 48,79 | 50,08 |
| 4 | 51,36 | 52,64 | 53,93 | 55,21 | 56,50 | 57,78 | 59,06 | 60,35 | 61,63 | 62,92 |
| 5 | 64,20 | 65,48 | 66,77 | 68,05 | 69,34 | 70,62 | 71,90 | 73,19 | 74,47 | 75,76 |
| 6 | 77,04 | 78,32 | 79,61 | 80,89 | 82,18 | 83,46 | 84,74 | 86,03 | 87,31 | 88,60 |
| 7 | 89,88 | 91,16 | 92,45 | 93,73 | 95,02 | 96,30 | 97,58 | 98,87 | 100,15 | 101,44 |
| 8 | 102,72 | 104,00 | 105,29 | 106,57 | 107,86 | 109,14 | 110,42 | 111,71 | 112,99 | 114,28 |
| 9 | 115,56 | 116,84 | 118,13 | 119,41 | 120,70 | 121,98 | 123,26 | 124,55 | 125,83 | 127,12 |
| 10 | 128,40 | 129,68 | 130,97 | 132,25 | 133,54 | 134,82 | 136,10 | 137,39 | 138,67 | 139,96 |
| 11 | 141,24 | 142,52 | 143,81 | 145,09 | 146,38 | 147,66 | 148,94 | 150,23 | 151,51 | 152,80 |
| 12 | 154,08 | 155,36 | 156,65 | 157,93 | 159,22 | 160,50 | 161,78 | 163,07 | 164,35 | 165,64 |
| 13 | 166,92 | 168,20 | 169,49 | 170,77 | 172,06 | 173,34 | 174,62 | 175,91 | 177,19 | 178,48 |
| 14 | 179,76 | 181,04 | 182,33 | 183,61 | 184,90 | 186,18 | 187,46 | 188,75 | 190,03 | 191,32 |
| 15 | 192,60 | 193,88 | 195,17 | 196,45 | 197,74 | 199,02 | 200,30 | 201,59 | 202,87 | 204,16 |
| 16 | 205,44 | 206,72 | 208,01 | 209,29 | 210,58 | 211,86 | 213,14 | 214,43 | 215,71 | 217,00 |
| 17 | 218,28 | 219,56 | 220,85 | 222,13 | 223,42 | 224,70 | 225,98 | 227,27 | 228,55 | 229,84 |
| 18 | 231,12 | 232,40 | 233,69 | 234,97 | 236,26 | 237,54 | 238,82 | 240,11 | 241,39 | 242,68 |
| 19 | 243,96 | 245,24 | 246,53 | 247,81 | 249,10 | 250,38 | 251,66 | 252,95 | 254,23 | 255,52 |
| 20 | 256,80 | 258,08 | 259,37 | 260,65 | 261,94 | 263,22 | 264,50 | 265,79 | 267,07 | 268,36 |
| 21 | 269,64 | 270,92 | 272,21 | 273,49 | 274,78 | 276,06 | 277,34 | 278,63 | 279,91 | 281,20 |
| 22 | 282,48 | 283,76 | 285,05 | 286,33 | 287,62 | 288,90 | 290,18 | 291,47 | 292,75 | 294,04 |
| 23 | 295,32 | 296,60 | 297,89 | 299,17 | 300,46 | 301,74 | 303,02 | 304,31 | 305,59 | 306,88 |
| 24 | 308,16 | 309,44 | 310,73 | 312,01 | 313,30 | 314,58 | 315,86 | 317,15 | 318,43 | 319,72 |

| dif. | 128 |
|---|---|
| 1 | 0,13 |
| 2 | 0,26 |
| 3 | 0,38 |
| 4 | 0,51 |
| 5 | 0,64 |
| 6 | 0,77 |
| 7 | 0,90 |
| 8 | 1,02 |
| 9 | 1,15 |

| dif. | 129 |
|---|---|
| 1 | 0,13 |
| 2 | 0,26 |
| 3 | 0,39 |
| 4 | 0,52 |
| 5 | 0,65 |
| 6 | 0,77 |
| 7 | 0,90 |
| 8 | 1,03 |
| 9 | 1,16 |

## 621,50 = 12,860.

| | 00 | 10 | 20 | 30 | 40 | 50 | 60 | 70 | 80 | 90 | dif. | |
|---|---|---|---|---|---|---|---|---|---|---|---|---|
| 0 | | 1,29 | 2,57 | 3,86 | 5,14 | 6,43 | 7,72 | 9,00 | 10,29 | 11,57 | 128 | |
| | | | | | | | | | | | 1 | 0,13 |
| 1 | 12,86 | 14,15 | 15,43 | 16,72 | 18,00 | 19,29 | 20,58 | 21,86 | 23,15 | 24,43 | 2 | 0,26 |
| 2 | 25,72 | 27,01 | 28,29 | 29,58 | 30,86 | 32,15 | 33,44 | 34,72 | 36,01 | 37,29 | 3 | 0,38 |
| 3 | 38,58 | 39,87 | 41,15 | 42,44 | 43,72 | 45,01 | 46,30 | 47,58 | 48,87 | 50,15 | 4 | 0,51 |
| | | | | | | | | | | | 5 | 0,64 |
| 4 | 51,44 | 52,73 | 54,01 | 55,30 | 56,58 | 57,87 | 59,16 | 60,44 | 61,73 | 63,01 | 6 | 0,77 |
| 5 | 64,30 | 65,59 | 66,87 | 68,16 | 69,44 | 70,73 | 72,02 | 73,30 | 74,59 | 75,87 | 7 | 0,90 |
| 6 | 77,16 | 78,45 | 79,73 | 81,02 | 82,30 | 83,59 | 84,88 | 86,16 | 87,45 | 88,73 | 8 | 1,02 |
| | | | | | | | | | | | 9 | 1,15 |
| 7 | 90,02 | 91,31 | 92,59 | 93,88 | 95,16 | 96,45 | 97,74 | 99,02 | 100,31 | 101,59 | | |
| 8 | 102,88 | 104,17 | 105,45 | 106,74 | 108,02 | 109,31 | 110,60 | 111,88 | 113,17 | 114,45 | 129 | |
| 9 | 115,74 | 117,03 | 118,31 | 119,60 | 120,88 | 122,17 | 123,46 | 124,74 | 126,03 | 127,31 | 1 | 0,13 |
| | | | | | | | | | | | 2 | 0,26 |
| 10 | 128,60 | 129,89 | 131,17 | 132,46 | 133,74 | 135,03 | 136,32 | 137,60 | 138,89 | 140,17 | 3 | 0,39 |
| 11 | 141,46 | 142,75 | 144,03 | 145,32 | 146,60 | 147,89 | 149,18 | 150,46 | 151,75 | 153,03 | 4 | 0,52 |
| 12 | 154,32 | 155,61 | 156,89 | 158,18 | 159,46 | 160,75 | 162,04 | 163,32 | 164,61 | 165,89 | 5 | 0,65 |
| | | | | | | | | | | | 6 | 0,77 |
| 13 | 167,18 | 168,47 | 169,75 | 171,04 | 172,32 | 173,61 | 174,90 | 176,18 | 177,47 | 178,75 | 7 | 0,90 |
| 14 | 180,04 | 181,33 | 182,61 | 183,90 | 185,18 | 186,47 | 187,76 | 189,04 | 190,33 | 191,61 | 8 | 1,03 |
| 15 | 192,90 | 194,19 | 195,47 | 196,76 | 198,04 | 199,33 | 200,62 | 201,90 | 203,19 | 204,47 | 9 | 1,16 |
| 16 | 205,76 | 207,05 | 208,33 | 209,62 | 210,90 | 212,19 | 213,48 | 214,76 | 216,05 | 217,33 | | |
| 17 | 218,62 | 219,91 | 221,19 | 222,48 | 223,76 | 225,05 | 226,34 | 227,62 | 228,91 | 230,19 | | |
| 18 | 231,48 | 232,77 | 234,05 | 235,34 | 236,62 | 237,91 | 239,20 | 240,48 | 241,77 | 243,05 | | |
| 19 | 244,34 | 245,63 | 246,91 | 248,20 | 249,48 | 250,77 | 252,06 | 253,34 | 254,63 | 255,91 | | |
| 20 | 257,20 | 258,49 | 259,77 | 261,06 | 262,34 | 263,63 | 264,92 | 266,20 | 267,49 | 268,77 | | |
| 21 | 270,06 | 271,35 | 272,63 | 273,92 | 275,20 | 276,49 | 277,78 | 279,06 | 280,35 | 281,63 | | |
| 22 | 282,92 | 284,21 | 285,49 | 286,78 | 288,06 | 289,35 | 290,64 | 291,92 | 293,21 | 294,49 | | |
| 23 | 295,78 | 297,07 | 298,35 | 299,64 | 300,92 | 302,21 | 303,50 | 304,78 | 306,07 | 307,35 | | |
| 24 | 308,64 | 309,93 | 311,21 | 312,50 | 313,78 | 315,07 | 316,36 | 317,64 | 318,93 | 320,21 | | |

## 620,50 = 12,880.

| | .00 | 10 | 20 | 30 | 40 | 50 | 60 | 70 | 80 | 90 |
|---|---|---|---|---|---|---|---|---|---|---|
| 0 | | 1,29 | 2,58 | 3,86 | 5,15 | 6,44 | 7,73 | 9,02 | 10,30 | 11,59 |
| 1 | 12,88 | 14,17 | 15,46 | 16,74 | 18,03 | 19,32 | 20,61 | 21,90 | 23,18 | 24,47 |
| 2 | 25,76 | 27,05 | 28,34 | 29,62 | 30,91 | 32,20 | 33,49 | 34,78 | 36,06 | 37,35 |
| 3 | 38,64 | 39,93 | 41,22 | 42,50 | 43,79 | 45,08 | 46,37 | 47,66 | 48,94 | 50,23 |
| 4 | 51,52 | 52,81 | 54,10 | 55,38 | 56,67 | 57,96 | 59,25 | 60,54 | 61,82 | 63,11 |
| 5 | 64,40 | 65,69 | 66,98 | 68,26 | 69,55 | 70,84 | 72,13 | 73,42 | 74,70 | 75,99 |
| 6 | 77,28 | 78,57 | 79,86 | 81,14 | 82,43 | 83,72 | 85,01 | 86,30 | 87,58 | 88,87 |
| 7 | 90,16 | 91,45 | 92,74 | 94,02 | 95,31 | 96,60 | 97,89 | 99,18 | 100,46 | 101,75 |
| 8 | 103,04 | 104,33 | 105,62 | 106,90 | 108,19 | 109,48 | 110,77 | 112,06 | 113,34 | 114,63 |
| 9 | 115,92 | 117,21 | 118,50 | 119,78 | 121,07 | 122,36 | 123,65 | 124,94 | 126,22 | 127,51 |
| 10 | 128,80 | 130,09 | 131,38 | 132,66 | 133,95 | 135,24 | 136,53 | 137,82 | 139,10 | 140,39 |
| 11 | 141,68 | 142,97 | 144,26 | 145,54 | 146,83 | 148,12 | 149,41 | 150,70 | 151,98 | 153,27 |
| 12 | 154,56 | 155,85 | 157,14 | 158,42 | 159,71 | 161,00 | 162,29 | 163,58 | 164,86 | 166,15 |
| 13 | 167,44 | 168,73 | 170,02 | 171,30 | 172,59 | 173,88 | 175,17 | 176,46 | 177,74 | 179,03 |
| 14 | 180,32 | 181,61 | 182,90 | 184,18 | 185,47 | 186,76 | 188,05 | 189,34 | 190,62 | 191,91 |
| 15 | 193,20 | 194,49 | 195,78 | 197,06 | 198,35 | 199,64 | 200,93 | 202,22 | 203,50 | 204,79 |
| 16 | 206,08 | 207,37 | 208,66 | 209,94 | 211,23 | 212,52 | 213,81 | 215,10 | 216,38 | 217,67 |
| 17 | 218,96 | 220,25 | 221,54 | 222,82 | 224,11 | 225,40 | 226,69 | 227,98 | 229,26 | 230,55 |
| 18 | 231,84 | 233,13 | 234,42 | 235,70 | 236,99 | 238,28 | 239,57 | 240,86 | 242,14 | 243,43 |
| 19 | 244,72 | 246,01 | 247,30 | 248,58 | 249,87 | 251,16 | 252,45 | 253,74 | 255,02 | 256,31 |
| 20 | 257,60 | 258,89 | 260,18 | 261,46 | 262,75 | 264,04 | 265,33 | 266,62 | 267,90 | 269,19 |
| 21 | 270,48 | 271,77 | 273,06 | 274,34 | 275,63 | 276,92 | 278,21 | 279,50 | 280,78 | 282,07 |
| 22 | 283,36 | 284,65 | 285,94 | 287,22 | 288,51 | 289,80 | 291,09 | 292,38 | 293,66 | 294,95 |
| 23 | 296,24 | 297,53 | 298,82 | 300,10 | 301,39 | 302,68 | 303,97 | 305,26 | 306,54 | 307,83 |
| 24 | 309,12 | 310,41 | 311,70 | 312,98 | 314,27 | 315,56 | 316,85 | 318,14 | 319,42 | 320,71 |

| dif. | 128 | 129 |
|---|---|---|
| 1 | 0,13 | 0,13 |
| 2 | 0,26 | 0,26 |
| 3 | 0,38 | 0,39 |
| 4 | 0,51 | 0,52 |
| 5 | 0,64 | 0,65 |
| 6 | 0,77 | 0,77 |
| 7 | 0,90 | 0,90 |
| 8 | 1,02 | 1,03 |
| 9 | 1,15 | 1,16 |

## 619,50 = 12,900.

| | 00 | 10 | 20 | 30 | 40 | 50 | 60 | 70 | 80 | 90 |
|---|---|---|---|---|---|---|---|---|---|---|
| 0 | | 1,29 | 2,58 | 3,87 | 5,16 | 6,45 | 7,74 | 9,03 | 10,32 | 11,61 |
| 1 | 12,90 | 14,19 | 15,48 | 16,77 | 18,06 | 19,35 | 20,64 | 21,93 | 23,22 | 24,51 |
| 2 | 25,80 | 27,09 | 28,38 | 29,67 | 30,96 | 32,25 | 33,54 | 34,83 | 36,12 | 37,41 |
| 3 | 38,70 | 39,99 | 41,28 | 42,57 | 43,86 | 45,15 | 46,44 | 47,73 | 49,02 | 50,31 |
| 4 | 51,60 | 52,89 | 54,18 | 55,47 | 56,76 | 58,05 | 59,34 | 60,63 | 61,92 | 63,21 |
| 5 | 64,50 | 65,79 | 67,08 | 68,37 | 69,66 | 70,95 | 72,24 | 73,53 | 74,82 | 76,11 |
| 6 | 77,40 | 78,69 | 79,98 | 81,27 | 82,56 | 83,85 | 85,14 | 86,43 | 87,72 | 89,01 |
| 7 | 90,30 | 91,59 | 92,88 | 94,17 | 95,46 | 96,75 | 98,04 | 99,33 | 100,62 | 101,91 |
| 8 | 103,20 | 104,49 | 105,78 | 107,07 | 108,36 | 109,65 | 110,94 | 112,23 | 113,52 | 114,81 |
| 9 | 116,10 | 117,39 | 118,68 | 119,97 | 121,26 | 122,55 | 123,84 | 125,13 | 126,42 | 127,71 |
| 10 | 129,00 | 130,29 | 131,58 | 132,87 | 134,16 | 135,45 | 136,74 | 138,03 | 139,32 | 140,61 |
| 11 | 141,90 | 143,19 | 144,48 | 145,77 | 147,06 | 148,35 | 149,64 | 150,93 | 152,22 | 153,51 |
| 12 | 154,80 | 156,09 | 157,38 | 158,67 | 159,96 | 161,25 | 162,54 | 163,83 | 165,12 | 166,41 |
| 13 | 167,70 | 168,99 | 170,28 | 171,57 | 172,86 | 174,15 | 175,44 | 176,73 | 178,02 | 179,31 |
| 14 | 180,60 | 181,89 | 183,18 | 184,47 | 185,76 | 187,05 | 188,34 | 189,63 | 190,92 | 192,21 |
| 15 | 193,50 | 194,79 | 196,08 | 197,37 | 198,66 | 199,95 | 201,24 | 202,53 | 203,82 | 205,11 |
| 16 | 206,40 | 207,69 | 208,98 | 210,27 | 211,56 | 212,85 | 214,14 | 215,43 | 216,72 | 218,01 |
| 17 | 219,30 | 220,59 | 221,88 | 223,17 | 224,46 | 225,75 | 227,04 | 228,33 | 229,62 | 230,91 |
| 18 | 232,20 | 233,49 | 234,78 | 236,07 | 237,36 | 238,65 | 239,94 | 241,23 | 242,52 | 243,81 |
| 19 | 245,10 | 246,39 | 247,68 | 248,97 | 250,26 | 251,55 | 252,84 | 254,13 | 255,42 | 256,71 |
| 20 | 258,00 | 259,29 | 260,58 | 261,87 | 263,16 | 264,45 | 265,74 | 267,03 | 268,32 | 269,61 |
| 21 | 270,90 | 272,19 | 273,48 | 274,77 | 276,06 | 277,35 | 278,64 | 279,93 | 281,22 | 282,51 |
| 22 | 283,80 | 285,09 | 286,38 | 287,67 | 288,96 | 290,25 | 291,54 | 292,83 | 294,12 | 295,41 |
| 23 | 296,70 | 297,99 | 299,28 | 300,57 | 301,86 | 303,15 | 304,44 | 305,73 | 307,02 | 308,31 |
| 24 | 309,60 | 310,89 | 312,18 | 313,47 | 314,76 | 316,05 | 317,34 | 318,63 | 319,92 | 321,21 |

| dif. | 129 |
|---|---|
| 1 | 0,13 |
| 2 | 0,26 |
| 3 | 0,39 |
| 4 | 0,52 |
| 5 | 0,65 |
| 6 | 0,77 |
| 7 | 0,90 |
| 8 | 1,03 |
| 9 | 1,16 |

# 618,50 = 12,922.

| | 00 | 10 | 20 | 30 | 40 | 50 | 60 | 70 | 80 | 90 |
|---|---|---|---|---|---|---|---|---|---|---|
| 0 | | 1,29 | 2,58 | 3,88 | 5,17 | 6,46 | 7,75 | 9,05 | 10,34 | 11,63 |
| 1 | 12,92 | 14,21 | 15,51 | 16,80 | 18,09 | 19,38 | 20,68 | 21,97 | 23,26 | 24,55 |
| 2 | 25,84 | 27,14 | 28,43 | 29,72 | 31,01 | 32,31 | 33,60 | 34,89 | 36,18 | 37,47 |
| 3 | 38,77 | 40,06 | 41,35 | 42,64 | 43,93 | 45,23 | 46,52 | 47,81 | 49,10 | 50,40 |
| 4 | 51,69 | 52,98 | 54,27 | 55,56 | 56,86 | 58,15 | 59,44 | 60,73 | 62,03 | 63,32 |
| 5 | 64,61 | 65,90 | 67,19 | 68,49 | 69,78 | 71,07 | 72,36 | 73,66 | 74,95 | 76,24 |
| 6 | 77,53 | 78,82 | 80,12 | 81,41 | 82,70 | 83,99 | 85,29 | 86,58 | 87,87 | 89,16 |
| 7 | 90,45 | 91,75 | 93,04 | 94,33 | 95,62 | 96,92 | 98,21 | 99,50 | 100,79 | 102,08 |
| 8 | 103,38 | 104,67 | 105,96 | 107,25 | 108,54 | 109,84 | 111,13 | 112,42 | 113,71 | 115,01 |
| 9 | 116,30 | 117,59 | 118,88 | 120,17 | 121,47 | 122,76 | 124,05 | 125,34 | 126,64 | 127,93 |
| 10 | 129,22 | 130,51 | 131,80 | 133,10 | 134,39 | 135,68 | 136,97 | 138,27 | 139,56 | 140,85 |
| 11 | 142,14 | 143,43 | 144,73 | 146,02 | 147,31 | 148,60 | 149,90 | 151,19 | 152,48 | 153,77 |
| 12 | 155,06 | 156,36 | 157,65 | 158,94 | 160,23 | 161,53 | 162,82 | 164,11 | 165,40 | 166,69 |
| 13 | 167,99 | 169,28 | 170,57 | 171,86 | 173,15 | 174,45 | 175,74 | 177,03 | 178,32 | 179,62 |
| 14 | 180,91 | 182,20 | 183,49 | 184,78 | 186,08 | 187,37 | 188,66 | 189,95 | 191,25 | 192,54 |
| 15 | 193,83 | 195,12 | 196,41 | 197,71 | 199,00 | 200,29 | 201,58 | 202,88 | 204,17 | 205,46 |
| 16 | 206,75 | 208,04 | 209,34 | 210,63 | 211,92 | 213,21 | 214,51 | 215,80 | 217,09 | 218,38 |
| 17 | 219,67 | 220,97 | 222,26 | 223,55 | 224,84 | 226,14 | 227,43 | 228,72 | 230,01 | 231,30 |
| 18 | 232,60 | 233,89 | 235,18 | 236,47 | 237,76 | 239,06 | 240,35 | 241,64 | 242,93 | 244,23 |
| 19 | 245,52 | 246,81 | 248,10 | 249,39 | 250,69 | 251,98 | 253,27 | 254,56 | 255,86 | 257,15 |
| 20 | 258,44 | 259,73 | 261,02 | 262,32 | 263,61 | 264,90 | 266,19 | 267,49 | 268,78 | 270,07 |
| 21 | 271,36 | 272,65 | 273,95 | 275,24 | 276,53 | 277,82 | 279,12 | 280,41 | 281,70 | 282,99 |
| 22 | 284,28 | 285,58 | 286,87 | 288,16 | 289,45 | 290.75 | 292,04 | 293,33 | 294,62 | 295,91 |
| 23 | 297,21 | 298,50 | 299,79 | 301,08 | 302,37 | 303,67 | 304,96 | 306,25 | 307,54 | 308,84 |
| 24 | 310,13 | 311,42 | 312,71 | 314,00 | 315,30 | 316,59 | 317,88 | 319,17 | 320,47 | 321,76 |

dif.

| 129 | |
|---|---|
| 1 | 0,13 |
| 2 | 0,26 |
| 3 | 0,39 |
| 4 | 0,52 |
| 5 | 0,65 |
| 6 | 0,77 |
| 7 | 0,90 |
| 8 | 1,03 |
| 9 | 1,16 |

| 130 | |
|---|---|
| 1 | 0,13 |
| 2 | 0,26 |
| 3 | 0,39 |
| 4 | 0,52 |
| 5 | 0,65 |
| 6 | 0,78 |
| 7 | 0,91 |
| 8 | 1,04 |
| 9 | 1,17 |

## 617,50 = 12,943.

| | 00 | 10 | 20 | 30 | 40 | 50 | 60 | 70 | 80 | 90 |
|---|---|---|---|---|---|---|---|---|---|---|
| 0 | | 1,29 | 2,59 | 3,88 | 5,18 | 6,47 | 7,77 | 9,06 | 10,35 | 11,65 |
| 1 | 12,94 | 14,24 | 15,53 | 16,83 | 18,12 | 19,41 | 20,71 | 22,00 | 23,30 | 24,59 |
| 2 | 25,89 | 27,18 | 28,47 | 29,77 | 31,06 | 32,36 | 33,65 | 34,95 | 36,24 | 37,53 |
| 3 | 38,83 | 40,12 | 41,42 | 42,71 | 44,01 | 45,30 | 46,59 | 47,89 | 49,18 | 50,48 |
| 4 | 51,77 | 53,07 | 54,36 | 55,65 | 56,95 | 58,24 | 59,54 | 60,83 | 62,13 | 63,42 |
| 5 | 64,72 | 66,01 | 67,30 | 68,60 | 69,89 | 71,19 | 72,48 | 73,78 | 75,07 | 76,36 |
| 6 | 77,66 | 78,95 | 80,25 | 81,54 | 82,84 | 84,13 | 85,42 | 86,72 | 88,01 | 89,31 |
| 7 | 90,60 | 91,90 | 93,19 | 94,48 | 95,78 | 97,07 | 98,37 | 99,66 | 100,96 | 102,25 |
| 8 | 103,54 | 104,84 | 106,13 | 107,43 | 108,72 | 110,02 | 111,31 | 112,60 | 113,90 | 115,19 |
| 9 | 116,49 | 117,78 | 119,08 | 120,37 | 121,66 | 122,96 | 124,25 | 125,55 | 126,84 | 128,14 |
| 10 | 129,43 | 130,72 | 132,02 | 133,31 | 134,61 | 135,90 | 137,20 | 138,49 | 139,78 | 141,08 |
| 11 | 142,37 | 143,67 | 144,96 | 146,26 | 147,55 | 148,84 | 150,14 | 151,43 | 152,73 | 154,02 |
| 12 | 155,32 | 156,61 | 157,90 | 159,20 | 160,49 | 161,79 | 163,08 | 164,38 | 165,67 | 166,96 |
| 13 | 168,26 | 169,55 | 170,85 | 172,14 | 173,44 | 174,73 | 176,02 | 177,32 | 178,61 | 179,91 |
| 14 | 181,20 | 182,50 | 183,79 | 185,08 | 186,38 | 187,67 | 188,97 | 190,26 | 191,56 | 192,85 |
| 15 | 194,15 | 195,44 | 196,73 | 198,03 | 199,32 | 200,62 | 201,91 | 203,21 | 204,50 | 205,79 |
| 16 | 207,09 | 208,38 | 209,68 | 210,97 | 212,27 | 213,56 | 214,85 | 216,15 | 217,44 | 218,74 |
| 17 | 220,03 | 221,33 | 222,62 | 223,91 | 225,21 | 226,50 | 227,80 | 229,09 | 230,39 | 231,68 |
| 18 | 232,97 | 234,27 | 235,56 | 236,86 | 238,15 | 239,45 | 240,74 | 242,03 | 243,33 | 244,62 |
| 19 | 245,92 | 247,21 | 248,51 | 249,80 | 251,09 | 252,39 | 253,68 | 254,98 | 256,27 | 257,57 |
| 20 | 258,86 | 260,15 | 261,45 | 262,74 | 264,04 | 265,33 | 266,63 | 267,92 | 269,21 | 270,51 |
| 21 | 271,80 | 273,10 | 274,39 | 275,69 | 276,98 | 278,27 | 279,57 | 280,86 | 282,16 | 283,45 |
| 22 | 284,75 | 286,04 | 287,33 | 288,63 | 289,92 | 291,22 | 292,51 | 293,81 | 295,10 | 296,39 |
| 23 | 297,69 | 298,98 | 300,28 | 301,57 | 302,87 | 304,16 | 305,45 | 306,75 | 308,04 | 309,34 |
| 24 | 310,63 | 311,93 | 313,22 | 314,51 | 315,81 | 317,10 | 318,40 | 319,69 | 320,99 | 322,28 |

| dif. | 129 | 130 |
|---|---|---|
| 1 | 0,13 | 0,13 |
| 2 | 0,26 | 0,26 |
| 3 | 0,39 | 0,39 |
| 4 | 0,52 | 0,52 |
| 5 | 0,65 | 0,65 |
| 6 | 0,77 | 0,78 |
| 7 | 0,90 | 0,91 |
| 8 | 1,03 | 1,04 |
| 9 | 1,16 | 1,17 |

## 616,50 = 12,965.

| | 00 | 10 | 20 | 30 | 40 | 50 | 60 | 70 | 80 | 90 |
|---|---|---|---|---|---|---|---|---|---|---|
| 0 | | 1,30 | 2,59 | 3,89 | 5,19 | 6,48 | 7,78 | 9,08 | 10,37 | 11,67 |
| 1 | 12,97 | 14,26 | 15,56 | 16,85 | 18,15 | 19,45 | 20,74 | 22,04 | 23,34 | 24,63 |
| 2 | 25,93 | 27,23 | 28,52 | 29,82 | 31,12 | 32,41 | 33,71 | 35,01 | 36,30 | 37,60 |
| 3 | 38,90 | 40,19 | 41,49 | 42,78 | 44,08 | 45,38 | 46,67 | 47,97 | 49,27 | 50,56 |
| 4 | 51,86 | 53,16 | 54,45 | 55,75 | 56,05 | 57,34 | 58,64 | 60,94 | 62,23 | 63,53 |
| 5 | 64,83 | 66,12 | 67,42 | 68,71 | 70,01 | 71,31 | 72,60 | 73,90 | 75,20 | 76,49 |
| 6 | 77,79 | 79,09 | 80,38 | 81,68 | 82,98 | 84,27 | 85,57 | 86,87 | 88,16 | 89,46 |
| 7 | 90,76 | 92,05 | 93,35 | 94,64 | 95,94 | 97,24 | 98,53 | 99,83 | 101,13 | 102,42 |
| 8 | 103,72 | 105,02 | 106,31 | 107,61 | 108,91 | 110,20 | 111,50 | 112,80 | 114,09 | 115,39 |
| 9 | 116,69 | 117,98 | 119,28 | 120,57 | 121,87 | 123,17 | 124,46 | 125,76 | 127,06 | 128,35 |
| 10 | 129,65 | 130,95 | 132,24 | 133,54 | 134,84 | 136,13 | 137,43 | 138,73 | 140,02 | 141,32 |
| 11 | 142,62 | 143,91 | 145,21 | 146,50 | 147,80 | 149,10 | 150,39 | 151,69 | 152,99 | 154,28 |
| 12 | 155,58 | 156,88 | 158,17 | 159,47 | 160,77 | 162,06 | 163,36 | 164,66 | 165,95 | 167,25 |
| 13 | 168,55 | 169,84 | 171,14 | 172,43 | 173,73 | 175,03 | 176,32 | 177,62 | 178,92 | 180,21 |
| 14 | 181,51 | 182,81 | 184,10 | 185,40 | 186,70 | 187,99 | 189,29 | 190,59 | 191,88 | 193,18 |
| 15 | 194,48 | 195,77 | 197,07 | 198,36 | 199,66 | 200,96 | 202,25 | 203,55 | 204,85 | 206,14 |
| 16 | 207,44 | 208,74 | 210,03 | 211,33 | 212,63 | 213,92 | 215,22 | 216,52 | 217,81 | 219,11 |
| 17 | 220,41 | 221,70 | 223,00 | 224,29 | 225,59 | 226,89 | 228,18 | 229,48 | 230,78 | 232,07 |
| 18 | 233,37 | 234,67 | 235,96 | 237,26 | 238,56 | 239,85 | 241,15 | 242,45 | 243,74 | 245,04 |
| 19 | 246,34 | 247,63 | 248,93 | 250,22 | 251,52 | 252,82 | 254,11 | 255,41 | 256,71 | 258,00 |
| 20 | 259,30 | 260,60 | 261,89 | 263,19 | 264,49 | 265,78 | 267,08 | 268,38 | 269,67 | 270,97 |
| 21 | 272,27 | 273,56 | 274,86 | 276,15 | 277,45 | 278,75 | 280,04 | 281,34 | 282,64 | 283,93 |
| 22 | 285,23 | 286,53 | 287,82 | 289,12 | 290,42 | 291,71 | 293,01 | 294,31 | 295,60 | 296,90 |
| 23 | 298,20 | 299,49 | 300,79 | 302,08 | 303,38 | 304,68 | 305,97 | 307,27 | 308,57 | 309,86 |
| 24 | 311,16 | 312,46 | 313,75 | 315,05 | 316,35 | 317,64 | 318,94 | 320,24 | 321,53 | 322,83 |

| dif. | 129 | 130 |
|---|---|---|
| 1 | 0,13 | 0,13 |
| 2 | 0,26 | 0,26 |
| 3 | 0,39 | 0,39 |
| 4 | 0,52 | 0,52 |
| 5 | 0,65 | 0,65 |
| 6 | 0,77 | 0,78 |
| 7 | 0,90 | 0,91 |
| 8 | 1,03 | 1,04 |
| 9 | 1,16 | 1,17 |

**615,50 = 12,985.**

| | 00 | 10 | 20 | 30 | 40 | 50 | 60 | 70 | 80 | 90 | dif. | |
|---|---|---|---|---|---|---|---|---|---|---|---|---|
| 0 | | 1,30 | 2,60 | 3,90 | 5,19 | 6,49 | 7,79 | 9,09 | 10,39 | 11,69 | 129 | |
| | | | | | | | | | | | 1 | 0,13 |
| 1 | 12,99 | 14,28 | 15,58 | 16,88 | 18,18 | 19,48 | 20,78 | 22,07 | 23,37 | 24,67 | 2 | 0,26 |
| 2 | 25,97 | 27,27 | 28,57 | 29,87 | 31,16 | 32,46 | 33,76 | 35,06 | 36,36 | 37,66 | 3 | 0,39 |
| 3 | 38,96 | 40,25 | 41,55 | 42,85 | 44,15 | 45,45 | 46,75 | 48,04 | 49,34 | 50,64 | 4 | 0,52 |
| | | | | | | | | | | | 5 | 0,65 |
| 4 | 51,94 | 53,24 | 54,54 | 55,84 | 57,13 | 58,43 | 59,73 | 61,03 | 62,33 | 63,63 | 6 | 0,77 |
| 5 | 64,93 | 66,22 | 67,52 | 68,82 | 70,12 | 71,42 | 72,72 | 74,01 | 75,31 | 76,61 | 7 | 0,90 |
| 6 | 77,91 | 79,21 | 80,51 | 81,81 | 83,10 | 84,40 | 85,70 | 87,00 | 88,30 | 89,60 | 8 | 1,03 |
| | | | | | | | | | | | 9 | 1,16 |
| 7 | 90,90 | 92,19 | 93,49 | 94,79 | 96,09 | 97,39 | 98,69 | 99,98 | 101,28 | 102,58 | | |
| 8 | 103,88 | 105,18 | 106,48 | 107,78 | 109,07 | 110,37 | 111,67 | 112,97 | 114,27 | 115,57 | 130 | |
| 9 | 116,87 | 118,16 | 119,46 | 120,76 | 122,06 | 123,36 | 124,66 | 125,95 | 127,25 | 128,55 | 1 | 0,13 |
| | | | | | | | | | | | 2 | 0,26 |
| 10 | 129,85 | 131,15 | 132,45 | 133,75 | 135,04 | 136,34 | 137,64 | 138,94 | 140,24 | 141,54 | 3 | 0,39 |
| 11 | 142,84 | 144,13 | 145,43 | 146,73 | 148,03 | 149,33 | 150,63 | 151,92 | 153,22 | 154,52 | 4 | 0,52 |
| 12 | 155,82 | 157,12 | 158,42 | 159,72 | 161,01 | 162,31 | 163,61 | 164,91 | 166,21 | 167,51 | 5 | 0,65 |
| | | | | | | | | | | | 6 | 0,78 |
| 13 | 168,81 | 170,10 | 171,40 | 172,70 | 174,00 | 175,30 | 176,60 | 177,89 | 179,19 | 180,49 | 7 | 0,91 |
| 14 | 181,79 | 183,09 | 184,39 | 185,69 | 186,98 | 188,28 | 189,58 | 190,88 | 192,18 | 193,48 | 8 | 1,04 |
| 15 | 194,78 | 196,07 | 197,37 | 198,67 | 199,97 | 201,27 | 202,57 | 203,86 | 205,16 | 206,46 | 9 | 1,17 |
| 16 | 207,76 | 209,06 | 210,36 | 211,66 | 212,95 | 214,25 | 215,55 | 216,85 | 218,15 | 219,45 | | |
| 17 | 220,75 | 222,04 | 223,34 | 224,64 | 225,94 | 227,24 | 228,54 | 229,83 | 231,13 | 232,43 | | |
| 18 | 233,73 | 235,03 | 236,33 | 237,63 | 238,92 | 240,22 | 241,52 | 242,82 | 244,12 | 245,42 | | |
| 19 | 246,72 | 248,01 | 249,31 | 250,61 | 251,91 | 253,21 | 254,51 | 255,80 | 257,10 | 258,40 | | |
| 20 | 259,70 | 261,00 | 262,30 | 263,60 | 264,89 | 266,19 | 267,49 | 268,79 | 270,09 | 271,39 | | |
| 21 | 272,69 | 273,98 | 275,28 | 276,58 | 277,88 | 279,18 | 280,48 | 281,77 | 283,07 | 284,37 | | |
| 22 | 285,67 | 286,97 | 288,27 | 289,57 | 290,86 | 292,16 | 293,46 | 294,76 | 296,06 | 297,36 | | |
| 23 | 298,66 | 299,95 | 301,25 | 302,55 | 303,85 | 305,15 | 306,45 | 307,74 | 309,04 | 310,34 | | |
| 24 | 311,64 | 312,94 | 314,24 | 315,54 | 316,83 | 318,13 | 319,43 | 320,73 | 322,03 | 323,33 | | |

## 614,50 = 13,007.

| | 00 | 10 | 20 | 30 | 40 | 50 | 60 | 70 | 80 | 90 |
|---|---|---|---|---|---|---|---|---|---|---|
| 0 | | 1,30 | 2,60 | 3,90 | 5,20 | 6,50 | 7,80 | 9,10 | 10,41 | 11,71 |
| 1 | 13,01 | 14,31 | 15,61 | 16,91 | 18,21 | 19,51 | 20,81 | 22,11 | 23,41 | 24,71 |
| 2 | 26,01 | 27,31 | 28,62 | 29,92 | 31,22 | 32,52 | 33,82 | 35,12 | 36,42 | 37,72 |
| 3 | 39,02 | 40,32 | 41,62 | 42,92 | 44,22 | 45,52 | 46,83 | 48,13 | 49,43 | 50,73 |
| 4 | 52,03 | 53,33 | 54,63 | 55,93 | 57,23 | 58,53 | 59,83 | 61,13 | 62,43 | 63,73 |
| 5 | 65,04 | 66,34 | 67,64 | 68,94 | 70,24 | 71,54 | 72,84 | 74,14 | 75,44 | 76,74 |
| 6 | 78,04 | 79,34 | 80,64 | 81,94 | 83,24 | 84,55 | 85,85 | 87,15 | 88,45 | 89,75 |
| 7 | 91,05 | 92,35 | 93,65 | 94,95 | 96,25 | 97,55 | 98,85 | 100,15 | 101,45 | 102,76 |
| 8 | 104,06 | 105,36 | 106,66 | 107,96 | 109,26 | 110,56 | 111,86 | 113,16 | 114,46 | 115,76 |
| 9 | 117,06 | 118,36 | 119,66 | 120,97 | 122,27 | 123,57 | 124,87 | 126,17 | 127,47 | 128,77 |
| 10 | 130,07 | 131,37 | 132,67 | 133,97 | 135,27 | 136,57 | 137,87 | 139,17 | 140,48 | 141,78 |
| 11 | 143,08 | 144,38 | 145,68 | 146,98 | 148,28 | 149,58 | 150,88 | 152,18 | 153,48 | 154,78 |
| 12 | 156,08 | 157,38 | 158,69 | 159,99 | 161,29 | 162,59 | 163,89 | 165,19 | 166,49 | 167,79 |
| 13 | 169,09 | 170,39 | 171,69 | 172,99 | 174,29 | 175,59 | 176,90 | 178,20 | 179,50 | 180,80 |
| 14 | 182,10 | 183,40 | 184,70 | 186,00 | 187,30 | 188,60 | 189,90 | 191,20 | 192,50 | 193,80 |
| 15 | 195,11 | 196,41 | 197,71 | 199,01 | 200,31 | 201,61 | 202,91 | 204,21 | 205,51 | 206,81 |
| 16 | 208,11 | 209,41 | 210,71 | 212,01 | 213,31 | 214,62 | 215,92 | 217,22 | 218,52 | 219,82 |
| 17 | 221,12 | 222,42 | 223,72 | 225,02 | 226,32 | 227,62 | 228,92 | 230,22 | 231,52 | 232,83 |
| 18 | 234,13 | 235,43 | 236,73 | 238,03 | 239,33 | 240,63 | 241,93 | 243,23 | 244,53 | 245,83 |
| 19 | 247,13 | 248,43 | 249,73 | 251,04 | 252,34 | 253,64 | 254,94 | 256,24 | 257,54 | 258,84 |
| 20 | 260,14 | 261,44 | 262,74 | 264,04 | 265,34 | 266,64 | 267,94 | 269,24 | 270,55 | 271,85 |
| 21 | 273,15 | 274,45 | 275,75 | 277,05 | 278,35 | 279,65 | 280,95 | 282,25 | 283,55 | 284,85 |
| 22 | 286,15 | 287,45 | 288,76 | 290,06 | 291,36 | 292,66 | 293,96 | 295,26 | 296,56 | 297,86 |
| 23 | 299,16 | 300,46 | 301,76 | 303,06 | 304,36 | 305,66 | 306,97 | 308,27 | 309,57 | 310,87 |
| 24 | 312,17 | 313,47 | 314,77 | 316,07 | 317,37 | 318,67 | 319,97 | 321,27 | 322,57 | 323,87 |

| dif. | |
|---|---|
| 130 | |
| 1 | 0,13 |
| 2 | 0,26 |
| 3 | 0,39 |
| 4 | 0,52 |
| 5 | 0,65 |
| 6 | 0,78 |
| 7 | 0,91 |
| 8 | 1,04 |
| 9 | 1,17 |
| 131 | |
| 1 | 0,13 |
| 2 | 0,26 |
| 3 | 0,39 |
| 4 | 0,52 |
| 5 | 0,66 |
| 6 | 0,79 |
| 7 | 0,92 |
| 8 | 1,05 |
| 9 | 1,18 |

## 613,50 = 13,027.

| | 00 | 10 | 20 | 30 | 40 | 50 | 60 | 70 | 80 | 90 |
|---|---|---|---|---|---|---|---|---|---|---|
| 0 | | 1,30 | 2,61 | 3,91 | 5,21 | 6,51 | 7,82 | 9,12 | 10,42 | 11,72 |
| 1 | 13,03 | 14,33 | 15,63 | 16,94 | 18,24 | 19,54 | 20,84 | 22,15 | 23,45 | 24,75 |
| 2 | 26,05 | 27,36 | 28,66 | 29,96 | 31,26 | 32,57 | 33,87 | 35,17 | 36,48 | 37,78 |
| 3 | 39,08 | 40,38 | 41,69 | 42,99 | 44,29 | 45,59 | 46,90 | 48,20 | 49,50 | 50,81 |
| 4 | 52,11 | 53,41 | 54,71 | 56,02 | 57,32 | 58,62 | 59,92 | 61,23 | 62,53 | 63,83 |
| 5 | 65,14 | 66,44 | 67,74 | 69,04 | 70,35 | 71,65 | 72,95 | 74,25 | 75,56 | 76,86 |
| 6 | 78,16 | 79,46 | 80,77 | 82,07 | 83,37 | 84,68 | 85,98 | 87,28 | 88,58 | 89,89 |
| 7 | 91,19 | 92,49 | 93,79 | 95,10 | 96,40 | 97,70 | 99,01 | 100,31 | 101,61 | 102,91 |
| 8 | 104,22 | 105,52 | 106,82 | 108,12 | 109,43 | 110,73 | 112,03 | 113,33 | 114,64 | 115,94 |
| 9 | 117,24 | 118,55 | 119,85 | 121,15 | 122,45 | 123,76 | 125,06 | 126,36 | 127,66 | 128,97 |
| 10 | 130,27 | 131,57 | 132,88 | 134,18 | 135,48 | 136,78 | 138,09 | 139,39 | 140,69 | 141,99 |
| 11 | 143,30 | 144,60 | 145,90 | 147,21 | 148,51 | 149,81 | 151,11 | 152,42 | 153,72 | 155,02 |
| 12 | 156,32 | 157,63 | 158,93 | 160,23 | 161,53 | 162,84 | 164,14 | 165,44 | 166,75 | 168,05 |
| 13 | 169,35 | 170,65 | 171,96 | 173,26 | 174,56 | 175,86 | 177,17 | 178,47 | 179,77 | 181,08 |
| 14 | 182,38 | 183,68 | 184,98 | 186,29 | 187,59 | 188,89 | 190,19 | 191,50 | 192,80 | 194,10 |
| 15 | 195,41 | 196,71 | 198,01 | 199,31 | 200,62 | 201,92 | 203,22 | 204,52 | 205,83 | 207,13 |
| 16 | 208,43 | 209,73 | 211,04 | 212,34 | 213,64 | 214,95 | 216,25 | 217,55 | 218,85 | 220,16 |
| 17 | 221,46 | 222,76 | 224,06 | 225,37 | 226,67 | 227,97 | 229,28 | 230,58 | 231,88 | 233,18 |
| 18 | 234,49 | 235,79 | 237,09 | 238,39 | 239,70 | 241,00 | 242,30 | 243,60 | 244,91 | 246,21 |
| 19 | 247,51 | 248,82 | 250,12 | 251,42 | 252,72 | 254,03 | 255,33 | 256,63 | 257,93 | 259,24 |
| 20 | 260,54 | 261,84 | 263,15 | 264,45 | 265,75 | 267,05 | 268,36 | 269,66 | 270,96 | 272,26 |
| 21 | 273,57 | 274,87 | 276,17 | 277,48 | 278,78 | 280,08 | 281,38 | 282,69 | 283,99 | 285,29 |
| 22 | 286,59 | 287,90 | 289,20 | 290,50 | 291,80 | 293,11 | 294,41 | 295,71 | 297,02 | 298,32 |
| 23 | 299,62 | 300,92 | 302,23 | 303,53 | 304,83 | 306,13 | 307,44 | 308,74 | 310,04 | 311,35 |
| 24 | 312,65 | 313,95 | 315,25 | 316,56 | 317,86 | 319,16 | 320,46 | 321,77 | 323,07 | 324,37 |

| dif. | 130 | 131 |
|---|---|---|
| 1 | 0,13 | 0,13 |
| 2 | 0,26 | 0,26 |
| 3 | 0,39 | 0,39 |
| 4 | 0,52 | 0,52 |
| 5 | 0,65 | 0,66 |
| 6 | 0,78 | 0,79 |
| 7 | 0,91 | 0,92 |
| 8 | 1,04 | 1,05 |
| 9 | 1,17 | 1,18 |

## 612,50 = 13,049.

| | 00 | 10 | 20 | 30 | 40 | 50 | 60 | 70 | 80 | 90 |
|---|---|---|---|---|---|---|---|---|---|---|
| 0 | | 1,30 | 2,61 | 3,91 | 5,22 | 6,52 | 7,83 | 9,13 | 10,44 | 11,74 |
| 1 | 13,05 | 14,35 | 15,66 | 16,96 | 18,27 | 19,57 | 20,88 | 22,18 | 23,49 | 24,79 |
| 2 | 26,10 | 27,40 | 28,71 | 30,01 | 31,32 | 32,62 | 33,93 | 35,23 | 36,54 | 37,84 |
| 3 | 39,15 | 40,45 | 41,76 | 43,06 | 44,37 | 45,67 | 46,98 | 48,28 | 49,59 | 50,89 |
| 4 | 52,20 | 53,50 | 54,81 | 56,11 | 57,42 | 58,72 | 60,03 | 61,33 | 62,64 | 63,94 |
| 5 | 65,25 | 66,55 | 67,85 | 69,16 | 70,46 | 71,77 | 73,07 | 74,38 | 75,68 | 76,99 |
| 6 | 78,29 | 79,60 | 80,90 | 82,21 | 83,51 | 84,82 | 86,12 | 87,43 | 88,73 | 90,04 |
| 7 | 91,34 | 92,65 | 93,95 | 95,26 | 96,56 | 97,87 | 99,17 | 100,48 | 101,78 | 103,09 |
| 8 | 104,39 | 105,70 | 107,00 | 108,31 | 109,61 | 110,92 | 112,22 | 113,53 | 114,83 | 116,14 |
| 9 | 117,44 | 118,75 | 120,05 | 121,36 | 122,66 | 123,97 | 125,27 | 126,58 | 127,88 | 129,19 |
| 10 | 130,49 | 131,79 | 133,10 | 134,40 | 135,71 | 137,01 | 138,32 | 139,62 | 140,93 | 142,23 |
| 11 | 143,54 | 144,84 | 146,15 | 147,45 | 148,76 | 150,06 | 151,37 | 152,67 | 153,98 | 155,28 |
| 12 | 156,59 | 157,89 | 159,20 | 160,50 | 161,81 | 163,11 | 164,42 | 165,72 | 167,03 | 168,33 |
| 13 | 169,64 | 170,94 | 172,25 | 173,55 | 174,86 | 176,16 | 177,47 | 178,77 | 180,08 | 181,38 |
| 14 | 182,69 | 183,99 | 185,30 | 186,60 | 187,91 | 189,21 | 190,52 | 191,82 | 193,13 | 194,43 |
| 15 | 195,74 | 197,04 | 198,34 | 199,65 | 200,95 | 202,26 | 203,56 | 204,87 | 206,17 | 207,48 |
| 16 | 208,78 | 210,09 | 211,39 | 212,70 | 214,00 | 215,31 | 216,61 | 217,92 | 219,22 | 220,53 |
| 17 | 221,83 | 223,14 | 224,44 | 225,75 | 227,05 | 228,36 | 229,66 | 230,97 | 232,27 | 233,58 |
| 18 | 234,88 | 236,19 | 237,49 | 238,80 | 240,10 | 241,41 | 242,71 | 244,02 | 245,32 | 246,63 |
| 19 | 247,93 | 249,24 | 250,54 | 251,85 | 253,15 | 254,46 | 255,76 | 257,07 | 258,37 | 259,68 |
| 20 | 260,98 | 262,28 | 263,59 | 264,89 | 266,20 | 267,50 | 268,81 | 270,11 | 271,42 | 272,72 |
| 21 | 274,03 | 275,33 | 276,64 | 277,94 | 279,25 | 280,55 | 281,86 | 283,16 | 284,47 | 285,77 |
| 22 | 287,08 | 288,38 | 289,69 | 290,99 | 292,30 | 293,60 | 294,91 | 296,21 | 297,52 | 298,82 |
| 23 | 300,13 | 301,43 | 302,74 | 304,04 | 305,35 | 306,65 | 307,96 | 309,26 | 310,57 | 311,87 |
| 24 | 313,18 | 314,48 | 315,79 | 317,09 | 318,40 | 319,70 | 321,01 | 322,31 | 323,62 | 324,92 |

dif.

| 130 | |
|---|---|
| 1 | 0,13 |
| 2 | 0,26 |
| 3 | 0,39 |
| 4 | 0,52 |
| 5 | 0,65 |
| 6 | 0,78 |
| 7 | 0,91 |
| 8 | 1,04 |
| 9 | 1,17 |

| 131 | |
|---|---|
| 1 | 0,13 |
| 2 | 0,26 |
| 3 | 0,39 |
| 4 | 0,52 |
| 5 | 0,66 |
| 6 | 0,79 |
| 7 | 0,92 |
| 8 | 1,05 |
| 9 | 1,18 |

## 611,50 = 13,070.

| | 00 | 10 | 20 | 30 | 40 | 50 | 60 | 70 | 80 | 90 |
|---|---|---|---|---|---|---|---|---|---|---|
| 0 | | 1,31 | 2,61 | 3,92 | 5,23 | 6,54 | 7,84 | 9,15 | 10,46 | 11,76 |
| 1 | 13,07 | 14,38 | 15,68 | 16,99 | 18,30 | 19,61 | 20,91 | 22,22 | 23,53 | 24,83 |
| 2 | 26,14 | 27,45 | 28,75 | 30,06 | 31,37 | 32,68 | 33,98 | 35,29 | 36,60 | 37,90 |
| 3 | 39,21 | 40,52 | 41,82 | 43,13 | 44,44 | 45,75 | 47,05 | 48,36 | 49,67 | 50,97 |
| 4 | 52,28 | 53,59 | 54,89 | 56,20 | 57,51 | 58,82 | 60,12 | 61,43 | 62,74 | 64,04 |
| 5 | 65,35 | 66,66 | 67,96 | 69,27 | 70,58 | 71,89 | 73,19 | 74,50 | 75,81 | 77,11 |
| 6 | 78,42 | 79,73 | 81,03 | 82,34 | 83,65 | 84,96 | 86,26 | 87,57 | 88,88 | 90,18 |
| 7 | 91,49 | 92,80 | 94,10 | 95,41 | 96,72 | 98,03 | 99,33 | 100,64 | 101,95 | 103,25 |
| 8 | 104,56 | 105,87 | 107,17 | 108,48 | 109,79 | 111,10 | 112,40 | 113,71 | 115,02 | 116,32 |
| 9 | 117,63 | 118,94 | 120,24 | 121,55 | 122,86 | 124,17 | 125,47 | 126,78 | 128,09 | 129,39 |
| 10 | 130,70 | 132,01 | 133,31 | 134,62 | 135,93 | 137,24 | 138,54 | 139,85 | 141,16 | 142,46 |
| 11 | 143,77 | 145,08 | 146,38 | 147,69 | 149,00 | 150,31 | 151,61 | 152,92 | 154,23 | 155,53 |
| 12 | 156,84 | 158,15 | 159,45 | 160,76 | 162,07 | 163,38 | 164,68 | 165,99 | 167,30 | 168,60 |
| 13 | 169,91 | 171,22 | 172,52 | 173,83 | 175,14 | 176,45 | 177,55 | 179,06 | 180,37 | 181,67 |
| 14 | 182,98 | 184,29 | 185,59 | 186,90 | 188,21 | 189,52 | 190,82 | 192,13 | 193,44 | 194,74 |
| 15 | 196,05 | 197,36 | 198,66 | 199,97 | 201,28 | 202,59 | 203,89 | 205,20 | 206,51 | 207,81 |
| 16 | 209,12 | 210,43 | 211,73 | 213,04 | 214,35 | 215,66 | 216,96 | 218,27 | 219,58 | 220,88 |
| 17 | 222,19 | 223,50 | 224,80 | 226,11 | 227,42 | 228,73 | 230,03 | 231,34 | 232,65 | 233,95 |
| 18 | 235,26 | 236,57 | 237,87 | 239,18 | 240,49 | 241,80 | 243,10 | 244,41 | 245,72 | 247,02 |
| 19 | 248,33 | 249,64 | 250,94 | 252,25 | 253,56 | 254,87 | 256,17 | 257,48 | 258,79 | 260,09 |
| 20 | 261,40 | 262,71 | 264,01 | 265,32 | 266,63 | 267,94 | 269,24 | 270,55 | 271,86 | 273,16 |
| 21 | 274,47 | 275,78 | 277,08 | 278,39 | 279,70 | 281,01 | 282,31 | 283,62 | 284,93 | 286,23 |
| 22 | 287,54 | 288,85 | 290,15 | 291,46 | 292,77 | 294,08 | 295,38 | 296,69 | 298,00 | 299,30 |
| 23 | 300,61 | 301,92 | 303,22 | 304,53 | 305,84 | 307,15 | 308,45 | 309,76 | 311,07 | 312,37 |
| 24 | 313,68 | 314,99 | 316,29 | 317,60 | 318,91 | 320,22 | 321,52 | 322,83 | 324,14 | 325,44 |

| dif. | |
|---|---|
| 130 | |
| 1 | 0,13 |
| 2 | 0,26 |
| 3 | 0,39 |
| 4 | 0,52 |
| 5 | 0,65 |
| 6 | 0,78 |
| 7 | 0,91 |
| 8 | 1,04 |
| 9 | 1,17 |
| 131 | |
| 1 | 0,13 |
| 2 | 0,26 |
| 3 | 0,39 |
| 4 | 0,52 |
| 5 | 0,66 |
| 6 | 0,79 |
| 7 | 0,92 |
| 8 | 1,05 |
| 9 | 1,18 |

## 610,50 = 13,092.

| | 00 | 10 | 20 | 30 | 40 | 50 | 60 | 70 | 80 | 90 |
|---|---|---|---|---|---|---|---|---|---|---|
| 0 | | 1,31 | 2,62 | 3,93 | 5,24 | 6,55 | 7,86 | 9,16 | 10,47 | 11,78 |
| 1 | 13,09 | 14,40 | 15,71 | 17,02 | 18,33 | 19,64 | 20,95 | 22,26 | 23,57 | 24,87 |
| 2 | 26,18 | 27,49 | 28,80 | 30,11 | 31,42 | 32,73 | 34,04 | 35,35 | 36,66 | 37,97 |
| 3 | 39,28 | 40,59 | 41,89 | 43,20 | 44,51 | 45,82 | 47,13 | 48,44 | 49,75 | 51,06 |
| 4 | 52,37 | 53,68 | 54,99 | 56,30 | 57,60 | 58,91 | 60,22 | 61,53 | 62,84 | 64,15 |
| 5 | 65,46 | 66,77 | 68,08 | 69,39 | 70,70 | 72,01 | 73,32 | 74,62 | 75,93 | 77,24 |
| 6 | 78,55 | 79,86 | 81,17 | 82,48 | 83,79 | 85,10 | 86,41 | 87,72 | 89,03 | 90,33 |
| 7 | 91,64 | 92,95 | 94,26 | 95,57 | 96,88 | 98,19 | 99,50 | 100,81 | 102,12 | 103,43 |
| 8 | 104,74 | 106,05 | 107,35 | 108,66 | 109,97 | 111,28 | 112,59 | 113,90 | 115,21 | 116,52 |
| 9 | 117,83 | 119,14 | 120,45 | 121,76 | 123,06 | 124,37 | 125,68 | 126,99 | 128,30 | 129,61 |
| 10 | 130,92 | 132,23 | 133,54 | 134,85 | 136,16 | 137,47 | 138,78 | 140,08 | 141,39 | 142,70 |
| 11 | 144,01 | 145,32 | 146,63 | 147,94 | 149,25 | 150,56 | 151,87 | 153,18 | 154,49 | 155,79 |
| 12 | 157,10 | 158,41 | 159,72 | 161,03 | 162,34 | 163,65 | 164,96 | 166,27 | 167,58 | 168,89 |
| 13 | 170,20 | 171,51 | 172,81 | 174,12 | 175,43 | 176,74 | 178,05 | 179,36 | 180,67 | 181,98 |
| 14 | 183,29 | 184,60 | 185,91 | 187,22 | 188,52 | 189,83 | 191,14 | 192,45 | 193,76 | 195,07 |
| 15 | 196,38 | 197,69 | 199,00 | 200,31 | 201,62 | 202,93 | 204,24 | 205,54 | 206,85 | 208,16 |
| 16 | 209,47 | 210,78 | 212,09 | 213,40 | 214,71 | 216,02 | 217,33 | 218,64 | 219,95 | 221,25 |
| 17 | 222,56 | 223,87 | 225,18 | 226,49 | 227,80 | 229,11 | 230,42 | 231,73 | 233,04 | 234,35 |
| 18 | 235,66 | 236,97 | 238,27 | 239,58 | 240,89 | 242,20 | 243,51 | 244,82 | 246,13 | 247,44 |
| 19 | 248,75 | 250,06 | 251,37 | 252,68 | 253,98 | 255,29 | 256,60 | 257,91 | 259,22 | 260,53 |
| 20 | 261,84 | 263,15 | 264,46 | 265,77 | 267,08 | 268,39 | 269,70 | 271,00 | 272,31 | 273,62 |
| 21 | 274,93 | 276,24 | 277,55 | 278,86 | 280,17 | 281,48 | 282,79 | 284,10 | 285,41 | 286,71 |
| 22 | 288,02 | 289,33 | 290,64 | 291,95 | 293,26 | 294,57 | 295,88 | 297,19 | 298,50 | 299,81 |
| 23 | 301,12 | 302,43 | 303,73 | 305,04 | 306,35 | 307,66 | 308,97 | 310,28 | 311,59 | 312,90 |
| 24 | 314,21 | 315,52 | 316,83 | 318,14 | 319,44 | 320,75 | 322,06 | 323,37 | 324,68 | 325,99 |

dif.

| 130 | |
|---|---|
| 1 | 0,13 |
| 2 | 0,26 |
| 3 | 0,39 |
| 4 | 0,52 |
| 5 | 0,65 |
| 6 | 0,78 |
| 7 | 0,91 |
| 8 | 1,04 |
| 9 | 1,17 |

| 131 | |
|---|---|
| 1 | 0,13 |
| 2 | 0,26 |
| 3 | 0,39 |
| 4 | 0,52 |
| 5 | 0,66 |
| 6 | 0,79 |
| 7 | 0,92 |
| 8 | 1,05 |
| 9 | 1,18 |

## 609,50 = 13,114.

| | 00 | 10 | 20 | 30 | 40 | 50 | 60 | 70 | 80 | 90 |
|---|---|---|---|---|---|---|---|---|---|---|
| 0 | | 1,31 | 2,62 | 3,93 | 5,25 | 6,56 | 7,87 | 9,18 | 10,49 | 11,80 |
| 1 | 13,11 | 14,43 | 15,74 | 17,05 | 18,36 | 19,67 | 20,98 | 22,29 | 23,61 | 24,92 |
| 2 | 26,23 | 27,54 | 28,85 | 30,16 | 31,47 | 32,79 | 34,10 | 35,41 | 36,72 | 38,03 |
| 3 | 39,34 | 40,65 | 41,96 | 43,28 | 44,59 | 45,90 | 47,21 | 48,52 | 49,83 | 51,14 |
| 4 | 52,46 | 53,77 | 55,08 | 56,39 | 57,70 | 59,01 | 60,32 | 61,64 | 62,95 | 64,26 |
| 5 | 65,57 | 66,88 | 68,19 | 69,50 | 70,82 | 72,13 | 73,44 | 74,75 | 76,06 | 77,37 |
| 6 | 78,68 | 80,00 | 81,31 | 82,62 | 83,93 | 85,24 | 86,55 | 87,86 | 89,18 | 90,49 |
| 7 | 91,80 | 93,11 | 94,42 | 95,73 | 97,04 | 98,36 | 99,67 | 100,98 | 102,29 | 103,60 |
| 8 | 104,91 | 106,22 | 107,53 | 108,85 | 110,16 | 111,47 | 112,78 | 114,09 | 115,40 | 116,71 |
| 9 | 118,03 | 119,34 | 120,65 | 121,96 | 123,27 | 124,58 | 125,89 | 127,21 | 128,52 | 129,83 |
| 10 | 131,14 | 132,45 | 133,76 | 135,07 | 136,39 | 137,70 | 139,01 | 140,32 | 141,63 | 142,94 |
| 11 | 144,25 | 145,57 | 146,88 | 148,19 | 149,50 | 150,81 | 152,12 | 153,43 | 154,75 | 156,06 |
| 12 | 157,37 | 158,68 | 159,99 | 161,30 | 162,61 | 163,93 | 165,24 | 166,55 | 167,86 | 169,17 |
| 13 | 170,48 | 171,79 | 173,10 | 174,42 | 175,73 | 177,04 | 178,35 | 179,66 | 180,97 | 182,28 |
| 14 | 183,60 | 184,91 | 186,22 | 187,53 | 188,84 | 190,15 | 191,46 | 192,78 | 194,09 | 195,40 |
| 15 | 196,71 | 198,02 | 199,33 | 200,64 | 201,96 | 203,27 | 204,58 | 205,89 | 207,20 | 208,51 |
| 16 | 209,82 | 211,14 | 212,45 | 213,76 | 215,07 | 216,38 | 217,69 | 219,00 | 220,32 | 221,63 |
| 17 | 222,94 | 224,25 | 225,56 | 226,87 | 228,18 | 229,50 | 230,81 | 232,12 | 233,43 | 234,74 |
| 18 | 236,05 | 237,36 | 238,67 | 239,99 | 241,30 | 242,61 | 243,92 | 245,23 | 246,54 | 247,85 |
| 19 | 249,17 | 250,48 | 251,79 | 253,10 | 254,41 | 255,72 | 257,03 | 258,35 | 259,66 | 260,97 |
| 20 | 262,28 | 263,59 | 264,90 | 266,21 | 267,53 | 268,84 | 270,15 | 271,46 | 272,77 | 274,08 |
| 21 | 275,39 | 276,71 | 278,02 | 279,33 | 280,64 | 281,95 | 283,26 | 284,57 | 285,89 | 287,20 |
| 22 | 288,51 | 289,82 | 291,13 | 292,44 | 293,75 | 295,07 | 296,38 | 297,69 | 299,00 | 300,31 |
| 23 | 301,62 | 302,93 | 304,24 | 305,56 | 306,87 | 308,18 | 309,49 | 310,80 | 312,11 | 313,42 |
| 24 | 314,74 | 316,05 | 317,36 | 318,67 | 319,98 | 321,29 | 322,60 | 323,92 | 325,23 | 326,54 |

dif.

| | 131 |
|---|---|
| 1 | 0,13 |
| 2 | 0,26 |
| 3 | 0,39 |
| 4 | 0,52 |
| 5 | 0,66 |
| 6 | 0,79 |
| 7 | 0,92 |
| 8 | 1,05 |
| 9 | 1,18 |

| | 132 |
|---|---|
| 1 | 0,13 |
| 2 | 0,26 |
| 3 | 0,40 |
| 4 | 0,53 |
| 5 | 0,66 |
| 6 | 0,79 |
| 7 | 0,92 |
| 8 | 1,06 |
| 9 | 1,19 |

## 608,50 = 13,134.

| | 00 | 10 | 20 | 30 | 40 | 50 | 60 | 70 | 80 | 90 |
|---|---|---|---|---|---|---|---|---|---|---|
| 0 | | 1,31 | 2,63 | 3,94 | 5,25 | 6,57 | 7,88 | 9,19 | 10,51 | 11,82 |
| 1 | 13,13 | 14,45 | 15,76 | 17,07 | 18,39 | 19,70 | 21,01 | 22,33 | 23,64 | 24,95 |
| 2 | 26,27 | 27,58 | 28,89 | 30,21 | 31,52 | 32,84 | 34,15 | 35,46 | 36,78 | 38,09 |
| 3 | 39,40 | 40,72 | 42,03 | 43,34 | 44,66 | 45,97 | 47,28 | 48,60 | 49,91 | 51,22 |
| 4 | 52,54 | 53,85 | 55,16 | 56,48 | 57,79 | 59,10 | 60,42 | 61,73 | 63,04 | 64,36 |
| 5 | 65,67 | 66,98 | 68,30 | 69,61 | 70,92 | 72,24 | 73,55 | 74,86 | 76,18 | 77,49 |
| 6 | 78,80 | 80,12 | 81,43 | 82,74 | 84,06 | 85,37 | 86,68 | 88,00 | 89,31 | 90,62 |
| 7 | 91,94 | 93,25 | 94,56 | 95,88 | 97,19 | 98,51 | 99,82 | 101,13 | 102,45 | 103,76 |
| 8 | 105,07 | 106,39 | 107,70 | 109,01 | 110,33 | 111,64 | 112,95 | 114,27 | 115,58 | 116,89 |
| 9 | 118,21 | 119,52 | 120,83 | 122,15 | 123,46 | 124,77 | 126,09 | 127,40 | 128,71 | 130,03 |
| 10 | 131,34 | 132,65 | 133,97 | 135,28 | 136,59 | 137,91 | 139,22 | 140,53 | 141,85 | 143,16 |
| 11 | 144,47 | 145,79 | 147,10 | 148,41 | 149,73 | 151,04 | 152,35 | 153,67 | 154,98 | 156,29 |
| 12 | 157,61 | 158,92 | 160,23 | 161,55 | 162,86 | 164,18 | 165,49 | 166,80 | 168,12 | 169,43 |
| 13 | 170,74 | 172,06 | 173,37 | 174,68 | 176,00 | 177,31 | 178,62 | 179,94 | 181,25 | 182,56 |
| 14 | 183,88 | 185,19 | 186,50 | 187,82 | 189,13 | 190,44 | 191,76 | 193,07 | 194,38 | 195,70 |
| 15 | 197,01 | 198,32 | 199,64 | 200,95 | 202,26 | 203,58 | 204,89 | 206,20 | 207,52 | 208,83 |
| 16 | 210,14 | 211,46 | 212,77 | 214,08 | 215,40 | 216,71 | 218,02 | 219,34 | 220,65 | 221,96 |
| 17 | 223,28 | 224,59 | 225,90 | 227,22 | 228,53 | 229,85 | 231,16 | 232,47 | 233,79 | 235,10 |
| 18 | 236,41 | 237,73 | 239,04 | 240,35 | 241,67 | 242,98 | 244,29 | 245,61 | 246,92 | 248,23 |
| 19 | 249,55 | 250,86 | 252,17 | 253,49 | 254,80 | 256,11 | 257,43 | 258,74 | 260,05 | 261,37 |
| 20 | 262,68 | 263,99 | 265,31 | 266,62 | 267,93 | 269,25 | 270,56 | 271,87 | 273,19 | 274,50 |
| 21 | 275,81 | 277,13 | 278,44 | 279,75 | 281,07 | 282,38 | 283,69 | 285,01 | 286,32 | 287,63 |
| 22 | 288,95 | 290,26 | 291,57 | 292,89 | 294,20 | 295,52 | 296,83 | 298,14 | 299,46 | 300,77 |
| 23 | 302,08 | 303,40 | 304,71 | 306,02 | 307,34 | 308,65 | 309,96 | 311,28 | 312,59 | 313,90 |
| 24 | 315,22 | 316,53 | 317,84 | 319,16 | 320,47 | 321,78 | 323,10 | 324,41 | 325,72 | 327,04 |

dif.

| 131 | |
|---|---|
| 1 | 0,13 |
| 2 | 0,26 |
| 3 | 0,39 |
| 4 | 0,52 |
| 5 | 0,66 |
| 6 | 0,79 |
| 7 | 0,92 |
| 8 | 1,05 |
| 9 | 1,18 |

| 132 | |
|---|---|
| 1 | 0,13 |
| 2 | 0,26 |
| 3 | 0,40 |
| 4 | 0,53 |
| 5 | 0,66 |
| 6 | 0,79 |
| 7 | 0,92 |
| 8 | 1,06 |
| 9 | 1,19 |

## 607,50 = 13,156.

| | 00 | 10 | 20 | 30 | 40 | 50 | 60 | 70 | 80 | 90 |
|---|---|---|---|---|---|---|---|---|---|---|
| 0 | | 1,32 | 2,63 | 3,95 | 5,26 | 6,58 | 7,89 | 9,21 | 10,52 | 11,84 |
| 1 | 13,16 | 14,47 | 15,79 | 17,10 | 18,42 | 19,73 | 21,05 | 22,37 | 23,68 | 25,00 |
| 2 | 26,31 | 27,63 | 28,94 | 30,26 | 31,57 | 32,89 | 34,21 | 35,52 | 36,84 | 38,15 |
| 3 | 39,47 | 40,78 | 42,10 | 43,41 | 44,73 | 46,05 | 47,36 | 48,68 | 49,99 | 51,31 |
| 4 | 52,62 | 53,94 | 55,26 | 56,57 | 57,89 | 59,20 | 60,52 | 61,83 | 63,15 | 64,46 |
| 5 | 65,78 | 67,10 | 68,41 | 69,73 | 71,04 | 72,36 | 73,67 | 74,99 | 76,30 | 77,62 |
| 6 | 78,94 | 80,25 | 81,57 | 82,88 | 84,20 | 85,51 | 86,83 | 88,15 | 89,46 | 90,78 |
| 7 | 92,09 | 93,41 | 94,72 | 96,04 | 97,35 | 98,67 | 99,99 | 101,30 | 102,62 | 103,93 |
| 8 | 105,25 | 106,56 | 107,88 | 109,19 | 110,51 | 111,83 | 113,14 | 114,46 | 115,77 | 117,09 |
| 9 | 118,40 | 119,72 | 121,04 | 122,35 | 123,67 | 124,98 | 126,30 | 127,61 | 128,93 | 130,24 |
| 10 | 131,56 | 132,88 | 134,19 | 135,51 | 136,82 | 138,14 | 139,45 | 140,77 | 142,08 | 143,40 |
| 11 | 144,72 | 146,03 | 147,35 | 148,66 | 149,98 | 151,29 | 152,61 | 153,93 | 155,24 | 156,56 |
| 12 | 157,87 | 159,19 | 160,50 | 161,82 | 163,13 | 164,45 | 165,77 | 167,08 | 168,40 | 169,71 |
| 13 | 171,03 | 172,34 | 173,66 | 174,97 | 176,29 | 177,61 | 178,92 | 180,24 | 181,55 | 182,87 |
| 14 | 184,18 | 185,50 | 186,82 | 188,13 | 189,45 | 190,76 | 192,08 | 193,39 | 194,71 | 196,02 |
| 15 | 197,34 | 198,66 | 199,97 | 201,29 | 202,60 | 203,92 | 205,23 | 206,55 | 207,86 | 209,18 |
| 16 | 210,50 | 211,81 | 213,13 | 214,44 | 215,76 | 217,07 | 218,39 | 219,71 | 221,02 | 222,34 |
| 17 | 223,65 | 224,97 | 226,28 | 227,60 | 228,91 | 230,23 | 231,55 | 232,86 | 234,18 | 235,49 |
| 18 | 236,81 | 238,12 | 239,44 | 240,75 | 242,07 | 243,39 | 244,70 | 246,02 | 247,33 | 248,65 |
| 19 | 249,96 | 251,28 | 252,60 | 253,91 | 255,23 | 256,54 | 257,86 | 259,17 | 260,49 | 261,80 |
| 20 | 263,12 | 264,44 | 265,75 | 267,07 | 268,38 | 269,70 | 271,01 | 272,33 | 273,64 | 274,96 |
| 21 | 276,28 | 277,59 | 278,91 | 280,22 | 281,54 | 282,85 | 284,17 | 285,49 | 286,80 | 288,12 |
| 22 | 289,43 | 290,75 | 292,06 | 293,38 | 294,69 | 296,01 | 297,33 | 298,64 | 299,96 | 301,27 |
| 23 | 302,59 | 303,90 | 305,22 | 306,53 | 307,85 | 309,17 | 310,48 | 311,80 | 313,11 | 314,43 |
| 24 | 315,74 | 317,06 | 318,38 | 319,69 | 321,01 | 322,32 | 323,64 | 324,95 | 326,27 | 327,58 |

| dif. | 131 | 132 |
|---|---|---|
| 1 | 0,13 | 0,13 |
| 2 | 0,26 | 0,26 |
| 3 | 0,39 | 0,40 |
| 4 | 0,52 | 0,53 |
| 5 | 0,66 | 0,66 |
| 6 | 0,79 | 0,79 |
| 7 | 0,92 | 0,92 |
| 8 | 1,05 | 1,06 |
| 9 | 1,18 | 1,19 |

# 606,50 = 13,178.

| | 00 | 10 | 20 | 30 | 40 | 50 | 60 | 70 | 80 | 90 | dif. | |
|---|---|---|---|---|---|---|---|---|---|---|---|---|
| 0 | | 1,32 | 2,64 | 3,95 | 5,27 | 6,59 | 7,91 | 9,22 | 10,54 | 11,86 | 131 | |
| | | | | | | | | | | | 1 | 0,13 |
| 1 | 13,18 | 14,50 | 15,81 | 17,13 | 18,45 | 19,77 | 21,08 | 22,40 | 23,72 | 25,04 | 2 | 0,26 |
| 2 | 26,36 | 27,67 | 28,99 | 30,31 | 31,63 | 32,95 | 34,26 | 35,58 | 36,90 | 38,22 | 3 | 0,39 |
| 3 | 39,53 | 40,85 | 42,17 | 43,49 | 44,81 | 46,12 | 47,44 | 48,76 | 50,08 | 51,39 | 4 | 0,52 |
| | | | | | | | | | | | 5 | 0,66 |
| 4 | 52,71 | 54,03 | 55,35 | 56,67 | 57,98 | 59,30 | 60,62 | 61,94 | 63,25 | 64,57 | 6 | 0,79 |
| 5 | 65,89 | 67,21 | 68,53 | 69,84 | 71,16 | 72,48 | 73,80 | 75,11 | 76,43 | 77,75 | 7 | 0,92 |
| 6 | 79,07 | 80,39 | 81,70 | 83,02 | 84,34 | 85,66 | 86,97 | 88,29 | 89,61 | 90,93 | 8 | 1,05 |
| | | | | | | | | | | | 9 | 1,18 |
| 7 | 92,25 | 93,56 | 94,88 | 96,20 | 97,52 | 98,84 | 100,15 | 101,47 | 102,79 | 104,11 | | |
| 8 | 105,42 | 106,74 | 108,06 | 109,38 | 110,70 | 112,01 | 113,33 | 114,65 | 115,97 | 117,28 | 132 | |
| 9 | 118,60 | 119,92 | 121,24 | 122,56 | 123,87 | 125,19 | 126,51 | 127,83 | 129,14 | 130,46 | 1 | 0,13 |
| | | | | | | | | | | | 2 | 0,26 |
| 10 | 131,78 | 133,10 | 134,42 | 135,73 | 137,05 | 138,37 | 139,69 | 141,00 | 142,32 | 143,64 | 3 | 0,40 |
| 11 | 144,96 | 146,28 | 147,59 | 148,91 | 150,23 | 151,55 | 152,86 | 154,18 | 155,50 | 156,82 | 4 | 0,53 |
| 12 | 158,14 | 159,45 | 160,77 | 162,09 | 163,41 | 164,73 | 166,04 | 167,36 | 168,68 | 170,00 | 5 | 0,66 |
| | | | | | | | | | | | 6 | 0,79 |
| 13 | 171,31 | 172,63 | 173,95 | 175,27 | 176,59 | 177,90 | 179,22 | 180,54 | 181,86 | 183,17 | 7 | 0,92 |
| 14 | 184,49 | 185,81 | 187,13 | 188,45 | 189,76 | 191,08 | 192,40 | 193,72 | 195,03 | 196,35 | 8 | 1,06 |
| 15 | 197,67 | 198,99 | 200,31 | 201,62 | 202,94 | 204,26 | 205,58 | 206,89 | 208,21 | 209,53 | 9 | 1,19 |
| 16 | 210,85 | 212,17 | 213,48 | 214,80 | 216,12 | 217,44 | 218,75 | 220,07 | 221,39 | 222,71 | | |
| 17 | 224,03 | 225,34 | 226,66 | 227,98 | 229,30 | 230,62 | 231,93 | 233,25 | 234,57 | 235,89 | | |
| 18 | 237,20 | 238,52 | 239,84 | 241,16 | 242,48 | 243,79 | 245,11 | 246,43 | 247,75 | 249,06 | | |
| 19 | 250,38 | 251,70 | 253,02 | 254,34 | 255,65 | 256,97 | 258,29 | 259,61 | 260,92 | 262,24 | | |
| 20 | 263,56 | 264,88 | 266,20 | 267,51 | 268,83 | 270,15 | 271,47 | 272,78 | 274,10 | 275,42 | | |
| 21 | 276,74 | 278,06 | 279,37 | 280,69 | 282,01 | 283,33 | 284,64 | 285,96 | 287,28 | 288,60 | | |
| 22 | 289,92 | 291,23 | 292,55 | 293,87 | 295,19 | 296,51 | 297,82 | 299,14 | 300,46 | 301,78 | | |
| 23 | 303,09 | 304,41 | 305,73 | 307,05 | 308,37 | 309,68 | 311,00 | 312,32 | 313,64 | 314,95 | | |
| 24 | 316,27 | 317,59 | 318,91 | 320,23 | 321,54 | 322,86 | 324,18 | 325,50 | 326,81 | 328,13 | | |

## 605,50 = 13,200.

| | 00 | 10 | 20 | 30 | 40 | 50 | 60 | 70 | 80 | 90 | dif. |
|---|---|---|---|---|---|---|---|---|---|---|---|
| 0 | | 1,32 | 2,64 | 3,96 | 5,28 | 6,60 | 7,92 | 9,24 | 10,56 | 11,88 | 132 |
| 1 | 13,20 | 14,52 | 15,84 | 17,16 | 18,48 | 19,80 | 21,12 | 22,44 | 23,76 | 25,08 | |
| 2 | 26,40 | 27,72 | 29,04 | 30,36 | 31,68 | 33,00 | 34,32 | 35,64 | 36,96 | 38,28 | |
| 3 | 39,60 | 40,92 | 42,24 | 43,56 | 44,88 | 46,20 | 47,52 | 48,84 | 50,16 | 51,48 | |
| 4 | 52,80 | 54,12 | 55,44 | 56,76 | 58,08 | 59,40 | 60,72 | 62,04 | 63,36 | 64,68 | |
| 5 | 66,00 | 67,32 | 68,64 | 69,96 | 71,28 | 72,60 | 73,92 | 75,24 | 76,56 | 77,88 | |
| 6 | 79,20 | 80,52 | 81,84 | 83,16 | 84,48 | 85,80 | 87,12 | 88,44 | 89,76 | 91,08 | |
| 7 | 92,40 | 93,72 | 95,04 | 96,36 | 97,68 | 99,00 | 100,32 | 101,64 | 102,96 | 104,28 | |
| 8 | 105,60 | 106,92 | 108,24 | 109,56 | 110,88 | 112,20 | 113,52 | 114,84 | 116,16 | 117,48 | |
| 9 | 118,80 | 120,12 | 121,44 | 122,76 | 124,08 | 125,40 | 126,72 | 128,04 | 129,36 | 130,68 | |
| 10 | 132,00 | 133,32 | 134,64 | 135,96 | 137,28 | 138,60 | 139,92 | 141,24 | 142,56 | 143,88 | |
| 11 | 145,20 | 146,52 | 147,84 | 149,16 | 150,48 | 151,80 | 153,12 | 154,44 | 155,76 | 157,08 | |
| 12 | 158,40 | 159,72 | 161,04 | 162,36 | 163,68 | 165,00 | 166,32 | 167,64 | 168,96 | 170,28 | |
| 13 | 171,60 | 172,92 | 174,24 | 175,56 | 176,88 | 178,20 | 179,52 | 180,84 | 182,16 | 183,48 | |
| 14 | 184,80 | 186,12 | 187,44 | 188,76 | 190,08 | 191,40 | 192,72 | 194,04 | 195,36 | 196,68 | |
| 15 | 198,00 | 199,32 | 200,64 | 201,96 | 203,28 | 204,60 | 205,92 | 207,24 | 208,56 | 209,88 | |
| 16 | 211,20 | 212,52 | 213,84 | 215,16 | 216,48 | 217,80 | 219,12 | 220,44 | 221,76 | 223,08 | |
| 17 | 224,40 | 225,72 | 227,04 | 228,36 | 229,68 | 231,00 | 232,32 | 233,64 | 234,96 | 236,28 | |
| 18 | 237,60 | 238,92 | 240,24 | 241,56 | 242,88 | 244,20 | 245,52 | 246,84 | 248,16 | 249,48 | |
| 19 | 250,80 | 252,12 | 253,44 | 254,76 | 256,08 | 257,40 | 258,72 | 260,04 | 261,36 | 262,68 | |
| 20 | 264,00 | 265,32 | 266,64 | 267,96 | 269,28 | 270,60 | 271,92 | 273,24 | 274,56 | 275,88 | |
| 21 | 277,20 | 278,52 | 279,84 | 281,16 | 282,48 | 283,80 | 285,12 | 286,44 | 287,76 | 289,08 | |
| 22 | 290,40 | 291,72 | 293,04 | 294,36 | 295,68 | 297,00 | 298,32 | 299,64 | 300,96 | 302,28 | |
| 23 | 303,60 | 304,92 | 306,24 | 307,56 | 308,88 | 310,20 | 311,52 | 312,84 | 314,16 | 315,48 | |
| 24 | 316,80 | 318,12 | 319,44 | 320,76 | 322,08 | 323,40 | 324,72 | 326,04 | 327,36 | 328,68 | |

| dif. | 132 |
|---|---|
| 1 | 0,13 |
| 2 | 0,26 |
| 3 | 0,40 |
| 4 | 0,53 |
| 5 | 0,66 |
| 6 | 0,79 |
| 7 | 0,92 |
| 8 | 1,06 |
| 9 | 1,19 |

## 604,50 = 13,220.

| | 00 | 10 | 20 | 30 | 40 | 50 | 60 | 70 | 80 | 90 |
|---|---|---|---|---|---|---|---|---|---|---|
| 0 | | 1,32 | 2,64 | 3,97 | 5,29 | 6,61 | 7,93 | 9,25 | 10,58 | 11,90 |
| 1 | 13,22 | 14,54 | 15,86 | 17,19 | 18,51 | 19,83 | 21,15 | 22,47 | 23,80 | 25,12 |
| 2 | 26,44 | 27,76 | 29,08 | 30,41 | 31,73 | 33,05 | 34,37 | 35,69 | 37,02 | 38,34 |
| 3 | 39,66 | 40,98 | 42,30 | 43,63 | 44,95 | 46,27 | 47,59 | 48,91 | 50,24 | 51,56 |
| 4 | 52,88 | 54,20 | 55,52 | 56,85 | 58,17 | 59,49 | 60,81 | 62,13 | 63,46 | 64,78 |
| 5 | 66,10 | 67,42 | 68,74 | 70,07 | 71,39 | 72,71 | 74,03 | 75,35 | 76,68 | 78,00 |
| 6 | 79,32 | 80,64 | 81,96 | 83,29 | 84,61 | 85,93 | 87,25 | 88,57 | 89,90 | 91,22 |
| 7 | 92,54 | 93,86 | 95,18 | 96,51 | 97,83 | 99,15 | 100,47 | 101,79 | 103,12 | 104,44 |
| 8 | 105,76 | 107,08 | 108,40 | 109,73 | 111,05 | 112,37 | 113,69 | 115,01 | 116,34 | 117,66 |
| 9 | 118,98 | 120,30 | 121,62 | 122,95 | 124,27 | 125,59 | 126,91 | 128,23 | 129,56 | 130,88 |
| 10 | 132,20 | 133,52 | 134,84 | 136,17 | 137,49 | 138,81 | 140,13 | 141,45 | 142,78 | 144,10 |
| 11 | 145,42 | 146,74 | 148,06 | 149,39 | 150,71 | 152,03 | 153,35 | 154,67 | 156,00 | 157,32 |
| 12 | 158,64 | 159,96 | 161,28 | 162,61 | 163,93 | 165,25 | 166,57 | 167,89 | 169,22 | 170,54 |
| 13 | 171,86 | 173,18 | 174,50 | 175,83 | 177,15 | 178,47 | 179,79 | 181,11 | 182,44 | 183,76 |
| 14 | 185,08 | 186,40 | 187,72 | 189,05 | 190,37 | 191,69 | 193,01 | 194,33 | 195,66 | 196,98 |
| 15 | 198,30 | 199,62 | 200,94 | 202,27 | 203,59 | 204,91 | 206,23 | 207,55 | 208,88 | 210,20 |
| 16 | 211,52 | 212,84 | 214,16 | 215,49 | 216,81 | 218,13 | 219,45 | 220,77 | 222,10 | 223,42 |
| 17 | 224,74 | 226,06 | 227,38 | 228,71 | 230,03 | 231,35 | 232,67 | 233,99 | 235,32 | 236,64 |
| 18 | 237,96 | 239,28 | 240,60 | 241,93 | 243,25 | 244,57 | 245,89 | 247,21 | 248,54 | 249,86 |
| 19 | 251,18 | 252,50 | 253,82 | 255,15 | 256,47 | 257,79 | 259,11 | 260,43 | 261,76 | 263,08 |
| 20 | 264,40 | 265,72 | 267,04 | 268,37 | 269,69 | 271,01 | 272,33 | 273,65 | 274,98 | 276,30 |
| 21 | 277,62 | 278,94 | 280,26 | 281,59 | 282,91 | 284,23 | 285,55 | 286,87 | 288,20 | 289,52 |
| 22 | 290,84 | 292,16 | 293,48 | 294,81 | 296,13 | 297,45 | 298,77 | 300,09 | 301,42 | 302,74 |
| 23 | 304,06 | 305,38 | 306,70 | 308,03 | 309,35 | 310,67 | 311,99 | 313,31 | 314,64 | 315,96 |
| 24 | 317,28 | 318,60 | 319,92 | 321,25 | 322,57 | 323,89 | 325,21 | 326,53 | 327,86 | 329,18 |

dif.

| 132 | |
|---|---|
| 1 | 0,13 |
| 2 | 0,26 |
| 3 | 0,40 |
| 4 | 0,53 |
| 5 | 0,66 |
| 6 | 0,79 |
| 7 | 0,92 |
| 8 | 1,06 |
| 9 | 1,19 |

| 133 | |
|---|---|
| 1 | 0,13 |
| 2 | 0,27 |
| 3 | 0,40 |
| 4 | 0,53 |
| 5 | 0,67 |
| 6 | 0,80 |
| 7 | 0,93 |
| 8 | 1,06 |
| 9 | 1,20 |

# 603,50 = 13,243.

| | 00 | 10 | 20 | 30 | 40 | 50 | 60 | 70 | 80 | 90 | dif. | |
|---|---|---|---|---|---|---|---|---|---|---|---|---|
| 0 | | 1,32 | 2,65 | 3,97 | 5,30 | 6,62 | 7,95 | 9,27 | 10,59 | 11,92 | 132 | |
| | | | | | | | | | | | 1 | 0,13 |
| 1 | 13,24 | 14,57 | 15,89 | 17,22 | 18,54 | 19,86 | 21,19 | 22,51 | 23,84 | 25,16 | 2 | 0,26 |
| 2 | 26,49 | 27,81 | 29,13 | 30,46 | 31,78 | 33,11 | 34,43 | 35,76 | 37,08 | 38,40 | 3 | 0,40 |
| 3 | 39,73 | 41,05 | 42,38 | 43,70 | 45,03 | 46,35 | 47,67 | 49,00 | 50,32 | 51,65 | 4 | 0,53 |
| | | | | | | | | | | | 5 | 0,66 |
| 4 | 52,97 | 54,30 | 55,62 | 56,94 | 58,27 | 59,59 | 60,92 | 62,24 | 63,57 | 64,89 | 6 | 0,79 |
| 5 | 66,22 | 67,54 | 68,86 | 70,19 | 71,51 | 72,84 | 74,16 | 75,49 | 76,81 | 78,13 | 7 | 0,92 |
| 6 | 79,46 | 80,78 | 82,11 | 83,43 | 84,76 | 86,08 | 87,40 | 88,73 | 90,05 | 91,38 | 8 | 1,06 |
| | | | | | | | | | | | 9 | 1,19 |
| 7 | 92,70 | 94,03 | 95,35 | 96,67 | 98,00 | 99,32 | 100,65 | 101,97 | 103,30 | 104,62 | | |
| 8 | 105,94 | 107,27 | 108,59 | 109,92 | 111,24 | 112,57 | 113,89 | 115,21 | 116,54 | 117,86 | 133 | |
| 9 | 119,19 | 120,51 | 121,84 | 123,16 | 124,48 | 125,81 | 127,13 | 128,46 | 129,78 | 131,11 | 1 | 0,13 |
| | | | | | | | | | | | 2 | 0,27 |
| 10 | 132,43 | 133,75 | 135,08 | 136,40 | 137,73 | 139,05 | 140,38 | 141,70 | 143,02 | 144,35 | 3 | 0,40 |
| 11 | 145,67 | 147,00 | 148,32 | 149,65 | 150,97 | 152,29 | 153,62 | 154,94 | 156,27 | 157,59 | 4 | 0,53 |
| 12 | 158,92 | 160,24 | 161,56 | 162,89 | 164,21 | 165,54 | 166,86 | 168,19 | 169,51 | 170,83 | 5 | 0,67 |
| | | | | | | | | | | | 6 | 0,80 |
| 13 | 172,16 | 173,48 | 174,81 | 176,13 | 177,46 | 178,78 | 180,10 | 181,43 | 182,75 | 184,08 | 7 | 0,93 |
| 14 | 185,40 | 186,73 | 188,05 | 189,37 | 190,70 | 192,02 | 193,35 | 194,67 | 196,00 | 197,32 | 8 | 1,06 |
| 15 | 198,65 | 199,97 | 201,29 | 202,62 | 203,94 | 205,27 | 206,59 | 207,92 | 209,24 | 210,56 | 9 | 1,20 |
| 16 | 211,89 | 213,21 | 214,54 | 215,86 | 217,19 | 218,51 | 219,83 | 221,16 | 222,48 | 223,81 | | |
| 17 | 225,13 | 226,46 | 227,78 | 229,10 | 230,43 | 231,75 | 233,08 | 234,40 | 235,73 | 237,05 | | |
| 18 | 238,37 | 239,70 | 241,02 | 242,35 | 243,67 | 245,00 | 246,32 | 247,64 | 248,97 | 250,29 | | |
| 19 | 251,62 | 252,94 | 254,27 | 255,59 | 256,91 | 258,24 | 259,56 | 260,89 | 262,21 | 263,54 | | |
| 20 | 264,86 | 266,18 | 267,51 | 268,83 | 270,16 | 271,48 | 272,81 | 274,13 | 275,45 | 276,78 | | |
| 21 | 278,10 | 279,43 | 280,75 | 282,08 | 283,40 | 284,72 | 286,05 | 287,37 | 288,70 | 290,02 | | |
| 22 | 291,35 | 292,67 | 293,99 | 295,32 | 296,64 | 297,97 | 299,29 | 300,62 | 301,94 | 303,26 | | |
| 23 | 304,59 | 305,91 | 307,24 | 308,56 | 309,89 | 311,21 | 312,53 | 313,86 | 315,18 | 316,51 | | |
| 24 | 317,83 | 319,16 | 320,48 | 321,80 | 323,13 | 324,45 | 325,78 | 327,10 | 328,43 | 329,75 | | |

## 602,50 = 13,265.

| | 00 | 10 | 20 | 30 | 40 | 50 | 60 | 70 | 80 | 90 |
|---|---|---|---|---|---|---|---|---|---|---|
| 0 | | 1,33 | 2,65 | 3,98 | 5,31 | 6,63 | 7,96 | 9,29 | 10,61 | 11,94 |
| 1 | 13,27 | 14,59 | 15,92 | 17,24 | 18,57 | 19,90 | 21,22 | 22,55 | 23,88 | 25,20 |
| 2 | 26,53 | 27,86 | 29,18 | 30,51 | 31,84 | 33,16 | 34,49 | 35,82 | 37,14 | 38,47 |
| 3 | 39,80 | 41,12 | 42,45 | 43,77 | 45,10 | 46,43 | 47,75 | 49,08 | 50,41 | 51,73 |
| 4 | 53,06 | 54,39 | 55,71 | 57,04 | 58,37 | 59,69 | 61,02 | 62,35 | 63,67 | 65,00 |
| 5 | 66,33 | 67,65 | 68,98 | 70,30 | 71,63 | 72,96 | 74,28 | 75,61 | 76,94 | 78,26 |
| 6 | 79,59 | 80,92 | 82,24 | 83,57 | 84,90 | 86,22 | 87,55 | 88,88 | 90,20 | 91,53 |
| 7 | 92,86 | 94,18 | 95,51 | 96,83 | 98,16 | 99,49 | 100,81 | 102,14 | 103,47 | 104,79 |
| 8 | 106,12 | 107,45 | 108,77 | 110,10 | 111,43 | 112,75 | 114,08 | 115,41 | 116,73 | 118,06 |
| 9 | 119,39 | 120,71 | 122,04 | 123,36 | 124,69 | 126,02 | 127,34 | 128,67 | 130,00 | 131,32 |
| 10 | 132,65 | 133,98 | 135,30 | 136,63 | 137,96 | 139,28 | 140,61 | 141,94 | 143,26 | 144,59 |
| 11 | 145,92 | 147,24 | 148,57 | 149,89 | 151,22 | 152,55 | 153,87 | 155,20 | 156,53 | 157,85 |
| 12 | 159,18 | 160,51 | 161,83 | 163,16 | 164,49 | 165,81 | 167,14 | 168,47 | 169,79 | 171,12 |
| 13 | 172,45 | 173,77 | 175,10 | 176,42 | 177,75 | 179,08 | 180,40 | 181,73 | 183,06 | 184,38 |
| 14 | 185,71 | 187,04 | 188,36 | 189,69 | 191,02 | 192,34 | 193,67 | 195,00 | 196,32 | 197,65 |
| 15 | 198,98 | 200,30 | 201,63 | 202,95 | 204,28 | 205,61 | 206,93 | 208,26 | 209,59 | 210,91 |
| 16 | 212,24 | 213,57 | 214,89 | 216,22 | 217,55 | 218,87 | 220,20 | 221,53 | 222,85 | 224,18 |
| 17 | 225,51 | 226,83 | 228,16 | 229,48 | 230,81 | 232,14 | 233,46 | 234,79 | 236,12 | 237,44 |
| 18 | 238,77 | 240,10 | 241,42 | 242,75 | 244,08 | 245,40 | 246,73 | 248,06 | 249,38 | 250,71 |
| 19 | 252,04 | 253,36 | 254,69 | 256,01 | 257,34 | 258,67 | 259,99 | 261,32 | 262,65 | 263,97 |
| 20 | 265,30 | 266,63 | 267,95 | 269,28 | 270,61 | 271,93 | 273,26 | 274,59 | 275,91 | 277,24 |
| 21 | 278,57 | 279,89 | 281,22 | 282,54 | 283,87 | 285,20 | 286,52 | 287,85 | 289,18 | 290,50 |
| 22 | 291,83 | 293,16 | 294,48 | 295,81 | 297,14 | 298,46 | 299,79 | 301,12 | 302,44 | 303,77 |
| 23 | 305,10 | 306,42 | 307,75 | 309,07 | 310,40 | 311,73 | 313,05 | 314,38 | 315,71 | 317,03 |
| 24 | 318,36 | 319,69 | 321,01 | 322,34 | 323,67 | 324,99 | 326,32 | 327,65 | 328,97 | 330,30 |

| dif. | 132 | 133 |
|---|---|---|
| 1 | 0,13 | 0,13 |
| 2 | 0,26 | 0,27 |
| 3 | 0,40 | 0,40 |
| 4 | 0,53 | 0,53 |
| 5 | 0,66 | 0,67 |
| 6 | 0,79 | 0,80 |
| 7 | 0,92 | 0,93 |
| 8 | 1,06 | 1,06 |
| 9 | 1,19 | 1,20 |

## 601,50 = 13,287.

| | 00 | 10 | 20 | 30 | 40 | 50 | 60 | 70 | 80 | 90 | dif. | |
|---|---|---|---|---|---|---|---|---|---|---|---|---|
| 0 | | 1,33 | 2,66 | 3,99 | 5,31 | 6,64 | 7,97 | 9,30 | 10,63 | 11,96 | 132 | |
| | | | | | | | | | | | 1 | 0,13 |
| 1 | 13,29 | 14,62 | 15,94 | 17,27 | 18,60 | 19,93 | 21,26 | 22,59 | 23,92 | 25,25 | 2 | 0,26 |
| 2 | 26,57 | 27,90 | 29,23 | 30,56 | 31,89 | 33,22 | 34,55 | 35,87 | 37,20 | 38,53 | 3 | 0,40 |
| 3 | 39,86 | 41,19 | 42,52 | 43,85 | 45,18 | 46,50 | 47,83 | 49,16 | 50,49 | 51,82 | 4 | 0,53 |
| | | | | | | | | | | | 5 | 0,66 |
| 4 | 53,15 | 54,48 | 55,81 | 57,13 | 58,46 | 59,79 | 61,12 | 62,45 | 63,78 | 65,11 | 6 | 0,79 |
| 5 | 66,44 | 67,76 | 69,09 | 70,42 | 71,75 | 73,08 | 74,41 | 75,74 | 77,06 | 78,39 | 7 | 0,92 |
| 6 | 79,72 | 81,05 | 82,38 | 83,71 | 85,04 | 86,37 | 87,69 | 89,02 | 90,35 | 91,68 | 8 | 1,06 |
| | | | | | | | | | | | 9 | 1,19 |
| 7 | 93,01 | 94,34 | 95,67 | 97,00 | 98,32 | 99,65 | 100,98 | 102,31 | 103,64 | 104,97 | | |
| 8 | 106,30 | 107,62 | 108,95 | 110,28 | 111,61 | 112,94 | 114,27 | 115,60 | 116,93 | 118,25 | 133 | |
| 9 | 119,58 | 120,91 | 122,24 | 123,57 | 124,90 | 126,23 | 127,56 | 128,88 | 130,21 | 131,54 | 1 | 0,13 |
| | | | | | | | | | | | 2 | 0,27 |
| 10 | 132,87 | 134,20 | 135,53 | 136,86 | 138,18 | 139,51 | 140,84 | 142,17 | 143,50 | 144,83 | 3 | 0,40 |
| 11 | 146,16 | 147,49 | 148,81 | 150,14 | 151,47 | 152,80 | 154,13 | 155,46 | 156,79 | 158,12 | 4 | 0,53 |
| 12 | 159,44 | 160,77 | 162,10 | 163,43 | 164,76 | 166,09 | 167,42 | 168,74 | 170,07 | 171,40 | 5 | 0,67 |
| | | | | | | | | | | | 6 | 0,80 |
| 13 | 172,73 | 174,06 | 175,39 | 176,72 | 178,05 | 179,37 | 180,70 | 182,03 | 183,36 | 184,69 | 7 | 0,93 |
| 14 | 186,02 | 187,35 | 188,68 | 190,00 | 191,33 | 192,66 | 193,99 | 195,32 | 196,65 | 197,98 | 8 | 1,06 |
| 15 | 199,31 | 200,63 | 201,96 | 203,29 | 204,62 | 205,95 | 207,28 | 208,61 | 209,93 | 211,26 | 9 | 1,20 |
| 16 | 212,59 | 213,92 | 215,25 | 216,58 | 217,91 | 219,24 | 220,56 | 221,89 | 223,22 | 224,55 | | |
| 17 | 225,88 | 227,21 | 228,54 | 229,87 | 231,19 | 232,52 | 233,85 | 235,18 | 236,51 | 237,84 | | |
| 18 | 239,17 | 240,49 | 241,82 | 243,15 | 244,48 | 245,81 | 247,14 | 248,47 | 249,80 | 251,12 | | |
| 19 | 252,45 | 253,78 | 255,11 | 256,44 | 257,77 | 259,10 | 260,43 | 261,75 | 263,08 | 264,41 | | |
| 20 | 265,74 | 267,07 | 268,40 | 269,73 | 271,05 | 272,38 | 273,71 | 275,04 | 276,37 | 277,70 | | |
| 21 | 279,03 | 280,36 | 281,68 | 283,01 | 284,34 | 285,67 | 287,00 | 288,33 | 289,66 | 290,99 | | |
| 22 | 292,31 | 293,64 | 294,97 | 296,30 | 297,63 | 298,96 | 300,29 | 301,61 | 302,94 | 304,27 | | |
| 23 | 305,60 | 306,93 | 308,26 | 309,59 | 310,92 | 312,24 | 313,57 | 314,90 | 316,23 | 317,56 | | |
| 24 | 318,89 | 320,22 | 321,55 | 322,87 | 324,20 | 325,53 | 326,86 | 328,19 | 329,52 | 330,85 | | |

## 600,50 = 13,309.

| | 00 | 10 | 20 | 30 | 40 | 50 | 60 | 70 | 80 | 90 |
|---|---|---|---|---|---|---|---|---|---|---|
| 0 | | 1,33 | 2,66 | 3,99 | 5,32 | 6,65 | 7,99 | 9,32 | 10,65 | 11,98 |
| 1 | 13,31 | 14,64 | 15,97 | 17,30 | 18,63 | 19,96 | 21,29 | 22,63 | 23,96 | 25,29 |
| 2 | 26,62 | 27,95 | 29,28 | 30,61 | 31,94 | 33,27 | 34,60 | 35,93 | 37,27 | 38,60 |
| 3 | 39,93 | 41,26 | 42,59 | 43,92 | 45,25 | 46,58 | 47,91 | 49,24 | 50,57 | 51,91 |
| 4 | 53,24 | 54,57 | 55,90 | 57,23 | 58,56 | 59,89 | 61,22 | 62,55 | 63,88 | 65,21 |
| 5 | 66,55 | 67,88 | 69,21 | 70,54 | 71,87 | 73,20 | 74,53 | 75,86 | 77,19 | 78,52 |
| 6 | 79,85 | 81,18 | 82,52 | 83,85 | 85,18 | 86,51 | 87,84 | 89,17 | 90,50 | 91,83 |
| 7 | 93,16 | 94,49 | 95,82 | 97,16 | 98,49 | 99,82 | 101,15 | 102,48 | 103,81 | 105,14 |
| 8 | 106,47 | 107,80 | 109,13 | 110,46 | 111,80 | 113,13 | 114,46 | 115,79 | 117,12 | 118,45 |
| 9 | 119,78 | 121,11 | 122,44 | 123,77 | 125,10 | 126,44 | 127,77 | 129,10 | 130,43 | 131,76 |
| 10 | 133,09 | 134,42 | 135,75 | 137,08 | 138,41 | 139,74 | 141,08 | 142,41 | 143,74 | 145,07 |
| 11 | 146,40 | 147,73 | 149,06 | 150,39 | 151,72 | 153,05 | 154,38 | 155,72 | 157,05 | 158,38 |
| 12 | 159,71 | 161,04 | 162,37 | 163,70 | 165,03 | 166,36 | 167,69 | 169,02 | 170,36 | 171,69 |
| 13 | 173,02 | 174,35 | 175,68 | 177,01 | 178,34 | 179,67 | 181,00 | 182,33 | 183,66 | 185,00 |
| 14 | 186,33 | 187,66 | 188,99 | 190,32 | 191,65 | 192,98 | 194,31 | 195,64 | 196,97 | 198,30 |
| 15 | 199,64 | 200,97 | 202,30 | 203,63 | 204,96 | 206,29 | 207,62 | 208,95 | 210,28 | 211,61 |
| 16 | 212,94 | 214,27 | 215,61 | 216,94 | 218,27 | 219,60 | 220,93 | 222,26 | 223,59 | 224,92 |
| 17 | 226,25 | 227,58 | 228,91 | 230,25 | 231,58 | 232,91 | 234,24 | 235,57 | 236,90 | 238,23 |
| 18 | 239,56 | 240,89 | 242,22 | 243,55 | 244,89 | 246,22 | 247,55 | 248,88 | 250,21 | 251,54 |
| 19 | 252,87 | 254,20 | 255,53 | 256,86 | 258,19 | 259,53 | 260,86 | 262,19 | 263,52 | 264,85 |
| 20 | 266,18 | 267,51 | 268,84 | 270,17 | 271,50 | 272,83 | 274,17 | 275,50 | 276,83 | 278,16 |
| 21 | 279,49 | 280,82 | 282,15 | 283,48 | 284,81 | 286,14 | 287,47 | 288,81 | 290,14 | 291,47 |
| 22 | 292,80 | 294,13 | 295,46 | 296,79 | 298,12 | 299,45 | 300,78 | 302,11 | 303,45 | 304,78 |
| 23 | 306,11 | 307,44 | 308,77 | 310,10 | 311,43 | 312,76 | 314,09 | 315,42 | 316,75 | 318,09 |
| 24 | 319,42 | 320,75 | 322,08 | 323,41 | 324,74 | 326,07 | 327,40 | 328,73 | 330,06 | 331,39 |

dif.

| 133 | |
|---|---|
| 1 | 0,13 |
| 2 | 0,27 |
| 3 | 0,40 |
| 4 | 0,53 |
| 5 | 0,67 |
| 6 | 0,80 |
| 7 | 0,93 |
| 8 | 1,06 |
| 9 | 1,20 |

| 134 | |
|---|---|
| 1 | 0,13 |
| 2 | 0,27 |
| 3 | 0,40 |
| 4 | 0,54 |
| 5 | 0,67 |
| 6 | 0,80 |
| 7 | 0,94 |
| 8 | 1,07 |
| 9 | 1,21 |

# Höhentabelle II.

| | 0,5 | 1,0 | 1,5 | 2,0 | 2,5 | 3,0 | 3,5 | 4,0 | 4,5 | 5,0 |
|---|---|---|---|---|---|---|---|---|---|---|
| 10 | 0,01 | 0,02 | 0,03 | 0,04 | 0,05 | 0,06 | 0,07 | 0,08 | 0,09 | 0,10 |
| 20 | 0,02 | 0,04 | 0,06 | 0,08 | 0,10 | 0,12 | 0,14 | 0,16 | 0,18 | 0,20 |
| 30 | 0,03 | 0,06 | 0,09 | 0,12 | 0,15 | 0,18 | 0,21 | 0,24 | 0,27 | 0,30 |
| 40 | 0,04 | 0,08 | 0,12 | 0,16 | 0,20 | 0,24 | 0,28 | 0,32 | 0,36 | 0,40 |
| 50 | 0,05 | 0,10 | 0,15 | 0,20 | 0,25 | 0,30 | 0,35 | 0,40 | 0,45 | 0,50 |
| 60 | 0,06 | 0,12 | 0,18 | 0,24 | 0,30 | 0,36 | 0,42 | 0,48 | 0,54 | 0,60 |
| 70 | 0,07 | 0,14 | 0,21 | 0,28 | 0,35 | 0,42 | 0,49 | 0,56 | 0,63 | 0,70 |
| 80 | 0,08 | 0,16 | 0,24 | 0,32 | 0,40 | 0,48 | 0,56 | 0,64 | 0,72 | 0,80 |
| 90 | 0,09 | 0,18 | 0,27 | 0,36 | 0,45 | 0,54 | 0,63 | 0,72 | 0,81 | 0,90 |
| 100 | 0,10 | 0,20 | 0,30 | 0,40 | 0,50 | 0,60 | 0,70 | 0,80 | 0,90 | 1,00 |
| 110 | 0,11 | 0,22 | 0,33 | 0,44 | 0,55 | 0,66 | 0,77 | 0,88 | 0,99 | 1,10 |
| 120 | 0,12 | 0,24 | 0,36 | 0,48 | 0,60 | 0,72 | 0,84 | 0,96 | 1,08 | 1,20 |
| 130 | 0,13 | 0,26 | 0,39 | 0,52 | 0,65 | 0,78 | 0,91 | 1,04 | 1,17 | 1,30 |
| 140 | 0,14 | 0,28 | 0,42 | 0,56 | 0,70 | 0,84 | 0,98 | 1,12 | 1,26 | 1,40 |
| 150 | 0,15 | 0,30 | 0,45 | 0,60 | 0,75 | 0,90 | 1,05 | 1,20 | 1,35 | 1,50 |
| 160 | 0,16 | 0,32 | 0,48 | 0,64 | 0,80 | 0,96 | 1,12 | 1,28 | 1,44 | 1,60 |
| 170 | 0,17 | 0,34 | 0,51 | 0,68 | 0,85 | 1,02 | 1,19 | 1,36 | 1,53 | 1,70 |
| 180 | 0,18 | 0,36 | 0,54 | 0,72 | 0,90 | 1,08 | 1,26 | 1,44 | 1,62 | 1,80 |
| 190 | 0,19 | 0,38 | 0,57 | 0,76 | 0,95 | 1,14 | 1,33 | 1,52 | 1,71 | 1,90 |
| 200 | 0,20 | 0,40 | 0,60 | 0,80 | 1,00 | 1,20 | 1,40 | 1,60 | 1,80 | 2,00 |
| 210 | 0,21 | 0,42 | 0,63 | 0,84 | 1,05 | 1,26 | 1,47 | 1,68 | 1,89 | 2,10 |
| 220 | 0,22 | 0,44 | 0,66 | 0,88 | 1,10 | 1,32 | 1,54 | 1,76 | 1,98 | 2,20 |
| 230 | 0,23 | 0,46 | 0,69 | 0,92 | 1,15 | 1,38 | 1,61 | 1,84 | 2,07 | 2,30 |
| 240 | 0,24 | 0,48 | 0,72 | 0,96 | 1,20 | 1,44 | 1,68 | 1,92 | 2,16 | 2,40 |
| 250 | 0,25 | 0,50 | 0,75 | 1,00 | 1,25 | 1,50 | 1,75 | 2,00 | 2,25 | 2,50 |

**Proportional-Theile.**

| | 0,5 | 1,0 | 1,5 | 2,0 | 2,5 |
|---|---|---|---|---|---|
| 1 | 0 | 0 | 0 | 0 | 1 |
| 2 | 0 | 0 | 1 | 1 | 1 |
| 3 | 0 | 1 | 1 | 1 | 2 |
| 4 | 0 | 1 | 1 | 2 | 2 |
| 5 | 1 | 1 | 2 | 2 | 3 |
| 6 | 1 | 1 | 2 | 2 | 3 |
| 7 | 1 | 1 | 2 | 3 | 4 |
| 8 | 1 | 2 | 2 | 3 | 4 |
| 9 | 1 | 2 | 3 | 4 | 5 |

| | 3,0 | 3,5 | 4,0 | 4,5 | 5,0 |
|---|---|---|---|---|---|
| 1 | 1 | 1 | 1 | 1 | 1 |
| 2 | 1 | 1 | 2 | 2 | 2 |
| 3 | 2 | 2 | 2 | 3 | 3 |
| 4 | 2 | 3 | 3 | 4 | 4 |
| 5 | 3 | 4 | 4 | 5 | 5 |
| 6 | 4 | 4 | 5 | 5 | 6 |
| 7 | 4 | 5 | 6 | 6 | 7 |
| 8 | 5 | 6 | 6 | 7 | 8 |
| 9 | 5 | 6 | 7 | 8 | 9 |

| | 5,5 | 6,0 | 6,5 | 7,0 | 7,5 | 8,0 | 8,5 | 9,0 | 9,5 | 10,0 |
|---|---|---|---|---|---|---|---|---|---|---|
| 10 | 0,11 | 0,12 | 0,13 | 0,14 | 0,15 | 0,16 | 0,17 | 0,18 | 0,19 | 0,20 |
| 20 | 0,22 | 0,24 | 0,26 | 0,28 | 0,30 | 0,32 | 0,34 | 0,36 | 0,38 | 0,40 |
| 30 | 0,33 | 0,36 | 0,39 | 0,42 | 0,45 | 0,48 | 0,51 | 0,54 | 0,57 | 0,60 |
| 40 | 0,44 | 0,48 | 0,52 | 0,56 | 0,60 | 0,64 | 0,68 | 0,72 | 0,76 | 0,80 |
| 50 | 0,55 | 0,60 | 0,65 | 0,70 | 0,75 | 0,80 | 0,85 | 0,90 | 0,95 | 1,00 |
| 60 | 0,66 | 0,72 | 0,78 | 0,84 | 0,90 | 0,96 | 1,02 | 1,08 | 1,14 | 1,20 |
| 70 | 0,77 | 0,84 | 0,91 | 0,98 | 1,05 | 1,12 | 1,19 | 1,26 | 1,33 | 1,40 |
| 80 | 0,88 | 0,96 | 1,04 | 1,12 | 1,20 | 1,28 | 1,36 | 1,44 | 1,52 | 1,60 |
| 90 | 0,99 | 1,08 | 1,17 | 1,26 | 1,35 | 1,44 | 1,53 | 1,62 | 1,71 | 1,80 |
| 100 | 1,10 | 1,20 | 1,30 | 1,40 | 1,50 | 1,60 | 1,70 | 1,80 | 1,90 | 2,00 |
| 110 | 1,21 | 1,32 | 1,43 | 1,54 | 1,65 | 1,76 | 1,87 | 1,98 | 2,09 | 2,20 |
| 120 | 1,32 | 1,44 | 1,56 | 1,68 | 1,80 | 1,92 | 2,04 | 2,16 | 2,28 | 2,40 |
| 130 | 1,43 | 1,56 | 1,69 | 1,82 | 1,95 | 2,08 | 2,21 | 2,34 | 2,47 | 2,60 |
| 140 | 1,54 | 1,68 | 1,82 | 1,96 | 2,10 | 2,24 | 2,38 | 2,52 | 2,66 | 2,80 |
| 150 | 1,65 | 1,80 | 1,95 | 2,10 | 2,25 | 2,40 | 2,55 | 2,70 | 2,85 | 3,00 |
| 160 | 1,76 | 1,92 | 2,08 | 2,24 | 2,40 | 2,56 | 2,72 | 2,88 | 3,04 | 3,20 |
| 170 | 1,87 | 2,04 | 2,21 | 2,38 | 2,55 | 2,72 | 2,89 | 3,06 | 3,23 | 3,40 |
| 180 | 1,98 | 2,16 | 2,34 | 2,52 | 2,70 | 2,88 | 3,06 | 3,24 | 3,42 | 3,60 |
| 190 | 2,09 | 2,28 | 2,47 | 2,66 | 2,85 | 3,04 | 3,23 | 3,42 | 3,61 | 3,80 |
| 200 | 2,20 | 2,40 | 2,60 | 2,80 | 3,00 | 3,20 | 3,40 | 3,60 | 3,80 | 4,00 |
| 210 | 2,31 | 2,52 | 2,73 | 2,94 | 3,15 | 3,36 | 3,57 | 3,78 | 3,99 | 4,20 |
| 220 | 2,42 | 2,64 | 2,86 | 3,08 | 3,30 | 3,52 | 3,74 | 3,96 | 4,18 | 4,40 |
| 230 | 2,53 | 2,76 | 2,99 | 3,22 | 3,45 | 3,68 | 3,91 | 4,14 | 4,37 | 4,60 |
| 240 | 2,64 | 2,88 | 3,12 | 3,36 | 3,60 | 3,84 | 4,08 | 4,32 | 4,56 | 4,80 |
| 250 | 2,75 | 3,00 | 3,25 | 3,50 | 3,75 | 4,00 | 4,25 | 4,50 | 4,75 | 5,00 |

Proportional-Theile.

| | 5,5 | 6,0 | 6,5 | 7,0 | 7,5 |
|---|---|---|---|---|---|
| 1 | 1 | 1 | 1 | 1 | 2 |
| 2 | 2 | 2 | 3 | 3 | 3 |
| 3 | 3 | 4 | 4 | 4 | 5 |
| 4 | 4 | 5 | 5 | 6 | 6 |
| 5 | 6 | 6 | 7 | 7 | 8 |
| 6 | 7 | 7 | 8 | 8 | 9 |
| 7 | 8 | 8 | 9 | 10 | 11 |
| 8 | 9 | 10 | 10 | 11 | 12 |
| 9 | 10 | 11 | 12 | 13 | 14 |

| | 8,0 | 8,5 | 9,0 | 9,5 | 10,0 |
|---|---|---|---|---|---|
| 1 | 2 | 2 | 2 | 2 | 2 |
| 2 | 3 | 3 | 4 | 4 | 4 |
| 3 | 5 | 5 | 5 | 6 | 6 |
| 4 | 6 | 7 | 7 | 8 | 8 |
| 5 | 8 | 9 | 9 | 10 | 10 |
| 6 | 10 | 10 | 11 | 11 | 12 |
| 7 | 11 | 12 | 13 | 13 | 14 |
| 8 | 13 | 14 | 14 | 15 | 16 |
| 9 | 14 | 15 | 16 | 17 | 18 |

| | 10,5 | 11,0 | 11,5 | 12,0 | 12,5 | 13,0 | 13,5 | 14,0 | 14,5 | 15,0 |
|---|---|---|---|---|---|---|---|---|---|---|
| 10 | 0,21 | 0,22 | 0,23 | 0,24 | 0,25 | 0,26 | 0,27 | 0,28 | 0,29 | 0,30 |
| 20 | 0,42 | 0,44 | 0,46 | 0,48 | 0,50 | 0,52 | 0,54 | 0,56 | 0,58 | 0,60 |
| 30 | 0,63 | 0,66 | 0,69 | 0,72 | 0,75 | 0,78 | 0,81 | 0,84 | 0,87 | 0,90 |
| 40 | 0,84 | 0,88 | 0,92 | 0,96 | 1,00 | 1,04 | 1,08 | 1,12 | 1,16 | 1,20 |
| 50 | 1,05 | 1,10 | 1,15 | 1,20 | 1,25 | 1,30 | 1,35 | 1,40 | 1,45 | 1,50 |
| 60 | 1,26 | 1,32 | 1,38 | 1,44 | 1,50 | 1,56 | 1,62 | 1,68 | 1,74 | 1,80 |
| 70 | 1,47 | 1,54 | 1,61 | 1,68 | 1,75 | 1,82 | 1,89 | 1,96 | 2,03 | 2,10 |
| 80 | 1,68 | 1,76 | 1,84 | 1,92 | 2,00 | 2,08 | 2,16 | 2,24 | 2,32 | 2,40 |
| 90 | 1,89 | 1,98 | 2,07 | 2,16 | 2,25 | 2,34 | 2,43 | 2,52 | 2,61 | 2,70 |
| 100 | 2,10 | 2,20 | 2,30 | 2,40 | 2,50 | 2,60 | 2,70 | 2,80 | 2,90 | 3,00 |
| 110 | 2,31 | 2,42 | 2,53 | 2,64 | 2,75 | 2,86 | 2,97 | 3,08 | 3,19 | 3,30 |
| 120 | 2,52 | 2,64 | 2,76 | 2,88 | 3,00 | 3,12 | 3,24 | 3,36 | 3,48 | 3,60 |
| 130 | 2,73 | 2,86 | 2,99 | 3,12 | 3,25 | 3,38 | 3,51 | 3,64 | 3,77 | 3,90 |
| 140 | 2,94 | 3,08 | 3,22 | 3,36 | 3,50 | 3,64 | 3,78 | 3,92 | 4,06 | 4,20 |
| 150 | 3,15 | 3,30 | 3,45 | 3,60 | 3,75 | 3,90 | 4,05 | 4,20 | 4,35 | 4,50 |
| 160 | 3,36 | 3,52 | 3,68 | 3,84 | 4,00 | 4,16 | 4,32 | 4,48 | 4,64 | 4,80 |
| 170 | 3,57 | 3,74 | 3,91 | 4,08 | 4,25 | 4,42 | 4,59 | 4,76 | 4,93 | 5,10 |
| 180 | 3,78 | 3,96 | 4,14 | 4,32 | 4,50 | 4,68 | 4,86 | 5,04 | 5,22 | 5,40 |
| 190 | 3,99 | 4,18 | 4,37 | 4,56 | 4,75 | 4,94 | 5,13 | 5,32 | 5,51 | 5,70 |
| 200 | 4,20 | 4,40 | 4,60 | 4,80 | 5,00 | 5,20 | 5,40 | 5,60 | 5,80 | 6,00 |
| 210 | 4,41 | 4,62 | 4,83 | 5,04 | 5,25 | 5,46 | 5,67 | 5,88 | 6,09 | 6,30 |
| 220 | 4,62 | 4,84 | 5,06 | 5,28 | 5,50 | 5,72 | 5,94 | 6,16 | 6,38 | 6,60 |
| 230 | 4,83 | 5,06 | 5,29 | 5,52 | 5,75 | 5,98 | 6,21 | 6,44 | 6,67 | 6,90 |
| 240 | 5,04 | 5,28 | 5,52 | 5,76 | 6,00 | 6,24 | 6,48 | 6,72 | 6,96 | 7,20 |
| 250 | 5,25 | 5,50 | 5,75 | 6,00 | 6,25 | 6,50 | 6,75 | 7,00 | 7,25 | 7,50 |

Proportional-Theile.

| | 10,5 | 11,0 | 11,5 | 12,0 | 12,5 |
|---|---|---|---|---|---|
| 1 | 2 | 2 | 2 | 2 | 3 |
| 2 | 4 | 4 | 5 | 5 | 5 |
| 3 | 6 | 7 | 7 | 7 | 8 |
| 4 | 8 | 9 | 9 | 10 | 10 |
| 5 | 11 | 11 | 12 | 12 | 13 |
| 6 | 13 | 13 | 14 | 14 | 15 |
| 7 | 15 | 15 | 16 | 17 | 18 |
| 8 | 17 | 18 | 18 | 19 | 20 |
| 9 | 19 | 20 | 21 | 22 | 23 |

| | 13,0 | 13,5 | 14,0 | 14,5 | 15,0 |
|---|---|---|---|---|---|
| 1 | 3 | 3 | 3 | 3 | 3 |
| 2 | 5 | 5 | 6 | 6 | 6 |
| 3 | 8 | 8 | 8 | 9 | 9 |
| 4 | 10 | 11 | 11 | 12 | 12 |
| 5 | 13 | 14 | 14 | 15 | 15 |
| 6 | 16 | 16 | 17 | 17 | 18 |
| 7 | 18 | 19 | 20 | 20 | 21 |
| 8 | 21 | 22 | 22 | 23 | 24 |
| 9 | 23 | 24 | 25 | 26 | 27 |

| | 15,5 | 16,0 | 16,5 | 17,0 | 17,5 | 18,0 | 18,5 | 19,0 | 19,5 | 20,0 |
|---|---|---|---|---|---|---|---|---|---|---|
| 10 | 0,31 | 0,32 | 0,33 | 0,34 | 0,35 | 0,36 | 0,37 | 0,38 | 0,39 | 0,40 |
| 20 | 0,62 | 0,64 | 0,66 | 0,68 | 0,70 | 0,72 | 0,74 | 0,76 | 0,78 | 0,80 |
| 30 | 0,93 | 0,96 | 0,99 | 1,02 | 1,05 | 1,08 | 1,11 | 1,14 | 1,17 | 1,20 |
| 40 | 1,24 | 1,28 | 1,32 | 1,36 | 1,40 | 1,44 | 1,48 | 1,52 | 1,56 | 1,60 |
| 50 | 1,55 | 1,60 | 1,65 | 1,70 | 1,75 | 1,80 | 1,85 | 1,90 | 1,95 | 2,00 |
| 60 | 1,86 | 1,92 | 1,98 | 2,04 | 2,10 | 2,16 | 2,22 | 2,28 | 2,34 | 2,40 |
| 70 | 2,17 | 2,24 | 2,31 | 2,38 | 2,45 | 2,52 | 2,59 | 2,66 | 2,73 | 2,80 |
| 80 | 2,48 | 2,56 | 2,64 | 2,72 | 2,80 | 2,88 | 2,96 | 3,04 | 3,12 | 3,20 |
| 90 | 2,79 | 2,88 | 2,97 | 3,06 | 3,15 | 3,24 | 3,33 | 3,42 | 3,51 | 3,60 |
| 100 | 3,10 | 3,20 | 3,30 | 3,40 | 3,50 | 3,60 | 3,70 | 3,80 | 3,90 | 4,00 |
| 110 | 3,41 | 3,52 | 3,63 | 3,74 | 3,85 | 3,96 | 4,07 | 4,18 | 4,29 | 4,40 |
| 120 | 3,72 | 3,84 | 3,96 | 4,08 | 4,20 | 4,32 | 4,44 | 4,56 | 4,68 | 4,80 |
| 130 | 4,03 | 4,16 | 4,29 | 4,42 | 4,55 | 4,68 | 4,81 | 4,94 | 5,07 | 5,20 |
| 140 | 4,34 | 4,48 | 4,62 | 4,76 | 4,90 | 5,04 | 5,18 | 5,32 | 5,46 | 5,60 |
| 150 | 4,65 | 4,80 | 4,95 | 5,10 | 5,25 | 5,40 | 5,55 | 5,70 | 5,85 | 6,00 |
| 160 | 4,96 | 5,12 | 5,28 | 5,44 | 5,60 | 5,76 | 5,92 | 6,08 | 6,24 | 6,40 |
| 170 | 5,27 | 5,44 | 5,61 | 5,78 | 5,95 | 6,12 | 6,29 | 6,46 | 6,63 | 6,80 |
| 180 | 5,58 | 5,76 | 5,94 | 6,12 | 6,30 | 6,48 | 6,66 | 6,84 | 7,02 | 7,20 |
| 190 | 5,89 | 6,08 | 6,27 | 6,46 | 6,65 | 6,84 | 7,03 | 7,22 | 7,41 | 7,60 |
| 200 | 6,20 | 6,40 | 6,60 | 6,80 | 7,00 | 7,20 | 7,40 | 7,60 | 7,80 | 8,00 |
| 210 | 6,51 | 6,72 | 6,93 | 7,14 | 7,35 | 7,56 | 7,77 | 7,98 | 8,19 | 8,40 |
| 220 | 6,82 | 7,04 | 7,26 | 7,48 | 7,70 | 7,92 | 8,14 | 8,36 | 8,58 | 8,80 |
| 230 | 7,13 | 7,36 | 7,59 | 7,82 | 8,05 | 8,28 | 8,51 | 8,74 | 8,97 | 9,20 |
| 240 | 7,44 | 7,68 | 7,92 | 8,16 | 8,40 | 8,64 | 8,88 | 9,12 | 9,36 | 9,60 |
| 250 | 7,75 | 8,00 | 8,25 | 8,50 | 8,75 | 9,00 | 9,25 | 9,50 | 9,75 | 10,00 |

Proportional-Theile.

| | 15,5 | 16,0 | 16,5 | 17,0 | 17,5 |
|---|---|---|---|---|---|
| 1 | 3 | 3 | 3 | 3 | 4 |
| 2 | 6 | 6 | 7 | 7 | 7 |
| 3 | 9 | 10 | 10 | 10 | 11 |
| 4 | 12 | 13 | 13 | 14 | 14 |
| 5 | 16 | 16 | 17 | 17 | 18 |
| 6 | 19 | 19 | 20 | 20 | 21 |
| 7 | 22 | 22 | 23 | 24 | 25 |
| 8 | 25 | 26 | 26 | 27 | 28 |
| 9 | 28 | 29 | 30 | 31 | 32 |

| | 18,0 | 18,5 | 19,0 | 19,5 | 20,0 |
|---|---|---|---|---|---|
| 1 | 4 | 4 | 4 | 4 | 4 |
| 2 | 7 | 7 | 8 | 8 | 8 |
| 3 | 11 | 11 | 11 | 12 | 12 |
| 4 | 14 | 15 | 15 | 16 | 16 |
| 5 | 18 | 19 | 19 | 20 | 20 |
| 6 | 22 | 22 | 23 | 23 | 24 |
| 7 | 25 | 26 | 27 | 27 | 28 |
| 8 | 29 | 30 | 30 | 31 | 32 |
| 9 | 32 | 33 | 34 | 35 | 36 |

| | 20,5 | 21,0 | 21,5 | 22,0 | 22,5 | 23,0 | 23,5 | 24,0 | 24,5 | 25,0 |
|---|---|---|---|---|---|---|---|---|---|---|
| 10 | 0,41 | 0,42 | 0,43 | 0,44 | 0,45 | 0,46 | 0,47 | 0,48 | 0,49 | 0,50 |
| 20 | 0,82 | 0,84 | 0,86 | 0,88 | 0,90 | 0,92 | 0,94 | 0,96 | 0,98 | 1,00 |
| 30 | 1,23 | 1,26 | 1,29 | 1,32 | 1,35 | 1,38 | 1,41 | 1,44 | 1,47 | 1,50 |
| 40 | 1,64 | 1,68 | 1,72 | 1,76 | 1,80 | 1,84 | 1,88 | 1,92 | 1,96 | 2,00 |
| 50 | 2,05 | 2,10 | 2,15 | 2,20 | 2,25 | 2,30 | 2,35 | 2,40 | 2,45 | 2,50 |
| 60 | 2,46 | 2,52 | 2,58 | 2,64 | 2,70 | 2,76 | 2,82 | 2,88 | 2,94 | 3,00 |
| 70 | 2,87 | 2,94 | 3,01 | 3,08 | 3,15 | 3,22 | 3,29 | 3,36 | 3,43 | 3,50 |
| 80 | 3,28 | 3,36 | 3,44 | 3,52 | 3,60 | 3,68 | 3,76 | 3,84 | 3,92 | 4,00 |
| 90 | 3,69 | 3,78 | 3,87 | 3,96 | 4,05 | 4,14 | 4,23 | 4,32 | 4,41 | 4,50 |
| 100 | 4,10 | 4,20 | 4,30 | 4,40 | 4,50 | 4,60 | 4,70 | 4,80 | 4,90 | 5,00 |
| 110 | 4,51 | 4,62 | 4,73 | 4,84 | 4,95 | 5,06 | 5,17 | 5,28 | 5,39 | 5,50 |
| 120 | 4,92 | 5,04 | 5,16 | 5,28 | 5,40 | 5,52 | 5,64 | 5,76 | 5,88 | 6,00 |
| 130 | 5,33 | 5,46 | 5,59 | 5,72 | 5,85 | 5,98 | 6,11 | 6,24 | 6,37 | 6,50 |
| 140 | 5,74 | 5,88 | 6,02 | 6,16 | 6,30 | 6,44 | 6,58 | 6,72 | 6,86 | 7,00 |
| 150 | 6,15 | 6,30 | 6,45 | 6,60 | 6,75 | 6,90 | 7,05 | 7,20 | 7,35 | 7,50 |
| 160 | 6,56 | 6,72 | 6,88 | 7,04 | 7,20 | 7,36 | 7,52 | 7,68 | 7,84 | 8,00 |
| 170 | 6,97 | 7,14 | 7,31 | 7,48 | 7,65 | 7,82 | 7,99 | 8,16 | 8,33 | 8,50 |
| 180 | 7,38 | 7,56 | 7,74 | 7,92 | 8,10 | 8,28 | 8,46 | 8,64 | 8,82 | 9,00 |
| 190 | 7,79 | 7,98 | 8,17 | 8,36 | 8,55 | 8,74 | 8,93 | 9,12 | 9,31 | 9,50 |
| 200 | 8,20 | 8,40 | 8,60 | 8,80 | 9,00 | 9,20 | 9,40 | 9,60 | 9,80 | 10,00 |
| 210 | 8,61 | 8,82 | 9,03 | 9,24 | 9,45 | 9,66 | 9,87 | 10,08 | 10,29 | 10,50 |
| 220 | 9,02 | 9,24 | 9,46 | 9,68 | 9,90 | 10,12 | 10,34 | 10,56 | 10,78 | 11,00 |
| 230 | 9,43 | 9,66 | 9,89 | 10,12 | 10,35 | 10,58 | 10,81 | 11,04 | 11,27 | 11,50 |
| 240 | 9,84 | 10,08 | 10,32 | 10,56 | 10,80 | 11,04 | 11,28 | 11,52 | 11,76 | 12,00 |
| 250 | 10,25 | 10,50 | 10,75 | 11,00 | 11,25 | 11,50 | 11,75 | 12,00 | 12,25 | 12,50 |

**Proportional-Theile.**

| | 20,5 | 21,0 | 21,5 | 22,0 | 22,5 |
|---|---|---|---|---|---|
| 1 | 4 | 4 | 4 | 4 | 5 |
| 2 | 8 | 8 | 9 | 9 | 9 |
| 3 | 12 | 13 | 13 | 13 | 14 |
| 4 | 16 | 17 | 17 | 18 | 18 |
| 5 | 21 | 21 | 22 | 22 | 23 |
| 6 | 25 | 25 | 26 | 26 | 27 |
| 7 | 29 | 29 | 30 | 31 | 32 |
| 8 | 33 | 34 | 34 | 35 | 36 |
| 9 | 37 | 38 | 39 | 40 | 41 |

| | 23,0 | 23,5 | 24,0 | 24,5 | 25,0 |
|---|---|---|---|---|---|
| 1 | 5 | 5 | 5 | 5 | 5 |
| 2 | 9 | 9 | 10 | 10 | 10 |
| 3 | 14 | 14 | 14 | 15 | 15 |
| 4 | 18 | 19 | 19 | 20 | 20 |
| 5 | 23 | 24 | 24 | 25 | 25 |
| 6 | 28 | 28 | 29 | 29 | 30 |
| 7 | 32 | 33 | 34 | 34 | 35 |
| 8 | 37 | 38 | 38 | 39 | 40 |
| 9 | 41 | 42 | 43 | 44 | 45 |

| | 25,5 | 26,0 | 26,5 | 27,0 | 27,5 | 28,0 | 28,5 | 29,0 | 29,5 | 30,0 |
|---|---|---|---|---|---|---|---|---|---|---|
| 10 | 0,51 | 0,52 | 0,53 | 0,54 | 0,55 | 0,56 | 0,57 | 0,58 | 0,59 | 0,60 |
| 20 | 1,02 | 1,04 | 1,06 | 1,08 | 1,10 | 1,12 | 1,14 | 1,16 | 1,18 | 1,20 |
| 30 | 1,53 | 1,56 | 1,59 | 1,62 | 1,65 | 1,68 | 1,71 | 1,74 | 1,77 | 1,80 |
| 40 | 2,04 | 2,08 | 2,12 | 2,16 | 2,20 | 2,24 | 2,28 | 2,32 | 2,36 | 2,40 |
| 50 | 2,55 | 2,60 | 2,65 | 2,70 | 2,75 | 2,80 | 2,85 | 2,90 | 2,95 | 3,00 |
| 60 | 3,06 | 3,12 | 3,18 | 3,24 | 3,30 | 3,36 | 3,42 | 3,48 | 3,54 | 3,60 |
| 70 | 3,57 | 3,64 | 3,71 | 3,78 | 3,85 | 3,92 | 3,99 | 4,06 | 4,13 | 4,20 |
| 80 | 4,08 | 4,16 | 4,24 | 4,32 | 4,40 | 4,48 | 4,56 | 4,64 | 4,72 | 4,80 |
| 90 | 4,59 | 4,68 | 4,77 | 4,86 | 4,95 | 5,04 | 5,13 | 5,22 | 5,31 | 5,40 |
| 100 | 5,10 | 5,20 | 5,30 | 5,40 | 5,50 | 5,60 | 5,70 | 5,80 | 5,90 | 6,00 |
| 110 | 5,61 | 5,72 | 5,83 | 5,94 | 6,05 | 6,16 | 6,27 | 6,38 | 6,49 | 6,60 |
| 120 | 6,12 | 6,24 | 6,36 | 6,48 | 6,60 | 6,72 | 6,84 | 6,96 | 7,08 | 7,20 |
| 130 | 6,63 | 6,76 | 6,89 | 7,02 | 7,15 | 7,28 | 7,41 | 7,54 | 7,67 | 7,80 |
| 140 | 7,14 | 7,28 | 7,42 | 7,56 | 7,70 | 7,84 | 7,98 | 8,12 | 8,26 | 8,40 |
| 150 | 7,65 | 7,80 | 7,95 | 8,10 | 8,25 | 8,40 | 8,55 | 8,70 | 8,85 | 9,00 |
| 160 | 8,16 | 8,32 | 8,48 | 8,64 | 8,80 | 8,96 | 9,12 | 9,28 | 9,44 | 9,60 |
| 170 | 8,67 | 8,84 | 9,01 | 9,18 | 9,35 | 9,52 | 9,69 | 9,86 | 10,03 | 10,20 |
| 180 | 9,18 | 9,36 | 9,54 | 9,72 | 9,90 | 10,08 | 10,26 | 10,44 | 10,62 | 10,80 |
| 190 | 9,69 | 9,88 | 10,07 | 10,26 | 10,45 | 10,64 | 10,83 | 11,02 | 11,21 | 11,40 |
| 200 | 10,20 | 10,40 | 10,60 | 10,80 | 11,00 | 11,20 | 11,40 | 11,60 | 11,80 | 12,00 |
| 210 | 10,71 | 10,92 | 11,13 | 11,34 | 11,55 | 11,76 | 11,97 | 12,18 | 12,39 | 12,60 |
| 220 | 11,22 | 11,44 | 11,66 | 11,88 | 12,10 | 12,32 | 12,54 | 12,76 | 12,98 | 13,20 |
| 230 | 11,73 | 11,96 | 12,19 | 12,42 | 12,65 | 12,88 | 13,11 | 13,34 | 13,57 | 13,80 |
| 240 | 12,24 | 12,48 | 12,72 | 12,96 | 13,20 | 13,44 | 13,68 | 13,92 | 14,16 | 14,40 |
| 250 | 12,75 | 13,00 | 13,25 | 13,50 | 13,75 | 14,00 | 14,25 | 14,50 | 14,75 | 15,00 |

Proportional-Theile.

| | 25,5 | 26,0 | 26,5 | 27,0 | 27,5 |
|---|---|---|---|---|---|
| 1 | 5 | 5 | 5 | 5 | 6 |
| 2 | 10 | 10 | 11 | 11 | 11 |
| 3 | 15 | 16 | 16 | 16 | 17 |
| 4 | 20 | 21 | 21 | 22 | 22 |
| 5 | 26 | 26 | 27 | 27 | 28 |
| 6 | 31 | 31 | 32 | 32 | 33 |
| 7 | 36 | 36 | 37 | 38 | 39 |
| 8 | 41 | 42 | 42 | 43 | 44 |
| 9 | 46 | 47 | 48 | 49 | 50 |

| | 28,0 | 28,5 | 29,0 | 29,5 | 30,0 |
|---|---|---|---|---|---|
| 1 | 6 | 6 | 6 | 6 | 6 |
| 2 | 11 | 11 | 12 | 12 | 12 |
| 3 | 17 | 17 | 17 | 18 | 18 |
| 4 | 22 | 23 | 23 | 24 | 24 |
| 5 | 28 | 29 | 29 | 30 | 30 |
| 6 | 34 | 34 | 35 | 35 | 36 |
| 7 | 39 | 40 | 41 | 41 | 42 |
| 8 | 45 | 46 | 46 | 47 | 48 |
| 9 | 50 | 51 | 52 | 53 | 54 |

| | 30,5 | 31,0 | 31,5 | 32,0 | 32,5 | 33,0 | 33,5 | 34,0 | 34,5 | 35,0 |
|---|---|---|---|---|---|---|---|---|---|---|
| 10 | 0,61 | 0,62 | 0,63 | 0,64 | 0,65 | 0,66 | 0,67 | 0,68 | 0,69 | 0,70 |
| 20 | 1,22 | 1,24 | 1,26 | 1,28 | 1,30 | 1,32 | 1,34 | 1,36 | 1,38 | 1,40 |
| 30 | 1,83 | 1,86 | 1,89 | 1,92 | 1,95 | 1,98 | 2,01 | 2,04 | 2,07 | 2,10 |
| 40 | 2,44 | 2,48 | 2,52 | 2,56 | 2,60 | 2,64 | 2,68 | 2,72 | 2,76 | 2,80 |
| 50 | 3,05 | 3,10 | 3,15 | 3,20 | 3,25 | 3,30 | 3,35 | 3,40 | 3,45 | 3,50 |
| 60 | 3,66 | 3,72 | 3,78 | 3,84 | 3,90 | 3,96 | 4,02 | 4,08 | 4,14 | 4,20 |
| 70 | 4,27 | 4,34 | 4,41 | 4,48 | 4,55 | 4,62 | 4,69 | 4,76 | 4,83 | 4,90 |
| 80 | 4,88 | 4,96 | 5,04 | 5,12 | 5,20 | 5,28 | 5,36 | 5,44 | 5,52 | 5,60 |
| 90 | 5,49 | 5,58 | 5,67 | 5,76 | 5,85 | 5,94 | 6,03 | 6,12 | 6,21 | 6,30 |
| 100 | 6,10 | 6,20 | 6,30 | 6,40 | 6,50 | 6,60 | 6,70 | 6,80 | 6,90 | 7,00 |
| 110 | 6,71 | 6,82 | 6,93 | 7,04 | 7,15 | 7,26 | 7,37 | 7,48 | 7,59 | 7,70 |
| 120 | 7,32 | 7,44 | 7,56 | 7,68 | 7,80 | 7,92 | 8,04 | 8,16 | 8,28 | 8,40 |
| 130 | 7,93 | 8,06 | 8,19 | 8,32 | 8,45 | 8,58 | 8,71 | 8,84 | 8,97 | 9,10 |
| 140 | 8,54 | 8,68 | 8,82 | 8,96 | 9,10 | 9,24 | 9,38 | 9,52 | 9,66 | 9,80 |
| 150 | 9,15 | 9,30 | 9,45 | 9,60 | 9,75 | 9,90 | 10,05 | 10,20 | 10,35 | 10,50 |
| 160 | 9,76 | 9,92 | 10,08 | 10,24 | 10,40 | 10,56 | 10,72 | 10,88 | 11,04 | 11,20 |
| 170 | 10,37 | 10,54 | 10,71 | 10,88 | 11,05 | 11,22 | 11,39 | 11,56 | 11,73 | 11,90 |
| 180 | 10,98 | 11,16 | 11,34 | 11,52 | 11,70 | 11,88 | 12,06 | 12,24 | 12,42 | 12,60 |
| 190 | 11,59 | 11,78 | 11,97 | 12,16 | 12,35 | 12,54 | 12,73 | 12,92 | 13,11 | 13,30 |
| 200 | 12,20 | 12,40 | 12,60 | 12,80 | 13,00 | 13,20 | 13,40 | 13,60 | 13,80 | 14,00 |
| 210 | 12,81 | 13,02 | 13,23 | 13,44 | 13,65 | 13,86 | 14,07 | 14,28 | 14,49 | 14,70 |
| 220 | 13,42 | 13,64 | 13,86 | 14,08 | 14,30 | 14,52 | 14,74 | 14,96 | 15,18 | 15,40 |
| 230 | 14,03 | 14,26 | 14,49 | 14,72 | 14,95 | 15,18 | 15,41 | 15,64 | 15,87 | 16,10 |
| 240 | 14,64 | 14,88 | 15,12 | 15,36 | 15,60 | 15,84 | 16,08 | 16,32 | 16,56 | 16,80 |
| 250 | 15,25 | 15,50 | 15,75 | 16,00 | 16,25 | 16’50 | 16,75 | 17,00 | 17.25 | 17,50 |

Proportional-Theile.

| | 30,5 | 31,0 | 31,5 | 32,0 | 32,5 |
|---|---|---|---|---|---|
| 1 | 6 | 6 | 6 | 6 | 7 |
| 2 | 12 | 12 | 13 | 13 | 13 |
| 3 | 18 | 19 | 19 | 19 | 20 |
| 4 | 24 | 25 | 25 | 26 | 26 |
| 5 | 31 | 31 | 32 | 32 | 33 |
| 6 | 37 | 37 | 38 | 38 | 39 |
| 7 | 43 | 43 | 44 | 45 | 46 |
| 8 | 49 | 50 | 50 | 51 | 52 |
| 9 | 55 | 56 | 57 | 58 | 59 |

| | 33,0 | 33,5 | 34,0 | 34,5 | 35,0 |
|---|---|---|---|---|---|
| 1 | 7 | 7 | 7 | 7 | 7 |
| 2 | 13 | 13 | 14 | 14 | 14 |
| 3 | 20 | 20 | 20 | 21 | 21 |
| 4 | 26 | 27 | 27 | 28 | 28 |
| 5 | 33 | 34 | 34 | 35 | 35 |
| 6 | 40 | 40 | 41 | 41 | 42 |
| 7 | 46 | 47 | 48 | 48 | 49 |
| 8 | 53 | 54 | 54 | 55 | 56 |
| 9 | 59 | 60 | 61 | 62 | 63 |

| | 35,5 | 36,0 | 36,5 | 37,0 | 37,5 | 38,0 | 38,5 | 39,0 | 39,5 | 40,0 |
|---|---|---|---|---|---|---|---|---|---|---|
| 10 | 0,71 | 0,72 | 0,73 | 0,74 | 0,75 | 0,76 | 0,77 | 0,78 | 0,79 | 0,80 |
| 20 | 1,42 | 1,44 | 1,46 | 1,48 | 1,50 | 1,52 | 1,54 | 1,56 | 1,58 | 1,60 |
| 30 | 2,13 | 2,16 | 2,19 | 2,22 | 2,25 | 2,28 | 2,31 | 2,34 | 2,37 | 2,40 |
| 40 | 2,84 | 2,88 | 2,92 | 2,96 | 3,00 | 3,04 | 3,08 | 3,12 | 3,16 | 3,20 |
| 50 | 3,55 | 3,60 | 3,65 | 3,70 | 3,75 | 3,80 | 3,85 | 3,90 | 3,95 | 4,00 |
| 60 | 4,26 | 4,32 | 4,38 | 4,44 | 4,50 | 4,56 | 4,62 | 4,68 | 4,74 | 4,80 |
| 70 | 4,97 | 5,04 | 5,11 | 5,18 | 5,25 | 5,32 | 5,39 | 5,46 | 5,53 | 5,60 |
| 80 | 5,68 | 5,76 | 5,84 | 5,92 | 6,00 | 6,08 | 6,16 | 6,24 | 6,32 | 6,40 |
| 90 | 6,39 | 6,48 | 6,57 | 6,66 | 6,75 | 6,84 | 6,93 | 7,02 | 7,11 | 7,20 |
| 100 | 7,10 | 7,20 | 7,30 | 7,40 | 7,50 | 7,60 | 7,70 | 7,80 | 7,90 | 8,00 |
| 110 | 7,81 | 7,92 | 8,03 | 8,14 | 8,25 | 8,36 | 8,47 | 8,58 | 8,69 | 8,80 |
| 120 | 8,52 | 8,64 | 8,76 | 8,88 | 9,00 | 9,12 | 9,24 | 9,36 | 9,48 | 9,60 |
| 130 | 9,23 | 9,36 | 9,49 | 9,62 | 9,75 | 9,88 | 10,01 | 10,14 | 10,27 | 10,40 |
| 140 | 9,94 | 10,08 | 10,22 | 10,36 | 10,50 | 10,64 | 10,78 | 10,92 | 11,06 | 11,20 |
| 150 | 10,65 | 10,80 | 10,95 | 11,10 | 11,25 | 11,40 | 11,55 | 11,70 | 11,85 | 12,00 |
| 160 | 11,36 | 11,52 | 11,68 | 11,84 | 12,00 | 12,16 | 12,32 | 12,48 | 12,64 | 12,80 |
| 170 | 12,07 | 12,24 | 12,41 | 12,58 | 12,75 | 12,92 | 13,09 | 13,26 | 13,43 | 13,60 |
| 180 | 12,78 | 12,96 | 13,14 | 13,32 | 13,50 | 13,68 | 13,86 | 14,04 | 14,22 | 14,40 |
| 190 | 13,49 | 13,68 | 13,87 | 14,06 | 14,25 | 14,44 | 14,63 | 14,82 | 15,01 | 15,20 |
| 200 | 14,20 | 14,40 | 14,60 | 14,80 | 15,00 | 15,20 | 15,40 | 15,60 | 15,80 | 16,00 |
| 210 | 14,91 | 15,12 | 15,33 | 15,54 | 15,75 | 15,96 | 16,17 | 16,38 | 16,59 | 16,80 |
| 220 | 15,62 | 15,84 | 16,06 | 16,28 | 16,50 | 16,72 | 16,94 | 17,16 | 17,38 | 17,60 |
| 230 | 16,33 | 16,56 | 16,79 | 17,02 | 17,25 | 17,48 | 17,71 | 17,94 | 18,17 | 18,40 |
| 240 | 17,04 | 17,28 | 17,52 | 17,76 | 18,00 | 18,24 | 18,48 | 18,72 | 18,96 | 19,20 |
| 250 | 17,75 | 18,00 | 18,25 | 18,50 | 18,75 | 19,00 | 19,25 | 19,50 | 19,75 | 20,00 |

Proportional-Theile.

| | 35,5 | 36,0 | 36,5 | 37,0 | 37,5 |
|---|---|---|---|---|---|
| 1 | 7 | 7 | 7 | 7 | 8 |
| 2 | 14 | 14 | 15 | 15 | 15 |
| 3 | 21 | 22 | 22 | 22 | 23 |
| 4 | 28 | 29 | 29 | 30 | 30 |
| 5 | 36 | 36 | 37 | 37 | 38 |
| 6 | 43 | 43 | 44 | 44 | 45 |
| 7 | 50 | 50 | 51 | 52 | 53 |
| 8 | 57 | 58 | 58 | 59 | 60 |
| 9 | 64 | 65 | 66 | 67 | 68 |

| | 38,0 | 38,5 | 39,0 | 39,5 | 40,0 |
|---|---|---|---|---|---|
| 1 | 8 | 8 | 8 | 8 | 8 |
| 2 | 15 | 15 | 16 | 16 | 16 |
| 3 | 23 | 23 | 23 | 24 | 24 |
| 4 | 30 | 31 | 31 | 32 | 32 |
| 5 | 38 | 39 | 39 | 40 | 40 |
| 6 | 46 | 46 | 47 | 47 | 48 |
| 7 | 53 | 54 | 55 | 55 | 56 |
| 8 | 61 | 62 | 62 | 63 | 64 |
| 9 | 68 | 69 | 70 | 71 | 72 |

| | 40,5 | 41,0 | 41,5 | 42,0 | 42,5 | 43,0 | 43,5 | 44,0 | 44,5 | 45,0 |
|---|---|---|---|---|---|---|---|---|---|---|
| 10 | 0,81 | 0,82 | 0,83 | 0,84 | 0,85 | 0,86 | 0,87 | 0,88 | 0,89 | 0,90 |
| 20 | 1,62 | 1,64 | 1,66 | 1,68 | 1,70 | 1,72 | 1,74 | 1,76 | 1,78 | 1,80 |
| 30 | 2,43 | 2,46 | 2,49 | 2,52 | 2,55 | 2,58 | 2,61 | 2,64 | 2,67 | 2,70 |
| 40 | 3,24 | 3,28 | 3,32 | 3,36 | 3,40 | 3,44 | 3,48 | 3,52 | 3,56 | 3,60 |
| 50 | 4,05 | 4,10 | 4,15 | 4,20 | 4,25 | 4,30 | 4,35 | 4,40 | 4,45 | 4,50 |
| 60 | 4,86 | 4,92 | 4,98 | 5,04 | 5,10 | 5,16 | 5,22 | 5,28 | 5,34 | 5,40 |
| 70 | 5,67 | 5,74 | 5,81 | 5,88 | 5,95 | 6,02 | 6,09 | 6,16 | 6,23 | 6,30 |
| 80 | 6,48 | 6,56 | 6,64 | 6,72 | 6,80 | 6,88 | 6,96 | 7,04 | 7,12 | 7,20 |
| 90 | 7,29 | 7,38 | 7,47 | 7,56 | 7,65 | 7,74 | 7,83 | 7,92 | 8,01 | 8,10 |
| 100 | 8,10 | 8,20 | 8,30 | 8,40 | 8,50 | 8,60 | 8,70 | 8,80 | 8,90 | 9,00 |
| 110 | 8,91 | 9,02 | 9,13 | 9,24 | 9,35 | 9,46 | 9,57 | 9,68 | 9,79 | 9,90 |
| 120 | 9,72 | 9,84 | 9,96 | 10,08 | 10,20 | 10,32 | 10,44 | 10,56 | 10,68 | 10,80 |
| 130 | 10,53 | 10,66 | 10,79 | 10,92 | 11,05 | 11,18 | 11,31 | 11,44 | 11,57 | 11,70 |
| 140 | 11,34 | 11,48 | 11,62 | 11,76 | 11,90 | 12,04 | 12,18 | 12,32 | 12,46 | 12,60 |
| 150 | 12,15 | 12,30 | 12,45 | 12,60 | 12,75 | 12,90 | 13,05 | 13,20 | 13,35 | 13,50 |
| 160 | 12,96 | 13,12 | 13,28 | 13,44 | 13,60 | 13,76 | 13,92 | 14,08 | 14,24 | 14,40 |
| 170 | 13,77 | 13,94 | 14,11 | 14,28 | 14,45 | 14,62 | 14,79 | 14,96 | 15,13 | 15,30 |
| 180 | 14,58 | 14,76 | 14,94 | 15,12 | 15,30 | 15,48 | 15,66 | 15,84 | 16,02 | 16,20 |
| 190 | 15,39 | 15,58 | 15,77 | 15,96 | 16,15 | 16,34 | 16,53 | 16,72 | 16,91 | 17,10 |
| 200 | 16,20 | 16,40 | 16,60 | 16,80 | 17,00 | 17,20 | 17,40 | 17,60 | 17,80 | 18,00 |
| 210 | 17,01 | 17,22 | 17,43 | 17,64 | 17,85 | 18,06 | 18,27 | 18,48 | 18,69 | 18,90 |
| 220 | 17,82 | 18,04 | 18,26 | 18,48 | 18,70 | 18,92 | 19,14 | 19,36 | 19,58 | 19,80 |
| 230 | 18,63 | 18,86 | 19,09 | 19,32 | 19,55 | 19,78 | 20,01 | 20,24 | 20,47 | 20,70 |
| 240 | 19,44 | 19,68 | 19,92 | 20,16 | 20,40 | 20,64 | 20,88 | 21,12 | 21,36 | 21,60 |
| 250 | 20,25 | 20,50 | 20,75 | 21,00 | 21,25 | 21,50 | 21,75 | 22,00 | 22,25 | 22,50 |

Proportional-Theile.

| | 40,5 | 41,0 | 41,5 | 42,0 | 42,5 |
|---|---|---|---|---|---|
| 1 | 8 | 8 | 8 | 8 | 9 |
| 2 | 16 | 16 | 17 | 17 | 17 |
| 3 | 24 | 25 | 25 | 25 | 26 |
| 4 | 32 | 33 | 33 | 34 | 34 |
| 5 | 41 | 41 | 42 | 42 | 43 |
| 6 | 49 | 49 | 50 | 50 | 51 |
| 7 | 57 | 57 | 58 | 59 | 60 |
| 8 | 65 | 66 | 66 | 67 | 68 |
| 9 | 73 | 74 | 75 | 76 | 77 |

| | 43,0 | 43,5 | 44,0 | 44,5 | 45,0 |
|---|---|---|---|---|---|
| 1 | 9 | 9 | 9 | 9 | 9 |
| 2 | 17 | 17 | 18 | 18 | 18 |
| 3 | 26 | 26 | 26 | 27 | 27 |
| 4 | 34 | 35 | 35 | 36 | 36 |
| 5 | 43 | 44 | 44 | 45 | 45 |
| 6 | 52 | 52 | 53 | 53 | 54 |
| 7 | 60 | 61 | 62 | 62 | 63 |
| 8 | 69 | 70 | 70 | 71 | 72 |
| 9 | 77 | 78 | 79 | 80 | 81 |

| | 45,5 | 46,0 | 46,5 | 47,0 | 47,5 | 48,0 | 48,5 | 49,0 | 49,5 | 50,0 |
|---|---|---|---|---|---|---|---|---|---|---|
| 10 | 0,91 | 0,92 | 0,93 | 0,94 | 0,95 | 0,96 | 0,97 | 0,98 | 0,99 | 1,00 |
| 20 | 1,82 | 1,84 | 1,86 | 1,88 | 1,90 | 1,92 | 1,94 | 1,96 | 1,98 | 2,00 |
| 30 | 2,73 | 2,76 | 2,79 | 2,82 | 2,85 | 2,88 | 2,91 | 2,94 | 2,97 | 3,00 |
| 40 | 3,64 | 3,68 | 3,72 | 3,76 | 3,80 | 3,84 | 3,88 | 3,92 | 3,96 | 4,00 |
| 50 | 4,55 | 4,60 | 4,65 | 4,70 | 4,75 | 4,80 | 4,85 | 4,90 | 4,95 | 5,00 |
| 60 | 5,46 | 5,52 | 5,58 | 5,64 | 5,70 | 5,76 | 5,82 | 5,88 | 5,94 | 6,00 |
| 70 | 6,37 | 6,44 | 6,51 | 6,58 | 6,65 | 6,72 | 6,79 | 6,86 | 6,93 | 7,00 |
| 80 | 7,28 | 7,36 | 7,44 | 7,52 | 7,60 | 7,68 | 7,76 | 7,84 | 7,92 | 8,00 |
| 90 | 8,19 | 8,28 | 8,37 | 8,46 | 8,55 | 8,64 | 8,73 | 8,82 | 8,91 | 9,00 |
| 100 | 9,10 | 9,20 | 9,30 | 9,40 | 9,50 | 9,60 | 9,70 | 9,80 | 9,90 | 10,00 |
| 110 | 10,01 | 10,12 | 10,23 | 10,34 | 10,45 | 10,56 | 10,67 | 10,78 | 10,89 | 11,00 |
| 120 | 10,92 | 11,04 | 11,16 | 11,28 | 11,40 | 11,52 | 11,64 | 11,76 | 11,88 | 12,00 |
| 130 | 11,83 | 11,96 | 12,09 | 12,22 | 12,35 | 12,48 | 12,61 | 12,74 | 12,87 | 13,00 |
| 140 | 12,74 | 12,88 | 13,02 | 13,16 | 13,30 | 13,44 | 13,58 | 13,72 | 13,86 | 14,00 |
| 150 | 13,65 | 13,80 | 13,95 | 14,10 | 14,25 | 14,40 | 14,55 | 14,70 | 14,85 | 15,00 |
| 160 | 14,56 | 14,72 | 14,88 | 15,04 | 15,20 | 15,36 | 15,52 | 15,68 | 15,84 | 16,00 |
| 170 | 15,47 | 15,64 | 15,81 | 15,98 | 16,15 | 16,32 | 16,49 | 16,66 | 16,83 | 17,00 |
| 180 | 16,38 | 16,56 | 16,74 | 16,92 | 17,10 | 17,28 | 17,46 | 17,64 | 17,82 | 18,00 |
| 190 | 17,29 | 17,48 | 17,67 | 17,86 | 18,05 | 18,24 | 18,43 | 18,62 | 18,81 | 19,00 |
| 200 | 18,20 | 18,40 | 18,60 | 18,80 | 19,00 | 19,20 | 19,40 | 19,60 | 19,80 | 20,00 |
| 210 | 19,11 | 19,32 | 19,53 | 19,74 | 19,95 | 20,16 | 20,37 | 20,58 | 20,79 | 21,00 |
| 220 | 20,02 | 20,24 | 20,46 | 20,68 | 20,90 | 21,12 | 21,34 | 21,56 | 21,78 | 22,00 |
| 230 | 20,93 | 21,16 | 21,39 | 21,62 | 21,85 | 22,08 | 22,31 | 22,54 | 22,77 | 23,00 |
| 240 | 21,84 | 22,08 | 22,32 | 22,56 | 22,80 | 23,04 | 23,28 | 23,52 | 23,76 | 24,00 |
| 250 | 22,75 | 23,00 | 23,25 | 23,50 | 23,75 | 24,00 | 24,25 | 24,50 | 24,75 | 25,00 |

Proportional-Theile.

| | 45,5 | 46,0 | 46,5 | 47,0 | 47,5 |
|---|---|---|---|---|---|
| 1 | 9 | 9 | 9 | 9 | 10 |
| 2 | 18 | 18 | 19 | 19 | 19 |
| 3 | 27 | 28 | 28 | 28 | 29 |
| 4 | 36 | 37 | 37 | 38 | 38 |
| 5 | 46 | 46 | 47 | 47 | 48 |
| 6 | 55 | 55 | 56 | 56 | 57 |
| 7 | 64 | 64 | 65 | 66 | 67 |
| 8 | 73 | 74 | 74 | 75 | 76 |
| 9 | 82 | 83 | 84 | 85 | 86 |

| | 48,0 | 48,5 | 49,0 | 49,5 | 50,0 |
|---|---|---|---|---|---|
| 1 | 10 | 10 | 10 | 10 | 10 |
| 2 | 19 | 19 | 20 | 20 | 20 |
| 3 | 29 | 29 | 29 | 30 | 30 |
| 4 | 38 | 39 | 39 | 40 | 40 |
| 5 | 48 | 49 | 49 | 50 | 50 |
| 6 | 58 | 58 | 59 | 59 | 60 |
| 7 | 67 | 68 | 69 | 69 | 70 |
| 8 | 77 | 78 | 78 | 79 | 80 |
| 9 | 86 | 87 | 88 | 89 | 90 |

| | 50,5 | 51,0 | 51,5 | 52,0 | 52,5 | 53,0 | 53,5 | 54,0 | 54,5 | 55,0 |
|---|---|---|---|---|---|---|---|---|---|---|
| 10 | 1,01 | 1,02 | 1,03 | 1,04 | 1,05 | 1,06 | 1,07 | 1,08 | 1,09 | 1,10 |
| 20 | 2,02 | 2,04 | 2,06 | 2,08 | 2,10 | 2,12 | 2,14 | 2,16 | 2,18 | 2,20 |
| 30 | 3,03 | 3,06 | 3,09 | 3,12 | 3,15 | 3,18 | 3,21 | 3,24 | 3,27 | 3,30 |
| 40 | 4,04 | 4,08 | 4,12 | 4,16 | 4,20 | 4,24 | 4,28 | 4,32 | 4,36 | 4,40 |
| 50 | 5,05 | 5,10 | 5,15 | 5,20 | 5,25 | 5,30 | 5,35 | 5,40 | 5,45 | 5,50 |
| 60 | 6,06 | 6,12 | 6,18 | 6,24 | 6,30 | 6,36 | 6,42 | 6,48 | 6,54 | 6,60 |
| 70 | 7,07 | 7,14 | 7,21 | 7,28 | 7,35 | 7,42 | 7,49 | 7,56 | 7,63 | 7,70 |
| 80 | 8,08 | 8,16 | 8,24 | 8,32 | 8,40 | 8,48 | 8,56 | 8,64 | 8,72 | 8,80 |
| 90 | 9,09 | 9,18 | 9,27 | 9,36 | 9,45 | 9,54 | 9,63 | 9,72 | 9,81 | 9,90 |
| 100 | 10,10 | 10,20 | 10,30 | 10,40 | 10,50 | 10,60 | 10,70 | 10,80 | 10,90 | 11,00 |
| 110 | 11,11 | 11,22 | 11,33 | 11,44 | 11,55 | 11,66 | 11,77 | 11,88 | 11,99 | 12,10 |
| 120 | 12,12 | 12,24 | 12,36 | 12,48 | 12,60 | 12,72 | 12,84 | 12,96 | 13,08 | 13,20 |
| 130 | 13,13 | 13,26 | 13,39 | 13,52 | 13,65 | 13,78 | 13,91 | 14,04 | 14,17 | 14,30 |
| 140 | 14,14 | 14,28 | 14,42 | 14,56 | 14,70 | 14,84 | 14,98 | 15,12 | 15,26 | 15,40 |
| 150 | 15,15 | 15,30 | 15,45 | 15,60 | 15,75 | 15,90 | 16,05 | 16,20 | 16,35 | 16,50 |
| 160 | 16,16 | 16,32 | 16,48 | 16,64 | 16,80 | 16,96 | 17,12 | 17,28 | 17,44 | 17,60 |
| 170 | 17,17 | 17,34 | 17,51 | 17,68 | 17,85 | 18,02 | 18,19 | 18,36 | 18,53 | 18,70 |
| 180 | 18,18 | 18,36 | 18,54 | 18,72 | 18,90 | 19,08 | 19,26 | 19,44 | 19,62 | 19,80 |
| 190 | 19,19 | 19,38 | 19,57 | 19,76 | 19,95 | 20,14 | 20,33 | 20,52 | 20,71 | 20,90 |
| 200 | 20,20 | 20,40 | 20,60 | 20,80 | 21,00 | 21,20 | 21,40 | 21,60 | 21,80 | 22,00 |
| 210 | 21,21 | 21,42 | 21,63 | 21,84 | 22,05 | 22,26 | 22,47 | 22,68 | 22,89 | 23,10 |
| 220 | 22,22 | 22,44 | 22,66 | 22,88 | 23,10 | 23,32 | 23,54 | 23,76 | 23,98 | 24,20 |
| 230 | 23,23 | 23,46 | 23,69 | 23,92 | 24,15 | 24,38 | 24,61 | 24,84 | 25,07 | 25,30 |
| 240 | 24,24 | 24,48 | 24,72 | 24,96 | 25,20 | 25,44 | 25,68 | 25,92 | 26,16 | 26,40 |
| 250 | 25,25 | 25,50 | 25,75 | 26,00 | 26,25 | 26,50 | 26,75 | 27,00 | 27,25 | 27,50 |

Proportional-Theile.

| | 50,5 | 51,0 | 51,5 | 52,0 | 52,5 |
|---|---|---|---|---|---|
| 1 | 10 | 10 | 10 | 10 | 11 |
| 2 | 20 | 20 | 21 | 21 | 21 |
| 3 | 30 | 31 | 31 | 31 | 32 |
| 4 | 40 | 41 | 41 | 42 | 42 |
| 5 | 51 | 51 | 52 | 52 | 53 |
| 6 | 61 | 61 | 62 | 62 | 63 |
| 7 | 71 | 71 | 72 | 73 | 74 |
| 8 | 81 | 82 | 82 | 83 | 84 |
| 9 | 91 | 92 | 93 | 94 | 95 |

| | 53,0 | 53,5 | 54,0 | 54,5 | 55,0 |
|---|---|---|---|---|---|
| 1 | 11 | 11 | 11 | 11 | 11 |
| 2 | 21 | 21 | 22 | 22 | 22 |
| 3 | 32 | 32 | 32 | 33 | 33 |
| 4 | 42 | 43 | 43 | 44 | 44 |
| 5 | 53 | 54 | 54 | 55 | 55 |
| 6 | 64 | 64 | 65 | 65 | 66 |
| 7 | 74 | 75 | 76 | 76 | 77 |
| 8 | 85 | 86 | 86 | 87 | 88 |
| 9 | 95 | 96 | 97 | 98 | 99 |

| | 55,5 | 56,0 | 56,5 | 57,0 | 57,5 | 58,0 | 58,5 | 59,0 | 59,5 | 60,0 |
|---|---|---|---|---|---|---|---|---|---|---|
| 10 | 1,11 | 1,12 | 1,13 | 1,14 | 1,15 | 1,16 | 1,17 | 1,18 | 1,19 | 1,20 |
| 20 | 2,22 | 2,24 | 2,26 | 2,28 | 2,30 | 2,32 | 2,34 | 2,36 | 2,38 | 2,40 |
| 30 | 3,33 | 3,36 | 3,39 | 3,42 | 3,45 | 3,48 | 3,51 | 3,54 | 3,57 | 3,60 |
| 40 | 4,44 | 4,48 | 4,52 | 4,56 | 4,60 | 4,64 | 4,68 | 4,72 | 4,76 | 4,80 |
| 50 | 5,55 | 5,60 | 5,65 | 5,70 | 5,75 | 5,80 | 5,85 | 5,90 | 5,95 | 6,00 |
| 60 | 6,66 | 6,72 | 6,78 | 6,84 | 6,90 | 6,96 | 7,02 | 7,08 | 7,14 | 7,20 |
| 70 | 7,77 | 7,84 | 7,91 | 7,98 | 8,05 | 8,12 | 8,19 | 8,26 | 8,33 | 8,40 |
| 80 | 8,88 | 8,96 | 9,04 | 9,12 | 9,20 | 9,28 | 9,36 | 9,44 | 9,52 | 9,60 |
| 90 | 9,99 | 10,08 | 10,17 | 10,26 | 10,35 | 10,44 | 10,53 | 10,62 | 10,71 | 10,80 |
| 100 | 11,10 | 11,20 | 11,30 | 11,40 | 11,50 | 11,60 | 11,70 | 11,80 | 11,90 | 12,00 |
| 110 | 12,21 | 12,32 | 12,43 | 12,54 | 12,65 | 12,76 | 12,87 | 12,98 | 13,09 | 13,20 |
| 120 | 13,32 | 13,44 | 13,56 | 13,68 | 13,80 | 13,92 | 14,04 | 14,16 | 14,28 | 14,40 |
| 130 | 14,43 | 14,56 | 14,69 | 14,82 | 14,95 | 15,08 | 15,21 | 15,34 | 15,47 | 15,60 |
| 140 | 15,54 | 15,68 | 15,82 | 15,96 | 16,10 | 16,24 | 16,38 | 16,52 | 16,66 | 16,80 |
| 150 | 16,65 | 16,80 | 16,95 | 17,10 | 17,25 | 17,40 | 17,55 | 17,70 | 17,85 | 18,00 |
| 160 | 17,76 | 17,92 | 18,08 | 18,24 | 18,40 | 18,56 | 18,72 | 18,88 | 19,04 | 19,20 |
| 170 | 18,87 | 19,04 | 19,21 | 19,38 | 19,55 | 19,72 | 19,89 | 20,06 | 20,23 | 20,40 |
| 180 | 19,98 | 20,16 | 20,34 | 20,52 | 20,70 | 20,88 | 21,06 | 21,24 | 21,42 | 21,60 |
| 190 | 21,09 | 21,28 | 21,47 | 21,66 | 21,85 | 22,04 | 22,23 | 22,42 | 22,61 | 22,80 |
| 200 | 22,20 | 22,40 | 22,60 | 22,80 | 23,00 | 23,20 | 23,40 | 23,60 | 23,80 | 24,00 |
| 210 | 23,31 | 23,52 | 23,73 | 23,94 | 24,15 | 24,36 | 24,57 | 24,78 | 24,99 | 25,20 |
| 220 | 24,42 | 24,64 | 24,86 | 25,08 | 25,30 | 25,52 | 25,74 | 25,96 | 26,18 | 26,40 |
| 230 | 25,53 | 25,76 | 25,99 | 26,22 | 26,45 | 26,68 | 26,91 | 27,14 | 27,37 | 27,60 |
| 240 | 26,64 | 26,88 | 27,12 | 27,36 | 27,60 | 27,84 | 28,08 | 28,32 | 28,56 | 28,80 |
| 250 | 27,75 | 28,00 | 28,25 | 28,50 | 28,75 | 29,00 | 29,25 | 29,50 | 29,75 | 30,00 |

Proportional-Theile.

| | 55,5 | 56,0 | 56,5 | 57,0 | 57,5 |
|---|---|---|---|---|---|
| 1 | 11 | 11 | 11 | 11 | 12 |
| 2 | 22 | 22 | 23 | 23 | 23 |
| 3 | 33 | 34 | 34 | 34 | 35 |
| 4 | 44 | 45 | 45 | 46 | 46 |
| 5 | 56 | 56 | 57 | 57 | 58 |
| 6 | 67 | 67 | 68 | 68 | 69 |
| 7 | 78 | 78 | 79 | 80 | 81 |
| 8 | 89 | 90 | 90 | 91 | 92 |
| 9 | 100 | 101 | 102 | 103 | 194 |

| | 58,0 | 58,5 | 59,0 | 59,5 | 60,0 |
|---|---|---|---|---|---|
| 1 | 12 | 12 | 12 | 12 | 12 |
| 2 | 23 | 23 | 24 | 24 | 24 |
| 3 | 35 | 35 | 35 | 36 | 36 |
| 4 | 46 | 47 | 47 | 48 | 48 |
| 5 | 58 | 59 | 59 | 60 | 60 |
| 6 | 70 | 70 | 71 | 71 | 72 |
| 7 | 81 | 82 | 83 | 83 | 84 |
| 8 | 93 | 94 | 94 | 95 | 96 |
| 9 | 104 | 105 | 106 | 107 | 108 |

| | 60,5 | 61,0 | 61,5 | 62,0 | 62,5 | 63,0 | 63,5 | 64,0 | 64,5 | 65,0 |
|---|---|---|---|---|---|---|---|---|---|---|
| 10 | 1,21 | 1,22 | 1,23 | 1,24 | 1,25 | 1,26 | 1,27 | 1,28 | 1,29 | 1,30 |
| 20 | 2,42 | 2,44 | 2,46 | 2,48 | 2,50 | 2,52 | 2,54 | 2,56 | 2,58 | 2,60 |
| 30 | 3,63 | 3,66 | 3,69 | 3,72 | 3,75 | 3,78 | 3,81 | 3,84 | 3,87 | 3,90 |
| 40 | 4,84 | 4,88 | 4,92 | 4,96 | 5,00 | 5,04 | 5,08 | 5,12 | 5,16 | 5,20 |
| 50 | 6,05 | 6,10 | 6,15 | 6,20 | 6,25 | 6,30 | 6,35 | 6,40 | 6,45 | 6,50 |
| 60 | 7,26 | 7,32 | 7,38 | 7,44 | 7,50 | 7,56 | 7,62 | 7,68 | 7,74 | 7,80 |
| 70 | 8,47 | 8,54 | 8,61 | 8,68 | 8,75 | 8,82 | 8,89 | 8,96 | 9,03 | 9,10 |
| 80 | 9,68 | 9,76 | 9,84 | 9,92 | 10,00 | 10,08 | 10,16 | 10,24 | 10,32 | 10,40 |
| 90 | 10,89 | 10,98 | 11,07 | 11,16 | 11,25 | 11,34 | 11,43 | 11,52 | 11,61 | 11,70 |
| 100 | 12,10 | 12,20 | 12,30 | 12,40 | 12,50 | 12,60 | 12,70 | 12,80 | 12,90 | 13,00 |
| 110 | 13,31 | 13,42 | 13,53 | 13,64 | 13,75 | 13,86 | 13,97 | 14,08 | 14,19 | 14,30 |
| 120 | 14,52 | 14,64 | 14,76 | 14,88 | 15,00 | 15,12 | 15,24 | 15,36 | 15,48 | 15,60 |
| 130 | 15,73 | 15,86 | 15,99 | 16,12 | 16,25 | 16,38 | 16,51 | 16,64 | 16,77 | 16,90 |
| 140 | 16,94 | 17,08 | 17,22 | 17,36 | 17,50 | 17,64 | 17,78 | 17,92 | 18,06 | 18,20 |
| 150 | 18,15 | 18,30 | 18,45 | 18,60 | 18,75 | 18,90 | 19,05 | 19,20 | 19,35 | 19,50 |
| 160 | 19,36 | 19,52 | 19,68 | 19,84 | 20,00 | 20,16 | 20,32 | 20,48 | 20,64 | 20,80 |
| 170 | 20,57 | 20,74 | 20,91 | 21,08 | 21,25 | 21,42 | 21,59 | 21,76 | 21,93 | 22,10 |
| 180 | 21,78 | 21,96 | 22,14 | 22,32 | 22,50 | 22,68 | 22,86 | 23,04 | 23,22 | 23,40 |
| 190 | 22,99 | 23,18 | 23,37 | 23,56 | 23,75 | 23,94 | 24,13 | 24,32 | 24,51 | 24,70 |
| 200 | 24,20 | 24,40 | 24,60 | 24,80 | 25,00 | 25,20 | 25,40 | 25,60 | 25,80 | 26,00 |
| 210 | 25,41 | 25,62 | 25,83 | 26,04 | 26,25 | 26,46 | 26,67 | 26,88 | 27,09 | 27,30 |
| 220 | 26,62 | 26,84 | 27,06 | 27,28 | 27,50 | 27,72 | 27,94 | 28,16 | 28,38 | 28,60 |
| 230 | 27,83 | 28,06 | 28,29 | 28,52 | 28,75 | 28,98 | 29,21 | 29,44 | 29,67 | 29,90 |
| 240 | 29,04 | 29,28 | 29,52 | 29,76 | 30,00 | 30,24 | 30,48 | 30,72 | 30,96 | 31,20 |
| 250 | 30,25 | 30,50 | 30,75 | 31,00 | 31,25 | 31,50 | 31,75 | 32,00 | 32,25 | 32,50 |

Proportional-Theile

| | 60,5 | 61,0 | 61,5 | 62,0 | 62,5 |
|---|---|---|---|---|---|
| 1 | 12 | 12 | 12 | 12 | 13 |
| 2 | 24 | 24 | 25 | 25 | 25 |
| 3 | 36 | 37 | 37 | 37 | 38 |
| 4 | 48 | 49 | 49 | 50 | 50 |
| 5 | 61 | 61 | 62 | 62 | 63 |
| 6 | 73 | 73 | 74 | 74 | 75 |
| 7 | 85 | 85 | 86 | 87 | 88 |
| 8 | 97 | 98 | 98 | 99 | 100 |
| 9 | 109 | 110 | 111 | 112 | 113 |

| | 63,0 | 63,5 | 64,0 | 64,5 | 65,0 |
|---|---|---|---|---|---|
| 1 | 13 | 13 | 13 | 13 | 13 |
| 2 | 25 | 25 | 26 | 26 | 26 |
| 3 | 38 | 38 | 38 | 39 | 39 |
| 4 | 50 | 51 | 51 | 52 | 52 |
| 5 | 63 | 64 | 64 | 65 | 65 |
| 6 | 76 | 76 | 77 | 77 | 78 |
| 7 | 88 | 89 | 90 | 90 | 91 |
| 8 | 101 | 102 | 102 | 103 | 104 |
| 9 | 113 | 114 | 115 | 116 | 117 |

| | 65,5 | 66,0 | 66,5 | 67,0 | 67,5 | 68,0 | 68,5 | 69,0 | 69,5 | 70,0 |
|---|---|---|---|---|---|---|---|---|---|---|
| 10 | 1,31 | 1,32 | 1,33 | 1,34 | 1,35 | 1,36 | 1,37 | 1,38 | 1,39 | 1,40 |
| 20 | 2,62 | 2,64 | 2,66 | 2,68 | 2,70 | 2,72 | 2,74 | 2,76 | 2,78 | 2,80 |
| 30 | 3,93 | 3,96 | 3,99 | 4,02 | 4,05 | 4,08 | 4,11 | 4,14 | 4,17 | 4,20 |
| 40 | 5,24 | 5,28 | 5,32 | 5,36 | 5,40 | 5,44 | 5,48 | 5,52 | 5,56 | 5,60 |
| 50 | 6,55 | 6,60 | 6,65 | 6,70 | 6,75 | 6,80 | 6,85 | 6,90 | 6,95 | 7,00 |
| 60 | 7,86 | 7,92 | 7,98 | 8,04 | 8,10 | 8,16 | 8,22 | 8,28 | 8,34 | 8,40 |
| 70 | 9,17 | 9,24 | 9,31 | 9,38 | 9,45 | 9,52 | 9,59 | 9,66 | 9,73 | 9,80 |
| 80 | 10,48 | 10,56 | 10,64 | 10,72 | 10,80 | 10,88 | 10,96 | 11,04 | 11,12 | 11,20 |
| 90 | 11,79 | 11,88 | 11,97 | 12,06 | 12,15 | 12,24 | 12,33 | 12,42 | 12,51 | 12,60 |
| 100 | 13,10 | 13,20 | 13,30 | 13,40 | 13,50 | 13,60 | 13,70 | 13,80 | 13,90 | 14,00 |
| 110 | 14,41 | 14,52 | 14,63 | 14,74 | 14,85 | 14,96 | 15,07 | 15,18 | 15,29 | 15,40 |
| 120 | 15,72 | 15,84 | 15,96 | 16,08 | 16,20 | 16,32 | 16,44 | 16,56 | 16,68 | 16,80 |
| 130 | 17,03 | 17,16 | 17,29 | 17,42 | 17,55 | 17,68 | 17,81 | 17,94 | 18,07 | 18,20 |
| 140 | 18,34 | 18,48 | 18,62 | 18,76 | 18,90 | 19,04 | 19,18 | 19,32 | 19,46 | 19,60 |
| 150 | 19,65 | 19,80 | 19,95 | 20,10 | 20,25 | 20,40 | 20,55 | 20,70 | 20,85 | 21,00 |
| 160 | 20,96 | 21,12 | 21,28 | 21,44 | 21,60 | 21,76 | 21,92 | 22,08 | 22,24 | 22,40 |
| 170 | 22,27 | 22,44 | 22,61 | 22,78 | 22,95 | 23,12 | 23,29 | 23,46 | 23,63 | 23,80 |
| 180 | 23,58 | 23,76 | 23,94 | 24,12 | 24,30 | 24,48 | 24,66 | 24,84 | 25,02 | 25,20 |
| 190 | 24,89 | 25,08 | 25,27 | 25,46 | 25,65 | 25,84 | 26,03 | 26,22 | 26,41 | 26,60 |
| 200 | 26,20 | 26,40 | 26,60 | 26,80 | 27,00 | 27,20 | 27,40 | 27,60 | 27,80 | 28,00 |
| 210 | 27,51 | 27,72 | 27,93 | 28,14 | 28,35 | 28,56 | 28,77 | 28,98 | 29,19 | 29,40 |
| 220 | 28,82 | 29,04 | 29,26 | 29,48 | 29,70 | 29,92 | 30,14 | 30,36 | 30,58 | 30,80 |
| 230 | 30,13 | 30,36 | 30,59 | 30,82 | 31,05 | 31,28 | 31,51 | 31,74 | 31,97 | 32,20 |
| 240 | 31,44 | 31,68 | 31,92 | 32,16 | 32,40 | 32,64 | 32,88 | 33,12 | 33,36 | 33,60 |
| 250 | 32,75 | 33,00 | 33,25 | 33,50 | 33,75 | 34,00 | 34,25 | 34,50 | 34,75 | 35,00 |

Proportional-Theile.

| | 65,5 | 66,0 | 66,5 | 67,0 | 67,5 |
|---|---|---|---|---|---|
| 1 | 13 | 13 | 13 | 13 | 14 |
| 2 | 26 | 26 | 27 | 27 | 27 |
| 3 | 39 | 40 | 40 | 40 | 41 |
| 4 | 52 | 53 | 53 | 54 | 54 |
| 5 | 66 | 66 | 67 | 67 | 68 |
| 6 | 79 | 79 | 80 | 80 | 81 |
| 7 | 92 | 92 | 93 | 94 | 95 |
| 8 | 105 | 106 | 106 | 107 | 108 |
| 9 | 118 | 119 | 120 | 121 | 122 |

| | 68,0 | 68,5 | 69,0 | 69,5 | 70,0 |
|---|---|---|---|---|---|
| 1 | 14 | 14 | 14 | 14 | 14 |
| 2 | 27 | 27 | 28 | 28 | 28 |
| 3 | 41 | 41 | 41 | 42 | 42 |
| 4 | 54 | 55 | 55 | 56 | 56 |
| 5 | 68 | 69 | 69 | 70 | 70 |
| 6 | 82 | 82 | 83 | 83 | 84 |
| 7 | 95 | 96 | 97 | 97 | 98 |
| 8 | 109 | 110 | 110 | 111 | 112 |
| 9 | 122 | 123 | 124 | 125 | 126 |

www.ingramcontent.com/pod-product-compliance
Lightning Source LLC
LaVergne TN
LVHW042241300926
849161LV00003B/427